高等学校"十三五"规划教材

电子与信息工程系列

GUIDE TO LEARNING AND PROBLEM SOLVING IN SIGNALS AND SYSTEMS

信号与系统学习与解题指导

胡　航　编著

哈尔滨工业大学出版社

HARBIN INSTITUTE OF TECHNOLOGY PRESS

内容简介

本书是学习信号与系统课程的参考用书。全书共分8章:信号与系统分析的理论基础,连续时间系统的时域分析,连续时间信号与系统的频域分析,连续时间信号与系统的复频域分析,连续信号离散化及恢复,离散信号与系统的时域分析,离散信号与系统的z域分析,系统状态变量分析法。各章内容均包括概念与解题提要和例题分析与解答等两部分,对各例题均给出了详尽的分析与解答。

本书可供高等学校有关专业的学生和教师使用,也可作为本门课程的自学参考书。

图书在版编目(CIP)数据

信号与系统学习与解题指导/胡航编著. —哈尔滨:哈尔滨工业大学出版社,2013.9(2020.8 重印)

ISBN 978 - 7 - 5603 - 3944 - 3

Ⅰ.①信⋯ Ⅱ.①胡⋯ Ⅲ.①信号系统－高等学校－教学参考资料 Ⅳ.①TN911.6

中国版本图书馆 CIP 数据核字(2013)第 001338 号

责任编辑　许雅莹
封面设计　刘长友
出版发行　哈尔滨工业大学出版社
社　　址　哈尔滨市南岗区复华四道街 10 号　邮编 150006
传　　真　0451 - 86414749
网　　址　http://hitpress.hit.edu.cn
印　　刷　哈尔滨市颉升高印刷有限公司
开　　本　787mm×1092mm　1/16　印张 18.75　字数 462 千字
版　　次　2013 年 9 月第 1 版　2020 年 8 月第 3 次印刷
书　　号　ISBN 978 - 7 - 5603 - 3944 - 3
定　　价　35.00 元

前　言

PREFACE

信号与系统是电子与信息科学的理论基础。课程涉及内容广泛,系统性与理论性强,涉及很多物理概念;用到较多的电路分析等先修课知识;应用大量数学工具,如高等数学、线性代数、复变函数等;因而课程内容与解题方法较难理解与掌握。

本书内容包括两部分:概念与解题提要,例题分析与解答。其中概念与解题提要部分,对课程重点难点,易于混淆与难以理解的概念和内容,解题中涉及的共性问题及解题技巧进行了详尽分析,以提高对本课程概念、理论、方法与应用的理解与认识水平。例题分析与解答部分力求提供分析与处理问题的方法,而不是单纯的习题解答。这部分选取有代表性、具有较强灵活性、系统性与综合性的例题,给出详尽分析与解题思路;对题中涉及的概念、原理、解题方法及解题中易出现的问题及错误,也进行了深入分析与阐述。一些题目给出了多种解答途径与处理方法。分析与解答过程中,注重课程各部分内容间的相互关联与结合,如信号分析与系统分析部分,连续部分与离散部分,时域分析与变换域分析部分。

应指出,对本课程内容的理解与习题解答的水平与能力很大程度取决于对相关数学工具的掌握与熟练程度,良好的数学能力是学好本课程的前提与基础。

作者力求将多年教学经验与体会归纳总结到本书中;并力求将从事阵列信号处理、相控阵雷达、电子侦察与对抗、语音信号处理等领域研究中所积累与提炼的对本课程相关概念、理论、方法、应用及对学科发展水平的理解、体会与认识,也反映到本书中。

本书可作为高等学校学生和有关人员学习信号与系统课程的参考书,并可作为《信号与系统》(张晔.哈尔滨工业大学出版社,2013年)的配套参考书。

感谢张晔教授对本书编写工作的指导,张钧萍、张腊梅、陈静老师提供了帮助,研究生金玉宝、栾学鹏、张广磊完成一些辅助性工作,在此一并致谢。

由于编写时间仓促,受作者水平等多方面因素限制,书中可能存在一些问题与不足,敬请批评指正。

作　者

2013 年 6 月

目　录

CONTENTS

第1章

信号与系统分析的理论基础

概念与解题提要

本章是本门课程的基础,包括正交函数,冲激函数取样性质,信号波形变换,系统线性、时不变及因果性的判断及卷积等内容。

卷积计算是本章难点,包括卷积积分(对于连续信号)及卷积和(对于离散信号)两种形式。卷积积分与卷积和的解析计算是连续信号积分或离散序列求和的过程,较为复杂(需要说明,无需记信号的卷积结果表达式)。计算卷积的图解法更为复杂,但其物理意义明确,易于确定卷积积分或求和的上下限及积分结果的存在时间,利于理解卷积的过程。

卷积是本门课程的核心内容,占有最重要的位置。其不只是信号间的一种运算,更重要的是线性时不变系统分析的主要工具,即求解系统响应的主要形式。

在后面学习变换域分析法后,包括第4章的拉普拉斯变换法及第7章的z变换法,可利用拉普拉斯变换法计算卷积积分,用z变换方法计算卷积和,可使卷积计算过程大大简化。建议将本章中所有与卷积有关的问题用变换域方法求解,再与时域解法的结果进行比较。

例题分析与解答

1—1 绘出下列信号的波形。

1. $tu(t)$

2. $(t-1)u(t)$

3. $tu(t-1)$

4. $(t-1)u(t-1)$

5. $(2-e^{-t})u(t)$

6. $e^{-t}\cos 10\pi t[u(t-1)-u(t-2)]$

【分析与解答】

为便于分析信号波形特点,可将其分解为两个分量的乘积:第1个分量为时间 t 的函数,决定了信号幅度随时间变化的规律;第2个分量为阶跃信号项,决定信号存在时间范围。因而可将这两个分量的波形分别画出,再相乘。

1. $tu(t)$

信号第1个分量为 t,其幅度随时间线性变化,波形为通过原点且斜率为1的直线,如图1—1.1(a);第2个分量为 $u(t)$,如图1—1.1(b),其决定存在时间范围为 $t \geqslant 0$,因而信号波形为通过原点、斜率为1,且位于 $t \geqslant 0$ 的直线,如图1—1.1(c)。

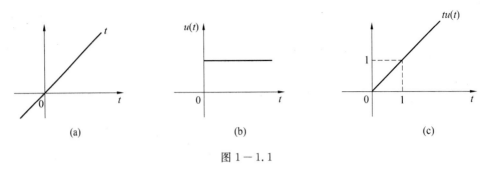

图 1－1.1

2.$(t-1)u(t)$

第 1 个分量为 $t-1$，波形为通过原点且斜率为 1 的直线减 1，即第 1 小题的波形沿横轴向下平移 1 个单位；第 2 个分量表明存在时间为 $t \geqslant 0$，因而信号波形如图 1－1.2(a)。

3.$tu(t-1)$

第 1 个分量，即波形随时间变化关系与第 1 题中相同；由第 2 个分量知存在时间为 $t \geqslant 1$，因而信号波形如图 1－1.2(b)。

4.$(t-1)u(t-1)$

由表达式知，该信号将 $tu(t)$ 表达式中所有 t 变量代换为 $t-1$，因而波形为其延时 1 个时间单位，如图 1－1.2(c)。需要说明，$(t-1)u(t)$ 与 $tu(t-1)$ 均不是 $tu(t)$ 延时 1 个单位的结果。

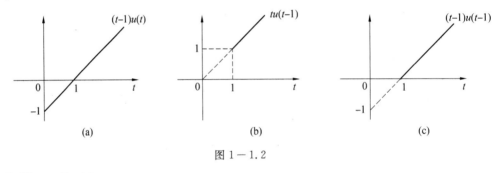

图 1－1.2

5.$(2-e^{-t})u(t)$

为便于分析，将信号分解，看作两个分量 2 与 $-e^{-t}$ 的叠加。e^{-t} 是基本的信号形式，$-e^{-t}$ 是 e^{-t} 沿横轴翻转；$2-e^{-t}$ 是 $-e^{-t}$ 向上平移两个单位。如图 1－1.3。

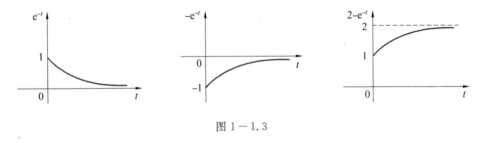

图 1－1.3

6.$e^{-t}\cos 10\pi t[u(t-1)-u(t-2)]$

信号幅度随时间变化的关系为 $e^{-t}\cos 10\pi t$，即余弦振荡的幅度受衰减指数信号 e^{-t} 控制，即为教材第 3 章中的调幅信号（见"3.9 已调信号的频谱"）。振荡角频率 $\omega_0=10\pi$，因而

振荡周期 $T=2\pi/10\pi=1/5$。由于信号存在时间范围 $1\leqslant t\leqslant 2$,因而有 5 次振荡。如图 $1-1.4$。图中,e^{-t} 为余弦振荡的包络(虚线),反映信号幅度随 t 的变化趋势;实际中不存在,是人为画出。

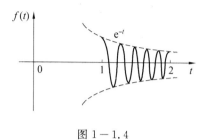

图 $1-1.4$

1 — 2　计算 $\displaystyle\int_{-\infty}^{\infty}(3t^2+t-5)\delta(2t-3)\mathrm{d}t$。

【分析与解答】

根据 $\delta(t)$ 的抽样性,其与任一连续时间函数乘积的积分,等于该函数在冲激作用处的值:

$$\int_{-\infty}^{\infty}f(t)\delta(t-t_0)\mathrm{d}t=f(t_0) \tag{1-2.1}$$

即将冲激作用处的函数值抽取出来,故称为抽样性。需要说明,积分区间不一定在整个时间范围:$-\infty<t<\infty$,只要包括冲激作用时刻,该结论就成立。如

$$\int_{-\infty}^{\infty}(t+2)\delta(t)\mathrm{d}t=\int_{-3}^{4}(t+2)\delta(t)\mathrm{d}t=\int_{0^-}^{0^+}(t+2)\delta(t)\mathrm{d}t=(t+2)\big|_{t=0}=2$$

上式中,各积分的积分区间不同,但结果相同。其中,0^- 和 0^+ 是极限的时间概念,下限 0^- 表示无限接近于 0 时刻的那个时刻,即 0 时刻之前的瞬时时刻;上限 0^+ 表示 0 时刻之后的瞬时时刻(0^- 与 0^+ 的概念在后面学习系统分析及响应求解时经常用到)。

本题中,冲激作用时刻为 $t=3/2$,但如下计算

$$\int_{-\infty}^{\infty}(3t^2+t-5)\delta(2t-3)\mathrm{d}t=(3t^2+t-5)\big|_{t=3/2}=\frac{13}{4}$$

是不正确的。此时不能直接应用 $\delta(t)$ 的抽样性质式(1-2.1);因为 $\delta(2t-3)$ 不是 $\delta(t-t_0)$ 形式,其时间变量相对于 t 已进行变量代换,即已压缩 2 倍。

解法一　应用 $\delta(t)$ 的时间尺度变换特性

$$\delta(at)=\frac{1}{|a|}\delta(t)$$

其物理意义:$\delta(t)$ 时间压缩($a>1$)即冲激强度减小,时间压缩几倍即冲激强度减小几倍;反之,时间展宽($a<1$)几倍,则冲激强度增大几倍。原因:根据 $\delta(t)$ 的定义,其冲激强度不是冲激作用处的信号值,而是 $\delta(t)$ 与时间轴包围的面积。$a>1$ 时,$\delta(t)$ 波形压缩,与时间轴包围的面积减小,因而冲激强度减小;$a<1$ 时,$\delta(t)$ 波形展宽,与时间轴包围的面积增大,因而冲激强度减大。由此得

$$\int_{-\infty}^{\infty}(3t^2+t-5)\delta(2t-3)\mathrm{d}t=\int_{-\infty}^{\infty}(3t^2+t-5)\cdot\frac{1}{2}\cdot\delta(2t-3)\mathrm{d}t=$$
$$\frac{1}{2}\cdot(3t^2+t-5)\Big|_{t=3/2}=\frac{13}{8}$$

解法二 直接对原式中的 t 变量代换：

令 $2t - 3 = t'$，则 $t = \dfrac{t'+3}{2}$。因此有

$$\int_{-\infty}^{\infty} (3t^2 + t - 5)\delta(2t-3)\mathrm{d}t = \int_{-\infty}^{\infty}\left[3\left(\frac{t'+3}{2}\right)^2 + \frac{t'+3}{2} - 5\right]\delta(t') \cdot \frac{1}{2}\mathrm{d}t' =$$

$$\frac{1}{2}\int_{-\infty}^{\infty} \frac{(t')^2 + 8t' + 13}{4}\delta(t')\mathrm{d}t' = \frac{1}{8}\left[(t')^2 + 8t' + 13\right]\Big|_{t'=0} = \frac{13}{8}$$

结果与解法一相同。

1—3 $f(t)$ 波形如图 1—3.1，试画出 $-f(2t-3)$ 的波形。

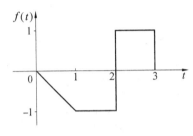

图 1—3.1

【分析与解答】

由表达式知，$-f(2t-3)$ 由 $f(t)$ 压缩、延时及沿横轴翻转等 3 种波形变换后得到。

为得到 $-f(2t-3)$，可采用不同变换次序，如

$$f(t) \rightarrow f(t-3) \rightarrow f(2t-3) \rightarrow -f(2t-3)$$

变换次序为：$f(t)$ 延时 3 个单位，再压缩 2 倍，最后沿横轴翻转，如图 1—3.2。

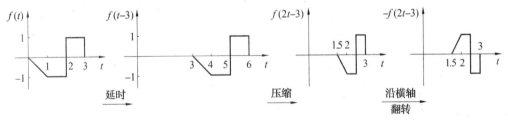

图 1—3.2

需要说明，波形压缩或平移，对应于信号表达式的变化只对 t 而言，如 $f(t-3)$ 波形压缩 2 倍是 $f(2t-3)$，而不是 $f(2t-6)$。

或应用另一种次序

$$f(t) \rightarrow f(2t) \rightarrow f(2t-3) \rightarrow -f(2t-3)$$

$f(t)$ 波形压缩 2 倍，再延时 3/2 个时间单位，最后沿横轴翻转，如图 1—3.3。这里，$f(2t-3)$ 是 $f(2t)$ 延时 3/2 个单位得到，而不是 3 个单位，即 $f(2t-3) = f(2(t-3/2))$。

可见不同变换次序得到的结果相同。

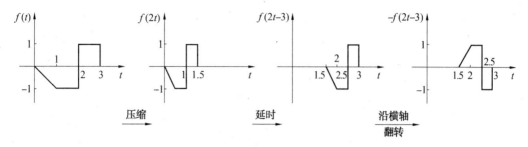

图 1－3.3

1－4　已知 $f(t)$ 波形如图 1－4.1，试画出下列信号的波形。

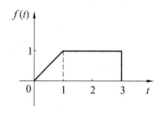

图 1－4.1

1. $f\left(\dfrac{t}{3}\right)u(3-t)$　　　　2. $\dfrac{\mathrm{d}f(t)}{\mathrm{d}t}$　　　　3. $\displaystyle\int_{-\infty}^{t}f(\tau)\mathrm{d}\tau$

【分析与解答】

1. 信号幅度随时间的关系为 $f(t)$ 展宽 3 倍，存在时间为 $t\leqslant 3$，因而波形为 $f(t)$ 展宽 3 倍且位于 $t\leqslant 3$ 的部分。如图 1－4.2。

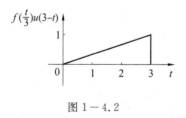

图 1－4.2

2. 根据 $f(t)$ 波形可大致判断 $\dfrac{\mathrm{d}f(t)}{\mathrm{d}t}$ 波形的特点：

$$\begin{cases} 0\leqslant t\leqslant 1\ \text{时}，f(t)\ \text{为}\ t\ \text{的线性函数}，\dfrac{\mathrm{d}f(t)}{\mathrm{d}t}=1；\\[2mm] 1\leqslant t\leqslant 3\ \text{时}，f(t)\ \text{为常数}，\dfrac{\mathrm{d}f(t)}{\mathrm{d}t}=0；\\[2mm] t<0\ \text{及}\ t>3\ \text{时}，f(t)\ \text{为}\ 0，\dfrac{\mathrm{d}f(t)}{\mathrm{d}t}=0。 \end{cases}$$

由 $f(t)$ 波形，$t=3$ 时信号幅度不连续，在瞬时时刻由 1 跳变到 0，因而其微分为 $-1/0\rightarrow-\infty$，所以 $\dfrac{\mathrm{d}f(t)}{\mathrm{d}t}$ 的幅度为负的冲激信号。即信号波形不连续时，其微分中包含冲激函数。

为准确画出 $\dfrac{\mathrm{d}f(t)}{\mathrm{d}t}$ 波形首先应写出其表达式，由波形得

$$f(t) = t[u(t) - u(t-1)] + [u(t-1) - u(t-3)]$$

则

$$\frac{\mathrm{d}f(t)}{\mathrm{d}t} = [u(t) - u(t-1)] + t[\delta(t) - \delta(t-1)] + [\delta(t-1) - \delta(t-3)] =$$

$$[u(t) - u(t-1)] + (t\big|_{t=0}) \cdot \delta(t) - (t\big|_{t=1}) \cdot \delta(t-1) +$$

$$[\delta(t-1) - \delta(t-3)] =$$

$$[u(t) - u(t-1)] - \delta(t-3)$$

为矩形脉冲及位于 $t = 3$ 的负的冲激信号,与前面分析结果一致。

上式用到 $f(t)\delta(t-t_0) = f(t_0)\delta(t-t_0)$,即任意信号与冲激信号相乘仍为冲激信号,而冲激强度变为该信号在冲激作用处的值。该性质源于冲激信号特殊的波形特点:信号只在冲激作用处存在,其他时间均为 0。

波形如图 $1-4.3$。

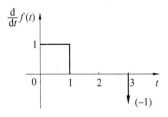

图 $1-4.3$

3. 信号积分求解过程较复杂,为便于求解,将 $f(t)$ 表示为分段函数

$$f(t) = tu(t) + (1-t)u(t-1) - u(t-3)$$

则

$$\int_{-\infty}^{t} f(\tau)\mathrm{d}\tau = \int_{-\infty}^{t} [\tau u(\tau) + (1-\tau)u(\tau-1) - u(\tau-3)]\mathrm{d}\tau$$

以第 1 项积分为例:被积函数 $\tau u(\tau)$ 在 $\tau \geqslant 0$ 时存在,积分下限应为 0;积分结果在被积函数存在之后产生,其存在时间应用 $u(t)$ 表示。因而

$$\int_{-\infty}^{t} f(\tau)\mathrm{d}\tau = \left(\int_{0}^{t} \tau\mathrm{d}\tau\right)u(t) + \left(\int_{1}^{t} (1-\tau)\mathrm{d}\tau\right)u(t-1) - \left(\int_{3}^{t}\mathrm{d}\tau\right)u(t-3) =$$

$$\left(\frac{\tau^2}{2}\bigg|_{0}^{t}\right)u(t) + \left[\left(\tau - \frac{\tau^2}{2}\right)\bigg|_{1}^{t}\right]u(t-1) - \left(\tau\bigg|_{3}^{t}\right)u(t-3) =$$

$$\frac{t^2}{2}u(t) + \left(-\frac{1}{2}t^2 + t - \frac{1}{2}\right)u(t-1) - (t-3)u(t-3)$$

其为存在于不同时间内的信号叠加,难以确定波形特点,为此写为分段函数

$$\int_{-\infty}^{t} f(\tau)\mathrm{d}\tau = \begin{cases} \dfrac{t^2}{2} & (0 \leqslant t \leqslant 1) \\[2mm] \dfrac{t^2}{2} + \left(-\dfrac{1}{2}t^2 + t - \dfrac{1}{2}\right) = t - \dfrac{1}{2} & (t \leqslant t \leqslant 3) \\[2mm] \dfrac{t^2}{2} + \left(-\dfrac{1}{2}t^2 + t - \dfrac{1}{2}\right) - (t-3) = \dfrac{5}{2} & (t \geqslant 3) \\[2mm] 0 & (其他) \end{cases}$$

由分段函数表达式画出波形,如图 $1-4.4$。

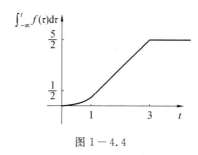

图 1－4.4

1－5 判断序列 $x(n)$ 的周期性，并确定其周期。

1. $x(n)=A\cos\left(\dfrac{3\pi}{7}n-\dfrac{\pi}{8}\right)$　　　　2. $x(n)=\mathrm{e}^{\mathrm{j}\left(\frac{n}{8}-\pi\right)}$

【分析与解答】

连续正弦或余弦信号 $\sin\omega_0 t$ 或 $\cos\omega_0 t$ 为周期信号，且周期 $T=\dfrac{2\pi}{\omega_0}$；离散正弦或余弦序列 $\sin\omega_0 n$ 或 $\cos\omega_0 n$ 不一定是周期信号，周期性取决于离散角频率 ω_0。

1. 信号 $\omega_0=\dfrac{3\pi}{7}$，初始相位 $\varphi_0=-\dfrac{\pi}{8}$。

设 $x(n)$ 为周期序列，且周期为 N，则应有整数 N 满足 $x(n)=x(n+N)$，即

$$A\cos\left(\frac{3}{7}\pi n-\frac{\pi}{8}\right)=A\cos\left[\frac{3}{7}\pi(n+N)-\frac{\pi}{8}\right] \tag{1－5.1}$$

得 $\dfrac{3}{7}\pi N=2k\pi$，k 为整数。

即 $$N=\frac{14}{3}k$$

序列周期为整数，因而 k 应为 3 的倍数。$k=3$，即 $N=14$ 为满足式(1－5.1)的最小整数，因而假设成立。$x(n)$ 为周期序列，且周期为 14。

2. 设 $x(n)$ 为周期序列，且周期为 N，则

$$\mathrm{e}^{\mathrm{j}\left(\frac{n}{8}-\pi\right)}=\mathrm{e}^{\mathrm{j}\left(\frac{n+N}{8}-\pi\right)} \tag{1－5.2}$$

为此，应有 $\dfrac{N}{8}=2k\pi$，k 为整数，即

$$N=16k\pi \tag{1－5.3}$$

π 为无理数，因而无法找到整数 k，使得能有一个整数 N 满足上式，因而 $x(n)$ 为非周期序列。或者说，只有 k 取整数 ∞，式(1－5.3)才成立；此时 N 也为 ∞，表明序列重复周期为无穷大，即为非周期序列。

1－6 试判断函数集 $\{\cos t,\cos 2t,\cdots,\cos nt\}$（$n$ 为整数）在下列区间内是否正交。

1. $(0,2\pi)$　　2. $(0,\pi/2)$

【分析与解答】

函数间是否正交与所在时间区间有关，函数集的正交性以确定的时间区间为前提。

1. 令 i,j 为正整数，且 $i\neq j$，有

$$\int_0^{2\pi} \cos it \cos jt\, dt = \int_0^{2\pi} \frac{1}{2} \left[\cos(i+j)t + \cos(i-j)t \right] dt =$$

$$\frac{1}{2} \left[\frac{\sin(i+j)t}{i+j} + \frac{\sin(i-j)t}{i-j} \right] \Big|_0^{2\pi} = 0$$

且

$$\int_0^{2\pi} \cos^2 it\, dt = \pi$$

即在 $(0,2\pi)$ 内，该函数集中任两个函数间均正交，因而为正交函数集。

2. 判断正交条件时，被积函数和原函数与第 1 题相同，只是积分限不同。

$$\int_0^{\pi/2} \cos it \cos jt\, dt = \frac{1}{2} \left[\frac{\sin(i+j)t}{i+j} + \frac{\sin(i-j)t}{i-j} \right] \Big|_0^{\pi/2}$$

$$\begin{cases} = 0 & (i,j \text{ 同时为偶数或奇数}) \\ \neq 0 & (i,j \text{ 不同时为偶数或奇数}) \end{cases}$$

因而在 $(0,\pi/2)$ 内不满足正交条件，不是正交函数集。

1－7 计算 $f_1(t) * f_2(t)$。

1. $f_1(t) = f_2(t) = u(t) - u(t-1)$ 2. $f_1(t) = \mathrm{e}^{-\alpha t} u(t),\ f_2(t) = \sin tu(t)$

【分析与解答】

1. $f_1(t)$ 与 $f_2(t)$ 存在时间均为 $0 \leqslant t \leqslant 1$。根据卷积图解过程：变量代换 → 翻转 → 平移 → 相乘 → 叠加，可判断卷积结果存在时间为 $0 \leqslant t \leqslant 2$。

可用解析法求解

$$f_1(t) * f_2(t) = \left[u(t) - u(t-1) \right] * \left[u(t) - u(t-1) \right] =$$

$$u(t) * u(t) - 2u(t) * u(t-1) + u(t-1) * u(t-1) =$$

$$\left[\int_{-\infty}^{\infty} u(\tau)u(t-\tau)d\tau \right] u(t) - 2\left[\int_{-\infty}^{\infty} u(\tau)u(t-\tau-1)d\tau \right] u(t-1) +$$

$$\left[\int_{-\infty}^{\infty} u(\tau-1)u(t-\tau-1)d\tau \right] u(t-2) =$$

$$\left(\int_0^t d\tau \right) u(t) - 2\left(\int_0^{t-1} d\tau \right) u(t-1) + \left(\int_1^{t-1} d\tau \right) u(t-2) =$$

$$tu(t) - 2(t-1)u(t-1) + (t-2)u(t-2)$$

与例 $1-4.3$ 类似，为直观反映信号的波形特点，可写为分段函数

$$f_1(t) * f_2(t) = \begin{cases} 0 & (t < 0 \text{ 或 } t \geqslant 2) \\ t & (0 \leqslant t \leqslant 1) \\ 2-t & (1 \leqslant t < 2) \end{cases}$$

2. $\mathrm{e}^{-\alpha t}u(t) * \sin tu(t) = \left[\int_{-\infty}^{\infty} \mathrm{e}^{-\alpha(t-\tau)} u(t-\tau) \sin \tau u(\tau)d\tau \right] u(t) =$

$$\mathrm{e}^{-\alpha t} \left[\int_0^t \mathrm{e}^{\alpha \tau} \sin \tau\, d\tau \right] u(t) \qquad (1-7)$$

应先求 $\int_0^t \mathrm{e}^{\alpha \tau} \sin \tau\, d\tau$，其被积函数形式复杂，且包含指数函数，应采用分部积分

$$\int_0^t \mathrm{e}^{\alpha \tau} \sin \tau\, d\tau = \int_0^t \left(\frac{\mathrm{e}^{\alpha \tau}}{\alpha} \right)' \sin \tau\, d\tau = \frac{\mathrm{e}^{\alpha \tau}}{\alpha} \sin \tau \Big|_0^t - \int_0^t \frac{\mathrm{e}^{\alpha \tau}}{\alpha} \cos \tau\, d\tau$$

右侧第 2 项再采用分步积分，得

$$\int_0^t \mathrm{e}^{\alpha\tau}\sin\,\tau\mathrm{d}\tau = \frac{\mathrm{e}^{\alpha\tau}}{\alpha}\sin\,\tau\,\bigg|_0^t - \frac{\mathrm{e}^{\alpha\tau}}{\alpha^2}\cos\,\tau\,\bigg|_0^t - \int_0^t \frac{\mathrm{e}^{\alpha\tau}}{\alpha^2}\sin\,\tau\mathrm{d}\tau$$

右侧并未得到积分结果,但由上式可得

$$\int_0^t \mathrm{e}^{\alpha\tau}\sin\,\tau\mathrm{d}\tau = \frac{1+\alpha^2}{\alpha^2}\left(\frac{\mathrm{e}^{\alpha\tau}}{\alpha}\sin\,\tau\,\bigg|_0^t - \frac{\mathrm{e}^{\alpha\tau}}{\alpha^2}\cos\,\tau\,\bigg|_0^t\right) = \frac{1}{1+\alpha^2}(\alpha\mathrm{e}^{\alpha t}\sin\,t - \mathrm{e}^{\alpha t}\cos\,t + 1)$$

即用间接方法求出 $\int_0^t \mathrm{e}^{\alpha\tau}\sin\,\tau\mathrm{d}\tau$。由式(1-7)得

$$\mathrm{e}^{-\alpha t}u(t) * \sin\,tu(t) = \frac{1}{1+\alpha^2}(\alpha\sin\,t - \cos\,t + \mathrm{e}^{-\alpha t})u(t)$$

1-8　$f_1(t)$ 和 $f_2(t)$ 如图 1-8.1,用图解法求其卷积。

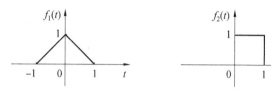

图 1-8.1

【分析与解答】

根据卷积积分定义

$$f_1(t) * f_2(t) = \int_{-\infty}^{\infty} f_1(\tau)f_2(t-\tau)\mathrm{d}\tau = \int_{-\infty}^{\infty} f_2(\tau)f_1(t-\tau)\mathrm{d}\tau$$

将 $f_1(t)$ 及 $f_2(t)$ 进行变量代换,成为关于中间变量 τ 的函数;再求 $f_1(\tau)$ 与 $f_2(t-\tau)$ 的乘积信号 $f_1(\tau)f_2(t-\tau)$(或 $f_2(\tau)$ 与 $f_1(t-\tau)$ 之积 $f_2(\tau)f_1(t-\tau)$)与 τ 轴包围的面积,即为卷积结果。这是图解法的过程。

说明:图解法是利用图解过程直观确定积分限及积分结果存在时间,仍需进行计算(求积分)。

图解过程需对两个信号中的一个进行翻转、平移等运算,为方便起见,应选择波形简单的信号。本题中,$f_2(t)$ 较简单,故由其得到 $f_2(t-\tau)$。$f_1(t)$ 为分段函数,较复杂,将其变量代换为 $f_1(\tau)$。

$f_1(\tau)$ 波形与 $f_1(t)$ 相同,只是自变量不同。为得到 $f_2(t-\tau)$,先将 $f_2(t)$ 变量代换,得到中间变量 τ 的函数 $f_2(\tau)$,如图 1-8.2;再对 $f_2(\tau)$ 沿纵轴翻转,得到 $f_2(-\tau)$。$f_2(-\tau)$ 在 τ 轴上平移,得到 $f_2(t-\tau)$。其自变量为 $-\tau+t$,由于 $f_2(-\tau)$ 的左边界横坐标为 -1,右边界为 0,因而 $f_2(t-\tau)$ 的左边界为 $t-1$,右边界为 $0+t=t$。不论 $f_2(-\tau)$ 平移到何处,$f_2(t-\tau)$ 左、右边界的坐标均为 $t-1$ 和 t;具体位置取决于平移时间 t。

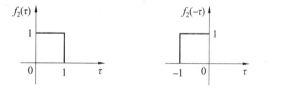

图 1-8.2

$f_2(t-\tau)$ 是 $f_2(-\tau)$ 在 τ 轴上平移的结果。如 t 取 -3 时，$f_2(t-\tau)=f_2(-3-\tau)=$ $f_2(-(\tau+3))$，即 $f_2(t-\tau)$ 是 $f_2(-\tau)$ 向左平移 3 个单位；t 取 4 时，$f_2(t-\tau)=f_2(4-\tau)=$ $f_2(-(\tau-4))$，为 $f_2(-\tau)$ 向右平移 4 个单位。

$t<0$ 时，$f_2(t-\tau)$ 是 $f_2(-\tau)$ 向左平移的结果；$t>0$ 时，是向右平移。不论矩形脉冲 $f_2(t-\tau)$ 平移到何处，在脉冲存在时间范围内，$f_2(t-\tau)$ 恒为 1。

图 1—8.2 为 $f_2(t-\tau)$ 的波形，根据 t 的不同取值范围，分为几种情况：

(1) $t<-1$，$f_2(-\tau)$ 向左平移至少 1 个时间单位，$f_2(t-\tau)$ 位于 $f_1(\tau)$ 左侧，二者没有公共部分，$f_1(\tau)f_2(t-\tau)=0$，卷积结果为 0。如图 1—8.3。

(2) $-1\leqslant t\leqslant 0$，如图 1—8.4，二者公共部分为 $-1\leqslant t\leqslant \tau$。

$$\int_{-\infty}^{\infty}f_1(\tau)f_2(t-\tau)\mathrm{d}\tau=\int_{-1}^{t}(\tau+1)\mathrm{d}\tau=\frac{1}{2}(t+1)^2$$

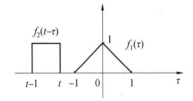

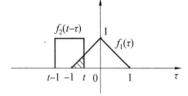

图 1—8.3　　　　　　　　　　　　　图 1—8.4

(3) $0\leqslant t\leqslant 1$，$f_1(\tau)$ 与 $f_2(t-\tau)$ 如图 1—8.5，公共部分 $t-1\leqslant\tau\leqslant t$。此时 $f_1(\tau)$ 为分段函数，即

$$f_1(\tau)=\begin{cases}\tau+1 & (-1\leqslant\tau\leqslant 0)\\ -\tau+1 & (0\leqslant\tau\leqslant 1)\end{cases}$$

积分应分为两个区间进行

$$\int_{-\infty}^{\infty}f_1(\tau)f_2(t-\tau)\mathrm{d}\tau=\int_{t-1}^{0}(\tau+1)\mathrm{d}\tau+\int_{0}^{t}(1-\tau)\mathrm{d}\tau=\frac{1}{2}(-2t^2+2t+1)=$$
$$-\left[\left(t-\frac{1}{2}\right)^2-\frac{3}{4}\right]$$

(4) $1\leqslant t\leqslant 2$，$f_2(t-\tau)$ 如图 1—8.6。

$$\int_{-\infty}^{\infty}f_1(\tau)f_2(t-\tau)\mathrm{d}\tau=\int_{t-1}^{1}(1-\tau)\mathrm{d}\tau=\frac{1}{2}(t-2)^2$$

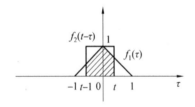

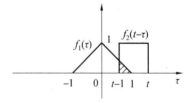

图 1—8.5　　　　　　　　　　　　　图 1—8.6

(5) $t\geqslant 2$ 时，$f_2(t-\tau)$ 平移到 $f_1(\tau)$ 右侧，如图 1—8.7。

$$\int_{-\infty}^{\infty}f_1(\tau)f_2(t-\tau)\mathrm{d}\tau=0$$

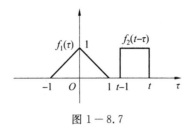

图 1－8.7

综上

$$f_1(t) * f_2(t) = \begin{cases} \dfrac{1}{2}(t+1)^2 & (-1 \leqslant t \leqslant 0) \\[2mm] -\left[\left(t-\dfrac{1}{2}\right)^2 - \dfrac{3}{4}\right] & (0 \leqslant t \leqslant 1) \\[2mm] \dfrac{1}{2}(t-2)^2 & (1 \leqslant t \leqslant 2) \\[2mm] 0 & (其他) \end{cases}$$

可见在三个时间范围内信号均为二次项,由 4 部分组成,即 $\dfrac{1}{2}t^2$ 左移 1 个单位后在 $-1 \leqslant t \leqslant 0$ 的部分;t^2 右移 $\dfrac{1}{2}$ 单位、向下平移 $\dfrac{3}{4}$ 个单位,再沿横轴翻转后在 $0 \leqslant t \leqslant 1$ 的部分;$\dfrac{1}{2}t^2$ 右移 2 个单位后在 $1 \leqslant t \leqslant 2$ 的部分;其余部分为 0。如图 1－8.8。

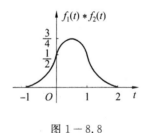

图 1－8.8

1－9 $f_1(t)$ 及 $f_2(t)$ 如图 1－9.1,试确定 $f_1(t) * f_2(t)$。

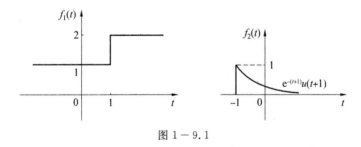

图 1－9.1

【分析与解答】

可采用两种方法。

1. 解析法

一般情况下,进行卷积的两个信号为单边或有限长信号;本题中 $f_1(t)$ 存在于整个时间范围,计算较复杂。教材中,确定卷积积分限及积分结果有效存在时间的方法均只适用于单边信号。

为此,应根据卷积图解过程判断。参与卷积的信号如存在于整个时间范围,则卷积结果也存在于整个时间范围;因为被积函数中的一个分量 $f_1(\tau)$ 分布于整个 τ 的范围,不论另一个分量 $f_2(t-\tau)$ 平移到何处,二者均有重叠部分,即 $f_1(\tau)f_2(t-\tau) \neq 0$。

首先列写信号表达式。由图 1—9.1 见,$f_1(t)$ 为直流成分与延迟的阶跃函数的叠加:$f_1(t) = 1 + u(t-1)$。$f_2(t)$ 为单边衰减指数信号 $\mathrm{e}^{-t}u(t)$ 超前(左移)1 个时间单位:$f_2(t) = \mathrm{e}^{-(t+1)}u(t+1)$。从而

$$f_1(t) * f_2(t) = [1 + u(t-1)] * \mathrm{e}^{-(t+1)}u(t+1) =$$
$$1 * \mathrm{e}^{-(t+1)}u(t+1) + u(t-1) * \mathrm{e}^{-(t+1)}u(t+1)$$

对上式右侧第 1 个分量,1 存在于整个时间范围,故 $1 * \mathrm{e}^{-(t+1)}u(t+1)$ 也存在于整个时间范围(存在时间无需用阶跃函数表示)

$$f_1(t) * f_2(t) = \int_{-\infty}^{\infty} \mathrm{e}^{-(\tau+1)}u(\tau+1)\mathrm{d}\tau + \left[\int_{-\infty}^{\infty} u(t-\tau-1)\mathrm{e}^{-(\tau+1)}u(\tau+1)\mathrm{d}\tau\right]u(t) =$$
$$\int_{-1}^{\infty} \mathrm{e}^{-(\tau+1)}\mathrm{d}\tau + \left[\int_{-1}^{t-1} \mathrm{e}^{-(\tau+1)}\mathrm{d}\tau\right]u(t) =$$
$$1 + (1 - \mathrm{e}^{-t})u(t)$$

表示为分段函数

$$f_1(t) * f_2(t) = \begin{cases} 1 & (t < 0) \\ 2 - \mathrm{e}^{-t} & (t \geqslant 0) \end{cases}$$

2. 图解法

$f_1(t)$ 为分段函数,较复杂,因而对 $f_2(\tau)$ 进行翻转和平移。

$f_2(-\tau)$ 的波形如图 1—9.2;而 $f_2(t-\tau)$ 的自变量为 $t+1$。

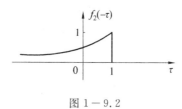

图 1—9.2

(1) $t < 0$,如图 1—9.3。

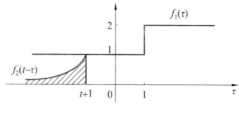

图 1—9.3

$f_2(t-\tau)$ 的右边界位于 $\tau = 1$ 的左侧,$f_1(\tau)$ 与 $f_2(t-\tau)$ 的公共部分为 $-\infty < \tau < t+1$;且在该时间范围内,$f_1(\tau)$ 恒为 1。因而

$$f_1(t) * f_2(t) = \int_{-\infty}^{\infty} f_1(\tau) f_2(t-\tau) d\tau = \int_{-\infty}^{t+1} e^{-(t-\tau+1)} d\tau =$$

$$e^{-(t+1)} \cdot e^{\tau} \Big|_{-\infty}^{t+1} = 1$$

可见卷积结果为常数。原因为：$t < 0$ 时，不论 $f_2(t-\tau)$ 平移至何处，$f_1(\tau) f_2(t-\tau)$ 与横轴包围的面积（如阴影所示）的值不变。

（2）$t \geqslant 0$，如图 $1-9.4$。

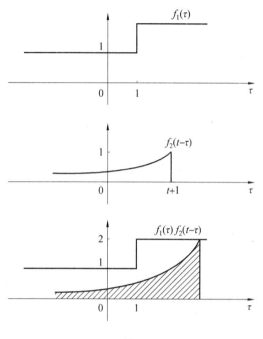

图 $1-9.4$

$f_2(t-\tau)$ 的右边界位于 $\tau=1$ 的右侧，由于 $f_1(\tau)$ 是分段函数，在 $\tau=1$ 处发生跳变；因而将 $f_1(\tau) f_2(t-\tau)$ 的公共部分分为两部分，即 $\tau \leqslant 1$ 及 $\tau > 1$，积分在两个区间分别进行

$$f_1(t) * f_2(t) = \int_{-\infty}^{1} e^{-(t-\tau+1)} d\tau + \int_{1}^{t+1} 2e^{-(t-\tau+1)} d\tau =$$

$$e^{-(t+1)} \cdot e^{\tau} \Big|_{-\infty}^{1} + 2e^{-(t+1)} \cdot e^{\tau} \Big|_{1}^{t+1} = 2 - e^{-t}$$

综上
$$f_1(t) * f_2(t) = \begin{cases} 1 & (t < 0) \\ 2 - e^{-t} & (t \geqslant 0) \end{cases}$$

与解析法结果相同，波形如图 $1-9.5$。

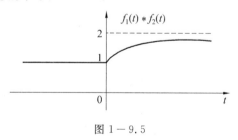

图 $1-9.5$

1－10 已知 $x_1(n)$ 的存在时间范围为 $N_1 \leqslant n \leqslant N_2$，$x_2(n)$ 的存在范围为 $N_3 \leqslant n \leqslant N_4$，$y(n) = x_1(n) * x_2(n)$，试确定 $y(n)$ 的存在时间范围。

【分析与解答】

本题中没有给出 $x_1(n)$ 与 $x_2(n)$ 的表达式，因而求二者卷积和不可能，也无必要。

由 $y(n) = \sum_{m=-\infty}^{\infty} x_1(m)x_2(n-m)$，$y(n)$ 是否为 0 取决于 $x_1(m)$ 与 $x_2(n-m)$ 是否有公共部分。

可借助图解过程。$x_1(m)$ 及 $x_2(-m)$ 的存在范围示意图如图 1－10（N_1，N_2，N_3，N_4 为任意整数；为方便起见，假设均为正整数，且 $x_1(n)$ 与 $x_2(n)$ 均为有限长序列）。

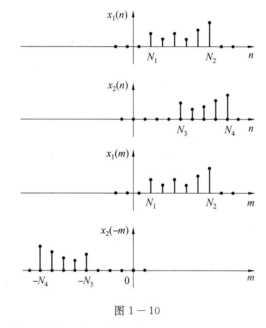

图 1－10

$x_2(n-m)$ 由 $x_2(-m)$ 平移得到，不同平移范围的 $x_1(m)$ 与 $x_2(n-m)$ 的 3 种不同关系如下：

(1) $x_2(-m)$ 平移值小于 $N_1 + N_3$，即 $n < N_1 + N_3$。

此时 $x_2(n-m)$ 右边界平移至 $x_1(m)$ 左边界左侧，二者没有公共部分，$y(n) = 0$。

(2) $x_2(-m)$ 平移值大于等于 $N_1 + N_3$，且小于等于 $N_2 + N_4$，即 $N_1 + N_3 \leqslant n \leqslant N_2 + N_4$。

此时 $x_2(n-m)$ 右边界平移至 $x_1(m)$ 左边界的右侧，且左边界平移至 $x_1(m)$ 右边界左侧，二者有公共部分，$y(n)$ 存在。

(3) $x_2(-m)$ 平移值大于 $N_2 + N_4$，即 $n > N_2 + N_4$。

此时 $x_2(n-m)$ 左边界平移至 $x_1(m)$ 右边界右侧，二者没有公共部分，$y(n) = 0$。

综上，$y(n)$ 存在时间为

$$N_1 + N_3 \leqslant n \leqslant N_2 + N_4$$

　　卷积和存在时间由参与卷积的两个序列的存在时间决定；对两个连续时间信号卷积积分的存在时间，可得到类似结果。如果两个信号均为单边信号，则卷积结果为单边信号；只要有一个信号为双边信号，则卷积结果为双边信号；如果两个信号均为有限长信号，则卷积结果也为有限长信号。

　　1—11　　线性时不变系统的初始储能为 0，激励为 $e_1(t)$ 时系统响应为 $r_1(t)$，如图 $1—11.1$。试画出激励 $e_2(t)$ 时系统响应 $r_2(t)$ 的波形。

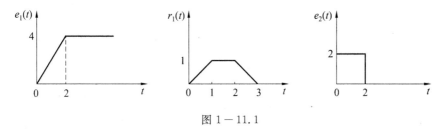

图 $1—11.1$

【分析与解答】

　　$r_1(t)$ 及 $r_2(t)$ 均指零状态响应。为求 $e_2(t)$ 的零状态响应，一种考虑是先确定 $h(t)$，再求 $r_2(t)=e_2(t)*h(t)$。但由 $e_1(t)$ 及 $r_1(t)$ 在时域无法确定 $h(t)$；即由 $r_1(t)=\int_{-\infty}^{\infty}e_1(\tau)h(t-\tau)\mathrm{d}\tau$，用卷积结果和参与卷积的一个信号来求另一个信号是反卷积问题。反卷积在时域无法实现，只能在变换域实现，如第 3 章的频域或第 4 章的复频域分析。但本题中无需采用上述方法。

　　根据图 $1—11.1$，$e_2(t)$ 与 $e_1(t)$ 存在关系

$$e_2(t)=\frac{1}{2}\cdot\frac{\mathrm{d}e_1(t)}{\mathrm{d}t}$$

　　由
$$\begin{cases}r_1(t)=e_1(t)*h(t)\\r_2(t)=e_2(t)*h(t)\end{cases}$$

根据卷积微分性质，参与卷积的一个信号微分后，卷积结果变为原来的微分，从而

$$r_2(t)=\frac{1}{2}\cdot\frac{\mathrm{d}r_1(t)}{\mathrm{d}t}$$

　　如图 $1—11.2$。

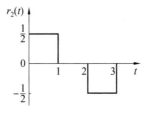

图 $1—11.2$

　　即系统激励微分后，零状态响应也为原来的微分。这可由系统的线性时不变性进行解释。设

$$e(t)\to r(t)$$

根据线性特性,有

$$\int_{0^-}^{t} e(\tau)\mathrm{d}\tau \to \int_{0^-}^{t} r(\tau)\mathrm{d}\tau$$

等效表示为,若

$$\int_{0^-}^{t} e(\tau)\mathrm{d}\tau \to \int_{0^-}^{t} r(\tau)\mathrm{d}\tau \qquad (1-11\mathrm{a})$$

则

$$e(t) \to r(t) \qquad (1-11\mathrm{b})$$

显然,$e(t)$ 和 $r(t)$ 分别为 $\int_{0^-}^{t} e(\tau)\mathrm{d}\tau$ 和 $\int_{0^-}^{t} r(\tau)\mathrm{d}\tau$ 的微分。

1—12　设系统响应为 $r(t)$,试判别下列系统的线性、时不变性与因果性。

1. $r(t) = \begin{cases} 1 & (t < \tau) \\ 3e(t) & (t \geqslant \tau) \end{cases}$ 　　　2. $r(t) = \sum_{n=-\infty}^{\infty} e(t)\delta(t-nT)$

3. $r(t) = 9e(2t)$ 　　　　　　　　4. $r(t) = e(1-t)$

【分析与解答】

这里 $r(t)$ 均指零状态响应。

1. 为便于分析,$r(t)$ 表示为

$$r(t) = u(\tau-t) + 3e(t)u(t-\tau)$$

（1）非线性

$r(t)$ 中,只有 $t \geqslant \tau$ 的分量即 $3e(t)u(t-\tau)$ 随 $e(t)$ 进行变化。而 $t < \tau$ 的分量即 $u(\tau-t)$ 与 $e(t)$ 无关。显然 $r(t)$ 不随 $e(t)$ 进行线性变化,响应与激励之间不是线性关系。

（2）时变

根据时不变的定义,若

$$e(t) \to r(t)$$

则 $e(t-t_0) \to r(t-t_0)$,其中 t_0 为任意常数。即激励延迟任意时间后,响应与原响应相比波形相同,只是延迟了一个相同的时间。其物理意义为:在任意时刻,系统对激励的作用都相同,即系统特性不随时间改变。

$r(t)$ 为分段函数,跳变点 τ 为常数。为便于判断,设 $\tau=1$;可设 $e(t)$ 为某确定的信号。

如 $e(t) = u(t-1)$,响应 $r_1(t) = \begin{cases} 1 & (t<1) \\ 3 & (t \geqslant 1) \end{cases}$,如图 $1-12.1(\mathrm{a})$。激励 $e(t-1)$ 时,响应

$r_2(t) = \begin{cases} 1 & (t<1) \\ 3 & (t \geqslant 2) \end{cases}$,如图 $1-12.1(\mathrm{b})$。比较 $r_1(t)$ 与 $r_2(t)$,可见二者不存在延迟关系。即激励延迟 1 个单位时,响应没有延迟相同时间;表明当前时刻与 1 个时间单位后的系统特性不同,为时变系统。

时变特性由输入—输出关系 $r(t) = \begin{cases} 1 & (t<\tau) \\ 3e(t) & (t \geqslant \tau) \end{cases}$ 决定。$t < \tau$ 时,响应与激励无关,显然不会随激励进行相应的延时。

（3）非因果

不论是否存在激励,$t < \tau$ 时均有输出 $r(t) = 1$,不符合因果性。

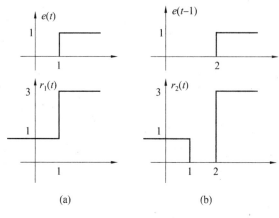

图 1－12.1

2.系统输入－输出关系写为

$$r(t) = e(t)\left[\sum_{n=-\infty}^{\infty}\delta(t-nT)\right]$$

其中 $\sum_{n=-\infty}^{\infty}\delta(t-nT)$ 为周期冲激信号，系统是对激励信号进行取样，且取样周期为 T（有关取样的问题在第 5 章学习）。

（1）线性

输入－输出方程右侧只有 $e(t)$ 的线性运算，即 $e(t)$ 的一次项及迭加（$\sum$）运算，不包含高次项及交叉相乘项（如 $e(t)e(t-1)$）。因而 $r(t)$ 为 $e(t)$ 的线性组合，$r(t)$ 与 $e(t)$ 的方程为线性方程。

或者，根据线性定义，设 $e_1(t)\rightarrow r_1(t)$，$e_2(t)\rightarrow r_2(t)$，则激励 $a_1e_1(t)+a_2e_2(t)$ 时，代入输入－输出方程，响应为 $a_1r_1(t)+a_2r_2(t)$。

（2）时变

取样后，系统响应丢失激励信号的一些信息；不同时刻，系统对激励的取样作用不同，即为时变系统。

假定 $e_1(t)$ 为某个确定的信号，即跳变时刻在 $(-T,0)$ 间的阶跃信号，得到 $r(t)$，如图 1－12.2(a)；将 $e_1(t)$ 延时得到 $e_2(t)$，设 $e_2(t)$ 中阶跃项跳变时刻发生在 $t=0$ 前，如图 1－12.2(b)。

可见 $r_1(t)=r_2(t)$。即激励延迟后，响应没有进行相应的延迟，表明延迟前与延迟后系统对激励的作用不同，为时变系统。

（3）因果

没有激励时不会产生响应，满足因果性。

3.系统作用是将激励信号压缩 2 倍，且幅度放大 9 倍。

（1）线性

方程右侧只包括激励的 1 次项，响应与激励为线性关系。

（2）时变

设 $e_1(t)$ 如图 1－12.3(a)，响应为 $r_1(t)$；$e(t)$ 延迟 1 个单位后，响应如图 1－12.3(b)。

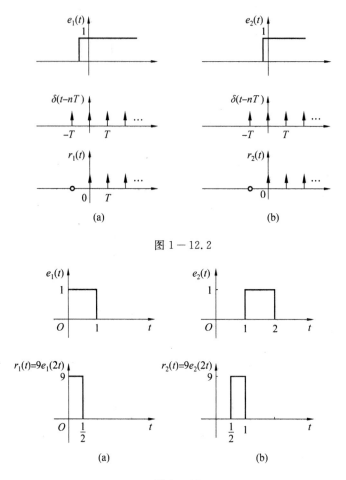

图 1－12.2

图 1－12.3

可见,激励延迟 1 个单位,响应延迟 1/2 个单位,即响应不与激励同步变化。

原因为,系统将激励波形压缩 2 倍,响应间的时间延迟只是激励间的一半。如果系统对激励具有压缩或展宽作用(响应与激励存在时间尺度变化),响应不可能与激励保持同步延迟,表明不同时刻系统对激励的作用不同。

(3) 非因果

由图 1－12.3(b),激励为 $e_2(t)$ 时,$t=1/2$ 时激励未加入但响应已存在。

系统具有压缩或展宽作用时,为非因果系统,即波形压缩或展宽在物理上不可实现。

4. 响应是激励的一次项,因而是线性系统。

$r(t)=e(-(t-1))$,系统将激励信号沿纵轴翻转,再延时 1 个单位。响应与激励在时间上进行了尺度变换(变换系数为 -1),与第 3 题类似,系统为时变和非因果。

进行验证。设 $e_1(t)$ 为 $u(t)$,响应 $r_1(t)$ 如图 1－12.4(a)。可见,$t<0$ 激励未加入,已有响应存在。

设 $e_2(t)$ 为 $e(t)$ 延时 2 个单位,响应如图 1－12.4(b)。可见激励延迟 2 个单位后,响应比原响应超前 2 个单位。原因为系统对激励有时间上的翻转作用。

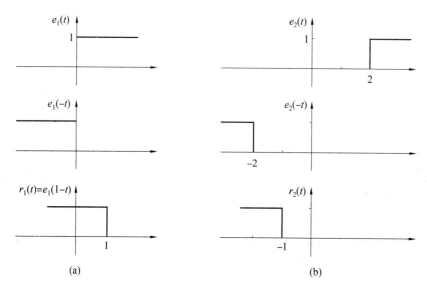

图 1－12.4

1－13 已 知 $f_1(t) = u(t+1) - u(t-1)$，$f_2(t) = \delta(t+5) - \delta(t-5)$，$f_3(t) = \delta\left(t+\dfrac{1}{2}\right) - \delta\left(t-\dfrac{1}{2}\right)$，试画出下列卷积的波形。

1. $f(t) = f_1(t) * f_2(t)$ 2. $f(t) = f_1(t) * f_3(t)$

3. $f(t) = f_1(t) * f_2(t) * f_3(t)$

【分析与解答】

$f_2(t)$ 与 $f_3(t)$ 均由平移后的单位冲激信号组合得到，$f_1(t)$ 与其卷积是在 $f_1(t)$ 时间上平移再相应组合得到，即将 $f_1(t)$ 的自变量进行变量代换。需应用 $\delta(t)$ 的性质

$$f(t) * \delta(t - t_0) = f(t - t_0)$$

即冲激信号与连续信号的卷积，相当于对后者平移，平移时间为冲激作用时刻。

$f_1(t)$ 为幅度为 1、宽度为 2、纵轴对称的矩形脉冲。从波形上看，$f_1(t) * f_2(t)$ 为 $f_1(t)$ 左、右各平移 5 个单位；$f_1(t) * f_2(t) * f_3(t) = [f_1(t) * f_2(t)] * f_3(t)$ 为将 $f_1(t) * f_2(t)$ 的波形左、右各平移 1/2 个单位。

1－14 已 知 $x_1(n) = u(n) - u(n-3)$，$x_2(n) = (3-n)[u(n) - u(n-3)]$，$x_3(n) = \delta(n-2) - \delta(n+2)$，试画出下列卷积和的波形。

1. $y(n) = x_1(n) * x_2(n)$ 2. $y(n) = x_1(n) * x_3(n)$

3. $y(n) = x_1(n) * x_2(n) * x_3(n)$

【分析与解答】

$\delta(n)$ 与序列的卷积和与例 1－13 中 $\delta(t)$ 与连续信号的卷积积分类似，有

$$x(n) * \delta(n - n_0) = x(n - n_0) \qquad (1-14)$$

即单位函数序列与序列的卷积和，相当于对其平移，平移时间即单位函数序列的作用时刻。

$x_1(n)$ 及 $x_2(n)$ 存在时间较短，只位于 3 个时刻上，因而可容易地由 $\delta(n)$ 的延时加权和

表示：

$$\begin{cases} x_1(n) = \delta(n) + \delta(n-1) + \delta(n-2) \\ x_2(n) = 3\delta(n) + 2\delta(n-1) + \delta(n-2) \end{cases}$$

1.将上式 $x_1(n)$ 与 $x_2(n)$ 代入，将各项展开，利用式(1-14)计算，其中需应用

$$\delta(n-n_1) * \delta(n-n_2) = \delta(n-n_1-n_2)$$

再进行合并。

或者

$$y(n) = [\delta(n) + \delta(n-1) + \delta(n-2)] * x_2(n) = x_2(n) + x_2(n-1) + x_2(n-2)$$

即 $y(n)$ 包括 3 个分量，分别为 $x_2(n)$ 及其延时 1 及 2 个单位。

2. $x_3(n)$ 包括单位函数序列分别左移和右移两个分量，因而 $y(n)$ 也相应地包括两个分量：分别为 $x_1(n)$ 左移和右移 2 个单位。

1-15 周期为 T 的单位冲激序列：$\delta_T(t) = \sum\limits_{m=-\infty}^{\infty} \delta(t-mT)$，$m$ 为整数；如图 1-15.1(a)；$f_0(t)$ 如图 1-15.1(b)。试求 $f(t) = f_0(t) * \delta_T(t)$，并画出波形。

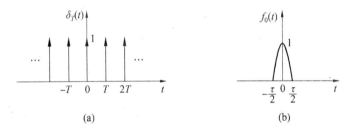

图 1-15.1

【分析与解答】

$$f(t) = f_0(t) * \delta_T(t) = f_0(t) * \sum_{m=-\infty}^{\infty} \delta(t-mT) = \sum_{m=-\infty}^{\infty} [f_0(t) * \delta(t-mT)] =$$

$$\sum_{m=-\infty}^{\infty} f_0(t-mT) \tag{1-15}$$

为 $f_0(t)$ 的周期延拓，且周期为 T，如图 1-15.2。

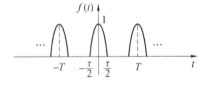

图 1-15.2

以上应用了 $\delta(t)$ 的卷积平移性质：$f(t) * \delta(t-t_0) = f(t-t_0)$。由式(1-15)可见，$f(t)$ 与周期冲激信号的卷积是将 $f(t)$ 进行周期延拓：主周期($t=0$ 附近的周期)即为 $f(t)$，其周期与冲激信号的周期相同。

有关周期延拓的内容在第 3 章中连续信号的傅里叶变换部分还要涉及。

第 2 章

连续时间系统的时域分析

概念与解题提要

1. 基本内容

本章主要内容为基于时域方法进行连续时间系统的响应求解及系统特性分析,这里的系统为线性时不变系统。非线性时不变系统不能用 $e(t) * h(t)$ 求解零状态响应。

2. 电路作为系统的主要特点

本门课中,连续系统输入－输出关系一般用微分方程表示,原因为这里连续系统主要以电路为例。《电路分析》为先修课,用电路作为一个具体系统较易理解。

电路包括 3 种元件:电阻 R、电容 C 及电感 L。与每个元件相关的信号包括两个:流过的电流 $i(t)$ 及两端电压 $u(t)$。

电阻为线性元件,电压与电流为线性关系

$$u(t) = Ri(t) \tag{2-0.1}$$

显然其不是储能元件:没有电流流过时其电压为 0,即没有能量。

对于电容,电压与电流为积分关系

$$u(t) = \frac{1}{C} \int_{-\infty}^{t} i(\tau) \, \mathrm{d}\tau \tag{2-0.2}$$

其具有储能作用:对过去时间的电流有积累作用,即使没有电流流过,仍然存在电压。上式为线性方程,因为积分是求和(无穷多分量的迭加),因而电容为线性元件,其输入－输出为线性关系。

对于电感,与电容相反,其电压与电流关系为微分,即

$$u(t) = L \frac{\mathrm{d}i(t)}{\mathrm{d}t} \tag{2-0.3}$$

微分与积分为逆运算,微分可用积分等效表示(交换系统输入与输出的位置),因而电感也具有能量积累作用,为储能元件。上式也为线性方程,因而电感也为线性元件。

对每种电路元件,由式(2－0.1)、式(2－0.2)及式(2－0.3)可见,其电压与电流的时间自变量相同,均为 t;因而电压与电流同时存在,这表明电阻、电容与电感均没有延时作用。所以由它们构成的电路也没有延时作用,激励与响应同时存在,因而电路均为因果系统。从另一方面考虑,电阻、电容与电感组成的系统都可以实现,因而必然是因果的。

电路作为系统时,系统输入及输出为电路元件的电压或电流。由式(2－0.1)、

（2－0.2）及式（2－0.3）可见，电路元件的方程为线性、微分或积分方程。因而描述系统输入－输出关系的方程为微分积分方程，可化为标准微分方程。如有 n 个储能元件（电容或电感），则输入－输出关系为 n 个一阶微分或积分方程的组合，可等效为 n 阶微分方程。因而，电路中储能元件的个数即为系统阶数。

电阻、电感、电流的电压－电流方程均为线性方程；由它们构成电路后，不论取哪个电压或电流作为激励或响应，得到的微分方程均为线性方程，所以系统为线性系统。且电路参数 R、L 和 C 为常数，因而系统为时不变系统。

电路是连续系统的一种具体形式，本章例题不过多涉及电路本身的问题，这并不是本门课程要讨论的重点。

3. 信号的时域分解思想

本门课程的核心思想是信号分解。第 1 章中的分解是将信号分解为一些正交函数分量的叠加，本章的信号分解是基于冲激信号的分解，即将信号按时间分解为无穷多个分量。设信号为单边信号，则

$$f(t) = \int_{0^-}^{t} f(\tau)\delta(t-\tau)\,\mathrm{d}\tau$$

式中，$\delta(t-\tau)$ 用于表示任意时刻 τ；$f(\tau)$ 表示该时刻的信号值；积分表示将所有时刻的信号叠加。

上式的冲激信号分解是对信号波形在横轴（时间轴）进行分解，而阶跃信号分解是对信号波形在纵轴（幅度轴）进行分解，即

$$f(t) = f(0)u(t) + \int_{0^+}^{t} f'(\tau)u(t-\tau)\,\mathrm{d}\tau$$

式中，右侧第 1 项中 $f(0)$ 为信号在 0 时刻的初始值；第 2 项中，$f'(\tau)$ 为 τ 时刻信号的微分，即与上一时刻相比，信号当前时刻的幅度增加值；$u(t-\tau)$ 表示该信号分量的起始时刻为 τ；$f'(\tau)u(t-\tau)$ 为矩形脉冲。

上式物理意义为：在幅度上将信号分解为无穷多个分量，并对各幅度的信号分量进行叠加。

4. 响应与激励最高微分项阶数的关系对系统特性的影响

（1）响应与激励最高微分项阶数的关系对系统性能的影响

微分方程中，响应与激励最高微分项阶数的关系有 3 种情况，决定了 $h(t)$ 的 3 种不同形式。

① 常规情况：微分方程左侧响应最高微分项阶数高于右侧激励最高微分项阶数，此时系统对激励具有积分作用，而没有幅度放大（或衰减）作用。如微分方程 $\dfrac{\mathrm{d}r(t)}{\mathrm{d}t} = 2e(t)$，输入－输出关系等效为 $r(t) = \int_0^t 2e(\tau)\,\mathrm{d}\tau$，此时 $h(t)$ 中不包含 $\delta(t)$ 及其微分项。

② 响应与激励最高微分项阶数相同。此时系统除积分外，还有幅度放大（或衰减）作用，因而 $h(t)$ 中包含 $\delta(t)$ 但不包含其微分项。

③ 响应最高阶微分项阶数低于激励，系统有微分作用。如 $\dfrac{\mathrm{d}r(t)}{\mathrm{d}t} = 2\dfrac{\mathrm{d}^3 e(t)}{\mathrm{d}t^3}$，等效于

$r(t) = 2\dfrac{\mathrm{d}^2 e(t)}{\mathrm{d}t^2}$，即系统对输入具有 2 阶微分作用，此时 $h(t)$ 中包含 $\delta(t)$ 的微分项。

（2）微分或积分后信号波形的变化

积分使信号波形变得平滑，可用第 1 章中 4 个奇异函数的关系说明，即 $\delta'(t) \xrightarrow{\text{积分}}$ $\delta(t) \xrightarrow{\text{积分}} u(t) \xrightarrow{\text{积分}} tu(t)$，如图 2-0.1。可见，积分过程中波形逐渐平滑：在 $t=0$ 时刻，$\delta'(t)$ 在瞬时时刻信号值从 0 分别跳变到 ∞ 和 $-\infty$，而 $\delta(t)$ 信号值只从 0 跳变到 ∞，$u(t)$ 的跳变值减小，只是跳变到一个确定值 1，而 $tu(t)$ 已没有跳变。

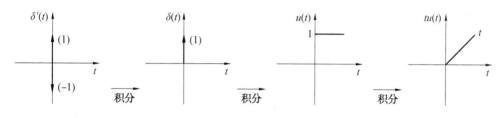

图 2-0.1

上述过程可等效表示为：$tu(t) \xrightarrow{\text{微分}} u(t) \xrightarrow{\text{微分}} \delta(t) \xrightarrow{\text{微分}} \delta'(t)$，如图 2-0.2。可见，微分后信号波形平滑性变差，并出现跳变，甚至不稳定：$tu(t)$ 波形连续，$u(t)$ 从 0 跳变为常数，$\delta(t)$ 从 0 跳变为 ∞，$\delta'(t)$ 从 0 分别跳变到 ∞ 和 $-\infty$。

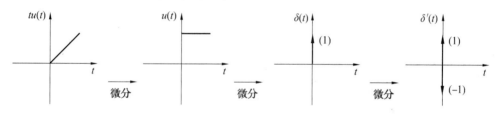

图 2-0.2

实际中，要求系统输出幅度确定、波形平滑的信号，因而系统应具有积分作用，所以通常微分方程响应最高微分项阶数高于激励。本章学习的系统模拟框图，基本运算单元用积分器而不用微分器，就是这个原因。

5. 特解形式

特解形式与激励 $e(t)$ 类似，如教材中表 2.3.2"典型激励信号对应的特解形式"所示。原因：方程右侧代入 $e(t)$ 后，为 $e(t)$ 及各阶微分项的线性组合；方程左侧为特解及各阶微分项的线性组合；因而只有特解形式与 $e(t)$ 类似，两端才能保持平衡，方程才能成立。

6. 两种响应求解方法的比较

（1）微分方程的经典解法

通过解微分方程来求解系统响应是数学问题，计算过程复杂。根据微分方程解中不同分量形式上的特点，划分为齐次解及特解两个分量。将齐次解称为系统自由响应分量，特解称为受迫响应分量。自由响应与受迫响应的划分只是基于其信号形式。求解自由响应系数的过程很复杂，要首先根据特征根确定自由响应形式，再求出受迫响应表达式，二者相加得到全响应形式；为求解自由响应中的系数，再代入全响应的初始条件，即 0^+ 条件。

信号作用于系统有一个起始时刻,为计算方便起见,定义激励开始作用于系统的瞬时时刻为 0 时刻。显然,0^+ 条件已包括激励的作用,$r(0^+)$ 包含了零状态响应分量 $r_{zs}(0^+)$。但通常已知条件只是 0^- 条件,其反映激励作用前瞬时时刻的系统初始储能。因而如采用经典解法,需由 0^- 条件确定 0^+ 条件,为此需求响应在 0 时刻的跳变。为此,除冲激函数平衡法外,还可求 $r_{zs}(t)$,而 $r_{zs}(0) = r_{zs}(t) \Big|_{t=0}$ 即为跳变值,但求解过程更复杂。

（2）分别求 $r_{zi}(t)$ 及 $r_{zs}(t)$

这种方法物理意义明确,且计算过程比解微分方程容易。$r_{zi}(t)$ 的求解容易:形式易确定,由特征根决定(与自由响应形式类似);而求解系数只需 0^- 条件,且只需解线性方程组。

$r_{zs}(t)$ 求解复杂,需由微分方程求出 $h(t)$(形式通常与自由响应及 $r_{zi}(t)$ 类似,但激励微分项最高阶数高于响应(即系统阶数)时,$h(t)$ 中还包括 $\delta(t)$ 及微分项),再求 $e(t) * h(t)$。

用拉普拉斯变换法求解 $r_{zs}(t)$ 可使求解过程大大简化。和第 1 章中与卷积有关的问题类似,学习第 4 章后,可将本章中所有计算 $r_{zs}(t)$ 的问题用拉普拉斯变换法求解,并与时域法的结果比较。

7. 零输入响应的线性

系统线性是用于描述系统输入－输出关系的一种特性;由激励与零状态响应间的关系决定。系统线性与零输入响应无关,因为后者不是由外部激励引起的。

但是,从另一方面考虑,零输入响应与系统初始储能呈线性关系(即均匀性),即零输入响应随初始储能的变化而线性变化。说明如下:设系统为 n 阶系统,特征根均为单根且为 $\alpha_1, \alpha_2, \cdots, \alpha_n$;初始储能为 $r(0^-), r'(0^-), \cdots, r^{(n-1)}(0^-)$,则 $r_{zi}(t) = \sum_{i=1}^{n} c_i e^{\alpha_i t}$,而系数由

$$\begin{cases} r(0^-) = c_1 + c_2 + \cdots + c_n \\ r'(0^-) = c_1 \alpha_1 + c_2 \alpha_2 + \cdots + c_n \alpha_n \\ \vdots \\ r^{(n-1)}(0^-) = c_1 \alpha_1^{n-1} + c_2 \alpha_2^{n-1} + \cdots + c_n \alpha_n^{n-1} \end{cases}$$

求解。写为矩阵方程

$$r(0^-) = Ac$$

式中,$r(0^-)$ 为所有初始状态构成的初始状态列向量;A 是由方程组中各方程系数构成的矩阵;c 为系数 $c_1, c_2, \cdots, c_n$ 构成的系数列向量。

由上式得

$$c = A^{-1} r(0^-)$$

可见,初始储能 $r(0^-)$ 变化后,c 随其线性变化,从而 $r_{zi}(t)$ 也随其线性变化。但这种线性与系统输入－输出关系中线性是两个不同概念。

8. 各种响应分量间的关系

全响应中各响应分量的关系较复杂。$r_{zi}(t)$ 与自由响应形式类似,但其系数由 0^- 决定,而自由响应的系数与 0^+ 有关;显然自由响应包含的信号成分多于 $r_{zi}(t)$,因而 $r_{zi}(t)$ 为自由响应的一部分。

另一方面，$r_{zs}(t)$ 中的一部分属于自由响应，另一部分为受迫响应。在学习第 4 章系统的拉普拉斯变换法后，将激励、系统特性及 $r_{zs}(t)$ 的关系

$$r_{zs}(t) = e(t) * h(t)$$

在复频域表示后，容易得到上述结论。

9. 周期信号作用下，线性时不变系统的零状态响应也为周期信号，且周期与激励信号相同

设激励信号

$$e(t) = \sum_{n=-\infty}^{\infty} e_0(t - nT)$$

其周期为 T，$e_0(t)$ 为其主周期 $(-T/2, T/2)$ 内的信号。

设 $e_0(t)$ 的零状态响应为 $r_0(t)$，即

$$e_0(t) \to r_0(t)$$

由系统时不变性

$$e_0(t - nT) \to r_0(t - nT)$$

由系统线性

$$\sum_{n=-\infty}^{\infty} e_0(t - nT) \to \sum_{n=-\infty}^{\infty} r_0(t - nT)$$

从而

$$e(t) = \sum_{n=-\infty}^{\infty} r_0(t - nT)$$

可见响应为 $r_0(t)$ 的周期延拓，且周期仍为 T。

例题分析与解答

2－1　试判别下列系统的线性、时不变性与因果性。

$$\frac{d^2 r(t)}{dt^2} + 2 \frac{dr(t)}{dt} + 2r^2(t) = t \frac{de(t)}{dt} + 2e(t+1)$$

【分析与解答】

(1) 非线性

线性常系数微分方程表示线性时不变系统。该微分方程不是线性常系数方程，故不是线性时不变系统。

线性运算包括两种：相加及相乘（乘以常系数）。该微分方程包括非线性项 $r^2(t)$（高次项），输入－输出不满足线性关系。

如系统 $r(t) = e^3(t)$：激励 $e_1(t)$ 时零状态响应 $r_1(t) = e_1^3(t)$；激励 $e_2(t)$ 时零状态响应 $r_2(t) = e_2^3(t)$；激励 $e_1(t) + e_2(t)$ 时，零状态响应

$$r_3(t) = [e_1(t) + e_2(t)]^3 = e_1^3(t) + 3e_1^2(t)e_2(t) + 3e_2^3(t)e_1(t) + e_2^3(t) =$$
$$r_1(t) + r_2(t) + 3e_1^2(t)e_2(t) + 3e_2^3(t)e_1(t) \neq$$
$$r_1(t) + r_2(t)$$

不满足迭加性。

另一方面,激励 $e(t)$ 时零状态响应为 $e^3(t)$;激励 $ae(t)$ 时零状态响应为 $a^3 e^3(t)$;即激励变化 a 倍时零状态响应变化 a^3 倍,因而不满足均匀性。

（2）时变

微分方程中,有系数不为常数（$\dfrac{\mathrm{d}e(t)}{\mathrm{d}t}$ 项的系数为 t）,不同时刻系数值不同,即系统输入－输出关系随时间变化。

（3）非因果

微分方程右侧响应最高自变量大于左侧激励最高自变量,为非因果。

方程右侧有 $2e(t+1)$ 项,表明 t 时刻响应与下一时刻（$t+1$）激励有关,即响应早于激励 1 个单位。

2－2 系统 $2\dfrac{\mathrm{d}^2 r(t)}{\mathrm{d}t^2} + 3\dfrac{\mathrm{d}r(t)}{\mathrm{d}t} + 4r(t) = \dfrac{\mathrm{d}e(t)}{\mathrm{d}t}$, $r(0^-)=1$, $r'(0^-)=1$, $e(t)=u(t)$。

判断响应 $r(t)$ 在 0 时刻是否发生跳变,并求 $r(0^+)$ 及 $r'(0^+)$。

【分析与解答】

二阶微分方程表示一个二阶系统;描述其初始储能需要两个初始条件,通常用 $r(0^-)$ 及 $r'(0^-)$ 表示。

作为方程,等式左右两侧最高阶微分项的信号形式必然对应。

左侧最高阶微分项 $2\dfrac{\mathrm{d}^2 r(t)}{\mathrm{d}t^2}$;右侧最高阶微分项 $\dfrac{\mathrm{d}e(t)}{\mathrm{d}t} = \delta(t)$。

则 $2r''(t)$ 与 $\delta(t)$ 相对应 $\qquad\qquad 2r''(t) \to \delta(t)$

降阶 $\qquad\qquad\qquad\qquad\qquad r'(t) \to \dfrac{1}{2}u(t) \qquad\qquad\qquad\qquad (2-2)$

$u(t)$ 在 $t=0$ 信号值从 0 跳变到 1,左侧 $r'(t)$ 的跳变值应与右侧 $\dfrac{1}{2}u(t)$ 相同,则

$$r'(0^+) - r'(0^-) = \dfrac{1}{2}$$

则 $\qquad\qquad\qquad\qquad r'(0^+) = r'(0^-) + \dfrac{1}{2} = \dfrac{3}{2}$

式（2－2）再降阶

$$r(t) \to \dfrac{1}{2}tu(t)$$

右侧 $\dfrac{1}{2}tu(t)$ 在 $t=0$ 无跳变,则 $r(t)$ 也应无跳变,即

$$r(0^+) = r(0^-) = 1$$

由上可见,系统初始条件在 $t=0$ 是否跳变,只取决于激励与响应最高阶微分项的相对关系及 $e(t)$ 形式。

2－3 已知系统:

1. $\dfrac{\mathrm{d}^2 r(t)}{\mathrm{d}t^2} + 3\dfrac{\mathrm{d}r(t)}{\mathrm{d}t} + 2r(t) = \dfrac{\mathrm{d}e(t)}{\mathrm{d}t} + 3e(t)$

且 $r(0^-)=1$, $r'(0^-)=2$, $e(t)=u(t)$。

$$2. \frac{\mathrm{d}^2 r(t)}{\mathrm{d}t^2} + 2\frac{\mathrm{d}r(t)}{\mathrm{d}t} + r(t) = \frac{\mathrm{d}e(t)}{\mathrm{d}t}$$

且 $r(0^-)=1, r'(0^-)=2, e(t)=\mathrm{e}^{-t}u(t)$。

试求全响应,并指出其零输入响应、零状态响应、自由响应、受迫响应各分量,及 0^+ 时刻边界值。

【分析与解答】

可先求 $r_{zi}(t)$ 及 $r_{zs}(t)$,再由全响应信号形式确定自由响应与受迫响应分量。这种方法物理意义明确,且求解过程相对简单。而直接求解自由响应及受迫响应则太复杂,且由其得到的全响应中无法确定 $r_{zi}(t)$ 及 $r_{zs}(t)$,因为它们无法根据信号形式进行区分。

1.(1)$r_{zi}(t)$

特征方程 $\qquad\qquad\qquad\qquad\alpha^2 + 3\alpha + 2 = 0$

特征根 $\qquad\qquad\qquad\qquad\alpha_1 = -1, \alpha_2 = -2$

$$r_{zi}(t) = c_1\mathrm{e}^{-t} + c_2\mathrm{e}^{-2t}$$

$$r_{zi}'(t) = -c_1\mathrm{e}^{-t} - 2c_2\mathrm{e}^{-2t}$$

代入初始条件有 $\begin{cases} c_1 + c_2 = 1 \\ -c_1 - 2c_2 = 2 \end{cases}$,得 $\begin{cases} c_1 = 4 \\ c_2 = -3 \end{cases}$,则

$$r_{zi}(t) = (4\mathrm{e}^{-t} - 3\mathrm{e}^{-2t})u(t)$$

$r_{zi}(t)$ 由 0^- 条件产生,因而在 0^- 之后存在,故用 $u(t)$ 表示。$r_{zi}(t)$ 由系统内部初始状态产生,与激励作用与否无关,在 0^- 之前一直存在;但题目中给出 0^- 条件,故无需考虑 0^- 之前的 $r_{zi}(t)$ 形式。如给出初始条件 $r(-5)$ 及 $r'(-5)$,则 $r_{zi}(t)$ 的存在时间应用 $u(t+5)$ 表示。

(2)$r_{zs}(t)$

首先求 $h(t)$。$h(t)$ 是特殊的 $r_{zs}(t)$(激励为 $\delta(t)$ 时的 $r_{zs}(t)$),但信号形式与 $r_{zi}(t)$ 类似,原因是 $\delta(t)$ 形式特殊,只在 $t=0$ 存在,其在 $t>0$ 后产生的响应可看作 $t=0$ 作用的释放。

微分方程中,激励与响应各项自变量均为 t,表明系统输出随输入同时产生,故为因果系统,应用 $u(t)$ 表示 $h(t)$ 存在时间;且响应最高微分项阶数大于激励,即 $h(t)$ 表达式中不包含 $\delta(t)$ 及其微分项。

设 $\qquad\qquad\qquad\qquad h(t) = (c_1\mathrm{e}^{-t} + c_2\mathrm{e}^{-2t})u(t)$

则

$$\frac{\mathrm{d}h(t)}{\mathrm{d}t} = (-c_1\mathrm{e}^{-t} - 2c_2\mathrm{e}^{-2t})u(t) + (c_1\mathrm{e}^{-t} + c_2\mathrm{e}^{-2t})\delta(t) =$$

$$(-c_1\mathrm{e}^{-t} - 2c_2\mathrm{e}^{-2t})u(t) + (c_1 + c_2)\delta(t)$$

上式应用了

$$f(t)\delta(t) = f(0)\delta(t)$$

即连续信号与 $\delta(t)$ 相乘后仍为冲激信号,且冲激强度为信号在冲激作用处的值。

进一步得到

$$\frac{\mathrm{d}^2 h(t)}{\mathrm{d}t^2} = (c_1\mathrm{e}^{-t} + 4c_2\mathrm{e}^{-2t})u(t) + (-c_1 - 2c_2)\delta(t) + (c_1 + c_2)\delta'(t)$$

式中 $\delta'(t)$ 为第 1 章学习的单位冲激偶,为 $t=0$ 处一正一负的两个单位冲激信号。

将 $h(t)$、$\dfrac{\mathrm{d}h(t)}{\mathrm{d}t}$ 及 $\dfrac{\mathrm{d}^2h(t)}{\mathrm{d}t^2}$ 代入方程左侧,有 $(2c_1+c_2)\delta(t)+(c_1+c_2)\delta'(t)$。

尽管 $h(t)$、$\dfrac{\mathrm{d}h(t)}{\mathrm{d}t}$ 及 $\dfrac{\mathrm{d}^2h(t)}{\mathrm{d}t^2}$ 表达式中包含指数信号 e^{-t} 和 e^{-2t},但方程左侧合并后,指数项被约掉。这是因为方程等式两侧必然保持平衡;右侧代入 $\delta(t)$ 后,只包含 $\delta(t)$ 及各阶微分项,因而左侧不可能包含指数项。

$\delta(t)$ 代入方程右侧,有 $\delta'(t)+2\delta(t)$。

得 $\begin{cases} c_1+c_2=1 \\ 2c_1+c_2=3 \end{cases}$,则 $\begin{cases} c_1=2 \\ c_2=-1 \end{cases}$

因而
$$h(t)=(2\mathrm{e}^{-t}-\mathrm{e}^{-2t})u(t)$$

$$r_{zs}(t)=e(t)*h(t)=(2\mathrm{e}^{-t}-\mathrm{e}^{-2t})u(t)*u(t)=\left[\int_{0^-}^{t}(2\mathrm{e}^{-\tau}-\mathrm{e}^{-2\tau})\,\mathrm{d}\tau\right]u(t)=$$

$$\left(-2\mathrm{e}^{-t}+\frac{1}{2}\mathrm{e}^{-2t}+\frac{3}{2}\right)u(t)$$

$$r(t)=r_{zi}(t)+r_{zs}(t)=\left(2\mathrm{e}^{-t}-\frac{5}{2}\mathrm{e}^{-2t}+\frac{3}{2}\right)u(t)$$

由全响应可确定自由与受迫响应分量。自由响应形式 $\sum_{i=1}^{n}A_i\mathrm{e}^{\alpha_i t}$,其中 α_i 为特征根;受迫响应形式与激励类似,为 $Bu(t)$(B 为常数)。特征根为 -1 及 -2,故 $r(t)$ 中 $\left(2\mathrm{e}^{-t}-\dfrac{5}{2}\mathrm{e}^{-2t}\right)u(t)$ 为自由响应,$\dfrac{3}{2}u(t)$ 为受迫响应。这里,自由响应存在时间用 $u(t)$ 表示,因为其系数项由 0^+ 决定。

$r_{zi}(t)$ 为系统内部储能作用的结果,不会因是否加入激励而改变,即从 0^- 到 0^+ 时刻的过程中,$r_{zi}(t)$ 不变,即 $r_{zi}(0^+)=r_{zi}(0^-)$,因而
$$r(0^+)=r(0^-)+r_{zs}(0^+)$$
而
$$r_{zs}(0^+)=r_{zs}(t)\big|_{t=0^+}=0$$
因而
$$r(0^+)=r(0^-)=1$$

$$r_{zs}'(t)=(2\mathrm{e}^{-t}-\mathrm{e}^{-2t})u(t)+\left(-2\mathrm{e}^{-t}+\frac{1}{2}\mathrm{e}^{-2t}+\frac{3}{2}\right)\delta(t)$$

则 $r_{zs}'(0^+)=r_{zs}'(t)\big|_{t=0^+}=1$,其中应用了 $\delta(0^+)=0$。
$$r'(0^+)=r'(0^-)+r_{zs}'(0^+)=3$$
也可采用 δ 函数平衡法求 $r(0^+)$ 与 $r'(0^+)$,如例 2—2。

2. 微分方程中激励和响应各项自变量均为 t,即响应与激励同时产生,为因果系统。

特征根 $\alpha_1=\alpha_2=-1$ 为重根,求解过程较复杂。

$r_{zi}(t)$ 形式与特征根为单根时不同
$$r_{zi}(t)=(c_0+c_1 t)\mathrm{e}^{-t}$$
$$r_{zi}'(t)=(c_1-c_0-c_1 t)\mathrm{e}^{-t}$$
代入初始条件

$$\begin{cases} c_1 = 1 \\ c_2 = 3 \end{cases}$$

得
$$r_{zi}(t) = (1 + 3t)\,\mathrm{e}^{-t}u(t)$$

设 $h(t) = (k_0 + k_1 t)\,\mathrm{e}^{-t}u(t)$，代入方程左侧，得 $k_1\delta'(t) + (k_1 + k_2)\delta(t)$。

$e(t) = \delta(t)$ 代入方程右侧，得 $\delta'(t)$。

对应系数相同，得
$$\begin{cases} k_1 = 1 \\ k_2 = -1 \end{cases}$$

$$h(t) = (1 - t)\,\mathrm{e}^{-t}u(t)$$

$$r_{zs}(t) = e(t) * h(t) = (1 - t)\,\mathrm{e}^{-t}u(t) * \mathrm{e}^{-t}u(t) =$$

$$t\mathrm{e}^{-t}u(t) - \left[\int_0^t \tau\mathrm{e}^{-\tau}\mathrm{e}^{-(t-\tau)}\,\mathrm{d}\tau\right]u(t) = \left(t - \frac{1}{2}t^2\right)\mathrm{e}^{-t}u(t)$$

$$r(t) = r_{zi}(t) + r_{zs}(t) = \left(-\frac{1}{2}t^2 + 4t + 1\right)\mathrm{e}^{-t}u(t)$$

齐次解形式与 $r_{zi}(t)$ 及 $h(t)$ 类似，设 $A(t) = (A_0 + A_1 t)\,\mathrm{e}^{-t}u(t)$，与 $r(t)$ 比较，则 $r(t)$ 中的 $(4t + 1)\,\mathrm{e}^{-t}u(t)$ 为齐次解。

余下部分为特解
$$B(t) = -\frac{1}{2}t^2\,\mathrm{e}^{-t}u(t)$$

$$r_{zs}(0^+) = r_{zs}(t)\,\big|_{t=0^+} = 0$$

由
$$r(0^+) = r(0^-) + r_{zs}(0^+) = 1$$

得
$$r_{zs}'(t) = \left[\left(t - \frac{1}{2}t^2\right)\mathrm{e}^{-t}\right]\delta(t) + \left(\frac{1}{2}t^2 - 2t + 1\right)u(t)$$

则
$$r_{zs}'(0^+) = r_{zs}'(t)\,\big|_{t=0^+} = 1$$
$$r'(0^+) = r'(0^-) + r_{zs}'(0^+) = 3$$

2－4　求系统冲激响应
$$\frac{\mathrm{d}r(t)}{\mathrm{d}t} + 2r(t) = \frac{\mathrm{d}^2 e(t)}{\mathrm{d}t^2} + 3\frac{\mathrm{d}e(t)}{\mathrm{d}t} + 3e(t)$$

【分析与解答】

微分方程中响应微分项最高阶数比激励低 1，表明系统有 1 阶微分作用：$h(t)$ 中包含 $\delta(t)$ 及一阶微分项。

特征根 $\alpha = -2$，则
$$h(t) = K_1\delta'(t) + K_2\delta(t) + K_3\mathrm{e}^{-2t}u(t)$$
$$h'(t) = K_1\delta''(t) + K_2\delta'(t) + K_3\delta(t) - 2K_3\mathrm{e}^{-2t}u(t)$$

由 $e(t)$ 与 $r(t)$ 的微分方程得到关于 $h(t)$ 和 $\delta(t)$ 的微分方程

$$\frac{dh(t)}{dt} + 2h(t) = \frac{d^2\delta(t)}{dt^2} + 3\frac{d\delta(t)}{dt} + 3\delta(t)$$

$h(t)$ 及 $h'(t)$ 代入左侧

$$K_1\delta''(t) + (2K_1 + K_2)\delta'(t) + (2K_2 + K_3)\delta(t)$$

$\delta(t)$ 代入右侧,有

$$\delta''(t) + 3\delta'(t) + 3\delta(t)$$

因而 $\begin{cases} K_1 = 1 \\ 2K_1 + K_2 = 3, \text{即} \\ 2K_2 + K_3 = 3 \end{cases}$ $\begin{cases} K_1 = 1 \\ K_2 = 1 \\ K_3 = 1 \end{cases}$

$$h(t) = \delta'(t) + \delta(t) + e^{-2t}u(t)$$

$h(t)$ 是 $\delta(t)$ 产生的响应。由上式知,其 3 个分量中,$\delta'(t)$ 由系统一阶微分作用产生,$\delta(t)$ 由放大作用产生(系数为 1),$e^{-2t}u(t)$ 由积分作用产生。

学习第 4 章后,可用拉普拉斯变换法求解 $h(t)$,并与上述结果比较。

2-5 电路如图 2-5,$e(t) = \sin tu(t)$,电感初始电流为零,试求响应电压 $v_R(t)$。

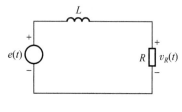

图 2-5

【分析与解答】

电路有 1 个储能元件(电感),微分方程为 1 阶。为串联回路,应列回路电压方程。根据基尔霍夫电压定律:回路电压之和为 0。(对并联支路应列节点电流方程,即基尔霍夫电流定律:流入节点的所有电流之和与流出节点的所有电流之和相同)

因在同一回路中,流过电感与电阻的电流相同,即 $i_L(t) = i_R(t) = \dfrac{v_R(t)}{R}$,由电压方程得

微分方程 $$\frac{dv_R(t)}{dt} + \frac{R}{L}v_R(t) = \frac{R}{L}e(t)$$

特征根 $$\alpha = -\frac{R}{L}$$

响应与激励最高微分阶数分别为 1 和 0,因而 $h(t)$ 中不包含 $\delta(t)$ 及微分项。系统由电感与电阻构成,可以实现,为因果系统,应用 $u(t)$ 表示 $h(t)$ 存在范围,即

$$h(t) = Ke^{-\frac{R}{L}}u(t)$$

解得

$$h(t) = \frac{R}{L}e^{-\frac{R}{L}}u(t)$$

系统无初始储能,响应只包含 $r_{zs}(t)$

$$v_R(t) = e(t) * h(t) = \frac{R}{L}e^{-\frac{R}{L}t}u(t) * \sin tu(t)$$

参与卷积的信号包括正弦信号,计算很复杂。

为此采用另一种方法。先求回路电流 $i(t)$,再计算

$$v_R(t) = Ri(t)$$

列 $i(t)$ 与 $e(t)$ 的微分方程,激励源两端电压为电感电压 $L\dfrac{\mathrm{d}i(t)}{\mathrm{d}t}$ 与电阻电压 $Ri(t)$ 之和,从而

$$\frac{\mathrm{d}i(t)}{\mathrm{d}t} + \frac{R}{L}i(t) = \frac{1}{L}e(t)$$

$\alpha = -\dfrac{R}{L}$,齐次解形式

$$A\mathrm{e}^{-\frac{R}{L}t}u(t)$$

由 $e(t) = \sin tu(t)$,设特解形式

$$B(t) = B_1\cos t + B_2\sin t$$

同频率的正弦与余弦相加可合并为单一的正弦或余弦,如将上式表示为

$$B(t) = A\cos(t + \varphi)$$

其中

$$\begin{cases} A = \sqrt{B_1^2 + B_2^2} \\ \varphi = -\arctan(B_2/B_1) \end{cases}$$

如合并为正弦形式,与余弦相比则初始相位相差 $\pi/2$。

该特解形式的物理意义:电路对该频率成分($\omega_0 = 1$)的信号具有幅度放大(倍数为 $\sqrt{B_1^2 + B_2^2}$)及移相作用(相移为 φ)。原因:如电路中有电感和(或)电容,则具有滤波器作用,即对不同频率的激励信号有不同的放大及相移作用。因为电感复阻抗 $z_L = \mathrm{j}\omega L$,电容复阻抗 $z_C = \dfrac{1}{\mathrm{j}\omega C}$ 均与频率有关,即不同频率时的复阻抗不同,对信号的通过或阻隔能力不同,从而呈现滤波特性。有关滤波的问题将在第 3 章和第 5 章中学习。

$$B'(t) = -B_1\sin t + B_2\cos t$$

$B(t)$ 及 $B'(t)$ 代入微分方程左侧,$e(t)$ 代入右侧,得

$$-B_1\sin t + B_2\cos t + \frac{R}{L}(B_1\cos t + B_2\sin t) = \frac{1}{L}\sin t$$

即

$$\begin{cases} B_1 = -\dfrac{L}{R^2 + L^2} \\ B_2 = \dfrac{R}{R^2 + L^2} \end{cases}$$

$i(t)$ 全响应

$$i(t) = A\mathrm{e}^{-\frac{R}{L}t} + \left(-\frac{L}{R^2 + L^2}\cos t + \frac{R}{R^2 + L^2}\sin t\right) \tag{2-5}$$

为求齐次解待定系数,需 $i(0^+)$ 条件。通常已知 0^-,即激励加入前的条件;为此应由 $i(0^-)$ 求 $i(0^+)$。根据电路基本结论:流过电感的电流不能突变,则

$$i(0^+) = i(0^-) = 0$$

代入式(2-5),得 $A = \dfrac{L}{R^2 + L^2}$。

$$i(t) = \frac{L}{R^2 + L^2} e^{-\frac{R}{L}t} + \left(-\frac{L}{R^2 + L^2} \cos t + \frac{R}{R^2 + L^2} \sin t \right)$$

$$v_R(t) = R i(t) = \frac{R}{R^2 + L^2} (L e^{-\frac{R}{L}t} - L \cos t + R \sin t)$$

2—6　图 2—6 电路中，$e(t) = Eu(t)$，电路参数满足 $\frac{1}{2RC} < \frac{1}{\sqrt{LC}}$，求 $i(t)$ 的零状态响应。

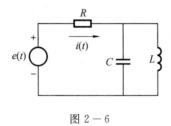

图 2—6

【分析与解答】

有并联支路，应列节点（基尔霍夫）电流方程。考虑 R 与 LC 并联支路相交的节点，由回路电压方程，并联支路两端电压为 $e(t) - Ri(t)$，流入节点电流为 $i(t)$，流出节点的电流有两个（分别通过电容和电感）；因而

$$i(t) = C \frac{\mathrm{d}[e(t) - Ri(t)]}{\mathrm{d}t} + \frac{1}{C} \int_{-\infty}^{t} [e(\tau) - Ri(\tau)] \mathrm{d}\tau$$

得

$$\frac{\mathrm{d}^2 i(t)}{\mathrm{d}t^2} + \frac{1}{RC} \cdot \frac{\mathrm{d}i(t)}{\mathrm{d}t} + \frac{1}{LC} i(t) = \frac{1}{R} \cdot \frac{\mathrm{d}^2 e(t)}{\mathrm{d}t^2} + \frac{1}{RCL} e(t)$$

特征方程

$$\alpha^2 + \frac{1}{RC}\alpha + \frac{1}{LC} = 0$$

因 $\frac{1}{2RC} < \frac{1}{\sqrt{LC}}$，则

$$\Delta = \left(\frac{1}{RC} \right)^2 - \frac{4}{LC} < 0$$

为共轭复根

$$\alpha_{1,2} = -\frac{1}{2RC} \pm \mathrm{j} \sqrt{\frac{1}{LC} - \frac{1}{4R^2C^2}}$$

为方便起见，引入符号表示电路参数 $\alpha = \frac{1}{2RC}$，$\omega_0 = \frac{1}{\sqrt{LC}}$，$\omega_d = \sqrt{\omega_0^2 - \alpha^2}$，即

$$\alpha_{1,2} = -\alpha \pm \mathrm{j}\omega_d$$

先求 $h(t)$。方程两端最高微分项阶数相同，因而 $h(t)$ 中包含 $\delta(t)$ 但不包含 $\delta(t)$ 微分项：

$$h(t) = k_1 \delta(t) + [k_2 e^{(-\alpha + \mathrm{j}\omega_d)t} + k_3 e^{(-\alpha - \mathrm{j}\omega_d)t}] u(t)$$

复指数项合并

$$h(t) = k_1 \delta(t) + e^{-at}(c_1 \cos \omega_d t + c_2 \sin \omega_d t) u(t)$$

$h(t)$ 中包含 $e^{-at} \cos \omega_d t$ 及 $e^{-at} \sin \omega_d t$，如求零状态响应，其与激励的卷积过程十分复杂。

为此通过解微分方程来求全响应。齐次解形式

$$A(t) = A_1 e^{(-\alpha + j\omega_d)t} + A_2 e^{(-\alpha - j\omega_d)t} = e^{-\alpha t}(A_1 e^{j\omega_d t} + A_2 e^{-j\omega_d t})$$

两个复指数信号系数为一对共轭复数，则系数项 A_1 及 A_2 也共轭，设 $\begin{cases} A_1 = F + jG \\ A_2 = F - jG \end{cases}$，则

齐次解表示为实信号形式

$$A(t) = e^{-\alpha t}(A'_1 \cos \omega_d t + A'_2 \sin \omega_d t)$$

其中 $\begin{cases} A'_1 = 2F \\ A'_2 = -2G \end{cases}$

$e(t)$ 为常数，设特解形式为 $B(t) = B$，代入方程左端得 $\omega_0^2 B$；$e(t)$ 代入方程右端，得 $\dfrac{E}{RLC}$。则

$$\omega_0^2 B = \frac{E}{RLC}$$

得

$$B = \frac{E}{RLC\omega_0^2} = \frac{E}{R}$$

完全解形式

$$i(t) = e^{-\alpha t}(A'_1 \cos \omega_d t + A'_2 \sin \omega_d t) + \frac{E}{R} \tag{2-6.1}$$

确定齐次解系数需用 0^+ 条件，而已知的是 0^- 条件，为此需确定初始条件在 0 时刻的跳变。可采用 δ 函数平衡法。

由微分方程两端最高阶项

$$i''(t) \rightarrow \frac{1}{R}[Eu(t)]'' = \frac{E}{R}\delta'(t)$$

降阶

$$i'(t) \rightarrow \frac{E}{R}\delta(t) \tag{2-6.2}$$

右侧在 0^- 到 0 时刻信号值由 0 跳变到 ∞，0 到 0^+ 时刻信号值又由 ∞ 跳变到 0。方程左右两侧平衡，因而 $i'(t)$ 在 0 时刻无跳变

$$i'(0^+) = i'(0^-) = 0$$

式 (2-6.2) 再降阶

$$i(t) \rightarrow \frac{E}{R}u(t)$$

因而 $i(t)$ 在 0 时刻跳变值为 $\dfrac{E}{R}$：

$$i(0^+) = i(0^-) + \frac{E}{R} = \frac{E}{R}$$

由式 (2-6.1) 得 $i'(t)$ 表达式，将 $i(0^+)$、$i'(0^+)$ 代入 $i(t)$ 及 $i'(t)$ 中，求出待定系数 A_1' 及 A_2'，则

$$i(t)=\frac{E}{R}\left(1-\frac{2\alpha}{\omega_{\mathrm{d}}}\mathrm{e}^{-\alpha t}\sin\omega_{\mathrm{d}}t\right)u(t)$$

2－7 系统结构如图 2－7，其中子系统 $h_D(t)$ 及 $h_G(t)$ 的单位冲激响应分别为 $h_D(t)=\delta(t-1)$，$h_G(t)=u(t)-u(t-3)$，试求系统总的单位冲激响应 $h(t)$。

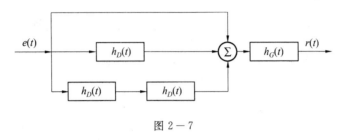

图 2－7

【分析与解答】

根据单位冲激响应定义，令 $e(t)=\delta(t)$，则系统输出 $r(t)$ 为 $h(t)$。$\delta(t)$ 首先通过 3 个并联支路：上面的并联支路输出仍为 $\delta(t)$；中间的并联支路，由 $h_D(t)$ 表达式知其作用是延时 1 个单位，因而输出为 $\delta(t-1)$；也可如下得到

$$\delta(t)*h_D(t)=\delta(t)*\delta(t-1)=\delta(t-1)$$

下面的并联支路经两个系统 $h_D(t)$ 的作用，将信号延时 2 个单位，输出为 $\delta(t-2)$。另一种考虑方法是通过第 1 个 $h_D(t)$，输出为 $\delta(t)*\delta(t-1)$；再通过第 2 个 $h_D(t)$，输出

$$[\delta(t)*\delta(t-1)]*\delta(t-1)=\delta(t-2)$$

加法器输出

$$\delta(t)+\delta(t-1)+\delta(t-2)$$

由 $h_G(t)$ 表达式，知其作用是对输入信号积分再减去输入信号延迟 3 个单位的积分。通过 $h_G(t)$ 后，输出

$$h(t)=[\delta(t)+\delta(t-1)+\delta(t-2)]*h_G(t)=h_G(t)+h_G(t-1)+h_G(t-2)=$$
$$[u(t)-u(t-3)]+[u(t-1)-u(t-4)]+[u(t-2)-u(t-5)]$$

系统总的单位冲激响应也可表示为

$$h(t)=[1+h_D(t)+h_D(t)*h_D(t)]*h_G(t)$$

2－8 某一阶线性时不变系统，相同初始状态下，输入 $e(t)$ 时，全响应

$$r_1(t)=(2\mathrm{e}^{-t}+\cos 2t)u(t)$$

输入 $2e(t)$ 时，全响应

$$r_2(t)=(\mathrm{e}^{-t}+2\cos 2t)u(t)$$

试求相同初始条件下，输入 $4e(t)$ 时系统的全响应。

【分析与解答】

由已知条件可确定系统和激励的某些特性。由系统阶数知其特征根只有 1 个，应为 $\alpha=-1$；因而全响应中，具有 e^{-t} 形式的分量为自由响应或自由响应的一部分；具有 $\cos 2t$ 形式的分量为受迫响应或受迫响应的一部分，即受迫响应具有 $\cos 2t$ 或 $A\cos 2t+B\mathrm{e}^{-t}$ 形式。$e(t)$ 形式与受迫响应类似，即 $e(t)=B_1\cos(2t+\varphi)$ 或 $e(t)=B_2\mathrm{e}^{-t}+B_3\cos(2t+\varphi)$，

其中 B_1、B_2、B_3 均为常数。

输入为 $e(t)$ 时,设零状态响应 $r_{zs}(t)$。系统是线性的,因而输入 $2e(t)$ 时零状态响应为 $2r_{zs}(t)$;相同初始状态下,$r_{zi}(t)$ 不变。

因而

$$\begin{cases} r_{zi}(t) + r_{zs}(t) = (2e^{-t} + \cos 2t)u(t) \\ r_{zi}(t) + 2r_{zs}(t) = (e^{-t} + 2\cos 2t)u(t) \end{cases}$$

得

$$\begin{cases} r_{zi}(t) = 3e^{-t}u(t) \\ r_{zs}(t) = (-e^{-t} + \cos 2t)u(t) \end{cases}$$

相同初始条件下,输入 $4e(t)$ 时,由于系统为线性,全响应为

$$r_{zi}(t) + 4r_{zs}(t) = (-e^{-t} + 4\cos 2t)u(t)$$

或采用下列方法求解。

相同初始条件下,输入分别为 $2e(t)$ 及 $e(t)$ 时,全响应之差为 $r_{zs}(t)$

$$r_{zs}(t) = r_2(t) - r_1(t) = -e^{-t} + \cos 2t$$

输入为 $4e(t)$ 时的全响应为输入 $e(t)$ 时的全响应与 $3r_{zs}(t)$ 之和

$$r_1(t) + 3r_{zs}(t) = (-e^{-t} + 4\cos 2t)u(t)$$

2－9 某系统单位冲激响应为 $h(t) = e^{-t}u(t)$。设 $h_1(t) = \dfrac{1}{2}[h(t) + h(-t)]$,$h_2(t) = \dfrac{1}{2}[h(t) - h(-t)]$,组成新系统如图 $2-9.1$。

(1)判断系统因果性;

(2)若激励 $e(t) = u(t)$,试求响应 $r(t)$。

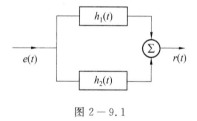

图 $2-9.1$

【分析与解答】

(1)系统总的单位冲激响应输入为 $\delta(t)$ 时的零状态响应

$$h'(t) = \delta(t) * h_1(t) + \delta(t) * h_2(t) = h_1(t) + h_2(t) = h(-t) = e^t u(-t)$$

不是单边信号,因而系统非因果。

或者,由 $h'(t) = h(-t)$ 进行考虑。$h(t)$ 为因果系统(单边),$h'(t)$ 为 $h(t)$ 的翻转,因而非因果(原因与第 1 章的例 $1-12.4$ 类似)。

或者,由 $h_1(t)$ 与 $h_2(t)$ 表达式知,其包含 $h(-t)$ 分量,因而均为双边信号。即 $h_1(t)$ 和 $h_2(t)$ 均为非因果系统,从而在物理上不可实现图 $2-9.1$ 所示系统。

(2) $\qquad\qquad r(t) = e(t) * h'(t) = u(t) * e^t u(-t)$

参与卷积的信号包括左边信号,与例 $1-9$ 类似,计算较复杂。为确定卷积结果存在时

间,可利用图解法中的翻转 → 平移过程。如对 $u(\tau)$ 进行翻转平移,不论 $u(t-\tau)$ 平移至何处,其与 $e^\tau u(-\tau)$ 均有重合部分,因而卷积结果存在于整个时间范围。如图 2－9.2。

从而
$$r(t)=\begin{cases}\int_{-\infty}^{t}e^\tau d\tau=e^t & (t<0)\\ \int_{-\infty}^{0}e^\tau d\tau=1 & (t\geqslant 0)\end{cases}$$

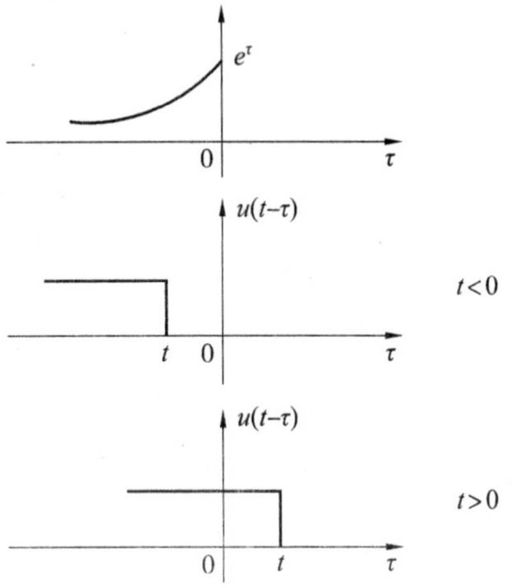

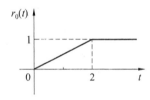

图 2－9.2

2－10 线性时不变系统,初始状态为 0,冲激响应为 $h_0(t)$;输入为 $e_0(t)$ 时输出为 $r_0(t)$,如图 2－10.1。

图 2－10.1

当 $e(t)$ 及 $h(t)$ 为以下各种情况时:

1. $e(t)=2e_0(t)$, $\qquad\qquad h(t)=h_0(t)$;
2. $e(t)=e_0(t)-e_0(t-2)$, $\qquad h(t)=h_0(t)$;
3. $e(t)=e_0(t-2)$, $\qquad\qquad h(t)=h_0(t+1)$;
4. $e(t)=e_0(-t)$, $\qquad\qquad h(t)=h_0(t)$;
5. $e(t)=e_0(-t)$, $\qquad\qquad h(t)=h_0(-t)$;
6. $e(t)=\dfrac{de_0(t)}{dt}$, $\qquad\qquad h(t)=\dfrac{dh_0(t)}{dt}$.

试确定能否得到输出 $r(t)$,如能得到则画出其波形。

【分析与解答】

系统线性时不变,可由卷积求零状态响应。

已知 $r_0(t) = e_0(t) * h_0(t)$。

1. $r_1(t) = 2e_0(t) * h_0(t) = 2[e_0(t) * h_0(t)] = 2r_0(t)$

如图 $2-10.2$。

2. $r_2(t) = [e_0(t) - e_0(t-2)] * h_0(t) = e_0(t) * h_0(t) - e_0(t-2) * h_0(t) = r_0(t) - r_0(t-2)$

如图 $2-10.3$。

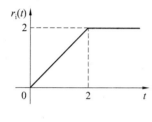

图 $2-10.2$

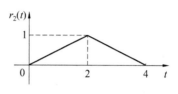

图 $2-10.3$

3. $r_3(t) = e_0(t-2) * h_0(t+1)$。对卷积进行积分变量代换，$r_3(t) = e_0(t-1) * h_0(t) = r_0(t-1)$（由系统时不变性）。

如图 $2-10.4$。

4. 输入信号翻转，$r_4(t) = e_0(-t) * h_0(t)$，其与 $e_0(t) * h_0(t)$ 没有确定关系。无法由 $r_0(t)$ 确定 $r_4(t)$。

5. $h(t)$ 为左边信号，系统非因果。

$r_5(t) = e_0(-t) * h_0(-t)$，进行卷积的两个信号（激励与单位冲激响应）时间上均进行翻转；时域上难以确定 $r_5(t)$ 与 $r_0(t)$ 的关系。

可用第 4 章的系统复频域分析法。

$$R_0(s) = \mathscr{L}[r_0(t)] = E_0(s)H_0(s)$$

其中

$$E_0(s) = \mathscr{L}[e_0(t)], \quad H_0(s) = \mathscr{L}[h_0(t)]$$

而

$$R_5(s) = \mathscr{L}[r_5(t)] = \mathscr{L}[e_0(-t)] \cdot \mathscr{L}[h_0(-t)]$$

由拉普拉斯变换的尺度变换特性

$$\mathscr{L}[e_0(-t)] = E_0(-s), \quad \mathscr{L}[h_0(-t)] = H_0(-s)$$

则

$$R_5(s) = E_0(-s)H_0(-s) = R_0(-s)$$

从而 $r_5(t) = r_0(-t)$，即 $r_0(t)$ 的翻转。如图 $2-10.5$。

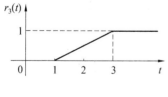

图 $2-10.4$

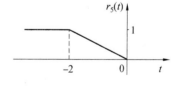

图 $2-10.5$

6. $r_6(t) = \dfrac{\mathrm{d}e_0(t)}{\mathrm{d}t} * \dfrac{\mathrm{d}h_0(t)}{\mathrm{d}t}$

根据卷积微分性质

$$r_6(t) = \frac{\mathrm{d}^2 [e_0(t) * h_0(t)]}{\mathrm{d}t^2} = \frac{\mathrm{d}^2 [r_0(t)]}{\mathrm{d}t^2}$$

如图 2－10.6。

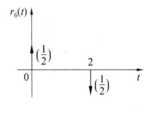

图 2－10.6

2－11　设系统微分方程 $\dfrac{\mathrm{d}^2 r(t)}{\mathrm{d}t^2} + 5\dfrac{\mathrm{d}r(t)}{\mathrm{d}t} + 6r(t) = e(t)$，激励 $e(t) = \mathrm{e}^{-t}u(t)$，求全响应为 $r(t) = c\mathrm{e}^{-t}u(t)$ 时的系统初始状态 $r(0^-)$ 和 $r'(0^-)$，并确定常数 c。

【分析与解答】

通常是已知激励与初始条件求响应，本题是已知激励与响应（有待定系数）求初始条件。由微分方程与激励可求出 $r_{zs}(t)$；题中未给出初始条件，无法确定 $r_{zi}(t)$ 系数项。$r_{zi}(t)$ 与全响应的系数均未知，似乎无法求解，但初始条件中给出的全响应的形式特殊。

由微分方程得

$$\frac{\mathrm{d}^2 h(t)}{\mathrm{d}t^2} + 5\frac{\mathrm{d}h(t)}{\mathrm{d}t} + 6h(t) = \delta(t) \qquad (2-11.1)$$

响应微分项最高阶数高于激励，$h(t)$ 中不包含 $\delta(t)$ 及其微分项。由微分方程知响应与激励同时存在，为因果系统，因而用 $u(t)$ 表示 $h(t)$ 存在范围

$$h(t) = (K_1 \mathrm{e}^{-2t} + K_2 \mathrm{e}^{-3t})u(t)$$

可进一步得到 $h'(t)$ 及 $h''(t)$ 表达式，并代入式（2－11.1）左侧，$\delta(t)$ 代入右侧，得

$$\begin{cases} K_1 + K_2 = 0 \\ 2K_1 + 3K_2 = -1 \end{cases}$$

从而

$$\begin{cases} K_1 = 1 \\ K_2 = -1 \end{cases}$$

微分方程为线性常系数方程，即为线性时不变系统，可用卷积，从而

$$r_{zs}(t) = e(t) * h(t) = \mathrm{e}^{-t}u(t) * (\mathrm{e}^{-2t} - \mathrm{e}^{-3t})u(t) =$$

$$\left(\frac{1}{2}\mathrm{e}^{-t} - \mathrm{e}^{-2t} + \frac{1}{2}\mathrm{e}^{-3t} \right)u(t)$$

由微分方程特征根，得零输入响应形式

$$r_{zi}(t) = (C_1 \mathrm{e}^{-2t} + C_2 \mathrm{e}^{-3t})u(t)$$

全响应为

$$r(t) = r_{zi}(t) + r_{zs}(t) = \left[\frac{1}{2}\mathrm{e}^{-t} + (C_1 - 1)\mathrm{e}^{-2t} + \left(\frac{1}{2} + C_2 \right)\mathrm{e}^{-3t} \right]u(t) \qquad (2-11.2)$$

与已知条件

$$r(t) = c\mathrm{e}^{-t}u(t) \tag{2-11.3}$$

比较,可见后者形式特殊(只有受迫响应,没有自由响应)。

令对应项系数相同,得

$$\begin{cases} c = \dfrac{1}{2} \\ C_1 = 1 \\ C_2 = -\dfrac{1}{2} \end{cases}$$

如果式(2-11.3)中包含 e^{-2t} 和 / 或 e^{-3t} 信号分量,则由 3 个方程无法解出 4 或 5 个系数。从而

$$r_{zi}(t) = \left(\mathrm{e}^{-2t} - \frac{1}{2}\mathrm{e}^{-3t}\right)u(t)$$

再得到 $r_{zi}{}'(t)$ 表达式。将 $t=0$ 代入 $r_{zi}(t)$ 及 $r_{zi}{}'(t)$,得 $r_{zi}(0^-)$ 及 $r'(0^-)$,从而

$$\begin{cases} r(0^-) = r_{zi}(0^-) = \dfrac{1}{2} \\ r'(0^-) = r_{zi}{}'(0^-) = -\dfrac{1}{2} \end{cases}$$

2-12　已知系统对 $e_1(t) = u(t)$ 的全响应为 $r_1(t) = 2\mathrm{e}^{-t}u(t)$,对 $e_2(t) = \delta(t)$ 的全响应为 $r_2(t) = \delta(t)$。

1. 试求系统零输入响应 $r_{zi}(t)$;

2. 系统初始状态不变,试求对 $e_3(t) = \mathrm{e}^{-t}u(t)$ 的全响应 $r_3(t)$。

【分析与解答】

本题与例 2-8 类似,但较复杂。

设单位冲激响应为 $h(t)$,由已知得

$$\begin{cases} r_{zi}(t) + u(t) * h(t) = 2\mathrm{e}^{-t}u(t) & (2-12.1) \\ r_{zi}(t) + \delta(t) * h(t) = \delta(t) & (2-12.2) \end{cases}$$

式中,$u(t) * h(t)$ 为单位阶跃响应;$\delta(t) * h(t)$ 为单位冲激响应。

由式(2-12.2)得

$$r_{zi}(t) = \delta(t) - h(t) \tag{2-12.3}$$

因而如求出 $h(t)$,可得到 $r_{zi}(t)$。上式代入式(2-12.1),即

$$\delta(t) - h(t) + \int_{0^-}^{t} h(\tau)\mathrm{d}\tau = 2\mathrm{e}^{-t}u(t)$$

整理得关于 $h(t)$ 的一阶微分方程

$$\frac{\mathrm{d}h(t)}{\mathrm{d}t} - h(t) = 2\mathrm{e}^{-t}u(t) - \delta(t) + \delta'(t) \tag{2-12.4}$$

方程右侧包含 $\delta'(t)$,为保持两端平衡,$h(t)$ 中应包含 $\delta(t)$ 项;且 $h(t)$ 中必然包含 $\mathrm{e}^{-t}u(t)$ 形式的分量,这样 $\dfrac{\mathrm{d}h(t)}{\mathrm{d}t}$ 中有相同形式的分量,从而与右侧的 $2\mathrm{e}^{-t}u(t)$ 平衡,并可确

定系统特征根为 $\alpha=-1$。$h(t)$ 形式也可由式(2-12.3)确定；$r_{zi}(t)$ 一般形式为 $\sum_{i=1}^{n} c_i e^{\alpha_i t}$，$\alpha_i$ 为特征根；从而 $h(t)$ 应为 $\delta(t)-\sum_{i=1}^{n} c_i e^{\alpha_i t}$（$h(t)$ 中包含 $\delta(t)$，表明系统微分方程激励与响应最高微分项阶数相同）。

设 $h(t)=\delta(t)-ce^{-t}u(t)$，代入式(2-12.4)，令对应项系数相同，求出 c。

2-13 已知系统激励 $e(t)=\begin{cases} 1 & (0 \leqslant t \leqslant 1) \\ 0 & (其他) \end{cases}$，单位冲激响应 $h(t)=e\left(\dfrac{t}{a}\right)$，$a \neq 0$，试求系统零状态响应 $r(t)$，并大致画出波形。

【分析与解答】

未给出微分方程，对 $h(t)$ 的描述通过与 $e(t)$ 的关系给出。$h(t)$ 为 $e(t)$ 时间尺度变换的结果（展宽或压缩取决于系数 a）。$e(t)$ 和 $h(t)$ 均为起始时刻为 0，幅度为 1 的矩形脉冲，脉冲宽度分别为 1 和 a。

$$r(t)=e(t)*h(t)=[u(t)-u(t-1)]*[u(t)-u(t-a)]$$

用解析法求解两个矩形脉冲的卷积，其计算较容易。

2-14 系统组成如图 2-14，其中 $h_1(t)=\delta(t)+\delta'(t)$，$h_2(t)$ 满足 $h''_2(t)+4h_2'(t)+3h_2(t)=\delta(t)$。

$$
\begin{array}{c}
e(t) \longrightarrow \boxed{h_1(t)} \longrightarrow \boxed{h_2(t)} \xrightarrow{\ r(t)\ }
\end{array}
$$

图 2-14

试求：

1. 系统单位冲激响应 $h(t)$；

2. 列写系统输入-输出方程。

【分析与解答】

两个系统级联得到新系统，对第 2 个系统的描述是利用其单位冲激响应与 $\delta(t)$ 的关系。由 $h_1(t)$ 知其对输入信号具有放大（系数为 1）及 1 阶微分作用，由 $h_2(t)$ 的方程知其有 2 阶微分作用。系统为因果，因为由 $h_1(t)$ 及 $h_2(t)$ 知，两个子系统的激励和响应均同时存在。

1. 对于 $h_2(t)$，其与 $\delta(t)$ 的关系为将 $e(t)=\delta(t)$，$r(t)=h_2(t)$ 代入系统微分方程的结果，因而微分方程为

$$\frac{dr_2^2(t)}{dt^2}+4\frac{dr_2(t)}{dt}+3r_2(t)=e(t) \tag{2-14}$$

从而

$$h_2(t)=(k_1 e^{-t}+k_2 e^{-3t})u(t)$$

系数 k_1 和 k_2 由解方程组得到。

为确定系统冲激响应，可采用与例 2-7 类似的方法：令 $e(t)=\delta(t)$，则 $r(t)$ 为 $h(t)$，即

$$h(t)=[\delta(t)*h_1(t)]*h_2(t)=\{\delta(t)*[\delta(t)+\delta'(t)]\}*(k_1 e^{-t}+k_2 e^{-3t})u(t)=$$

$$(k_1 e^{-t}+k_2 e^{-3t})u(t)+\frac{d[(k_1 e^{-t}+k_2 e^{-3t})u(t)]}{dt}$$

再进行整理。

2.输入－输出方程即 $e(t)$ 与 $r(t)$ 的关系。

激励 $e(t)$ 时，$h_1(t)$ 的输出

$$e(t) * h_1(t) = e(t) * [\delta(t) + \delta'(t)] = e(t) + e'(t)$$

其对 $h_2(t)$ 的输出即为 $r(t)$。分别考虑两个分量的作用。

激励为 $e(t)$ 时，第 2 个系统的输出满足其微分方程(2－14)

$$\frac{\mathrm{d}^2 r(t)}{\mathrm{d}t^2} + 4\frac{\mathrm{d}r(t)}{\mathrm{d}t} + 3r(t) = e(t)$$

激励为 $e'(t)$ 时，对上式微分

$$\frac{\mathrm{d}^3 r(t)}{\mathrm{d}t^3} + 4\frac{\mathrm{d}^2 r(t)}{\mathrm{d}t^2} + 3\frac{\mathrm{d}r(t)}{\mathrm{d}t} = \frac{\mathrm{d}e(t)}{\mathrm{d}t}$$

上面两个方程相加

$$\frac{\mathrm{d}^3 r(t)}{\mathrm{d}t^3} + 5\frac{\mathrm{d}^2 r(t)}{\mathrm{d}t^2} + 7\frac{\mathrm{d}r(t)}{\mathrm{d}t} + 3r(t) = \frac{\mathrm{d}e(t)}{\mathrm{d}t} + e(t)$$

第 3 章

连续时间信号与系统的频域分析

概念与解题提要

1. 傅里叶变换的作用与形式

信号傅里叶变换与系统频域分析是本门课程的核心内容。第 4 章连续信号拉普拉斯变换及第 7 章离散信号 Z 变换均可看作傅里叶变换的引伸与推广。傅里叶变换可看作其他变换的基础,包括应用于语音信号处理的短时傅里叶变换,在现代信号处理中具有重要应用的时频分析与小波变换等。

傅里叶变换与频谱分析也是本门课程的难点,涉及的物理概念很多,较难理解,且不同形式的信号其频谱特点不同。根据时域信号的连续或离散,周期或非周期性,应考虑 4 种信号的频谱:连续周期、连续非周期、离散非周期及离散周期信号。

本章学习其中两种信号的频谱,即连续非周期与连续周期信号,此外还包括通信中的调制信号。第 5 章学习取样(即离散非周期)信号的频谱,第 7 章中序列的傅里叶变换与取样信号的频谱是等效的;而离散傅里叶变换(DFT)为离散周期信号的频谱。

2. 信号展开为傅里叶级数的条件

只有周期信号能展开为傅里叶级数,由

$$f(t) = \frac{a_0}{2} + \sum_{n=1}^{\infty} (a_n \cos n\omega_1 t + b_n \sin n\omega_1 t)$$

右侧各信号分量(直流,各谐波成分的正弦及余弦)均为周期信号,其中 $\frac{a_0}{2}$ 的周期可看作任意值,$\cos n\omega_1 t$ 及 $\sin n\omega_1 t$ 的周期为 $\frac{2\pi}{n\omega_1} = \frac{T}{n}$,即在一个周期 T 内重复 n 次;对基频分量,$n = 1$,在 T 内重复 1 个周期;对无穷高次谐波分量,$n \to \infty$,在 T 内重复无穷多个周期。上述的直流及所有频率分量的叠加使等式右侧是周期为 T 的信号;$f(t)$ 若能展开为傅里叶级数,要与右侧保持平衡,从而必然是周期为 T 的信号。

3. 傅里叶级数正交函数分解的物理意义

傅里叶级数是一种完备正交函数分解,如三角傅里叶级数形式为

$$f(t) = \frac{a_0}{2} + \sum_{n=1}^{\infty} (a_n \cos n\omega_1 t + b_n \sin n\omega_1 t) \qquad (3-0.1)$$

其物理意义:周期信号分解为无穷多个正交函数分量的线性组合,其为第 1 章中正交函数分

解方法在周期信号中的具体应用。正交函数分解为第 1 章中基函数分解的一种形式,采用正交函数作为基函数可使信号的各分量不相关,此时分解形式最简洁。

式(3-0.1)中,三角函数集$\{1, \cos \omega_1 t, \cos 2\omega_1 t, \cdots, \cos n\omega_1 t, \cdots, \sin \omega_1 t, \sin 2\omega_1 t, \cdots, \sin n\omega_1 t, \cdots\}$为$(t_0, t_0 + T)$内的完备正交函数集,其中 $T = 2\pi/\omega_1$, t_0 为任意常数。其只在一个周期的时间区间内为正交函数集,若时间区间不是一个周期则各函数不满足正交条件。

4. 偶函数与奇函数傅里叶级数的特点

$f(t)$ 为偶函数时,只包括直流与余弦分量(所有信号分量均为偶函数),不包含正弦分量。原因为:如果包含正弦分量,则傅里叶级数展开式右侧出现奇函数,右侧信号不再为偶函数,不可能与 $f(t)$ 相同。

$f(t)$ 为奇函数时,不包括直流及余弦分量,只包含正弦分量(即所有信号分量均为奇函数)。原因为:如果其包含直流及余弦分量,则傅里叶级数展开式右侧出现偶函数,等式右侧不再是奇函数,不可能与 $f(t)$ 构成等式。

5. 傅里叶级数与傅里叶变换的区别

周期信号的频谱表示有两种形式:傅里叶级数与傅里叶变换。傅里叶级数与傅里叶变换相比,计算更为复杂,原因:① 求傅里叶系数需计算积分,且积分区间只在信号 1 个周期内;② 指数傅里叶系数 c_n 一般为复数,三角傅里叶系数需求两个:a_n 和 b_n;③ 被积函数中包含 $\cos n\omega_1 t$ 或 $\sin n\omega_1 t$,积分复杂。

二者物理意义不同:傅里叶级数为时域形式,自变量为 t。每个分量 $A_n \cos(n\omega_1 t + \varphi_n)$ 中,A_n 描述该谐波频率的幅度,φ_n 描述该谐波频率的相位;但这种时域表达式描述了信号的频谱特性。而傅里叶变换是关于频率的函数,描述的是频谱密度。

6. 频谱以角频率为自变量时 2π 系数的产生

与时间 t 对应的频率单位为 f(Hz)。如对周期信号,其频率为周期的倒数:$f = \dfrac{1}{T}$,单位为 1/s;而 ω 为 $\dfrac{2\pi}{T}$,单位为弧度 / 秒(rad/s)。如傅里叶变换对为

$$\begin{cases} F(\omega) = \displaystyle\int_{-\infty}^{\infty} f(t)\mathrm{e}^{-\mathrm{j}\omega t}\,\mathrm{d}t \\ f(t) = \dfrac{1}{2\pi}\displaystyle\int_{-\infty}^{\infty} F(\omega)\mathrm{e}^{\mathrm{j}\omega t}\,\mathrm{d}\omega \end{cases}$$

可见以 ω 作为频域单位时,傅里叶反变换系数为 $\dfrac{1}{2\pi}$,但这一常数不影响变换性质。

类似的还有傅里叶变换的时域 — 频域对称性,即若 $f(t)$ 为偶函数

$$\begin{cases} f(t) \leftrightarrow F(\omega) \\ F(t) \leftrightarrow 2\pi f(\omega) \end{cases}$$

可见频谱函数中出现了系数 2π(该系数也不影响变换性质),此外还包括频域卷积定理等。

产生这类系数的原因是 ω 不是频率的国际单位。如以 f 为自变量,即用 $F(f)$ 表示 $f(t)$ 的频谱,傅里叶变换对为

$$\begin{cases} F(f) = \displaystyle\int_{-\infty}^{\infty} f(t)\mathrm{e}^{-\mathrm{j}2\pi f t}\,\mathrm{d}t \\ f(t) = \dfrac{1}{2\pi}\displaystyle\int_{-\infty}^{\infty} F(f)\mathrm{e}^{\mathrm{j}2\pi f t}\,\mathrm{d}(2\pi f) = \displaystyle\int_{-\infty}^{\infty} F(f)\mathrm{e}^{\mathrm{j}2\pi f t}\,\mathrm{d}f \end{cases}$$

可见傅里叶反变换的系数为 1。

7. 傅里叶变换的求解

傅里叶变换定义

$$F(\omega) = \int_{-\infty}^{\infty} f(t) e^{-j\omega t} dt$$

被积函数包含复指数函数,因而通常 $F(\omega)$ 为复函数,需用幅度谱和相位谱两个分量表示。

典型信号的频谱,包括矩形脉冲信号、$\delta(t)$、$u(t)$、$e^{-at}u(t)$、正弦(余弦)等可作为结论直接应用。无需记其他信号的频谱表达式;复杂信号的频谱可利用傅里叶变换性质求解。求频谱时应尽量利用性质而不是用定义。

8. 正弦(余弦)信号傅里叶变换的求解

为求正弦(余弦)信号频谱,可将其表示为复指数信号,后者又是实指数信号中指数项系数到复数的扩展,从而与实指数信号的频谱(根据定义容易求解)建立联系。

第 4 章中 $\sin \omega_0 t u(t)$ 的单边拉普拉斯变换,第 7 章中单边序列 $\sin \omega_0 u(n)$ 的 Z 变换均采用类似方法(单边实指数信号的拉普拉斯变换与单边实指数序列的 Z 变换根据定义容易求解),如

$$\mathscr{L}\big[\sin \omega_0 t u(t)\big] = \frac{1}{2j}\{\mathscr{L}\big[e^{j\omega_0 t}u(t)\big] - \mathscr{L}\big[e^{-j\omega_0 t}u(t)\big]\} =$$

$$\frac{1}{2j}\{\mathscr{L}\big[e^{at}u(t)\big]\big|_{a=j\omega_0} - \mathscr{L}\big[e^{-at}u(t)\big]\big|_{a=j\omega_0}\}$$

$$Z\big[\sin \omega_0 n u(n)\big] = \frac{1}{2j}\{Z\big[e^{j\omega_0 n}u(n)\big] - Z\big[e^{-j\omega_0 n}u(n)\big]\} =$$

$$\frac{1}{2j}\{Z\big[a^n u(n)\big]\big|_{a=e^{j\omega_0}} - Z\big[a^n u(n)\big]\big|_{a=e^{-j\omega_0}}\}$$

9. 正弦(余弦)信号的频谱特点

正弦(余弦)信号只有 1 个频率成分,因而频谱为所在频率处的冲激信号形式

$$\begin{cases} \mathscr{F}[\cos \omega_0 t] = \pi\big[\delta(\omega - \omega_0) + \delta(\omega + \omega_0)\big] \\ \mathscr{F}[\sin \omega_0 t] = \frac{\pi}{j}\big[\delta(\omega - \omega_0) - \delta(\omega + \omega_0)\big] \end{cases}$$

10. 指数傅里叶系数的计算

将周期信号展开为傅里叶级数,不论三角还是指数形式,均可只求 c_n。由 c_n 可得到三角傅里叶系数

$$c_n = \frac{1}{2}(a_n - jb_n)$$

即 a_n 为 c_n 实部的 2 倍,b_n 为 c_n 虚部的 2 倍负值。

计算 c_n 应避免用积分

$$c_n = \frac{1}{T}\int_{t_0}^{t_0+T} f(t) e^{-jn\omega_1 t} dt \tag{3-0.2}$$

上式中积分区间可取任意 1 个周期,即 t_0 可取任意值。原因是 $f(t)$ 以 T 为周期,$e^{-jn\omega_1 t}$ 可展

开为正弦和余弦信号,角频率为 $n\omega_1$,因而周期为 $\dfrac{T}{n}$,$f(t)\mathrm{e}^{-\mathrm{j}n\omega_1 t}$ 的周期为两个信号分量的周期最小公倍数,即为 T;因而在任意 1 个周期内积分值均相同。为计算方便起见,通常取主周期:$c_n = \dfrac{1}{T}\displaystyle\int_{-T/2}^{T/2} f(t)\mathrm{e}^{-\mathrm{j}n\omega_1 t}\mathrm{d}t$。式(3−0.2)中被积函数为信号乘积,且包括复指数函数,求解很复杂。

可利用周期信号中的单周期信号频谱在谐波频率处的取样得到 c_n

$$c_n = \frac{1}{T}\, F_0(\omega)\big|_{\omega = n\omega_1}$$

其中 $F_0(\omega)$ 可利用傅里叶变换性质求解,从而避免了积分运算。

11. 频域分析法的适用范围

频域分析法,即

$$R_{zs}(\omega) = H(\omega)E(\omega)$$

只适用于线性时不变系统,因为其是激励、系统特性及零状态响应三者间的时域关系

$$r_{zs}(t) = e(t) * h(t)$$

在频域上的表现,而该时域关系的应用前提是系统为线性时不变;非线性时不变系统的 $r_{zs}(t)$ 不能用卷积求。

与之类似,本课程后面学习的各种变换域分析方法,包括连续系统的复频域分析、离散系统的频域及 z 域分析等,均只适用于线性时不变系统。

12. 线性时不变系统响应与激励频率成分的关系

从频域角度考虑,任何系统均可看作滤波器:对输入信号的不同频率成分具有不同的选通或抑制作用。对线性时不变系统,响应与激励相比,不可能产生新的频率成分,这由

$$R_{zs}(\omega) = H(\omega)E(\omega)$$

决定。

13. 求 $r_{zs}(t)$ 时,频域与复频域分析法的适用范围

为求解 $r_{zs}(t)$,通常变换域方法比时域法容易,因为无需计算卷积。对涉及滤波器或已知系统频率特性的问题,求 $r_{zs}(t)$ 应用频域法。但对一般的计算问题如电路等,应利用第 4 章中的拉普拉斯变换法,其计算过程比频域法容易得多。

14. 电路的滤波特性

由电容或电感等构成的电路,从频域角度可看作滤波器。原因为电容和电感(阻抗)特性与频率有关

$$\begin{cases} Z_C = \dfrac{1}{\mathrm{j}\omega C} \\ Z_L = \mathrm{j}\omega L \end{cases}$$

因而不同频率下,电路对激励信号具有不同的选通或抑制特性,即滤波特性。对只由电阻构成的电路,其特性与频率无关(电阻值为常数),不具有滤波特性,只是一个衰减器(起幅度衰减作用)。

15. "**线性时不变系统,激励为周期信号时,零状态响应也为周期信号,且周期与激励信号有相同**"**的频域解释**

第 2 章对此进行了时域解释,下面进行频域上的解释。

设激励信号周期为 T,则其频谱为离散谱,谱线间隔由 T 决定,为基波角频率 $\omega_1 = \dfrac{2\pi}{T}$;通过线性时不变系统后,响应频谱为 $R_{zs}(\omega) = H(\omega)E(\omega)$。可见 $R_{zs}(\omega)$ 与 $E(\omega)$ 相比,不可能产生新的频率成分。且响应包含的频谱成分与激励相同,仍为等间隔的离散谱,且谱线间隔仍为 ω_1,因而响应的周期为 $T = \dfrac{2\pi}{\omega_1}$,与激励相同。

具体表示如下

$$E(\omega) = 2\pi \sum_{n=-\infty}^{\infty} c_n \delta(\omega - n\omega_1) = 2\pi \sum_{n=-\infty}^{\infty} \left[\frac{1}{T} E_0(\omega) \mid_{\omega = n\omega_1} \cdot \delta(\omega - n\omega_1) \right] =$$

$$\omega_1 \sum_{n=-\infty}^{\infty} E_0(n\omega_1) \delta(\omega - n\omega_1)$$

$$R(\omega) = E(\omega) H(\omega) = H(\omega) \left\{ \omega_1 \sum_{n=-\infty}^{\infty} \left[E_0(n\omega_1) \delta(\omega - n\omega_1) \right] \right\} =$$

$$\omega_1 \sum_{n=-\infty}^{\infty} \left[H(\omega) E_0(n\omega_1) \delta(\omega - n\omega_1) \right] =$$

$$\omega_1 \sum_{n=-\infty}^{\infty} \left[H(n\omega_1) E_0(n\omega_1) \delta(\omega - n\omega_1) \right] \qquad (3-0.3)$$

可见,$R(\omega)$ 为位于 $\omega = n\omega_1$ 处的离散谱(其各谱线幅度的相对大小及初始相位与激励相比发生变化,由 $H(n\omega_1)$ 即谐波频率处的频率特性决定),从而仍为周期信号,且基频为 ω_1,从而周期为 T。另一方面,由式 $(3-0.3)$ 知,只有谐波频率处的 $H(\omega)$ 值影响到系统输出,非谐波频率处的 $H(\omega)$ 对激励不起作用。

16. 有关调幅信号

已调信号频谱涉及一些通信相关的内容。对调幅信号,为实现频谱搬移,调制信号中无需直流成分,即已调信号形式为 $a(t) = A_0 \cos(\Omega t + \varphi) \cos(\omega_0 t + \varphi_0)$ 即可。但实际应用中,不能采用这种形式,因为其在一些时间范围内功率很小,通信系统接收端可能无法接收到,如图 $3-0.1$。因而,调制信号中加入直流成分的目的是使已调信号具有足够功率是基于应用的考虑,如

$$a(t) = A_0 [1 + m\cos(\Omega t + \varphi)] \cos(\omega_0 t + \varphi_0)$$

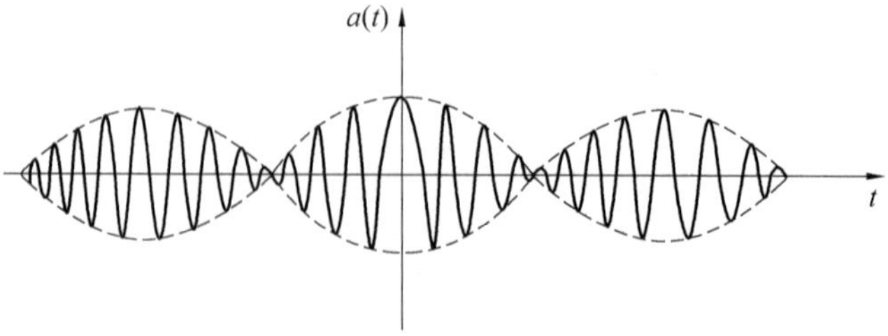

图 $3-0.1$

调幅系数 m 是调制信号幅度相对于直流成分的大小。 通常,已调信号幅度起伏不应太

大(即调制深度要小),以保证较稳定的功率输出。因而,调幅系数通常取得较小,使包络起伏较小。图 3－0.2 为调幅系数不同时,信号幅度起伏的比较。

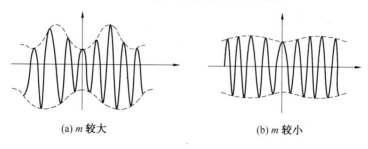

(a) m 较大　　　　　　　　　(b) m 较小

图 3－0.2

有关调幅信号的内容可与通信电子线路课程的相关内容建立联系。如通信电路中,发射机中混频器的作用是实现调幅,本振信号相当于载波,本振频率相当于载频,混频器一般采用乘法器,其作用就是实现调制信号与载波的乘积,取其和频($\omega_0＋\Omega$)发射出去。从信号处理角度上,通信接收端是发射端调幅的逆过程,即将接收的调幅信号(频谱已从调制信号所在的低频端搬移至载频所在的高频端)的频谱从高频端还原为原始的低频端(即调制信号频谱)。具体实现仍通过混频(乘法)器,且本振频率与发射端相同,仍为载频,但取其差频($\omega_0＋\Omega－\omega_0＝\Omega$)输出,从而恢复原始信号频谱。与发射端对应,接收端的这种频谱恢复过程称为解调。信号从发射到接收端的频谱搬移－恢复过程,就是调制－解调过程。

例题分析与解答

3－1 将图 3－1.1 所示周期矩形信号展开为三角与指数傅里叶级数,并画出频谱图。

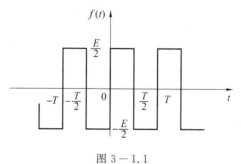

图 3－1.1

【分析与解答】

首先根据波形判断信号奇偶性及是否为奇谐函数,从而简化运算。信号为奇函数,三角傅里叶级数中只包括正弦分量,不包含直流及余弦分量;且为奇谐函数,傅里叶级数中只包含奇次谐波成分。因而信号傅里叶级数中只包括奇次谐波的正弦分量。

$a_0＝a_n＝0$,则 $c_n＝\frac{1}{2}(a_n－\mathrm{j}b_n)$ 为虚数。

$$b_n = \frac{2}{T} \int_{-\frac{T}{2}}^{\frac{T}{2}} f(t) \sin n\omega_1 t \mathrm{d}t = \frac{4}{T} \int_0^{\frac{T}{2}} \frac{E}{2} \sin n\omega_1 t \mathrm{d}t = E \cdot \left(-\frac{\cos n\omega_1 t}{n\omega_1} \right) \bigg|_0^{\frac{T}{2}} =$$

$$\frac{E(1-\cos n\pi)}{n\omega_1} = \begin{cases} 0 & (n \text{ 为偶}) \\ \dfrac{2E}{n\pi} & (n \text{ 为奇}) \end{cases}$$

也可不求积分,先求单周期信号的频谱。

单周期信号 $f_0(t) = -\dfrac{E}{2}\left[u\left(t+\dfrac{T}{2}\right) - u(t) \right] + \dfrac{E}{2}\left[u(t) - u\left(t-\dfrac{T}{2}\right) \right]$

可用傅里叶变换时移性质:$f_0(t)$ 中,$t<0$ 的部分为纵轴对称、幅度 $\dfrac{E}{2}$、脉冲宽度 $\dfrac{T}{2}$ 的矩形脉冲左移 $\dfrac{T}{4}$ 单位得到;$t>0$ 的部分为其右移 $\dfrac{T}{4}$ 个单位得到;而纵轴对称的矩形脉冲信号的频谱为 Sa( ) 函数。

也可采用更简单的方法,利用时域微分性质:$f_0(t)$ 由矩形脉冲组成,其微分为冲激信号之和,而后者的频谱容易求解。

两个矩形脉冲的微分为 4 个冲激信号,再进行合并

$$\frac{\mathrm{d}f_0(t)}{\mathrm{d}t} = -\frac{E}{2}\left[\delta\left(t+\frac{T}{2}\right) - \delta(t) \right] + \frac{E}{2}\left[\delta(t) - \delta\left(t-\frac{T}{2}\right) \right] =$$

$$E\delta(t) - \frac{E}{2}\left[\delta\left(t-\frac{T}{2}\right) + \delta\left(t+\frac{T}{2}\right) \right]$$

根据时移性质

$$\mathscr{F}\left[\frac{\mathrm{d}f_0(t)}{\mathrm{d}t} \right] = E - \frac{E}{2}\left(\mathrm{e}^{-\mathrm{j}\omega\frac{T}{2}} + \mathrm{e}^{\mathrm{j}\omega\frac{T}{2}} \right) = E\left(1 - \cos\frac{\omega T}{2} \right)$$

将余弦信号展开,以约掉常数项

$$\mathscr{F}\left[\frac{\mathrm{d}f_0(t)}{\mathrm{d}t} \right] = 2E \sin^2\left(\frac{\omega T}{4} \right)$$

由时域微分性质,得到单周期信号频谱

$$F_0(\omega) = \frac{2E \sin^2\left(\dfrac{\omega T}{4} \right)}{\mathrm{j}\omega}$$

$$c_n = \frac{1}{T} F_0(\omega) \big|_{\omega=n\omega_1} = \frac{2E}{T} \cdot \frac{\sin^2\left(\dfrac{n\omega_1 T}{4} \right)}{\mathrm{j}n\omega_1}$$

由周期与基波角频率关系 $T = \dfrac{2\pi}{\omega_1}$,得 $\omega_1 T = 2\pi$,则

$$c_n = \frac{E}{\mathrm{j}n\pi} \sin^2\left(\frac{n\pi}{2} \right)$$

可见 c_n 只包括虚部,因而 $a_0 = a_n = 0$,所以傅里叶级数只包括正弦分量;且 n 为偶数时 $\sin\left(\dfrac{n\pi}{2} \right) = 0$,即 $c_n = 0$,因而傅里叶级数中只包括奇次谐波分量。这与前面根据波形分析的结果一致。

指数级数

$$f(t) = -\sum_{n=-\infty}^{\infty} \frac{\mathrm{j}E}{n\pi} \mathrm{e}^{\mathrm{j}n\omega_1 t}$$

而

$$b_n = 2\mathrm{j}c_n = \begin{cases} \dfrac{2E}{n\pi} & (n \text{ 为奇}) \\ 0 & (n \text{ 为偶}) \end{cases}$$

则三角级数

$$f(t) = \sum_{n=1}^{\infty} b_n \sin n\omega_1 t = \frac{2E}{\pi} \sum_{n=1}^{\infty} \left(\frac{1}{n} \sin n\omega_1 t \right) \quad (n \text{ 为奇数})$$

或等效为

$$f(t) = \frac{2E}{\pi} \sum_{n=1}^{\infty} \frac{1}{n} \cos\left(n\omega_1 t - \frac{\pi}{2} \right) \quad (n \text{ 为奇数})$$

谐波频率处的幅度及相位

$$\begin{cases} A_n = \dfrac{2E}{n\pi} \\ \varphi_n = -\dfrac{\pi}{2} \end{cases} \quad (n \text{ 为奇数})$$

频谱如图 3－1.2。$f(t)$ 为实函数时，容易证明，φ_n 为 n 的奇函数，因而其关于纵轴反对称。

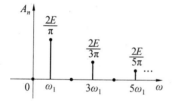
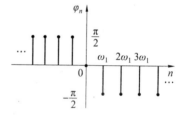

三角傅里叶级数的频谱图

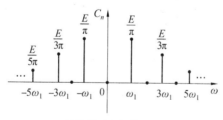

指数傅里叶级数的频谱图

图 3－1.2

3－2　求图 3－2.1 周期锯齿信号的傅里叶级数，并画出频谱图。

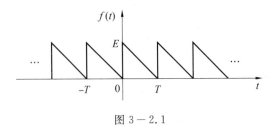

图 3－2.1

【分析与解答】

$f(t)$ 不存在奇偶对称性。为求解方便起见，将其分解为直流分量和不包括直流分量的另一个分量 $f_0(t)$。直流分量为信号平均值，由波形见为 $\dfrac{E}{2}$，即

$$f(t) = \frac{E}{2} + f_0(t)$$

如图 3－2.2。

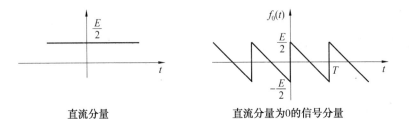

直流分量　　　　　　　　　　直流分量为0的信号分量

图 3－2.2

$f_0(t)$ 为奇函数，求其傅里叶级数可简化计算过程：不包括直流及余弦成分，即傅里叶系数

$$a_0{}' = a_n{}' = 0$$

$$b_n{}' = \frac{4}{T}\int_0^{T/2} f(t)\sin n\omega_1 t\,\mathrm{d}t = \frac{4}{T}\int_0^{T/2}\left(\frac{E}{2} - \frac{E}{T}t\right)\sin n\omega_1 t\,\mathrm{d}t = \frac{E}{n\pi}$$

$$f_0(t) = \frac{E}{\pi}\sum_{n=1}^{\infty}\frac{1}{n}\sin n\omega_1 t$$

三角傅里叶级数

$$f(t) = \frac{E}{2} + f_0(t) = \frac{E}{2} + \sum_{n=1}^{\infty} b_n{}'\sin n\omega_1 t = \frac{E}{2} + \frac{E}{\pi}\sum_{n=1}^{\infty}\frac{1}{n}\sin n\omega_1 t$$

即

$$\frac{a_0}{2} = \frac{E}{2}, \quad b_n = \frac{E}{n\pi}$$

或写为

$$f(t) = \frac{E}{2} + \frac{E}{\pi}\sum_{n=1}^{\infty}\frac{1}{n}\cos\left(n\omega_1 t - \frac{\pi}{2}\right)$$

因而

$$\begin{cases} A_0 = E \\ A_n = \dfrac{E}{\pi n} \\ \varphi_n = -\dfrac{\pi}{2} \end{cases}$$

求指数傅里叶系数时，因 A_0 与 A_n 表达式不同，因而应分别求 c_0 与 c_n

$$\begin{cases} c_0 = \dfrac{1}{2}(a_0 - jb_0) = \dfrac{a_0}{2} = \dfrac{E}{2} \\ c_n = \dfrac{1}{2}(a_n - jb_n) = -j\dfrac{E}{2\pi n} \end{cases}$$

式中应用了 $a_0 = A_0$。因为由 $A_n = \sqrt{a_n^2 + b_n^2}$，得 $A_0 = \sqrt{a_0^2 + b_0^2}$；$n = 0$ 代入 $b_n = \dfrac{2}{T_1}\int_{t_0}^{t_0 + T_1} f(t)\sin n\omega_1 t \mathrm{d}t$，所以 $b_0 = 0$。

指数傅里叶级数

$$f(t) = \frac{E}{2} - j\frac{E}{2\pi}\sum_{\substack{n=-\infty \\ n\neq 0}}^{\infty}\frac{1}{n}\mathrm{e}^{jn\omega_1 t}$$

频谱如图 $3 - 2.3$。

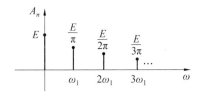
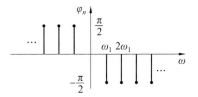

三角傅里叶级数

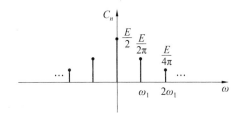

指数傅里叶级数

图 $3 - 2.3$

3 — 3　将 $f(t) = t$ 在 $(-\pi, \pi)$ 时间范围内展开为三角傅里叶级数。

【分析与解答】

只有周期信号具有傅里叶级数形式。为将信号在 $(-\pi, \pi)$ 中展开为傅里叶级数，其应为周期为 2π 的信号。为此以 $(-\pi, \pi)$ 为主周期，延拓为图 $3 - 3$ 的周期信号。

延拓后的周期信号为奇函数，$a_0 = a_n = 0$。

$$b_n = \frac{4}{T}\int_0^{\pi} t\sin n\omega_1 t \mathrm{d}t = \frac{2}{\pi}\left[\frac{-t\cos n\omega_1 t}{n}\Big|_0^{\pi} - \int_0^{\pi}\frac{\cos n\omega_1 t}{n}\mathrm{d}t\right] = \frac{2}{n}(-1)^{n-1}$$

$T = 2\pi$，故 $\omega_1 = 1$，则

$$f(t) = \sum_{n=1}^{\infty} b_n \sin n\omega_1 t = 2 \sum_{n=1}^{\infty} (-1)^{n-1} \frac{1}{n} \sin nt = 2\sin t - \sin 2t + \frac{2}{3} \sin 3t - \cdots$$

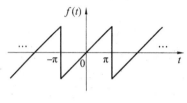

图 3－3

3－4 周期信号 $f(t)$ 的 1/4 周期（$0 \sim T/4$）波形如图 3－4.1。试画出以下情况下，其一个周期（$-\frac{T}{2} < t < \frac{T}{2}$）的波形。

(1) $f(t)$ 为奇函数，只含有奇次谐波；

(2) $f(t)$ 为偶函数，同时含有偶次和奇次谐波。

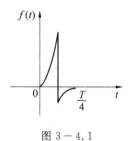

图 3－4.1

【分析与解答】

(1) 奇函数波形关于纵轴反对称，因而 $-\frac{T}{4} < t < 0$ 的波形为 $0 < t < \frac{T}{4}$ 部分沿纵轴翻转再沿横轴翻转

$$f(t) = -f(-t) \quad \left(-\frac{T}{4} < t < 0\right)$$

奇谐函数波形在相邻半周期平移后反对称，则 $\frac{T}{4} < t < \frac{T}{2}$ 的波形为 $-\frac{T}{4} < t < 0$ 部分右移 $\frac{T}{2}$ 后沿横轴翻转

$$f(t) = -f\left(t - \frac{T}{2}\right) \quad \left(\frac{T}{4} < t < \frac{T}{2}\right)$$

$-\frac{T}{2} \leqslant t \leqslant -\frac{T}{4}$ 的波形为 $\frac{T}{4} < t < \frac{T}{2}$ 部分关于纵轴的反对称

$$f(t) = -f(-t) \quad \left(-\frac{T}{2} \leqslant t \leqslant -\frac{T}{4}\right)$$

或用另一种方法：由奇谐函数，由 $0 < t < \frac{T}{4}$ 的波形得到 $-\frac{T}{2} \leqslant t \leqslant -\frac{T}{4}$ 的波形，其为前者左移 $\frac{T}{2}$ 后沿横轴的翻转

$$f(t) = -f\left(t + \frac{T}{2}\right) \quad \left(-\frac{T}{2} \leqslant t \leqslant -\frac{T}{4}\right)$$

再由奇对称性，$\frac{T}{4} < t < \frac{T}{2}$ 的波形为 $-\frac{T}{2} \leqslant t \leqslant -\frac{T}{4}$ 波形的反对称。

如图 3−4.2(a)。

(2) 偶函数时，画波形比奇函数容易，因为其关于纵轴对称。

$-\frac{T}{4} < t < 0$ 的波形关于 $0 < t < \frac{T}{4}$ 偶对称，即沿纵轴翻转：

$$f(t) = f(-t) \quad \left(-\frac{T}{4} < t < 0\right)$$

$f(t)$ 同时包含偶次及奇次谐波，则其相邻半周期间波形不满足奇谐函数的反对称性，也不满足偶谐函数的对称性（$-\frac{T}{2} < t < -\frac{T}{4}$ 部分与 $0 < t < \frac{T}{4}$ 部分，及 $-\frac{T}{4} < t < 0$ 部分与 $\frac{T}{4} < t < \frac{T}{2}$ 部分，不满足平移 $\frac{T}{2}$ 后的对称及反对称性）；即无法由已知条件确定其相邻半周期波形，因而在满足偶对称条件下波形任意。

如图 3−4.2(b)。

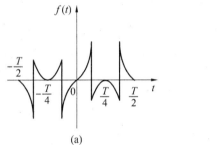

图 3−4.2

3−5　求图 3−5 所示正弦信号经对称限幅后，输出波形的基波、二次及三次谐波有效值。

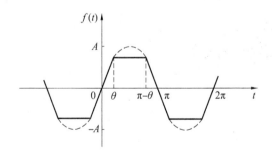

图 3−5

【分析与解答】

题中只要求某些特定谐波频率处的信号分量，因而无需求傅里叶级数展开。由波形知

$f(t)$ 为奇函数,故不包括直流及余弦分量,即 $a_0 = a_n = 0$。$\omega_1 = \dfrac{2\pi}{T} = 1$。

$$b_n = \frac{4}{T}\int_0^\pi f(t)\sin n\omega_1 t\,\mathrm{d}t = \frac{2}{\pi}\int_0^\pi f(t)\sin nt\,\mathrm{d}t$$

$$b_1 = \frac{2}{\pi}\int_0^\pi f(t)\sin nt\,\mathrm{d}t = \frac{2}{\pi}\left[\int_0^\theta A\sin t\sin t\,\mathrm{d}t + \int_\theta^{\pi-\theta} A\sin\theta\sin t\,\mathrm{d}t + \int_{\pi-\theta}^\pi A\sin t\sin t\,\mathrm{d}t\right] =$$

$$\frac{2A}{\pi}\left[\int_0^\theta \sin^2 t\,\mathrm{d}t + \sin\theta\int_\theta^{\pi-\theta}\sin t\,\mathrm{d}t + \int_{\pi-\theta}^\pi \sin^2 t\,\mathrm{d}t\right] =$$

$$\frac{2A}{\pi}\left(\theta + \frac{1}{2}\sin 2\theta\right)$$

基波有效值

$$\frac{b_1}{\sqrt{2}} = \frac{\sqrt{2}A}{\pi}\left(\theta + \frac{1}{2}\sin 2\theta\right)$$

另一方面,由波形知 $f(t)$ 为奇谐函数,故不包含偶次谐波成分,即 $b_2 = 0$,二次谐波有效值为 0。

$$b_3 = \frac{2A}{\pi}\left[\int_0^\theta \sin t\sin 3t\,\mathrm{d}t + \int_\theta^{\pi-\theta}\sin\theta\sin 3t\,\mathrm{d}t + \int_{\pi-\theta}^\pi \sin t\sin 3t\,\mathrm{d}t\right] =$$

$$\frac{2A}{\pi}\left[-\frac{1}{2}\left(\frac{1}{4}\sin 4t - \frac{1}{2}\sin 2t\right)\bigg|_0^\theta - \sin\theta\left(-\frac{\cos 3t}{3}\right)\bigg|_\theta^{\pi-\theta} - \right.$$

$$\left. \frac{1}{2}\left(\frac{1}{4}\sin 4t - \frac{1}{2}\sin 2t\right)\bigg|_{\pi-\theta}^\pi\right] =$$

$$\frac{A}{3\pi}\left(\sin 2\theta + \frac{1}{2}\sin 4\theta\right)$$

三次谐波有效值

$$\frac{b_3}{\sqrt{2}} = \frac{\sqrt{2}A}{6\pi}\left(\sin 2\theta + \frac{1}{2}\sin 4\theta\right)$$

3－6　求图 3－6.1 所示周期信号的傅里叶级数。

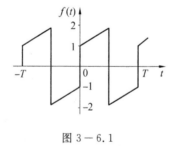

图 3－6.1

【分析与解答】

信号波形复杂。为求解方便,分解为两个分量

$$f(t) = f_1(t) + f_2(t)$$

如图 3－6.2。

两个分量的周期均为 T,且均为奇函数,分别展开为傅里叶级数再相加。

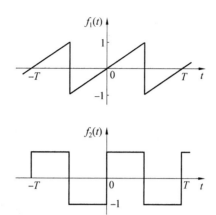

图 3 - 6.2

对 $f_1(t)$，主周期 $\left(-\dfrac{T}{2},\dfrac{T}{2}\right)$ 内

$$f_1(t) = \frac{2}{T}t$$

奇函数，$a_n = 0$。

$$b_n = \frac{4}{T}\int_0^{\frac{T}{2}} f_1(t)\sin n\omega_1 t\,dt = \frac{4}{T}\int_0^{\frac{T}{2}}\frac{2}{T}t \cdot \sin n\omega_1 t\,dt =$$

$$\frac{8}{T^2}\left[\frac{-t}{n\omega_1}\cos n\omega_1 t + \frac{1}{(n\omega_1)^2}\sin n\omega_1 t\right]\Bigg|_0^{\frac{T}{2}} =$$

$$\frac{8}{T^2}\left(-\frac{T}{2n\omega_1}\cos n\pi\right) = \frac{2}{n\pi}(-1)^{n+1}$$

$$f_1(t) = \frac{2}{\pi}\sum_{n=1}^{\infty}(-1)^{n+1}\frac{1}{n}\sin n\omega_1 t$$

对 $f_2(t)$，主周期内

$$f_2(t) = \begin{cases} -1 & \left(-\dfrac{T}{2} < t < 0\right) \\[2mm] 1 & \left(0 < t < \dfrac{T}{2}\right) \end{cases}$$

奇函数，$a_n = 0$。

$$b_n = \frac{4}{T}\int_0^{\frac{T}{2}} f_2(t)\sin n\omega_1 t\,dt = \frac{4}{T}\int_0^{\frac{T}{2}}\sin n\omega_1 t\,dt =$$

$$\frac{4}{T}\cdot\frac{(-1)}{n\omega_1}\cos n\omega_1 t\Bigg|_0^{\frac{T}{2}} = \frac{2}{n\pi}(1-\cos n\pi) =$$

$$\begin{cases} \dfrac{4}{n\pi} & (n\ \text{为奇}) \\[2mm] 0 & (n\ \text{为偶}) \end{cases}$$

可见 $f_2(t)$ 为奇谐函数，这由其波形决定（相邻半周期反对称）。

$$f_2(t) = \frac{4}{\pi}\sum_{n=1,3,5,\cdots}^{\infty}\frac{1}{n}\sin n\omega_1 t$$

$$f(t) = f_1(t) + f_2(t) = \frac{2}{\pi} \sum_{n=1,3,5,\cdots}^{\infty} [1 - 2(-1)^n] \frac{1}{n} \sin n\omega_1 t +$$

$$\frac{2}{\pi} \sum_{n=2,4,6,\cdots}^{\infty} (-1)^{n+1} \frac{1}{n} \sin n\omega_1 t =$$

$$\frac{6}{\pi} \left(\sum_{n=1,3,5,\cdots}^{\infty} \frac{1}{n} \sin n\omega_1 t \right) - \frac{2}{\pi} \left(\sum_{n=2,4,6,\cdots}^{\infty} \frac{1}{n} \sin n\omega_1 t \right)$$

另一种考虑,求 $f_1(t)$ 与 $f_2(t)$ 的傅里叶系数较简便的方法是利用

$$\begin{cases} c_n = \dfrac{1}{T} F_0(\omega)\big|_{\omega = n\omega_1} \\[2mm] c_n = \dfrac{1}{2}(a_n - \mathrm{j}b_n) \end{cases}$$

由 $a_n = 0$ 得 $b_n = 2\mathrm{j}c_n$。

对 $f_2(t)$,其对应的 $F_0(\omega)$ 的求解过程与例 3-1 类似。$f_2(t)$ 主周期内信号随 t 线性变化,可用时域微分性质求频谱:其一阶微分为矩形脉冲,二阶微分为一正一负的两个冲激信号。

3-7 将周期信号 $f(t)$ 在 $(t_0, t_0 + T)$ 内展开为三角傅里叶级数,但只包含前 N 次谐波成分,构成有限级数

$$s_N(t) = a_0 + \sum_{n=1}^{N} (a_n \cos n\omega_1 t + b_n \sin n\omega_1 t)$$

误差函数 $$\varepsilon_N(t) = f(t) - s_N(t)$$

均方误差 $$E_N = \overline{\varepsilon_N^2(t)} = \frac{1}{T} \int_{-\frac{T}{2}}^{\frac{T}{2}} \varepsilon_N^2(t) \mathrm{d}t$$

证明 1. 当 $$\begin{cases} a_n = \dfrac{2}{T} \displaystyle\int_{t_0}^{t_0+T} f(t) \cos n\omega_1 t \mathrm{d}t \\[2mm] b_n = \dfrac{2}{T} \displaystyle\int_{t_0}^{t_0+T} f(t) \sin n\omega_1 t \mathrm{d}t \end{cases}$$ 时,均方误差最小;

2. 最小均方误差为 $\overline{f^2(t)} - \left[a_0^2 + \dfrac{1}{2} \displaystyle\sum_{n=1}^{N} (a_n^2 + b_n^2) \right]$。

【分析与解答】

1. 通常直流分量用 $\dfrac{a_0}{2}$ 表示,而本题中用 a_0 表示。确定 a_0、a_n、b_n 的出发点,是由其得到的傅里叶级数对 $f(t)$ 的近似程度最高,或误差最小,因而首先应确定定量描述误差大小的物理量。

考虑 $f(t)$ 与有限傅里叶级数间的误差函数

$$\varepsilon(t) = f(t) - \left[\frac{a_0}{2} + \sum_{n=1}^{N} (a_n \cos n\omega_1 t + b_n \sin n\omega_1 t) \right] \qquad (3-7.2)$$

但它是时间函数,无法定量描述误差大小,为此可考虑误差和

$$e = \int_{-\infty}^{\infty} \varepsilon(t) \mathrm{d}t$$

其为一个量值。但 $\varepsilon(t)$ 可为正或负,积分(即叠加)后正负可能抵消,无法准确描述误差大

小。如图 $3-7$，$f_1(t)$ 为幅度为 0 的信号，$f_2(t)$ 为正弦信号，两个信号不同，但二者的误差和 e 却为 0，这表明不能用误差和描述信号间的相似程度。

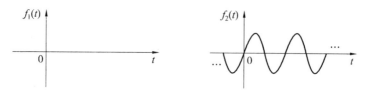

图 $3-7$

为避免误差正负约掉的情况，应利用其平方，即误差平方，用 e^2 表示，即

$$e^2 = \int_{-\infty}^{\infty} \varepsilon^2(t)\,\mathrm{d}t$$

对其平均可更确切表示信号间的相似程度，即单位时间内的误差平方，称为均方误差（Mean Squared Error，MSE）：

$$\overline{e^2} = \lim_{T \to \infty}\left[\frac{1}{T}\int_{-T}^{T} \varepsilon^2(t)\,\mathrm{d}t\right]$$

式中，上标"一"表示取平均，$T \to \infty$ 表示在整个时间范围内取平均。

周期信号有限谐波傅里叶分解时，应使 MSE 最小，即对式（3-7.2）应有

$$\overline{e^2} = \frac{1}{T}\int_{t_0}^{t_0+T}\left[f(t) - \frac{a_0}{2} - \sum_{n=1}^{\infty}(a_n \cos n\omega_1 t + b_n \sin n\omega_1 t)\right]^2 \mathrm{d}t$$

最小。这里，$\overline{e^2}$ 在一个周期内得到，因为 $f(t)$ 与 $\dfrac{a_0}{2} + \sum\limits_{n=1}^{\infty}(a_n \cos n\omega_1 t + b_n \sin n\omega_1 t)$ 均以 T 为周期，因而二者之差的周期为 T，其一个周期内的均值与整个时间范围内的均值相同。

应采用最小均方误差准则确定 $\dfrac{a_0}{2}$，a_n 和 b_n。教材第 1 章，给出最小均方误差准则下正交函数系数的表达式；即若 $f(t)$ 在 (t_1, t_2) 内用正交函数线性组合表示

$$f(t) \approx c_1 g_1(t) + c_2 g_2(t) + \cdots + c_n g_n(t) = \sum_{r=1}^{n} c_r g_r(t)$$

为使 MSE 最小，应有

$$c_i = \frac{\displaystyle\int_{t_1}^{t_2} f(t) g_i(t)\,\mathrm{d}t}{\displaystyle\int_{t_1}^{t_2} g_i^2(t)\,\mathrm{d}t}$$

将上述结论应用于有限傅里叶级数

$$s_N(t) = a_0 + \sum_{n=1}^{N}(a_n \cos n\omega_1 t + b_n \sin n\omega_1 t) \tag{3-7.3}$$

中，$g_i(t)$ 分别取 1，$\cos n\omega_1 t$ 和 $\sin n\omega_1 t$，从而

$$\begin{cases} a_0 = \dfrac{\displaystyle\int_{t_0}^{t_0+T} f(t)\,\mathrm{d}t}{\displaystyle\int_{t_0}^{t_0+T} \mathrm{d}t} = \dfrac{1}{T}\int_{t_0}^{t_0+T} f(t)\,\mathrm{d}t \\[3em] a_n = \dfrac{\displaystyle\int_{t_0}^{t_0+T} f(t)\cos n\omega_1 t\,\mathrm{d}t}{\displaystyle\int_{t_0}^{t_0+T} \cos^2 n\omega_1 t\,\mathrm{d}t} = \dfrac{2}{T}\int_{t_0}^{t_0+T} f(t)\cos n\omega_1 t\,\mathrm{d}t \\[3em] b_n = \dfrac{\displaystyle\int_{t_0}^{t_0+T} f(t)\sin n\omega_1 t\,\mathrm{d}t}{\displaystyle\int_{t_0}^{t_0+T} \sin^2 n\omega_1 t\,\mathrm{d}t} = \dfrac{2}{T}\int_{t_0}^{t_0+T} f(t)\sin n\omega_1 t\,\mathrm{d}t \end{cases}$$

式中，系数 a_0 是 a_n 在 $n=0$（直流分量）时的特例。

上式中应用了

$$\int_{t_0}^{t_0+T} \sin^2 n\omega_1 t\,\mathrm{d}t = \int_{t_0}^{t_0+T} \cos^2 n\omega_1 t\,\mathrm{d}t = T/2$$

或者，通过计算确定 a_n 和 b_n。为方便起见，将有限傅里叶级数的直流成分合并到余弦项中（可看作频率为 0 的余弦信号）

$$s_N(t) = \sum_{n=0}^{N} (a_n\cos n\omega_1 t + b_n\sin n\omega_1 t)$$

$$E_N = \frac{1}{T}\int_{-\frac{T}{2}}^{\frac{T}{2}} \left[f(t) - \sum_{n=0}^{N} (a_n\cos n\omega_1 t + b_n\sin n\omega_1 t)\right]^2 \mathrm{d}t =$$

$$\frac{1}{T}\int_{-\frac{T}{2}}^{\frac{T}{2}} \left[f^2(t) - 2f(t)\sum_{n=0}^{N} (a_n\cos n\omega_1 t + b_n\sin n\omega_1 t) + \right.$$

$$\left. \sum_{n=1}^{N} (a_n^2\cos^2 n\omega_1 t + 2a_n b_n\sin n\omega_1 t\cos n\omega_1 t + b_n^2\sin^2 n\omega_1 t)\right]\mathrm{d}t$$

为使 E_N 最小，应有 $\dfrac{\partial E_N}{\partial a_n}=0$。$E_N$ 中与 a_n 无关项的微分结果为 0，从而

$$\frac{\partial E_N}{\partial a_n} = \frac{1}{T}\int_{t_0}^{t_0+T} -2f(t)\cos n\omega_1 t\,\mathrm{d}t + \frac{1}{T}\int_{t_0}^{t_0+T} 2a_n\cos^2 n\omega_1 t\,\mathrm{d}t +$$

$$\frac{1}{T}\cdot 2b_n\int_{t_0}^{t_0+T} \sin n\omega_1 t\cos n\omega_1 t\,\mathrm{d}t = 0$$

$\sin n\omega_1 t$ 与 $\cos n\omega_1 t$ 在 (t_0, t_0+T) 内正交，则

$$\int_{t_0}^{t_0+T} \sin n\omega_1 t\cos n\omega_1 t\,\mathrm{d}t = 0$$

因而

$$\frac{1}{T}\int_{t_0}^{t_0+T} 2a_n\cos^2 n\omega_1 t\,\mathrm{d}t = \frac{1}{T}\int_{t_0}^{t_0+T} 2f(t)\cos n\omega_1 t\,\mathrm{d}t$$

则

$$a_n = \frac{\displaystyle\int_{t_0}^{t_0+T} f(t)\cos n\omega_1 t\,\mathrm{d}t}{\displaystyle\int_{t_0}^{t_0+T} \cos^2 n\omega_1 t\,\mathrm{d}t} = \frac{2}{T}\int_{t_0}^{t_0+T} f(t)\cos n\omega_1 t\,\mathrm{d}t$$

类似地，对 b_n 应有 $\dfrac{\partial E_N}{\partial b_n}=0$，即

$$\frac{\partial E_N}{\partial b_n}=\frac{1}{T}\Bigg[\int_{t_0}^{t_0+T}-2f(t)\sin n\omega_1 t\mathrm{d}t+2a_n\int_{t_0}^{t_0+T}\sin n\omega_1 t\cos n\omega_1 t\mathrm{d}t+$$

$$2b_n\int_{t_0}^{t_0+T}\sin^2 n\omega_1 t\mathrm{d}t\Bigg]=0$$

从而

$$-\int_{t_0}^{t_0+T}2f(t)\sin n\omega_1 t\mathrm{d}t+2b_n\int_{t_0}^{t_0+T}\sin^2 n\omega_1 t\mathrm{d}t=0$$

即

$$b_n=\frac{\displaystyle\int_{t_0}^{t_0+T}f(t)\sin n\omega_1 t\mathrm{d}t}{\displaystyle\int_{t_0}^{t_0+T}\sin^2 n\omega_1 t\mathrm{d}t}=\frac{2}{T}\int_{t_0}^{t_0+T}f(t)\sin n\omega_1 t\mathrm{d}t$$

2. 设 $\varepsilon_N(t)=f(t)-s_N(t)$

$$E_N=\frac{1}{T}\int_{t_0}^{t_0+T}\overline{\varepsilon_N^2(t)}\mathrm{d}t=$$

$$\frac{1}{T}\int_{t_0}^{t_0+T}\Big[f(t)-\sum_{n=0}^{N}(a_n\cos n\omega_1 t+b_n\sin n\omega_1 t)\Big]^2\mathrm{d}t=$$

$$\frac{1}{T}\int_{t_0}^{t_0+T}\Big\{f^2(t)-2f(t)\cdot\sum_{n=0}^{N}(a_n\cos n\omega_1 t+b_n\sin n\omega_1 t)+$$

$$\Big[\sum_{n=0}^{N}(a_n\cos n\omega_1 t+b_n\sin n\omega_1 t)\Big]^2\Big\}\mathrm{d}t=$$

$$\frac{1}{T}\int_{t_0}^{t_0+T}f^2(t)\mathrm{d}t-\sum_{n=0}^{N}\Big[a_n\cdot\frac{2}{T}\int_{t_0}^{t_0+T}f(t)\cos n\omega_1 t\mathrm{d}t\Big]-$$

$$\sum_{n=0}^{N}\Big[b_n\cdot\frac{2}{T}\int_{t_0}^{t_0+T}f(t)\sin n\omega_1 t\mathrm{d}t\Big]+$$

$$\frac{1}{T}\int_{t_0}^{t_0+T}\Big[\sum_{n=0}^{N}(a_n\cos n\omega_1 t+b_n\sin n\omega_1 t)^2\Big]\mathrm{d}t=\overline{f^2(t)}-\sum_{n=0}^{N}a_n^2-\sum_{n=0}^{N}b_n^2+$$

$$\frac{1}{T}\int_{t_0}^{t_0+T}\Big[\sum_{n=0}^{N}(a_n^2\cos^2 n\omega_1 t+2a_nb_n\sin n\omega_1 t\cos n\omega_1 t+b_n^2\sin^2 n\omega_1 t)\Big]\mathrm{d}t=$$

$$\overline{f^2(t)}-\sum_{n=0}^{N}a_n^2-\sum_{n=0}^{N}b_n^2+\sum_{n=0}^{N}\Big[a_n^2\Big(\frac{1}{T}\int_{t_0}^{t_0+T}\cos n\omega_1 t\mathrm{d}t\Big)\Big]+$$

$$\frac{2}{T}\sum_{n=0}^{N}\Big(a_nb_n\cdot\int_{t_0}^{t_0+T}\sin n\omega_1 t\cos n\omega_1 t\mathrm{d}t\Big)+\sum_{n=0}^{N}\Big(b_n^2\cdot\frac{1}{T}\int_{t_0}^{t_0+T}\sin n\omega_1 t\mathrm{d}t\Big)=$$

$$\overline{f^2(t)}-\sum_{n=0}^{N}a_n^2-\sum_{n=0}^{N}b_n^2+\frac{1}{2}\sum_{n=0}^{N}a_n^2+\frac{2}{T}\sum_{n=0}^{N}(a_nb_n\cdot 0)+\frac{1}{2}\sum_{n=0}^{N}b_n^2=$$

$$\overline{f^2(t)}-\frac{1}{2}\sum_{n=0}^{N}a_n^2-\frac{1}{2}\sum_{n=0}^{N}b_n^2=$$

$$\overline{f^2(t)}-\Big[a_0^2+\frac{1}{2}\sum_{n=1}^{N}(a_n^2+b_n^2)\Big]$$

3－8　激励信号 $e(t)$ 如图 3－8，作用于线性时不变系统。试判断系统响应是否可能

为 $r_1(t)$ 或 $r_2(t)$。

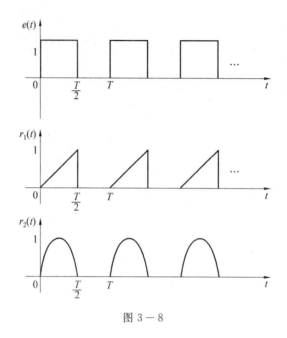

图 3－8

【分析与解答】

$e(t)$，$r_1(t)$ 与 $r_2(t)$ 具有相同周期与脉冲宽度。若不考虑直流分量，$e(t)$ 为奇谐函数，只包含奇次谐波成分；$r_1(t)$ 和 $r_2(t)$ 不是奇谐函数，频谱中应包含偶次谐波成分。即响应中包含了激励中不存在的频率成分，这对线性时不变系统是不可能的。

3－9 求图 3－9 所示锯齿脉冲信号的傅里叶变换。

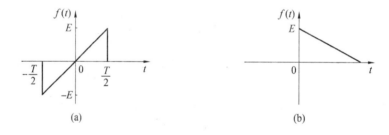

图 3.9

【分析与解答】

（a）若根据定义求解

$$F(\omega) = \int_{-T/2}^{T/2} \frac{2E}{T} t\, e^{-j\omega t}\, dt$$

被积函数为乘积项，且包含 t 的幂，需应用分部积分降阶，计算较复杂。

$f(t)$ 是线性信号，可应用时域微分性质，与例 3－1 类似。

$$f(t) = \frac{2E}{T} t\left[u\left(t + \frac{T}{2}\right) - u\left(t - \frac{T}{2}\right) \right]$$

$$\frac{\mathrm{d}f(t)}{\mathrm{d}t} = \frac{2E}{T}\left[u\left(t+\frac{T}{2}\right) - u\left(t-\frac{T}{2}\right)\right] + \frac{2E}{T}t\left[\delta\left(t+\frac{T}{2}\right) - \delta\left(t-\frac{T}{2}\right)\right] =$$

$$\frac{2E}{T}\left[u\left(t+\frac{T}{2}\right) - u\left(t-\frac{T}{2}\right)\right] - E\delta\left(t+\frac{T}{2}\right) - E\delta\left(t-\frac{T}{2}\right)$$

根据 $f(t)\delta(t-t_0) = f(t_0)\delta(t-t_0)$，任意信号与冲激信号相乘仍为冲激信号，只是冲激强度变为冲激作用处的信号值。 上式中应用了 $t\delta\left(t+\frac{T}{2}\right) = -\frac{T}{2}\delta\left(t+\frac{T}{2}\right)$ 及 $t\delta\left(t-\frac{T}{2}\right) = \frac{T}{2}\delta\left(t-\frac{T}{2}\right)$。

$$\mathscr{F}\left[\frac{\mathrm{d}f(t)}{\mathrm{d}t}\right] = \frac{2E}{T} \cdot T \cdot \mathrm{Sa}\left(\frac{\omega T}{2}\right) - E(\mathrm{e}^{\mathrm{j}\omega\frac{T}{2}} + \mathrm{e}^{-\mathrm{j}\omega\frac{T}{2}}) = 2E\left(\mathrm{Sa}\left(\frac{\omega T}{2}\right) - \cos\frac{\omega T}{2}\right)$$

设 $\mathscr{F}[f(t)] = F(\omega)$，则 $\mathscr{F}\left[\dfrac{\mathrm{d}f(t)}{\mathrm{d}t}\right] = \mathrm{j}\omega F(\omega)$，即

$$F(\omega) = \frac{\mathscr{F}\left[\dfrac{\mathrm{d}f(t)}{\mathrm{d}t}\right]}{\mathrm{j}\omega} = \frac{2E}{\mathrm{j}\omega}\left(\mathrm{Sa}\left(\frac{\omega T}{2}\right) - \cos\frac{\omega T}{2}\right)$$

ω 为分母，$\omega = 0$ 时上式不成立，为此要求出 $\omega = 0$ 时的频谱，即 $F(0)$。

将 $\omega = 0$ 代入傅里叶变换定义式

$$F(\omega) = \int_{-\infty}^{\infty} f(t)\mathrm{e}^{-\mathrm{j}\omega t}\,\mathrm{d}t$$

得

$$F(0) = \int_{-\infty}^{\infty} f(t)\,\mathrm{d}t$$

即为信号与横轴包围的面积。因而

$$F(0) = \int_{-T/2}^{T/2} \frac{2E}{T}t\,\mathrm{d}t = 0$$

或由波形可见 $f(t)$ 为奇函数，因而面积为 0。

（b）**解法一**

根据定义

$$F(\omega) = \int_{-\infty}^{\infty} f(t)\mathrm{e}^{-\mathrm{j}\omega t}\,\mathrm{d}t = \int_0^T\left(-\frac{E}{T}t + E\right)\mathrm{e}^{-\mathrm{j}\omega t}\,\mathrm{d}t = -\frac{E}{T}\int_0^T t\mathrm{e}^{-\mathrm{j}\omega t}\,\mathrm{d}t + E\int_0^T \mathrm{e}^{-\mathrm{j}\omega t}\,\mathrm{d}t =$$

$$-\frac{E}{T}\left[t \cdot \left(\frac{\mathrm{e}^{-\mathrm{j}\omega t}}{-\mathrm{j}\omega}\right)'\Big|_0^T - \int_0^T \frac{\mathrm{e}^{-\mathrm{j}\omega t}}{-\mathrm{j}\omega}\,\mathrm{d}t\right] + E \cdot \left(\frac{\mathrm{e}^{-\mathrm{j}\omega t}}{(-\mathrm{j}\omega)^2}\Big|_0^T\right) =$$

$$\frac{E}{\mathrm{j}\omega}\mathrm{e}^{-\mathrm{j}\omega T} - \frac{E}{T\omega^2}\mathrm{e}^{-\mathrm{j}\omega T} + \frac{E}{T\omega^2} - \frac{E}{\mathrm{j}\omega}\mathrm{e}^{-\mathrm{j}\omega T} + \frac{E}{\mathrm{j}\omega} =$$

$$\frac{E}{T\omega^2}(1 - \mathrm{e}^{-\mathrm{j}\omega T} - \mathrm{j}T\omega)$$

ω 为分母，与（a）题类似，需单独求 $F(0)$：

$$F(0) = \int_0^T\left(-\frac{E}{T}t + E\right)\mathrm{d}t = \frac{ET}{2}$$

或者直接由波形可知 $f(t)$ 的面积为 $\dfrac{ET}{2}$。

解法二

$f(t)$ 为线性函数,可用时域微分性质求解。

$$f(t) = \left(-\frac{E}{T}t + E\right)\left[u(t) - u(t-T)\right]$$

$$\frac{\mathrm{d}f(t)}{\mathrm{d}t} = -\frac{E}{T}\left[u(t) - u(t-T)\right] + \left(-\frac{E}{T}t + E\right)\left[\delta(t) - \delta(t-T)\right] =$$

$$-\frac{E}{T}\left[u(t) - u(t-T)\right] + E\delta(t)$$

其中 $-\dfrac{E}{T}t \cdot \delta(t) = 0 \cdot \delta(t) = 0$, $-\dfrac{E}{T}t \cdot \delta(t-T) = -\dfrac{E}{T} \cdot T \cdot \delta(t-T) = -E\delta(t-T)$。

$$\mathscr{F}\left[\frac{\mathrm{d}f(t)}{\mathrm{d}t}\right] = -\frac{E}{T} \cdot T\mathrm{Sa}\left(\frac{\omega T}{2}\right)\mathrm{e}^{-\mathrm{j}\omega\frac{T}{2}} + E = \frac{-\mathrm{j}E}{\omega T} \cdot \frac{\mathrm{e}^{\mathrm{j}\omega\frac{T}{2}} - \mathrm{e}^{-\mathrm{j}\omega\frac{T}{2}}}{2\mathrm{j}} \cdot \mathrm{e}^{-\mathrm{j}\omega\frac{T}{2}} + E =$$

$$\frac{\mathrm{j}E}{\omega T}(1 - \mathrm{e}^{-\mathrm{j}\omega T} - \mathrm{j}\omega T)$$

$$F(\omega) = \frac{\mathscr{F}\left[\dfrac{\mathrm{d}f(t)}{\mathrm{d}t}\right]}{\mathrm{j}\omega} = \frac{E}{T\omega^2}(1 - \mathrm{e}^{-\mathrm{j}\omega T} - \mathrm{j}\omega T)$$

3—10 (1) 求图 3—10.1 所示频谱的傅里叶反变换。

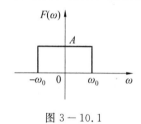

图 3—10.1

(2) 求信号 $\dfrac{\sin 2\pi(t-2)}{\pi(t-2)}$ 的傅里叶变换,并画出频谱图。

【分析与解答】

(1) 解法一

根据定义求傅里叶反变换通常较复杂,但此时 $F(\omega)$ 形式简单:幅度谱为常数,且存在于对称区间。

$$f(t) = \frac{1}{2\pi}\int_{-\omega_0}^{\omega_0} A\mathrm{e}^{\mathrm{j}\omega t}\,\mathrm{d}\omega = \frac{A}{2\pi} \cdot \frac{\mathrm{e}^{\mathrm{j}\omega t}}{\mathrm{j}t}\bigg|_{-\omega_0}^{\omega_0} = \frac{A\omega_0}{\pi} \cdot \mathrm{Sa}(\omega_0 t)$$

解法二

时域矩形脉冲的频谱为抽样函数,而 $F(\omega)$ 为频域矩形脉冲,为此可利用傅里叶变换的对称性。即若 $f(t)$ 为偶函数,则有

$$\begin{cases} f(t) \leftrightarrow F(\omega) \\ F(t) \leftrightarrow 2\pi f(\omega) \end{cases} \tag{3—10}$$

即时域信号与频谱的自变量互换后,傅里叶变换仍成立,只是相差系数 2π。

对 $F(\omega)$ 变量代换,变为时间函数,即为式 (3—10) 中的 $F(t)$;再求其频谱:

$A \cdot 2\omega_0 \mathrm{Sa}\left(\dfrac{\omega \cdot 2\omega_0}{2}\right) = 2A\omega_0 \mathrm{Sa}(\omega_0\omega)$,即为式 (3—10) 中的 $2\pi f(\omega)$;除以 2π,再进行变量代

换即为 $f(t)$：

$$f(t) = \frac{A\omega_0}{\pi} \mathrm{Sa}(\omega_0 t)$$

对 $\mathrm{Sa}(t) = \dfrac{\sin t}{t}$，可看作调幅信号，振荡幅度（即包络线）为 $\dfrac{1}{t}$，即随时间增加单调递减并趋近于 0。信号值正负交替（取决于分子的符号），第 1 个零点位置由分子决定。$\mathrm{Sa}(t)$ 在 $t = 0$ 时分子分母均为 0；应用洛必塔法则，有 $\mathrm{Sa}(t) \big|_{t=0} = 1$。

因而对 $f(t)$，$t = 0$ 时幅度为 $\dfrac{A\omega_0}{\pi}$；零点位置满足 $\omega_0 t = k\pi$，即第 1 个零点位置 $t = \dfrac{\pi}{\omega_0}$。波形如图 $3-10.2$。

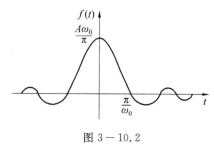

图 $3-10.2$

（2）由定义

$$F(\omega) = \frac{1}{2\pi} \int_{-\infty}^{\infty} \frac{\sin 2\pi(t-2)}{\pi(t-2)} \mathrm{e}^{-\mathrm{j}\omega t} \, \mathrm{d}t$$

无法求出，因为被积函数的原函数不存在。

为此利用傅里叶变换的性质求。为便于计算，先考虑 $\dfrac{\sin 2\pi t}{\pi t}$，再利用时移性质。

用 $F(t)$ 表示 $\dfrac{\sin 2\pi t}{\pi t}$，为 Sa 函数；频域 Sa 函数是时域矩形脉冲的频谱，与（1）题类似，利用对称性。因而，$\mathscr{F}\left[\dfrac{\sin 2\pi t}{\pi t}\right]$ 为频域的矩形脉冲，但需确定其两个参数，即脉冲宽度与幅度。

可先求频域 Sa 函数对应的时域矩形脉冲的参数，再进行变量代换与系数变化得到 $\mathscr{F}\left[\dfrac{\sin 2\pi t}{\pi t}\right]$。对 $f(t)$ 变量代换，得到

$$F(\omega) = \frac{\sin 2\pi\omega}{\pi\omega} = 2\mathrm{Sa}(2\pi\omega)$$

其反变换为时域的矩形脉冲。设矩形脉冲的幅度与宽度分别为 E 和 τ，则其频谱

$$F(\omega) = E\tau\,\mathrm{Sa}\left(\frac{\omega\tau}{2}\right)$$

上面两式对应项系数相同，可建立两个方程 $\begin{cases} E\tau = 2 \\ 2\pi = \dfrac{\tau}{2} \end{cases}$，解出两个参数 $\begin{cases} E = \dfrac{1}{2\pi} \\ \tau = 4\pi \end{cases}$。

则

$$f(t) = \frac{1}{2\pi} G_{4\pi}(t)$$

利用对称性，对 $f(t)$ 变量代换

$$\mathscr{F}\left[\frac{\sin 2\pi t}{\pi t}\right] = F(t) \leftrightarrow 2\pi f(\omega) = G_{4\pi}(\omega)$$

从而

$$\mathscr{F}\left[\frac{\sin 2\pi(t-2)}{\pi(t-2)}\right] = \mathscr{F}\left[\frac{\sin 2\pi t}{\pi t}\right] \cdot \mathrm{e}^{-\mathrm{j}2\omega} = G_{4\pi}(\omega)\mathrm{e}^{-\mathrm{j}2\omega}$$

幅度谱与相位谱应分别给出,如图 $3-10.3$。

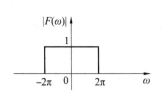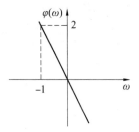

图 $3-10.3$

$3-11$ 1. $f_1(t)$ 如图 $3-11$,其频谱为 $F_1(\omega)$,试求 $f_2(t)$ 的频谱。

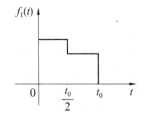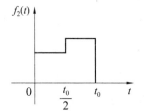

图 $3-11$

2. 已知 $\mathscr{F}[f(t)] = F(\omega)$,试求 $\mathscr{F}[f(2t-5)]$。

【分析与解答】

1. 根据图 $3-11$,$f_1(t)$ 可由两种变换次序得到 $f_2(t)$。

第 1 种:先将 $f_1(t)$ 沿纵轴翻转,得到 $f_1(-t)$;为此利用尺度变换特性($a=-1$),得 $f_1(-t) \leftrightarrow F_1(-\omega)$。 再对 $f_1(-t)$ 延时 t_0 得到 $f_2(t)$;再利用时移性,得 $f_2(t) \leftrightarrow F_1(-\omega)\mathrm{e}^{-\mathrm{j}\omega t_0}$。

第 2 种:先将 $f_1(t)$ 左移 t_0 单位,得到 $f_1(t+t_0)$;为此利用时移性得到其频谱 $F_1(\omega)\mathrm{e}^{\mathrm{j}\omega t_0}$。再将 $f_1(t+t_0)$ 沿纵轴翻转得到 $f_2(t) = f_1(-t+t_0)$;为此利用尺度变换特性 ($a=-1$),得到 $f_2(t) \leftrightarrow F_1(-\omega)\mathrm{e}^{-\mathrm{j}\omega t_0}$。

两种次序得到的结果相同。

2. 与题 1 类似,由 $f(t)$ 得到 $f(2t-5)$,可采用两种变换次序。

第 1 种:先压缩 2 倍,得到 $f(2t)$。为此利用尺度变换特性:$f(2t) \leftrightarrow \frac{1}{2}F\left(\frac{\omega}{2}\right)$;再延时 $5/2$ 个单位,得到 $f(2t-5) = f(2(t-5/2))$。为此利用时移性

$$f(2t-5) \leftrightarrow \frac{1}{2}F\left(\frac{\omega}{2}\right)\mathrm{e}^{-\mathrm{j}\frac{5}{2}\omega}$$

第 2 种:先将 $f(t)$ 延时 5 个单位,得 $f(t-5)$

$$f(t-5)\leftrightarrow F(\omega)\,\mathrm{e}^{-\mathrm{j}5\omega}$$

再压缩 2 倍,得 $f(2t-5)$；由尺度变换特性

$$f(2t-5)\leftrightarrow \frac{1}{2}F\left(\frac{\omega}{2}\right)\mathrm{e}^{-\mathrm{j}\frac{5}{2}\omega}$$

3－12　求图 3－12.1 所示信号的频谱。

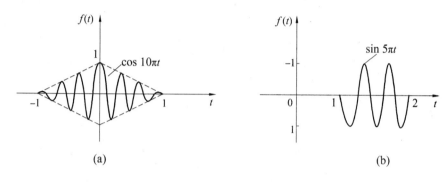

图 3－12.1

【分析与解答】

（a）信号波形较复杂。包络线（虚线）实际不存在,画出它是为反映信号幅度变化趋势。$f(t)$ 可看作调幅信号:幅度被三角波脉冲调制的余弦信号,可将其写为两个分量的乘积:

$$f(t)=f_0(t)\cos 10\pi t$$

三角波信号 $f_0(t)$ 如图 3－12.2。

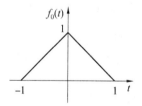

图 3－12.2

在两个不同时间范围内,$f_0(t)$ 随时间线性变化,为此可利用时域微分性质求其频谱。

$$f_0(t)=(t+1)\left[u(t+1)-u(t)\right]+(-t+1)\left[u(t)-u(t-1)\right]$$

$$\frac{\mathrm{d}f_0(t)}{\mathrm{d}t}=u(t+1)+u(t-1)-2u(t)$$

$$\frac{\mathrm{d}^2 f_0(t)}{\mathrm{d}t^2}=\delta(t+1)+\delta(t-1)-2\delta(t)$$

波形如图 3－12.3。

$$\mathscr{F}\left[\frac{\mathrm{d}^2 f_0(t)}{\mathrm{d}t^2}\right]=\mathrm{e}^{-\mathrm{j}\omega}+\mathrm{e}^{\mathrm{j}\omega}-2=-4\sin^2\frac{\omega}{2}$$

则

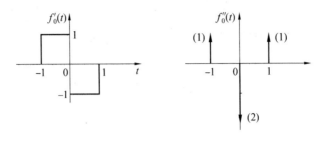

图 3 — 12.3

$$\mathscr{F}\left[\frac{\mathrm{d}^2 f_0(t)}{\mathrm{d}t^2}\right] = (\mathrm{j}\omega)^2 F\left[f_0(t)\right]$$

因而

$$\mathscr{F}\left[f_0(t)\right] = \frac{-4\sin^2\dfrac{\omega}{2}}{(\mathrm{j}\omega)^2} = \mathrm{Sa}^2\left(\frac{\omega}{2}\right)$$

$f(t)$ 为两个信号之积,可用频域卷积定理求频谱。卷积计算通常很复杂,但此时信号之一为余弦,其频谱为冲激函数,因而计算较简单

$$\mathscr{F}\left[\cos 10\pi t\right] = \pi\left[\delta(\omega - 10\pi) + \delta(\omega + 10\pi)\right]$$

$$F\left[f(t)\right] = \frac{1}{2\pi}\mathscr{F}\left[f_0(t)\right] * \mathscr{F}\left[\cos 10\pi t\right] = \frac{1}{2\pi}\mathrm{Sa}^2\left(\frac{\omega}{2}\right) * \pi\left[\delta(\omega - 10\pi) + \delta(\omega + 10\pi)\right] =$$

$$\frac{1}{2}\left[\mathrm{Sa}^2\left(\frac{\omega - 10\pi}{2}\right) + \mathrm{Sa}^2\left(\frac{\omega + 10\pi}{2}\right)\right]$$

不论在时域还是频域,信号与冲激信号的卷积结果就是对信号平移,平移值即为冲激作用位置。

(b) 信号为位于 $1 \leqslant t \leqslant 2$ 的正弦信号。$\omega_0 = 5\pi$,故 $T = 2/5$;即宽度为 1 的时间范围内,包括 5/2 个周期,这由图 3 — 12.1(b) 可以看出。

$f(t)$ 可看作调幅信号,即 $1 \leqslant t \leqslant 2$ 内的矩形脉冲对 $\sin 5\pi t$ 调制;与(a)题类似,将其表示为两个分量的乘积

$$f(t) = \left[u(t-1) - u(t-2)\right]\sin 5\pi t$$

同样利用频域卷积定理,$\sin 5\pi t$ 的频谱也为冲激函数,卷积计算并不复杂。

由时移性质

$$\mathscr{F}\left[u(t-1) - u(t-2)\right] = \mathrm{Sa}\left(\frac{\omega}{2}\right)\mathrm{e}^{-\mathrm{j}\frac{3}{2}\omega}$$

而

$$\mathscr{F}\left[\sin 5\pi t\right] = \frac{\pi}{\mathrm{j}}\left[\delta(\omega - 5\pi) - \delta(\omega + 5\pi)\right]$$

$$\mathscr{F}\left[f(t)\right] = \frac{1}{2\pi}\mathscr{F}\left[u(t-1) - u(t-2)\right] * \mathscr{F}\left[\sin 5\pi t\right] =$$

$$\frac{1}{2\pi}\mathrm{Sa}\left(\frac{\omega}{2}\right)\mathrm{e}^{-\mathrm{j}\frac{3}{2}\omega} * \frac{\pi}{\mathrm{j}}\left[\delta(\omega - 5\pi) - \delta(\omega + 5\pi)\right] =$$

$$\frac{1}{2\mathrm{j}}\left[\mathrm{Sa}\left(\frac{\omega - 5\pi}{2}\right)\mathrm{e}^{-\mathrm{j}\frac{3}{2}(\omega - 5\pi)} - \mathrm{Sa}\left(\frac{\omega + 5\pi}{2}\right)\mathrm{e}^{-\mathrm{j}\frac{3}{2}(\omega + 5\pi)}\right]$$

复指数项化简

$$\begin{cases} e^{-j\frac{3}{2}(-5\pi)} = e^{j\left(8\pi - \frac{1}{2}\pi\right)} = e^{-j\frac{1}{2}\pi} = -j \\ e^{-j\frac{3}{2}\cdot 5\pi} = e^{-j8\pi} \cdot e^{j\frac{\pi}{2}} = e^{j\frac{\pi}{2}} = j \end{cases}$$

则

$$\mathscr{F}[f(t)] = \frac{1}{2j}e^{-j\frac{3}{2}\omega}\left[\text{Sa}\left(\frac{\omega - 5\pi}{2}\right)(-j) - \text{Sa}\left(\frac{\omega + 5\pi}{2}\right)\cdot j\right] =$$
$$-\frac{1}{2}e^{-j\frac{3}{2}\omega}\left[\text{Sa}\left(\frac{\omega - 5\pi}{2}\right) + \text{Sa}\left(\frac{\omega + 5\pi}{2}\right)\right]$$

3－13　求图 3－13.1 所示信号 $f(t)$ 的频谱,并画出频谱图。

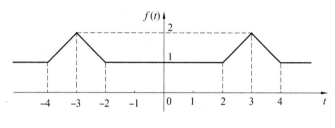

图 3－13.1

【分析与解答】

$f(t)$ 波形复杂,为便于求解,分解为几个分量

$$f(t) = f_1(t) + f_2(t) + f_3(t)$$

如图 3－13.2。

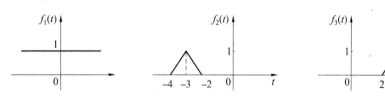

图 3－13.2

为求 $f_2(t)$ 和 $f_3(t)$ 的频谱,可考虑偶对称三角波 $f_0(t)$(如图 3－13.3),再利用时移性。

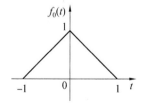

图 3－13.3

与例 3－12(a)类似,$\mathscr{F}[f_0(t)] = \text{Sa}^2\left(\frac{\omega}{2}\right)$。由 $f_2(t) = f_0(t+3)$,$f_3(t) = f_0(t-3)$,有

$$\begin{cases} \mathscr{F}[f_2(t)] = \mathrm{Sa}^2\left(\frac{\omega}{2}\right)\mathrm{e}^{\mathrm{j}3\omega} \\ \mathscr{F}[f_3(t)] = \mathrm{Sa}^2\left(\frac{\omega}{2}\right)\mathrm{e}^{-\mathrm{j}3\omega} \end{cases}$$

$$\mathscr{F}[f(t)] = 2\pi\delta(\omega) + \mathrm{Sa}^2\left(\frac{\omega}{2}\right)\mathrm{e}^{\mathrm{j}3\omega} + \mathrm{Sa}^2\left(\frac{\omega}{2}\right)\mathrm{e}^{-\mathrm{j}3\omega} =$$

$$2\pi\delta(\omega) + 2\mathrm{Sa}^2\left(\frac{\omega}{2}\right)\cos 3\omega \qquad (3-13)$$

其中 $2\,\mathrm{Sa}^2\left(\frac{\omega}{2}\right)\cos 3\omega$ 可看作频域调幅信号:振荡角频率为 3,振荡幅度由 $2\,\mathrm{Sa}^2\left(\frac{\omega}{2}\right)$ 控制,即频谱图的包络形状。如图 $3-13.4$。

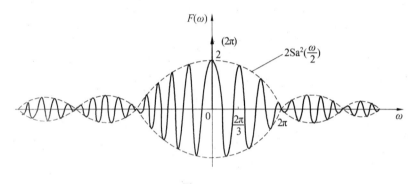

图 $3-13.4$

或者,用时域微分性质求 $f_4(t) = f_2(t) + f_3(t)$ 的频谱。

$$\frac{\mathrm{d}f_4(t)}{\mathrm{d}t} = [u(t+4) - u(t+3)] - [u(t+3) - u(t+2)] +$$

$$[u(t-2) - u(t-3)] - [u(t-3) - u(t-4)] =$$

$$u(t+4) - 2u(t+3) + u(t+2) + u(t-2) - 2u(t-3) + u(t-4)$$

$$\frac{\mathrm{d}f_4^2(t)}{\mathrm{d}t^2} = \delta(t+4) - 2\delta(t+3) + \delta(t+2) + \delta(t-2) - 2\delta(t-3) + \delta(t-4)$$

波形如图 $3-13.5$。

$\dfrac{\mathrm{d}f_4^2(t)}{\mathrm{d}t^2}$ 各分量均为冲激信号,由时移性

$$\mathscr{F}\left[\frac{\mathrm{d}^2 f_4(t)}{\mathrm{d}t^2}\right] = \mathrm{e}^{\mathrm{j}4\omega} - 2\mathrm{e}^{\mathrm{j}3\omega} + \mathrm{e}^{\mathrm{j}2\omega} + \mathrm{e}^{-\mathrm{j}2\omega} - 2\mathrm{e}^{-\mathrm{j}3\omega} + \mathrm{e}^{-\mathrm{j}4\omega}$$

由 $$(\mathrm{j}\omega)^2 F_4(\omega) = \mathscr{F}\left[\frac{\mathrm{d}^2 f_4(t)}{\mathrm{d}t^2}\right]$$

得

$$F_4(\omega) = -\frac{2}{\omega^2}(\cos 2\omega - 2\cos 3\omega + \cos 4\omega)$$

则

$$F(\omega) = 2\pi\delta(\omega) + F_4(\omega)$$

与前面的结果相同。因为式($3-13$)中,如不考虑 $2\pi\delta(\omega)$ 项

$$2\mathrm{Sa}^2\left(\frac{\omega}{2}\right)\cos 3\omega = 2\cdot\frac{\sin^2(\omega/2)}{(\omega/2)^2}\cos 3\omega = 8\cdot\frac{(1-\cos\omega)/2}{\omega^2}\cos 3\omega =$$

$$4\cdot\frac{\cos 3\omega - \frac{1}{2}(\cos 2\omega + \cos 4\omega)}{\omega^2} = F_4(\omega)$$

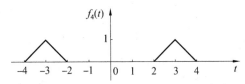

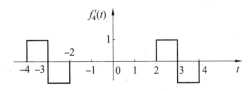

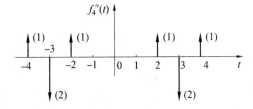

图 3 - 13.5

3－14　图 3－14.1 所示信号 $f(t)$，试求其傅里叶变换。

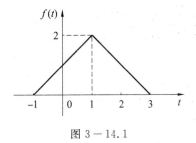

图 3 - 14.1

【分析与解答】

$f(t)$ 为分段函数，且不具有奇偶对称性，直接对其求解较复杂，可将其与典型信号建立联系。

纵轴对称的三角波脉冲的频谱如例 3－12(a) 与例 3－13 中所示。$f_0(t)$ 如图 3－14.2。$f(t) = f_0(t-1)$，为此可先求 $F_0(\omega)$，再由时移性求 $F(\omega)$。

根据时域微分性质，得

$$F_0(\omega) = 4\mathrm{Sa}^2(\omega)$$
$$F(\omega) = F_0(\omega)\mathrm{e}^{-\mathrm{j}\omega} = 4\mathrm{Sa}^2(\omega)\mathrm{e}^{-\mathrm{j}\omega}$$

也可表示为

$$F(\omega) = 4\frac{\sin^2\omega}{\omega^2}\mathrm{e}^{-\mathrm{j}\omega}$$

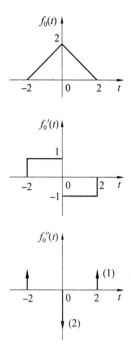

图 3 — 14.2

与例 3 — 9 类似，ω 为分母，需求 $F(0)$，即 $f(t)$ 的面积：

$$F(0) = 4$$

3 — 15 求 $f(t) = te^{-at} \cos \omega_0 tu(t)$ 的频谱。

【分析与解答】

对信号进行频谱分析时，通常信号存在时间没有限制，即双边信号。这里 $f(t)$ 为单边信号，可看作 t 与 $e^{-at} \cos \omega_0 tu(t)$ 的乘积，为此可先求 $\mathscr{F}[e^{-at} \cos \omega_0 tu(t)]$。

有关正弦或余弦信号的问题通常转化为指数信号

$$e^{-at} \cos \omega_0 tu(t) = \frac{1}{2} e^{-at} (e^{j\omega_0 t} + e^{-j\omega_0 t}) u(t) =$$

$$\frac{1}{2} [e^{-(a-j\omega_0)t} u(t) + e^{-(a+j\omega_0)t} u(t)]$$

因

$$\mathscr{F}[e^{-at} u(t)] = \frac{1}{j\omega + a}$$

$$\begin{cases} \mathscr{F}[e^{-(a-j\omega_0)t} u(t)] = \mathscr{F}[e^{-at} u(t)]\big|_{a=a-j\omega_0} = \frac{1}{j\omega + a}\bigg|_{a=a-j\omega_0} = \frac{1}{j\omega + (a - j\omega_0)} \\[2mm] \mathscr{F}[e^{-(a+j\omega_0)t} u(t)] = \mathscr{F}[e^{-at} u(t)]\big|_{a=a+j\omega_0} = \frac{1}{j\omega + a}\bigg|_{a=a+j\omega_0} = \frac{1}{j\omega + (a + j\omega_0)} \end{cases}$$

$$\mathscr{F}[e^{-at} \cos \omega_0 tu(t)] = \frac{1}{2} \left(\frac{1}{j\omega + \alpha - j\omega_0} + \frac{1}{j\omega + \alpha + j\omega_0} \right) =$$

$$\frac{j\omega + \alpha}{(j\omega + \alpha)^2 + \omega_0^2}$$

第 4 章中，$e^{-\alpha t}\cos\omega_0 t u(t)$ 的拉普拉斯变换为 $\dfrac{s+\alpha}{(s+\alpha)^2+\omega_0^2}$，形式与上式类似，只是自变量不同。原因在于拉普拉斯变换与傅里叶变换存在以下关系

$$F(\omega)=F(s)\big|_{s=\mathrm{j}\omega}$$

由频域微分性质

$$t f(t)\leftrightarrow \mathrm{j}\,\frac{\mathrm{d}F(\omega)}{\mathrm{d}\omega}$$

$$\mathscr{F}[t e^{-\alpha t}\cos\omega_0 t u(t)]=\mathrm{j}\,\frac{\mathrm{d}\mathscr{F}[e^{-\alpha t}\cos\omega_0 t u(t)]}{\mathrm{d}\omega}=\mathrm{j}\,\frac{\mathrm{d}}{\mathrm{d}\omega}\left(\frac{\mathrm{j}\omega+\alpha}{(\mathrm{j}\omega+\alpha)^2+\omega_0^2}\right)=$$

$$\frac{(\mathrm{j}\omega+\alpha)^2-\omega_0^2}{[(\mathrm{j}\omega+\alpha)^2+\omega_0^2]^2}$$

另一种解法。$\mathscr{F}[e^{-\alpha t}u(t)]$ 是典型的频谱形式，由频域微分性质可求出 $\mathscr{F}[t e^{-\alpha t}u(t)]$；由频移性质 $f(t)e^{\mathrm{j}\omega_0 t}\leftrightarrow F(\omega-\omega_0)$，求出 $\mathscr{F}[t e^{-\alpha t}e^{\mathrm{j}\omega_0 t}u(t)]$ 及 $\mathscr{F}[t e^{-\alpha t}e^{-\mathrm{j}\omega_0 t}u(t)]$；再由线性特性求出 $\mathscr{F}[t e^{-\alpha t}\cos\omega_0 t u(t)]$。

3－16　求 $\sin\omega_0 t u(t)$ 及 $\cos\omega_0 t u(t)$ 的傅里叶变换。

【分析与解答】

正弦（余弦）信号的傅里叶变换是典型的频谱形式。本题是单边信号，可看作正弦或余弦信号与 $u(t)$ 的乘积，可应用频域卷积定理。与例 3－12 类似，正弦（余弦）频谱为冲激项，而 $u(t)$ 频谱中也包含冲激项：

$$\begin{cases}\mathscr{F}[u(t)]=\dfrac{1}{\mathrm{j}\omega}+\pi\delta(\omega)\\[2mm]\mathscr{F}[\cos\omega_0 t]=\pi[\delta(\omega+\omega_0)+\delta(\omega-\omega_0)]\\[2mm]\mathscr{F}[\sin\omega_0 t]=\mathrm{j}\pi[\delta(\omega+\omega_0)-\delta(\omega-\omega_0)]\end{cases}$$

从而使卷积计算较为容易。

$$\mathscr{F}[\sin\omega_0 t u(t)]=\frac{1}{2\pi}\mathscr{F}[\sin\omega_0 t]*\mathscr{F}[u(t)]=$$

$$\frac{1}{2\pi}\cdot\mathrm{j}\pi[\delta(\omega+\omega_0)-\delta(\omega-\omega_0)]*\left[\frac{1}{\mathrm{j}\omega}+\pi\delta(\omega)\right]=$$

$$\frac{\mathrm{j}}{2}\left\{\begin{aligned}&[\delta(\omega+\omega_0)-\delta(\omega-\omega_0)]*\\&\frac{1}{\mathrm{j}\omega}+[\delta(\omega+\omega_0)-\delta(\omega-\omega_0)]*\pi\delta(\omega)\end{aligned}\right\}=$$

$$\frac{\mathrm{j}}{2}\left[\frac{1}{\mathrm{j}(\omega+\omega_0)}-\frac{1}{\mathrm{j}(\omega-\omega_0)}+\pi\delta(\omega+\omega_0)-\pi\delta(\omega-\omega_0)\right]=$$

$$\frac{\mathrm{j}\pi}{2}[\delta(\omega+\omega_0)-\delta(\omega-\omega_0)]-\frac{\omega_0^2}{\omega^2-\omega_0^2}$$

类似地

$$\mathscr{F}[\cos\omega_0 t u(t)]=\frac{1}{2\pi}\mathscr{F}[\cos\omega_0 t]*\mathscr{F}[u(t)]=$$

$$\frac{1}{2\pi}\cdot\pi[\delta(\omega+\omega_0)+\delta(\omega-\omega_0)]*\left[\frac{1}{\mathrm{j}\omega}+\pi\delta(\omega)\right]=$$

$$\frac{1}{2}\left[\frac{1}{j(\omega+\omega_0)}+\frac{1}{j(\omega-\omega_0)}+\pi\delta(\omega+\omega_0)+\pi\delta(\omega-\omega_0)\right]=$$

$$\frac{\pi}{2}[\delta(\omega+\omega_0)+\delta(\omega-\omega_0)]-\frac{j\omega}{\omega^2-\omega_0^2}$$

另一种解法。与例 $3-15$ 类似,转化为指数信号。

$$\mathscr{F}[\sin\omega_0 tu(t)]=\frac{1}{2j}\{\mathscr{F}[e^{j\omega_0 t}u(t)]-\mathscr{F}[e^{-j\omega_0 t}u(t)]\}=$$

$$\frac{1}{2j}\{\mathscr{F}[e^{\alpha t}u(t)]\mid_{\alpha=j\omega_0}-\mathscr{F}[e^{-\alpha t}u(t)]\mid_{\alpha=j\omega_0}\}$$

$$\mathscr{F}[\cos\omega_0 tu(t)]=\frac{1}{2}\{\mathscr{F}[e^{j\omega_0 t}u(t)]+\mathscr{F}[e^{-j\omega_0 t}u(t)]\}=$$

$$\frac{1}{2}\{\mathscr{F}[e^{\alpha t}u(t)]\mid_{\alpha=j\omega_0}+\mathscr{F}[e^{-\alpha t}u(t)]\mid_{\alpha=j\omega_0}\}$$

其中 $\mathscr{F}[e^{-\alpha t}u(t)]=\dfrac{1}{\alpha+j\omega}$。

3 - 17 试求 $Sa^2(100t)$ 的频谱。

【分析与解答】

$Sa^2(100t)$ 信号形式复杂,直接求解困难。为此将其分解,表示为两个分量的乘积,即 $Sa^2(100t)=Sa(100t)\cdot Sa(100t)$。

由频域卷积定理

$$\mathscr{F}[Sa^2(100t)]=\frac{1}{2\pi}\mathscr{F}[Sa(100t)]*\mathscr{F}[Sa(100t)]$$

需先求 $\mathscr{F}[Sa(100t)]$。与例 $3-10.2$ 类似,难以用傅里叶变换定义求解,为此可利用时域和频域间的对称性。时域矩形脉冲的频谱为抽样函数。根据对称性,时域抽样函数的频谱为矩形脉冲。矩形脉冲有两个参数:脉宽和幅度需确定。

$$\mathscr{F}[u(t+100)-u(t-100)]=200Sa(100\omega)$$

即

$$\frac{1}{200}\mathscr{F}[u(t+100)-u(t-100)]=Sa(100\omega)$$

则

$$\mathscr{F}[Sa(100t)]=2\pi\cdot\frac{1}{200}[u(\omega+100)-u(\omega-100)]=$$

$$\frac{\pi}{100}[u(\omega+100)-u(\omega-100)]$$

4 个阶跃项的卷积分别进行,再合并:

$$\mathscr{F}[Sa^2(100t)]=\frac{1}{2\pi}\cdot\frac{\pi}{100}[u(\omega+100)-u(\omega-100)]*\frac{\pi}{100}[u(\omega+100)-u(\omega-100)]=$$

$$\frac{\pi}{2\,0000}[(\omega+200)u(\omega+200)-2\omega u(\omega)+(\omega-200)u(\omega-200)]$$

表示为分段函数,频谱特点更直观。

$$\mathscr{F}\left[\mathrm{Sa}^2(100t)\right]=\begin{cases}\dfrac{\pi}{20\ 000}(\omega+200)&(-200\leqslant\omega\leqslant0)\\[2mm]\dfrac{\pi}{20\ 000}(-\omega+200)&(0\leqslant\omega\leqslant200)\\[2mm]0&(其他)\end{cases}$$

如图 3－17。即两个矩形脉冲的卷积结果为三角波脉冲，且该信号最高频率成分 $\omega_m=200$。

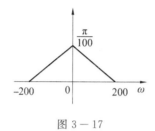

图 3－17

3－18　$f_1(t)$ 的频谱 $F_1(\omega)$ 如图 3－18；$f_2(t)$ 由 $f_1(t)$ 得到：

$$f_2(t)=\sum_{k=-\infty}^{\infty}f_1\left(t-k\frac{2\pi}{\omega_0}\right)$$

试求 $f_2(t)$ 表达式。

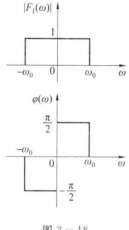

图 3－18

【分析与解答】

由已知条件知 $f_2(t)$ 为 $f_1(t)$ 的周期延拓，且周期为 $\dfrac{2\pi}{\omega_0}$，ω_0 为其基波角频率。$f_2(t)$ 可看作 $f_1(t)$ 与周期为 $\dfrac{2\pi}{\omega_0}$ 的冲激信号的卷积：

$$f_2(t)=f_1(t)*\left[\sum_{k=-\infty}^{\infty}\delta\left(t-k\frac{2\pi}{\omega_0}\right)\right]$$

其中应用了 $f_1\left(t-k\dfrac{2\pi}{\omega_0}\right)=f_1(t)*\delta\left(t-k\dfrac{2\pi}{\omega_0}\right)$。

由 $F_1(\omega)$ 可先求 $f_2(t)$ 频谱，再求傅里叶反变换。先求周期信号 $\sum_{k=-\infty}^{\infty}\delta\left(t-k\dfrac{2\pi}{\omega_0}\right)$ 的频

谱,其指数傅里叶系数

$$c_n = \frac{1}{T} F_0(\omega) \Big|_{\omega = n\omega_1} = \frac{1}{\frac{2\pi}{\omega_0}} \cdot (1 \big|_{\omega = n\omega_1}) = \frac{\omega_0}{2\pi}$$

$F_0(\omega)$ 为 $\sum\limits_{k=-\infty}^{\infty} \delta\left(t - k\frac{2\pi}{\omega_0}\right)$ 中单周期信号 $\delta(t)$ 的频谱。

$$\mathscr{F}\left[\sum_{k=-\infty}^{\infty} \delta\left(t - k\frac{2\pi}{\omega_0}\right)\right] = 2\pi \sum_{n=-\infty}^{\infty} c_n \delta(\omega - n\omega_0) = \omega_0 \sum_{n=-\infty}^{\infty} \delta(\omega - n\omega_0)$$

周期冲激信号为时域的周期离散信号,其频谱为频域的周期离散信号,即频域的周期冲激信号。这种频谱的特点与 DFT 类似。

由时域卷积定理

$$\mathscr{F}[f_2(t)] = \mathscr{F}[f_1(t)] \cdot \mathscr{F}\left[\sum_{k=-\infty}^{\infty} \delta\left(t - k\frac{2\pi}{\omega_0}\right)\right] = \omega_0 F_1(\omega) \sum_{n=-\infty}^{\infty} \delta(\omega - n\omega_0)$$

尽管用定义求傅里叶反变换需进行积分,但 $f_2(t)$ 的频谱由冲激函数构成,因而求解过程不很复杂:

$$f_2(t) = \frac{1}{2\pi} \int_{-\infty}^{\infty} F_2(\omega) e^{j\omega t} d\omega = \frac{\omega_0}{2\pi} \int_{-\infty}^{\infty} F_1(\omega) \left[\sum_{n=-\infty}^{\infty} \delta(\omega - n\omega_0)\right] e^{j\omega t} d\omega$$

由图 3－18 得

$$F_1(\omega) = \begin{cases} e^{-j\frac{\pi}{2}} & (-\omega_0 < \omega < 0) \\ e^{j\frac{\pi}{2}} & (0 < \omega < \omega_0) \end{cases}$$

$$f_2(t) = \frac{\omega_0}{2\pi} \left\{ \int_{-\omega_0}^{0} e^{-j\frac{\pi}{2}} \left[\sum_{n=-\infty}^{\infty} \delta(\omega - n\omega_0)\right] e^{j\omega t} d\omega + \int_{0}^{\omega_0} e^{j\frac{\pi}{2}} \left[\sum_{n=-\infty}^{\infty} \delta(\omega - n\omega_0)\right] e^{j\omega t} d\omega \right\}$$

在 $\int_{-\omega_0}^{0}$ 区间内,$\sum\limits_{n=-\infty}^{\infty} \delta(\omega - n\omega_0)$ 只包括两项:$\delta(\omega)$ 及 $\delta(\omega + \omega_0)$;在 $\int_{0}^{\omega_0}$ 区间内,$\sum\limits_{n=-\infty}^{\infty} \delta(\omega - n\omega_0)$ 也只包括两项:$\delta(\omega)$ 及 $\delta(\omega - \omega_0)$。因而

$$f_2(t) = \frac{\omega_0}{2\pi} \left[e^{-j\frac{\pi}{2}} \int_{-\omega_0}^{0} \left[\delta(\omega) + \delta(\omega + \omega_0)\right] e^{j\omega t} d\omega + e^{j\frac{\pi}{2}} \int_{0}^{\omega_0} \left[\delta(\omega) + \delta(\omega - \omega_0)\right] e^{j\omega t} d\omega \right]$$

由

$$\begin{cases} \int_{-\omega_0}^{0} \delta(\omega) e^{j\omega t} d\omega = e^{j\omega t} \big|_{\omega=0} = 1 \\ \int_{-\omega_0}^{0} \delta(\omega + \omega_0) e^{j\omega t} d\omega = e^{j\omega t} \big|_{\omega = -\omega_0} = e^{-j\omega_0 t} \\ \int_{0}^{\omega_0} \delta(\omega - \omega_0) e^{j\omega t} d\omega = e^{j\omega t} \big|_{\omega = \omega_0} = e^{j\omega_0 t} \end{cases}$$

得

$$f_2(t) = \frac{\omega_0}{2\pi} \left[e^{-j\frac{\pi}{2}} (1 + e^{-j\omega_0 t}) + e^{j\frac{\pi}{2}} (1 + e^{j\omega_0 t}) \right]$$

由 $e^{-j\frac{\pi}{2}} = -j$,$e^{j\frac{\pi}{2}} = j$,有

$$f_2(t) = \frac{\omega_0}{\pi} (-je^{-j\omega_0 t} + je^{j\omega_0 t}) = -\frac{\omega_0}{\pi} \sin \omega_0 t$$

为正弦信号。

3－19　$f_1(t)$ 的频谱为 $F_1(\omega)$，周期函数 $f_2(t)$ 与 $f_1(t)$ 的关系如图 3－19，试求 $f_2(t)$ 的频谱 $F_2(\omega)$。

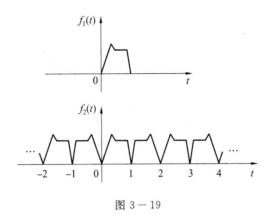

图 3－19

【分析与解答】

求周期信号频谱的主要问题是求 c_n。

将 $f_2(t)$ 的主周期信号用 $f_0(t)$ 表示，由图 3－19：

$$f_0(t) = f_1(t) + f_1(-t)$$

$$F_0(\omega) = \mathscr{F}[f_1(t)] + \mathscr{F}[f_1(-t)] = F_1(\omega) + F_1(-\omega)$$

$$c_n = \frac{1}{T} F_0(\omega)\big|_{\omega = n\omega_1}$$

$$T = 2, \omega_1 = \pi, c_n = \frac{1}{2}\big[F_1(n\pi) + F_1(-n\pi)\big]$$

$$\mathscr{F}[f_2(t)] = 2\pi \sum_{n=-\infty}^{\infty} c_n \delta(\omega - n\omega_1) = \pi \sum_{n=-\infty}^{\infty} \big[F_1(n\pi) + F_1(-n\pi)\big]\delta(\omega - n\pi)$$

3－20　调幅信号 $a(t) = A(1 + 0.2\cos\omega_1 t + 0.3\cos\omega_2 t)\sin\omega_0 t$，其中 $\omega_1 = 2\pi \times 5 \times 10^3$ rad/s，$\omega_2 = 2\pi \times 3 \times 10^3$ rad/s，$\omega_0 = 2\pi \times 45 \times 10^6$ rad/s，$A = 100$ V，试求：

1. 调幅系数；

2. 信号所含频率分量，画出调制信号与调幅信号的频谱图，并求信号带宽。

【分析与解答】

根据已知条件，如用 Hz 表示频率单位，载频 $f_0 = 45$ M，调制信号包括两个频率成分：$f_1 = 5$ k，$f_2 = 3$ k。因而载频远高于调制信号频率。

1. 调幅系数是调制信号中，某频率成分与直流分量的相对大小；因而相应于频率 ω_1 及 ω_2 的调制信号分量的部分调幅系数分别为 0.2 及 0.3，远小于 1。

2. 三角函数积化和差

$$a(t) = A(1 + 0.2\cos\omega_1 t + 0.3\cos\omega_2 t)\sin\omega_0 t =$$
$$A[\sin\omega_0 t + 0.1\sin(\omega_0 + \omega_1)t + 0.1\sin(\omega_0 - \omega_1)t +$$
$$0.15\sin(\omega_0 + \omega_2)t + 0.15\sin(\omega_0 - \omega_2)t]$$

可见已调信号中，除载频外，还有两对边频：$\omega_0 \pm \omega_1$ 及 $\omega_0 \pm \omega_2$。如图 3－20(a)。可见

边频幅度远小于载频,原因为调幅系数远小于 1。而调制信号包含 2 个频率分量:ω_1 及 ω_2,如图 $3-20$(b),图 (a) 与(b)比较可见已调信号与调制信号的频谱搬移关系。

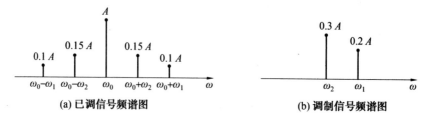

(a) 已调信号频谱图   (b) 调制信号频谱图

图 $3-20$

3—21 将图 $3-21.1$(a) 所示频谱 $F_1(\omega)$ 搬移到 $\pm\omega_c$ 频率处($\omega_c \gg \omega_0$),如图(b)的 $F_2(\omega)$ 所示(为偶函数,$\omega < 0$ 部分未画出)。试确定需加入何种频率分量,此频谱为调幅波频谱?试画出该调幅波波形,并求其表达式及带宽。

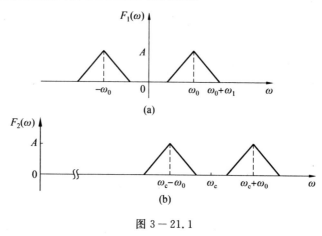

图 $3-21.1$

【分析与解答】

$F_1(\omega)$ 为低频信号的频谱,将其搬移至高频 ω_c 处,相当于用 $F_1(\omega)$ 作为调制信号,对载频 ω_c 进行调幅。这反映了调制信号与调幅信号频谱间的关系:

$$F_2(\omega) = F_1(\omega - \omega_c) + F_1(\omega + \omega_c)$$

由图 $3-21.1$ 可见

$$f_2(t) = \mathscr{F}^{-1}\left[F_2(\omega)\right] = f_1(t)e^{j\omega_c t} + f_1(t)e^{-j\omega_c t} = 2f_1(t)\cos\omega_c t$$

$F_1(\omega)$ 可看作三角波脉冲 $F_0(\omega)$(图 $3-21.2$)平移得到:

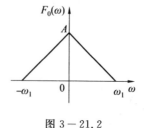

图 $3-21.2$

由 $F_0(\omega)$ 得到 $F_1(\omega)$,与上述由 $F_1(\omega)$ 得到 $F_2(\omega)$ 的关系类似,

$$F_1(\omega) = F_0(\omega - \omega_0) + F_0(\omega + \omega_0)$$

时域表示为

$$f_1(t) = f_0(t) \mathrm{e}^{-\mathrm{j}\omega_0 t} + f_0(t) \mathrm{e}^{\mathrm{j}\omega_0 t} = 2f_0(t) \cos \omega_0 t$$

由例 3—13 及例 3—14 知，时域三角波脉冲的频谱为 $\mathrm{Sa}^2(\ )$ 形式，根据对称性，时域 $\mathrm{Sa}^2(\ )$ 的频谱为三角波脉冲。求得

$$f_0(t) = \mathscr{F}^{-1}[F_0(\omega)] = \frac{A\omega_1}{2\pi} \mathrm{Sa}^2\left(\frac{\omega_1 t}{2}\right)$$

从而

$$f_1(t) = \frac{A\omega_1}{\pi} \mathrm{Sa}^2\left(\frac{\omega_1 t}{2}\right) \cos \omega_0 t$$

$$f_2(t) = \frac{2A\omega_1}{\pi} \mathrm{Sa}^2\left(\frac{\omega_1 t}{2}\right) \cos \omega_0 t \cos \omega_c t$$

$f_2(t)$ 为调幅信号，但与一般调幅信号形式不同。通常情况下调制信号为等幅正弦(余弦)振荡；而 $f_2(t)$ 中调制信号本身就是一个调幅信号，其振荡幅度被 $\mathrm{Sa}^2\left(\frac{\omega_1 t}{2}\right)$ 调制。

为构成调幅信号，$f_2(t)$ 的调制信号中还应加入一个直流分量，即增加一个载波分量(保证信号有足够功率)，即

$$f_2{}^{(\mathrm{AM})}(t) = A\cos \omega_c t + m f_2(t) =$$
$$A\left[1 + m \cdot \frac{2\omega_1}{\pi} \mathrm{Sa}^2\left(\frac{\omega_1 t}{2}\right) \cos \omega_0 t\right] \cos \omega_c t$$

m 为调幅系数。

$f_2(t)$ 波形如图 3—21.3。可见包络不是等幅低频振荡，而是一个调幅信号：振荡频率为调制信号频率 ω_0，即 $f_2(t)$ 包络的"包络"为 $\mathrm{Sa}^2\left(\frac{\omega_1 t}{2}\right)$。由图可见，$\omega_0 \ll \omega_c$。

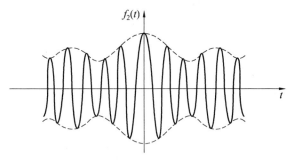

图 3—21.3

由图 3—21.1(b) 的，得到调幅波带宽

$$B = 2\omega_0 + 2\omega_1$$

频谱搬移后带宽不变，即图 3—21.1(b) 的带宽与图 3—21.1(a) 相同。

3—22　系统频率特性如图 3—22.1(a)，试求在图(b)所示周期激励 $e(t)$ 作用下的系统响应。

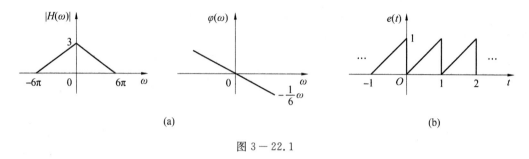

图 3 - 22.1

【分析与解答】

由 $e(t)$ 波形知，$T=1$，得 $\omega_1=2\pi$；均值即直流分量 $\frac{a_0}{2}=\frac{1}{2}$。$e(t)$ 与例 3－2 中的信号类似；去掉直流分量后的信号分量 $e_0(t)$ 波形如图 3－22.2。$e(t)$ 不具有对称性，但 $e_0(t)$ 为奇函数；因而 $e(t)$ 傅里叶级数不包含余弦分量，即 $a_n=0$。

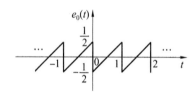

图 3 - 22.2

为求 b_n，积分区间可不取 $(-T/2, T/2)$，此时为分段函数计算复杂。积分区间可取 $(0, T)$：

$$b_n=\frac{2}{T}\int_0^T f(t)\sin n\omega_1 t\mathrm{d}t=2\int_0^1 t\sin 2\pi nt\,\mathrm{d}t$$

被积函数为乘积项且包含 t 的幂，应用分部积分：

$$b_n=2\int_0^1 t\left(-\frac{\cos 2\pi nt}{2\pi n}\right)'\mathrm{d}t=2\left[t\left(-\frac{\cos 2\pi nt}{2\pi n}\right)\Big|_0^1+\int_0^1\frac{\cos 2\pi nt}{2\pi n}\mathrm{d}t\right]=$$

$$2\left[-\frac{\cos 2\pi n}{2\pi n}+\frac{\sin 2\pi nt}{(2\pi n)^2}\Big|_0^1\right]=-\frac{1}{\pi n}$$

因而傅里叶级数为

$$e(t)=\frac{1}{2}-\frac{1}{\pi}\sum_{n=1}^{\infty}\frac{1}{n}\sin n\omega_1 t$$

由系统幅频特性曲线知，该低通滤波器截止角频率为 6π，则大于等于 6π 的输入信号频率成分均被抑制。因而 $e(t)$ 中只有前 3 个频率成分通过系统：直流、基波、2 次谐波，角频率分别为 $0, 2\pi$ 及 4π，即输入信号中可通过系统的分量为

$$e(t)=\frac{1}{2}-\frac{1}{\pi}\left(\sin 2\pi t+\frac{1}{2}\sin 4\pi t\right)$$

由相频特性曲线知，系统具有线性相位特性；对任意频率信号，通过系统后均延时 $\frac{1}{6}$（相频特性曲线斜率为延时时间）。

对输入频率为任意 ω 的分量 $A\cos(\omega t+\varphi_0)$，通过系统后在 $|H(\omega)|$ 及 $\mathrm{e}^{\mathrm{j}\varphi(\omega)}$ 作用下，

输出为

$$A\,|\,H(\omega)\,|\cos\,[\,\omega t+\varphi_0+\varphi(\omega)\,]=A\,|\,H(\omega)\,|\cos\,\Big[\,\omega\Big(t-\frac{1}{6}\Big)+\varphi_0\,\Big]$$

可见与输入相比,延时 $\frac{1}{6}$。

考虑前 3 个谐波处的系统频率特性,由图 $3-22.1(a)$ 得

$$\begin{cases} \omega=0\ \text{时},|\,H(0)\,|=3,\varphi(0)=0 \\ \omega=\omega_1\ \text{时},|\,H(2\pi)\,|=2,\varphi(2\pi)=-\dfrac{1}{6}\cdot 2\pi=-\dfrac{\pi}{3} \\ \omega=2\omega_1\ \text{时},|\,H(4\pi)\,|=1,\varphi(4\pi)=-\dfrac{1}{6}\cdot 4\pi=-\dfrac{2}{3}\pi \end{cases}$$

则输出

$$r(t)=\frac{1}{2}\,|\,H(0)\,|-\frac{1}{\pi}\Big[\,|\,H(2\pi)\,|\sin\,[\,2\pi t+\varphi(2\pi)\,]+\frac{1}{2}\,|\,H(4\pi)\,|\sin\,[\,4\pi t+\varphi(4\pi)\,]\Big]=$$
$$\frac{3}{2}-\frac{1}{\pi}\Big[\,2\sin\,\Big(2\pi t-\frac{\pi}{3}\Big)+\frac{1}{2}\sin\,\Big(4\pi t-\frac{2}{3}\pi\Big)\Big]$$

3－23 激励 $e(t)$ 如图 $3-23(a)$,作用于 RC 电路,如图 $3-23(b)$。试求响应的频谱 $R(\omega)$。

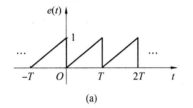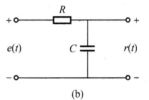

图 $3-23$

【分析与解答】

求响应的频谱显然应用频域分析法。这里响应指零状态响应。首先应求激励信号的频谱。求周期信号频谱的主要问题是求 c_n。若用积分求解:

$$c_n=\frac{1}{T}\Big[\int_0^T e_1(t)\mathrm{e}^{-jn\omega_1 t}\mathrm{d}t\Big]=\frac{1}{T}\Big[\int_0^T\frac{1}{T}t\,\mathrm{e}^{-jn\omega_1 t}\mathrm{d}t\Big]=\frac{1}{T^2}\Big(t\,\frac{\mathrm{e}^{-jn\omega_1 t}}{-jn\omega_1}\Big|_0^T-\int_0^T\frac{\mathrm{e}^{-jn\omega_1 t}}{-jn\omega_1}\mathrm{d}t\Big)=$$
$$-\frac{1}{-jn\omega_1 T}=\frac{j}{2n\pi}$$

或用单周期信号的傅里叶变换在谐波频率处的取样求,与例 $3-1$ 及例 $3-6$ 类似。为此考虑 $e(t)$ 的 1 个周期,如取主周期 $\Big(-\dfrac{T}{2},\dfrac{T}{2}\Big)$,则为分段函数,计算复杂。为此取 $(0,T)$ 区间:

$$e_0(t)=\frac{t}{T}\,[\,u(t)-u(t-T)\,]$$

为线性函数,可用时域积分性质求解。

$$\frac{\mathrm{d}e_0(t)}{\mathrm{d}t}=\frac{1}{T}\,[\,u(t)-u(t-T)\,]+\frac{t}{T}\,[\,\delta(t)-\delta(t-T)\,]=\frac{1}{T}\,[\,u(t)-u(t-T)\,]-\delta(t-T)$$

$$\mathscr{F}\left[\frac{\mathrm{d}e_0(t)}{\mathrm{d}t}\right]=\frac{1}{T}\cdot T\cdot\mathrm{Sa}\left(\frac{\omega T}{2}\right)\mathrm{e}^{-\mathrm{j}\omega\frac{T}{2}}-\mathrm{e}^{-\mathrm{j}\omega T}=\mathrm{Sa}\left(\frac{\omega T}{2}\right)\mathrm{e}^{-\mathrm{j}\omega\frac{T}{2}}-\mathrm{e}^{-\mathrm{j}\omega T}$$

$$F_0(\omega)=\frac{\mathscr{F}\left[\dfrac{\mathrm{d}e_0(t)}{\mathrm{d}t}\right]}{\mathrm{j}\omega}=\frac{\mathrm{Sa}\left(\dfrac{\omega T}{2}\right)\mathrm{e}^{-\mathrm{j}\omega\frac{T}{2}}-\mathrm{e}^{-\mathrm{j}\omega T}}{\mathrm{j}\omega}$$

$$c_n=\frac{1}{T}F_0(\omega)\Big|_{\omega=n\omega_1}=\frac{1}{T}\cdot\frac{\mathrm{Sa}\left(\dfrac{n\omega_1 T}{2}\right)\mathrm{e}^{-\mathrm{j}n\omega_1\frac{T}{2}}-\mathrm{e}^{-\mathrm{j}n\omega_1 T}}{\mathrm{j}n\omega_1}=\frac{\mathrm{Sa}(n\pi)\,\mathrm{e}^{-\mathrm{j}n\pi}-\mathrm{e}^{-\mathrm{j}2n\pi}}{\mathrm{j}n2\pi}=$$

$$\frac{\mathrm{j}}{2n\pi}$$

上式 n 为分母,对 $n=0$ 不成立(例 3—9 及例 3—14 有类似问题,但为 $F(\omega)$),因而需求 c_0。

由 $c_n=\dfrac{1}{T}\displaystyle\int_{t_0}^{t_0+T}e(t)\mathrm{e}^{-\mathrm{j}n\omega_1 t}\mathrm{d}t$,得 $n=0$ 时

$$c_0=\frac{1}{T}\int_{t_0}^{t_0+T}e(t)\mathrm{d}t$$

为计算方便,积分区间取 $(0,T)$

$$c_0=\frac{1}{T}\int_0^T e(t)\mathrm{d}t=\frac{1}{T}\left(\int_0^T\frac{1}{T}t\,\mathrm{d}t\right)=\frac{1}{2}$$

从另一方面考虑,$(0,T)$ 为 $e(t)$ 的一个周期,此时 $e(t)=e_0(t)$,则

$$c_0=\frac{1}{T}\int_0^T e_0(t)\mathrm{d}t$$

为信号在一个周期的平均值。周期信号在任一周期内的平均值均相同,即 c_0 为信号在整个时间范围的平均值,即直流成分。由信号波形可见 $c_0=\dfrac{1}{2}$。

则激励信号频谱

$$E(\omega)=2\pi\sum_{\substack{n=-\infty\\n\neq0}}^{\infty}c_n\delta(\omega-n\omega_1)+2\pi c_0\delta(\omega)=2\pi\sum_{\substack{n=-\infty\\n\neq0}}^{\infty}\frac{\mathrm{j}}{2n\pi}\delta(\omega-n\omega_1)+\pi\delta(\omega)=$$

$$\sum_{\substack{n=-\infty\\n\neq0}}^{\infty}\frac{\mathrm{j}}{n}\delta(\omega-n\omega_1)+\pi\delta(\omega)$$

下面求系统频率特性。其为零状态响应与激励的频谱之比。由图 3—23(b),零状态响应的频谱为电容两端复阻抗与流过其电流频谱的乘积;激励的频谱为激励两端复阻抗(电阻与电容复阻抗之和)与流过其电流的频谱乘积;电路为串联回路,激励与响应的电流相同,因而频率特性为响应与激励两端的复阻抗之比:

$$H(\omega)=\frac{\dfrac{1}{\mathrm{j}\omega C}}{R+\dfrac{1}{\mathrm{j}\omega C}}=\frac{\alpha}{\mathrm{j}\omega+\alpha}$$

为方便起见,用符号 $\alpha=\dfrac{1}{RC}$ 表示电路参数。

输出信号频谱

$$R(\omega) = E(\omega)H(\omega) = \sum_{\substack{n=-\infty \\ n \neq 0}}^{\infty} \frac{j}{n} \delta(\omega - n\omega_1) \cdot \frac{\alpha}{j\omega + \alpha} + \pi\delta(\omega) \cdot \frac{\alpha}{j\omega + \alpha} =$$

$$\sum_{\substack{n=-\infty \\ n \neq 0}}^{\infty} \left[\frac{j}{n} \cdot \delta(\omega - n\omega_1) \frac{\alpha}{jn\omega_1 + \alpha} \right] + \pi\delta(\omega) \cdot \frac{\alpha}{j \cdot 0 + \alpha} =$$

$$\sum_{\substack{n=-\infty \\ n \neq 0}}^{\infty} \left[\frac{j}{n} \cdot \frac{\alpha}{jn\omega_1 + \alpha} \delta(\omega - n\omega_1) \right] + \pi\delta(\omega)$$

为间隔为 ω_1 的离散谱,因而输出为周期信号且周期为 $\frac{2\pi}{\omega_1}$,与激励信号相同。

3 — 24　系统为理想的 $90°$ 移相器,频率特性

$$H(\omega) = \begin{cases} e^{j90°} & (\omega < 0) \\ e^{-j90°} & (\omega \geqslant 0) \end{cases}$$

输入信号 $e(t)$ 如图 $3-24.1$,试求输出中不为零的前 3 项。

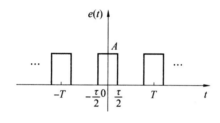

图 $3-24.1$

【分析与解答】

为便于求解,将 $H(\omega)$ 表示为幅频与相频特性

$$\begin{cases} |H(\omega)| = 1 \\ \varphi(\omega) = \begin{cases} \dfrac{\pi}{2} & (\omega < 0) \\ -\dfrac{\pi}{2} & (\omega \geqslant 0) \end{cases} \end{cases}$$

如图 $3-24.2$。可见系统的作用是:对各频率分量均进行 $-\frac{\pi}{2}$ 相移(信号不存在 $\omega < 0$ 的频率成分)。

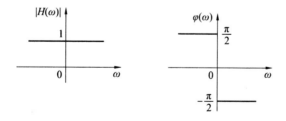

图 $3-24.2$

$e(t)$ 为偶函数,$b_n = 0$。

$$\frac{a_0}{2} = \frac{1}{T}\int_{-\frac{\tau}{2}}^{\frac{\tau}{2}} A\mathrm{d}\tau = \frac{A\tau}{T}$$

$$a_n = \frac{4}{T}\int_0^{\frac{\tau}{2}} A\cos n\omega_1 t\mathrm{d}t = \frac{2A}{\pi}\cdot\frac{\sin\left(\frac{n\omega_1\tau}{2}\right)}{n}$$

其中 $\omega_1 = \frac{2\pi}{T}$。

将输入信号表示为

$$e(t) = \frac{a_0}{2} + \sum_{n=1}^{\infty} a_n\cos n\omega_1 t = \frac{A\tau}{T} + \frac{2A}{\pi}\sum_{n=1}^{\infty}\frac{\sin\left(\frac{n\omega_1\tau}{2}\right)}{n}\cos n\omega_1 t$$

通过系统后,各频率分量均产生相移

$$r(t) = \frac{A\tau}{T} + \frac{2A}{\pi}\sum_{n=1}^{\infty}\frac{\sin\left(\frac{n\omega_1\tau}{2}\right)}{n}\cos\left(n\omega_1 t - \frac{\pi}{2}\right) =$$

$$\frac{A\tau}{T} + \frac{2A}{\pi}\sum_{n=1}^{\infty}\frac{\sin\left(\frac{n\omega_1\tau}{2}\right)}{n}\sin n\omega_1 t$$

将各谐波分量展开

$$r(t) = \frac{A\tau}{T} + \frac{A}{\pi}\left(2\sin\frac{\omega_1\tau}{2}\sin\omega_1 t + \sin\omega_1\tau\sin 2\omega_1 t + \frac{2}{3}\sin\frac{3}{2}\omega_1\tau\sin 3\omega_1 t + \cdots\right)$$

可见频率越高,幅度越小,即主要能量集中于低频,这是由信号波形决定的。

其前 3 个谐波成分为

$$r'(t) = \frac{A\tau}{T} + \frac{A}{\pi}\left(2\sin\frac{\omega_1\tau}{2}\sin\omega_1 t + \sin\omega_1\tau\sin 2\omega_1 t + \frac{2}{3}\sin\frac{3}{2}\omega_1\tau\sin 3\omega_1 t\right)$$

3—25 周期矩形信号 $e(t)$ 作用于 RL 电路,如图 3—25,试求响应 $r(t)$ 的傅里叶级数(只考虑前 4 个频率分量)。

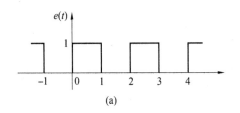

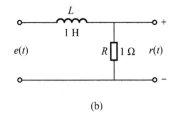

图 3—25

【分析与解答】

$e(t)$ 的 $T=2$,$\omega_1=\pi$。不具有对称性,也不是奇谐函数。但去掉直流成分 $\frac{1}{2}$ 后,余下的分量 $e_0(t)$ 为奇函数及奇谐函数。

考虑 $e_0(t)$,$a_n=0$;

$$b_n = \frac{2}{T}\int_0^T f(t)\sin n\omega_1 t \mathrm{d}t = \int_0^1 \sin n\pi t \mathrm{d}t = -\frac{1}{n\pi}(\cos n\pi - 1) =$$

$$\begin{cases} \dfrac{2}{n\pi} & (n\text{ 为奇}) \\[2mm] 0 & (n\text{ 为偶}) \end{cases}$$

可见 n 为偶数时 $b_n = 0$，因为 $e_0(t)$ 为奇谐函数。

$$e_0(t) = \sum_{n=1}^{\infty} b_n \sin n\omega_1 t = -\frac{1}{\pi}\sum_{n=1}^{\infty}\frac{1}{n}(\cos n\pi - 1)\sin n\omega_1 t$$

$e(t)$ 的直流分量：

$$\frac{a_0}{2} = \frac{1}{T}\int_0^T e(t)\mathrm{d}t = \frac{1}{2}\int_0^1 \mathrm{d}t = \frac{1}{2}$$

或由信号波形可见，其平均值为 $\dfrac{1}{2}$。

$$e(t) = \frac{1}{2} - \frac{1}{\pi}\sum_{n=1}^{\infty}\frac{1}{n}(\cos n\pi - 1)\sin n\omega_1 t$$

只考虑前 4 个频率分量

$$e(t) = \frac{1}{2} + \frac{2}{\pi}\left(\sin \omega_1 t + \frac{1}{3}\sin 3\omega_1 t + \frac{1}{5}\sin 5\omega_1 t\right)$$

可见频率成分越高，幅度越小；即能量主要集中在低频部分。

系统频率特性

$$H(\omega) = \frac{R}{R + \mathrm{j}\omega L} = \frac{1}{1 + \mathrm{j}\omega}$$

在谐波频率处

$$H(n\omega_1) = H(\omega)\big|_{\omega = n\omega_1} = \frac{1}{1 + \mathrm{j}n\omega_1}$$

即

$$\begin{cases} |H(n\omega_1)| = \dfrac{1}{\sqrt{1 + (n\omega_1)^2}} \\[3mm] \varphi(n\omega_1) = -\arctan \omega_1 \end{cases}$$

对前 4 个谐波分量

$$\begin{cases} \omega = 0 \text{ 时}, |H(0)| = 1, \varphi(0) = -\arctan(0) = 0 \\[2mm] \omega = \omega_1 \text{ 时}, |H(\omega_1)| = \dfrac{1}{\sqrt{1 + \pi^2}}, \varphi(\omega_1) = \arctan \pi \\[2mm] \omega = 3\omega_1 \text{ 时}, |H(3\omega_1)| = \dfrac{1}{\sqrt{1 + 9\pi^2}}, \varphi(3\omega_1) = \arctan 3\pi \\[2mm] \omega = 5\omega_1 \text{ 时}, |H(5\omega_1)| = \dfrac{1}{\sqrt{1 + 25\pi^2}}, \varphi(5\omega_1) = \arctan 5\pi \end{cases}$$

从频域角度看，系统对激励的作用是改变各谐波成分的幅度及初始相位；幅度变化由系统幅频特性决定，初始相位的变化由系统相频特性决定。

$$r(t) = \frac{1}{2}|H(0)| + \frac{2}{\pi}\Big[|H(\omega_1)|\sin[\omega_1 t + \varphi(\omega_1)] + \frac{1}{3}|H(3\omega_1)|\sin[3\omega_1 t + \varphi(3\omega_1)] +$$

$$\frac{1}{5}|H(5\omega_1)|\sin[5\omega_1 t + \varphi(5\omega_1)]\Big] =$$

$$\frac{1}{2} + \frac{2}{\pi}\left[\frac{1}{\sqrt{1+\pi^2}}\sin(\pi t - \arctan\pi) + \frac{1}{3}\cdot\frac{1}{\sqrt{1+9\pi^2}}\sin(3\pi t - \arctan 3\pi) + \right.$$

$$\left.\frac{1}{5}\cdot\frac{1}{\sqrt{1+25\pi^2}}\sin(5\pi t - \arctan 5\pi)\right] \approx$$

$$\frac{1}{2} + 0.193\sin(\pi t - 72.34°) + 0.022\sin(3\pi t - 83.94°) + 0.008\sin(5\pi t - 86.36°)$$

3－26 周期激励信号 $e(t)$ 频率为 ω_1，复振幅

$$\dot{A}_n = \frac{1}{\pi}\cdot\frac{(-1)^{n+1}}{n}$$

系统幅频与相频特性如图 3－26。试求响应 $r(t)$，并判断与激励信号相比波形是否存在失真。

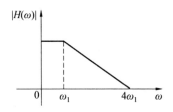 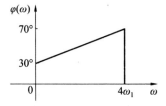

图 3－26

【分析与解答】

1. 系统响应

解法一 确定频率特性的解析形式。由图 3－26 得

$$\begin{cases} |H(\omega)| = 1 - \dfrac{\omega - \omega_1}{3\omega_1} \\ \varphi(\omega) = 30° + 10\dfrac{\omega}{\omega_1} \end{cases}$$

则

$$H(\omega) = \left(1 - \frac{\omega - \omega_1}{3\omega_1}\right)e^{j\left(30° + 10\frac{\omega}{\omega_1}\right)}$$

由 c_n 与 $\dot{A}_n$ 的关系

$$c_n = \frac{\dot{A}_n}{2}$$

得激励的傅里叶变换

$$c_n = \frac{1}{2\pi}\cdot\frac{(-1)^{n+1}}{n} \quad (n \neq 0)$$

$$E(\omega) = 2\pi\sum_{n=-\infty}^{\infty} c_n\delta(\omega - n\omega_1) = \sum_{\substack{n=-\infty \\ n\neq 0}}^{\infty}\frac{(-1)^{n+1}}{n}\delta(\omega - n\omega_1)$$

$$R(\omega) = H(\omega)E(\omega) = \left[\sum_{\substack{n=-\infty \\ n\neq 0}}^{\infty}\frac{(-1)^{n+1}}{n}\delta(\omega - n\omega_1)\right]\left(1 - \frac{\omega - \omega_1}{3\omega_1}\right)e^{j\left(30° + 10\frac{\omega}{\omega_1}\right)} =$$

$$\sum_{\substack{n=-\infty \\ n\neq 0}}^{\infty}\left[\frac{(-1)^{n+1}}{n}\left(1 - \frac{\omega - \omega_1}{3\omega_1}\right)e^{j\left(30° + 10\frac{\omega}{\omega_1}\right)}\delta(\omega - n\omega_1)\right] =$$

$$\sum_{\substack{n=-\infty \\ n\neq 0}}^{\infty}\left[\frac{(-1)^{n+1}}{n}\left(1-\frac{n\omega_1-\omega_1}{3\omega_1}\right)\mathrm{e}^{\mathrm{j}\left(30°+10\frac{n\omega_1}{\omega_1}\right)}\delta(\omega-n\omega_1)\right]=$$

$$\sum_{\substack{n=-\infty \\ n\neq 0}}^{\infty}\left[\frac{(-1)^{n+1}}{n}\left(1-\frac{n-1}{3}\right)\mathrm{e}^{\mathrm{j}(30°+10n)}\delta(\omega-n\omega_1)\right]$$

低通滤波器截止频率为 $4\omega_1$，且 $|H(4\omega_1)|=0$，因而信号只有前 3 个谐波成分通过系统（$|H(\omega)|$ 为偶函数，$\varphi(\omega)$ 为奇函数，图 3-27 只画出 $\omega\geqslant 0$ 部分）。因而上式谐波范围应取 $-3\leqslant n\leqslant 3$。

$$R(\omega)=\sum_{\substack{n=-4 \\ n\neq 0}}^{4}\left[\frac{(-1)^{n+1}}{n}\left(1-\frac{n-1}{3}\right)\mathrm{e}^{\mathrm{j}(30°+10n)}\delta(\omega-n\omega_1)\right]$$

$$r(t)=\frac{1}{2\pi}\int_{-4\omega_1}^{4\omega_1}\left[\sum_{\substack{n=-3 \\ n\neq 0}}^{3}\frac{(-1)^{n+1}}{n}\left(1-\frac{n-1}{3}\right)\mathrm{e}^{\mathrm{j}(30°+10n)}\delta(\omega-n\omega_1)\right]\mathrm{e}^{\mathrm{j}\omega t}\,\mathrm{d}\omega=$$

$$\frac{1}{2\pi}\int_{-4\omega_1}^{4\omega_1}\left[\sum_{\substack{n=-3 \\ n\neq 0}}^{3}\frac{(-1)^{n+1}}{n}\left(1-\frac{n-1}{3}\right)\mathrm{e}^{\mathrm{j}(30°+10n)}\delta(\omega-n\omega_1)\mathrm{e}^{\mathrm{j}\omega t}\right]\mathrm{d}\omega=$$

$$\frac{1}{2\pi}\int_{-4\omega_1}^{4\omega_1}\left[\sum_{\substack{n=-3 \\ n\neq 0}}^{3}\frac{(-1)^{n+1}}{n}\left(1-\frac{n-1}{3}\right)\mathrm{e}^{\mathrm{j}(30°+10n)}\delta(\omega-n\omega_1)\mathrm{e}^{\mathrm{j}n\omega_1 t}\right]\mathrm{d}\omega$$

交换积分与求和次序

$$r(t)=\frac{1}{2\pi}\int_{-3\omega_1}^{3\omega_1}\delta(\omega-n\omega_1)\,\mathrm{d}\omega\cdot\sum_{\substack{n=-3 \\ n\neq 0}}^{3}\left[\frac{(-1)^{n+1}}{n}\left(1-\frac{n-1}{3}\right)\mathrm{e}^{\mathrm{j}(30°+10n)}\mathrm{e}^{\mathrm{j}n\omega_1 t}\right]$$

由 $\int_{-3\omega_1}^{3\omega_1}\delta(\omega-n\omega_1)\,\mathrm{d}\omega=1$，得

$$r(t)=\frac{1}{2\pi}\sum_{\substack{n=-3 \\ n\neq 0}}^{3}\left[\frac{(-1)^{n+1}}{n}\left(1-\frac{n-1}{3}\right)\mathrm{e}^{\mathrm{j}(30°+10n)}\mathrm{e}^{\mathrm{j}n\omega_1 t}\right]=$$

$$\frac{1}{2\pi}\left\{\left[\mathrm{e}^{\mathrm{j}(\omega_1 t+40°)}+\mathrm{e}^{-\mathrm{j}(\omega_1 t+40°)}\right]-\frac{1}{3}\left[\mathrm{e}^{\mathrm{j}(2\omega_1 t+50°)}+\mathrm{e}^{-\mathrm{j}(2\omega_1 t+50°)}\right]+\right.$$

$$\left.\frac{1}{9}\left[\mathrm{e}^{\mathrm{j}(3\omega_1 t+60°)}+\mathrm{e}^{-\mathrm{j}(3\omega_1 t+60°)}\right]\right\}=$$

$$\frac{1}{\pi}\left[\cos(\omega_1 t+40°)-\frac{1}{3}\cos(2\omega_1 t+50°)+\frac{1}{9}\cos(3\omega_1 t+60°)\right]$$

激励中各谐波初始相位为 0，因而 $r(t)$ 中各谐波的初始相位即为图 3-26 中相应频率处的 $\varphi(\omega)$ 值。

解法二

先由 $\dot{A}_n$ 求出 $e(t)$ 的三角傅里叶级数。

$\dot{A}_n=A_n\mathrm{e}^{\mathrm{j}\varphi_n}$，因 $\dot{A}_n$ 为实数

$$\begin{cases}A_n=\dot{A}_n=\dfrac{1}{\pi}\dfrac{(-1)^{n+1}}{n} \\ \varphi_n=0\end{cases}$$

$$e(t)=\sum_{n=1}^{\infty}A_n\cos(n\omega_1 t+\varphi_n)=\sum_{n=1}^{\infty}\frac{1}{\pi}\cdot\frac{(-1)^{n+1}}{n}\cos n\omega_1 t=$$

$$\frac{1}{\pi}\left(\cos \omega_1 t-\frac{1}{2}\cos 2\omega_1 t+\frac{1}{3}\cos 3\omega_1 t+\cdots\right)$$

只有前 3 个频率成分通过系统：

$$e(t)=\frac{1}{\pi}\left(\cos \omega_1 t-\frac{1}{2}\cos 2\omega_1 t+\frac{1}{3}\cos 3\omega_1 t\right)$$

由图 3－26,得前 3 个谐波处的频率特性

$$\begin{cases} |H(\omega_1)|=1,\varphi(\omega_1)=40° \\[2mm] |H(3\omega_1)|=\dfrac{2}{3},\varphi(3\omega_1)=50° \\[2mm] |H(5\omega_1)|=\dfrac{1}{3},\varphi(5\omega_1)=60° \end{cases}$$

$$r(t)=\frac{1}{\pi}\left\{|H(\omega_1)|\cos\left[\omega_1 t+\varphi(\omega_1)\right]-\frac{1}{2}|H(2\omega_1)|\cos\left[2\omega_1 t+\varphi(2\omega_1)\right]+\right.$$

$$\left.\frac{1}{3}|H(3\omega_1)|\cos\left[3\omega_1 t+\varphi(3\omega_1)\right]\right\}=$$

$$\frac{1}{\pi}\left[\cos(\omega_1 t+40°)-\frac{1}{3}\cos(2\omega_1 t+50°)+\frac{1}{9}\cos(3\omega_1 t+60°)\right]$$

与解法一结果相同,且物理意义明确,求解过程简单。

2. 波形失真的判断

解法一

由图 3－26,$|H(\omega)|$ 在整个频率范围内不为常数,则不同频率成分通过系统后,幅度相对大小发生变化,从而产生幅度失真。且 $\varphi(\omega)$ 不是 ω 的线性函数(通过原点的直线),则不同频率成分通过系统后,延迟时间不同,即相对位置发生变化,从而产生相位失真。因而有波形失真。

解法二

将输出

$$r(t)=\frac{1}{\pi}\left[\cos(\omega_1 t+40°)-\frac{1}{3}\cos(2\omega_1 t+50°)+\frac{1}{9}\cos(3\omega_1 t+60°)\right]$$

与输入

$$e(t)=\frac{1}{\pi}\left(\cos \omega_1 t-\frac{1}{2}\cos 2\omega_1 t+\frac{1}{3}\cos 3\omega_1 t+\cdots\right)$$

比较,可见波形失真。原因：① 输出只包括基波、2 次及 3 次谐波,高次谐波被抑制；② 输出端的前 3 次谐波幅度相对大小与输入端相比发生变化；③ 各谐波初始相位关系与激励不同(响应中的各谐波初始相位不同,而激励中的各谐波初始相位均为 0)。

3－27 线性时不变系统频率特性如图 3－27.1(a)。激励为图 3－27.1(b)的锯齿波信号时,响应为图 3－27.1(c)的方波信号。试确定 $H(\omega)$ 的参数 a 和 b。

【分析与解答】

由图 3－27.1 的(b)和(c),知激励与响应周期相同。原因为,对线性时不变系统,若激励为周期信号,则响应为同周期的周期信号。$e(t)$ 与例 3－22 及例 3－23 中信号的特点类似:本身不具有对称性,但去掉直流分量后具有某种对称性。如图 3－27.2,$e_0(t)$ 为奇函数。

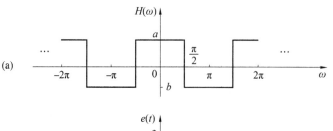

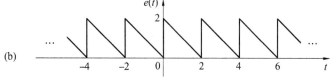

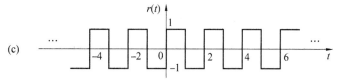

图 3 - 27.1

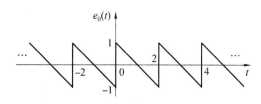

图 3 - 27.2

由图 3 - 27.1(b)，$e(t)$ 的直流分量为 1，而

$$e_0(t) = \sum_{n=1}^{\infty} b_n \sin n\omega_1 t \qquad (3-27.1)$$

从而

$$e(t) = 1 + \sum_{n=1}^{\infty} b_n \sin n\omega_1 t \qquad (3-27.2)$$

$r(t)$ 为奇函数，无直流成分，傅里叶级数

$$r(t) = \sum_{n=1}^{\infty} b_n{}' \sin n\omega_1 t \qquad (3-27.3)$$

无直流成分，表明 $e(t)$ 直流成分被系统抑制，则

$$H(\omega)\big|_{\omega=0} = 0$$

由图(a) 知

$$H(\omega)\big|_{\omega=0} = a$$

则

$$a = 0$$

由 $e(t)$ 波形知其不是奇谐函数，因而包括奇次及偶次谐波；由 $r(t)$ 波形知其为奇谐函数，只包括奇次谐波。原因在于：$e(t)$ 及 $r(t)$ 的 $T=2$，$\omega_1 = \pi$；偶次谐波角频率为 $2n\omega_1 = 2n\pi$。由图(a) 见，$\omega = 2n\pi$ 时 $H(\omega) = a$，即 $H(\omega) = 0$；因而系统滤除了输入信号的所有偶次谐波(包括直流) 分量。

对式(3 - 27.1)，利用积分，或 $c_n = \dfrac{1}{T} F_0(\omega)\big|_{\omega=n\omega_1}$ 及 $b_n = 2\mathrm{j}c_n$，求得

$$b_n = \frac{2\,(-1)^{n+1}}{n\pi}$$

对 $r(t)$，求出其傅里叶系数

$$b_n' = \begin{cases} \dfrac{4}{n\pi} & (n\ \text{为奇}) \\[2mm] 0 & (n\ \text{为偶}) \end{cases}$$

考察基频：对 $e(t)$ 有 $b_1 = \dfrac{2}{\pi}$；对 $r(t)$ 有 $b_1' = \dfrac{4}{\pi}$。可见对基频分量，响应幅度为激励的 2 倍，从而

$$H(\omega_1) = H(\pi) = 2$$

由系统频率特性曲线知

$$H(\pi) = b$$

因而 $\qquad\qquad\qquad\qquad b = 2$

3－28 周期信号 $f_1(t)$ 和 $f_2(t)$ 如图 3－28.1，且

$$f_1(t) = a_0 + \sum_{n=1}^{\infty} (a_n \cos n\omega_1 t + b_n \sin n\omega_1 t)$$

$$f_2(t) = c_0 + \sum_{n=1}^{\infty} (c_n \cos n\omega_1 t + d_n \sin n\omega_1 t)$$

试画出 $f(t) = a_0 + c_0 + \sum_{n=1}^{\infty} (a_n \cos n\omega_1 t + d_n \sin n\omega_1 t)$ 的波形。

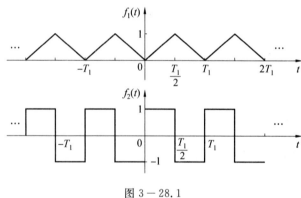

图 3－28.1

【分析与解答】

傅里叶级数通常表示为

$$f(t) = \frac{a_0}{2} + \sum_{n=1}^{\infty} (a_n \cos n\omega_1 t + b_n \sin n\omega_1 t)$$

其中 $\dfrac{a_0}{2} = \dfrac{1}{T}\displaystyle\int_{t_0}^{t_0+T} f(t)\,\mathrm{d}t$ 为直流分量。而本题中用符号 a_0 与 c_0 表示直流分量。

$f_1(t)$ 为偶函数，则傅里叶级数中系数 $b_n = 0$，即

$$f_1(t) = a_0 + \sum_{n=1}^{\infty} a_n \cos n\omega_1 t$$

$f_2(t)$ 为奇函数，则不包括直流及余弦分量，傅里叶级数中系数 $c_0 = c_n = 0$，即

$$f_2(t) = \sum_{n=1}^{\infty} d_n \sin n\omega_1 t$$

将 $f(t)$ 与 $f_1(t)$ 及 $f_2(t)$ 建立联系（利用傅里叶级数）

$$f(t) = a_0 + c_0 + \sum_{n=1}^{\infty}(a_n \cos n\omega_1 t + d_n \sin n\omega_1 t) =$$

$$a_0 + \sum_{n=1}^{\infty}(a_n \cos n\omega_1 t + d_n \sin n\omega_1 t) =$$

$$\left(a_0 + \sum_{n=1}^{\infty} a_n \cos n\omega_1 t\right) + \sum_{n=1}^{\infty} d_n \sin n\omega_1 t =$$

$$f_1(t) + f_2(t)$$

波形为 $f_1(t)$ 与 $f_2(t)$ 的叠加，如图 $3-28.2$。

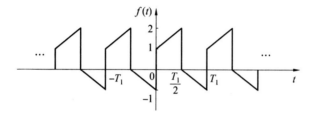

图 $3-28.2$

第 4 章

连续时间信号与系统的复频域分析

概念与解题提要

1. 典型信号的象函数

如 $\delta(t)$，$u(t)$，$e^{-at}u(t)$，$t^n u(t)$，$\sin \omega_0 t u(t)(\cos \omega_0 t u(t))$ 的结果可直接应用。其他信号的象函数无需记，可由典型信号象函数及拉普拉斯变换性质求出。

2. 信号收敛的等效表示

信号收敛与绝对可积，随 t 增大而衰减等说法表示相同意义。

3. 复频域分析法与频域分析法的区别

本章的信号拉普拉斯变换及系统复频域分析，与第 3 章的傅里叶变换及系统频域分析，在体系上并列，有很多类似之处，但又有较大区别。

与傅里叶分析相比，本章涉及的概念较少。原因为傅里叶变换具有明确的物理意义，反映信号在不同频率上的分布，且不同类型的信号(如连续、取样(离散)、周期、非周期、调制信号等)频谱特点不同；而拉普拉斯变换主要作为数学工具用于计算，物理意义不如频谱明确。

4. 拉普拉斯变换与傅里叶变换的关系

(1) 拉普拉斯变换与傅里叶变换相比，计算简便的原因

① 傅里叶变换对信号存在时间没有限制，计算频谱需在整个时间范围内积分；拉普拉斯变换一般考虑单边情况，积分范围只在正的时间范围内。原因在于：任何实际信号均有起始时刻，从无穷远处时间就开始存在的信号是不存在的，这只是一个极限的概念。为处理方便，人为地将信号起始时刻定义为 0 时刻，则任何信号均可看作单边信号。

② 比较二者定义

$$\begin{cases} F(\omega) = \int_{-\infty}^{\infty} f(t) e^{-j\omega t} \, dt \\ F(s) = \int_{-\infty}^{\infty} f(t) e^{-st} \, dt \end{cases}$$

可见，对 $F(\omega)$，被积函数中包括 ω 的复函数，因而积分结果具有实部和虚部，可分别表示为幅度谱及相位谱两个分量；对 $F(s)$，被积函数为关于 s 的实函数，不涉及复数运算，积分结果只是关于 s 的实函数。

拉普拉斯变换与傅里叶变换另一个重要区别，是 $F(\omega)$ 的自变量为实变量，而 $F(s)$ 的自变量为复变量，为复变函数。用留数法求拉普拉斯反变换的理论基础，正是复变函数的柯西

积分公式及留数辅助定理。

　　（2）两种变换在性质上的区别

　　拉普拉斯变换是傅里叶变换的推广，其性质与傅里叶变换有很多类似之处。但也有很多不同，如表 4－0 所示。

表 4－0

性　　质	傅里叶变换	拉普拉斯变换
时间平移	适用于右移及左移情况	只适用于右移（延时）情况： $f(t-t_0)u(t-t_0)\leftrightarrow F(s)e^{-st_0}$ 原因： 由拉普拉斯变换的单边性决定。 右移时，对信号进行单边拉普拉斯变换，不丢失原信号信息。左移时，原信号一部分移到纵轴左侧，不参与单边拉普拉斯变换，即信号一部分信息丢失，因而与平移前的拉普拉斯变换不存在对应关系
时间尺度变换	$f(\alpha t)\leftrightarrow\dfrac{1}{|\alpha|}F\left(\dfrac{\omega}{\alpha}\right)$ 可 $\alpha<0$，即 $f(t)$ 可翻转	$f(\alpha t)\leftrightarrow\dfrac{1}{\alpha}F\left(\dfrac{s}{\alpha}\right)$ 需 $\alpha>0$，即 $f(t)$ 不能进行翻转 原因：$f(t)$ 翻转后为左边信号，单边拉普拉斯变换的象函数将为 0
时域微分	（1）应用条件：信号不存在直流分量 原因：直流分量的微分为 0，导致其频谱（$\delta(\omega)$，频域中的冲激项）将丢失 为此可将直流分量提取出来，对不包含直流的信号分量单独应用该性质 （2）时域微分信号的频谱与信号初始值无关 原因：双边变换，起始时刻为 $-\infty$，不存在初始值问题	（1）对信号是否有直流成分无限制 （2）对信号微分进行拉普拉斯变换，将自动引入初始条件：如 $\dfrac{\mathrm{d}f(t)}{\mathrm{d}t}\leftrightarrow sF(s)-f(0^-)$ 原因：单边变换，信号初始值存在
时域积分	信号可能出现附加直流成分，从而在频域产生冲激项： $\displaystyle\int_{-\infty}^{t}f(\tau)\mathrm{d}\tau\leftrightarrow\frac{F(\omega)}{\mathrm{j}\omega}+\pi F(0)\delta(\omega)$ 积分后，增加的直流项为 $\dfrac{1}{2}F(0)$ 其中 $F(0)=\displaystyle\int_{-\infty}^{\infty}f(t)\mathrm{d}t$ 为信号面积	（1）单边信号 没有附加项 $\displaystyle\int_{0^-}^{t}f(\tau)\mathrm{d}\tau\leftrightarrow\frac{1}{s}F(s)$ （2）双边信号 与信号初始值有关： $\displaystyle\int_{-\infty}^{t}f(\tau)\mathrm{d}\tau\leftrightarrow\frac{F(s)}{s}+\frac{\displaystyle\int_{-\infty}^{0^-}f(\tau)\mathrm{d}\tau}{s}=$ $\dfrac{F(s)}{s}+\dfrac{f(0^-)}{s}$
时域和变换域的对称性质	时域和频域具有对称性	不存在
初值和终值定理	不存在	存在

（3）由拉普拉斯变换直接得到傅里叶变换的条件

由信号的拉普拉斯变换可得到其傅里叶变换：

$$F(\omega) = F(s) \big|_{s=j\omega}$$

即信号频谱为其在 s 平面纵轴上的拉普拉斯变换，显然这要求收敛域包括纵轴。对单边拉普拉斯变换，收敛域在 s 平面上某条直线的右侧，如收敛域包括纵轴，表明 σ 可取负，即衰减因子 $e^{-\sigma t}$ 可为随 t 增加而递增的信号；为使 $f(t)e^{-\sigma t}$ 收敛，$f(t)$ 应为衰减信号（或收敛）。因而 $f(t)$ 收敛是由拉普拉斯变换直接得到傅里叶变换的条件。

类似的，对连续系统，由于

$$\begin{cases} H(\omega) = \mathscr{F}[h(t)] \\ H(s) = \mathscr{L}[h(t)] \end{cases}$$

为由系统函数直接求频率特性，即利用

$$H(\omega) = H(s) \big|_{s=j\omega}$$

的前提是 $h(t)$ 收敛，即系统稳定。

5. 有始周期信号

周期信号没有起始与终止时刻。有始信号为非周期信号，有始周期信号（如 $\sin \omega_0 t u(t)$）只是 $t > 0$ 后波形重复，不是真正意义上的周期信号。

6. 终值定理使用条件

条件：$F(s)$ 所有极点位于 s 平面左半平面（如位于纵轴上只能是圆点处的一阶极点）。

原因：通常象函数为分式，可分解为部分分式之和：

$$F(s) = \frac{K_1}{s-p_1} + \frac{K_2}{s-p_2} + \cdots + \frac{K_n}{s-p_n} = \sum_{i=1}^{n} \frac{K_i}{s-p_i}$$

则

$$f(t) = \left[\sum_{i=1}^{n} K_i e^{p_i t} \right] u(t)$$

为指数信号的叠加，各指数信号的系数为其相应的部分分式的极点；若所有极点位于 s 平面左半平面，$p_i < 0 (i=1,\cdots,n)$，各指数信号分量收敛，从而 $f(t)$ 收敛。若圆点处有一阶极点，相应的部分分式为 $\frac{1}{s}$，相应的信号分量为 $u(t)$，相当于等幅的指数信号，介于收敛与发散之间。

若 $s=0$ 处有高阶极点，如 2 阶极点时相应的部分分式为 $\frac{1}{s^2}$，对应的信号分量 $tu(t)$ 发散，因而终值不存在。如为任意 n 阶极点，部分分式为 $\frac{1}{s^n}$，由 s 域微分性质得 $\mathscr{L}^{-1}\left[\frac{1}{s^n}\right] = t^{n-1}u(t)$，信号更发散。

7. 复频域分析法相对于时域分析法的优势

包括以下三方面。

（1）根据卷积定理，将时域的卷积运算转化为 s 域的乘法运算。

$$f_1(t) * f_2(t) \leftrightarrow F_1(s) F_2(s)$$

因而，利用复频域分析，已知激励、系统特性及零状态响应三个量中任意两个的情况下，可求出第三个；如已知激励及零状态响应可确定系统特性：

$$H(s) = \frac{R_{zs}(s)}{E(s)}$$

而对时域分析法,已知 $e(t)$ 及 $r_{zs}(t)$ 时,根据

$$r_{zs}(t) = \int_{-\infty}^{\infty} e(\tau)h(t-\tau)\mathrm{d}\tau$$

不可能得到 $h(t)$;即无法由参与卷积的一个信号与卷积结果求出参与卷积的另一个信号,这也是时域分析法一个很大的局限。

(2) 将时域微分方程转化为复频域的代数方程,求解系统响应时无需进行复杂的卷积运算。

这是基于拉普拉斯变换的时域微分性质:

$$\begin{cases} \dfrac{\mathrm{d}f(t)}{\mathrm{d}t} \leftrightarrow sF(s) - f(0^-) \\[2mm] \dfrac{\mathrm{d}^2 f(t)}{\mathrm{d}t^2} \leftrightarrow s^2 F(s) - sf(0^-) - f'(0^-) \\[2mm] \qquad\vdots \\[2mm] \dfrac{\mathrm{d}^n f(t)}{\mathrm{d}t^n} \leftrightarrow s^n F(s) - s^{n-1}f(0^-) - s^{n-2}f'(0^-) - \cdots - f^{(n-1)}(0^-) \end{cases}$$

从而在复频域上求出响应的象函数,再进行拉普拉斯反变换,再得到响应的时域解。

(3) 对微分方程进行拉普拉斯变换,可自动引入系统初始条件,从而可一次求出全响应;而无需分别求 $r_{zi}(t)$ 及 $r_{zs}(t)$。

这同样是基于时域微分性质。

8. 复频域分析法与频域分析法的关系

(1) 复频域分析法与频域分析法的适用范围

用变换域方法进行系统分析,如果是计算问题,复频域法比频域法容易。如给出输入 — 输出关系(如微分方程)或电路来求解系统响应时,可用复频域法。如果是与频谱有关的问题,如滤波器、系统带宽、求响应频谱等,应采用频域法。

对于电路,如只求零状态响应,则不必列微分方程,根据电路结构可得到系统函数;如要求零输入响应,则需列微分方程。

(2) 电路元件在不同变换域的复阻抗

电阻在不同变换域的复阻抗形式相同,均为 R;储能元件(电感或电容)在不同域的复阻抗自变量不同,但形式类似(频域 $j\omega$ 与复频域 s 相当):

$$\text{复阻抗}\begin{cases} \text{电容}\begin{cases} \text{频域}:Z_C = \dfrac{1}{j\omega C} \\[2mm] \text{复频域}:Z_C = \dfrac{1}{sC} \end{cases} \\[6mm] \text{电感}\begin{cases} \text{频域}:Z_L = j\omega L \\[2mm] \text{复频域}:Z_L = sL \end{cases} \end{cases}$$

9. $r_{zs}(t)$ 中的自由与受迫响应分量

由
$$r_{zs}(t) = \mathscr{L}^{-1}[H(s)E(s)]$$

知,$r_{zs}(t)$ 中包括两个分量,一个分量形式由 $H(s)$ 极点(即微分方程特征根)决定,从而与

$r_{zs}(t)$ 及 $h(t)$ 形式类似, 为自由响应分量; 另一个分量形式由 $E(s)$ 极点决定, 从而与 $e(t)$ 形式类似, 为受迫响应分量。

10. 微分方程右侧包含激励微分项时的模拟图

微分方程右侧只包含 $e(t)$ 时, 基于方程左右两侧相同, 利用一个加法器并使加法器所有输入信号之和与其输出信号相同, 可容易画出模拟图。当微分方程右侧包含 $e(t)$ 微分项时, 由于模拟图中有积分器而没有微分器, 即无法由 $e(t)$ 得到 $e(t)$ 的微分, 从而无法直接画出模拟图。

为画模拟图, 可在复频域考察。

以

$$\frac{\mathrm{d}^2 r(t)}{\mathrm{d}t^2} + a_1 \frac{\mathrm{d}r(t)}{\mathrm{d}t} + a_0 r(t) = b_1 \frac{\mathrm{d}e(t)}{\mathrm{d}t} + b_0 e(t) \qquad (4-0.1)$$

为例。

进行拉普拉斯变换

$$R(s)(s^2 + a_1 s + a_0) = E(s)(b_1 s + b_0)$$

从而

$$\frac{R(s)}{b_1 s + b_0} = \frac{E(s)}{s^2 + a_1 s + a_0}$$

引入中间变量 $Q(s)$, 令

$$\frac{R(s)}{b_1 s + b_0} = \frac{E(s)}{s^2 + a_1 s + a_0} = Q(s)$$

从而得到两个方程

$$\begin{cases} Q(s)(s^2 + a_1 s + a_0) = E(s) \\ R(s) = Q(s)(b_1 s + b_0) \end{cases}$$

拉普拉斯反变换:

$$\begin{cases} \dfrac{\mathrm{d}^2 q(t)}{\mathrm{d}t^2} + a_1 \dfrac{\mathrm{d}q(t)}{\mathrm{d}t} + a_0 q(t) = e(t) \\ r(t) = b_1 \dfrac{\mathrm{d}q(t)}{\mathrm{d}t} + b_0 q(t) \end{cases} \qquad (4-0.2)$$

可见, 借助中间信号 $q(t)$, 可用两个微分方程等效原始的微分方程。其中第一个方程为激励 $e(t)$, 响应 $q(t)$ 的系统的微分方程, 且右侧只有 $e(t)$, 因而可用一个加法器画出其模拟图; 第 2 个方程为激励 $q(t)$, 响应 $r(t)$ 的系统输入—输出方程, 由 $q(t)$ 及其微分项的线性组合得到 $r(t)$, 描述该系统需要前向支路及另一个加法器。

由式 $(3-0.2)$ 可见, 将原方程左侧所有 r 变量代换为 q, 右侧不论为何种形式都用 $e(t)$ 表示, 得到第一个方程; 将原方程左侧不论为何种形式均用 $r(t)$ 表示, 右侧所有 y 变量代换为 q, 得到另一个方程。

该方法是构造两个新的系统。将 $q(t)$ 作为中间变量约掉后, 可得到描述原始系统输入—输出关系的微分方程 (式 $(4-0.1)$)。

11. 描述连续系统特性的不同方法间的关系

第 2 章、第 3 章及本章中, 描述连续系统特性的方法包括解析及图解两种形式, 共 7 种:

$$\text{系统特性}\begin{cases}\text{解析}\begin{cases}\text{时域:微分方程},h(t),g(t)\\\text{频域}:H(\omega)\\\text{复频域}:H(s)\end{cases}\\\text{图解}\begin{cases}\text{时域:模拟图}\\\text{复频域:模拟图、极零图}\end{cases}\end{cases}$$

这 7 种形式从不同角度描述了系统特性,其中一个确定后,另外那些可唯一确定。相互求解的关系如图 4 − 0。

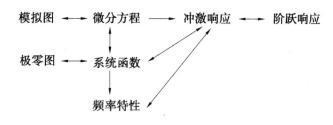

图 4 − 0

图中 ↔ 表示两个量可相互确定。如"模拟图 ↔ 微分方程"表明根据模拟图可得到微分方程,由微分方程也可画出模拟图。而"→"表示只能由左侧的量确定右侧的量,如"微分方程 → 冲激响应"表明由微分方程可求出冲激响应,但由冲激响应无法得到微分方程。

由图 4 − 0 知,描述系统特性的方法中,系统函数具有核心作用。由 $H(s)$ 可直接得到其他 6 个量,这是变换域分析法的优势。而对其他某种特性描述,借助 $H(s)$,可得到其他特性描述形式;如由 $h(t)$ 无法在时域确定微分方程,但利用 $H(s) = \mathscr{L}[h(t)]$,再由 $H(s)$ 可得到微分方程。

12. 求连续系统全响应的方法

已经学习了多种求连续系统全响应的方法。

(1) 时域解微分方程

分别求齐次解(自由响应)及特解(受迫响应),计算很复杂,且需确定全响应的初始条件;且响应分量的物理意义不很明确。

(2) 时域分别求 $r_{zi}(t)$ 及 $r_{zs}(t)$

需由微分方程求 $h(t)$,且需计算卷积积分,较复杂。

(3) 复频域法

对微分方程求拉普拉斯变换,并代入系统初始条件,一次求出全响应。计算较简单。

需要应用拉普拉斯变换的时域微分性质,且在全响应中无法直接区分 $r_{zi}(t)$ 及 $r_{zs}(t)$ 两个分量。

(4) 时域法求 $r_{zi}(t)$,复频域法求 $r_{zs}(t)$

计算简单,且物理意义明确。时域法求 $r_{zi}(t)$ 较容易,只需确定特征根,再代入零输入响应初始条件求出待定系数。该方法无需应用拉普拉斯变换的时域微分性质,与方法(3)比,简化了复频域上的运算。

例题分析与解答

4－1 求下列信号的拉普拉斯变换。

1. $te^{-2t}u(t)$ 2. $te^{-(t-2)}u(t-1)$ 3. $t^3\cos 3tu(t)$

4. $\dfrac{e^{-3t}-e^{-5t}}{t}u(t)$ 5. $\dfrac{\sin\alpha t}{t}u(t)$

【分析与解答】

对复杂信号,为便于求解,可分解为一些简单的分量的组合形式。

1.将信号看作 t 与 $e^{-2t}u(t)$ 的乘积。

解法一

$$\mathscr{L}[e^{-2t}u(t)]=\frac{1}{s+2}$$

由 s 域微分性质

$$tf(t)\leftrightarrow-\frac{\mathrm{d}F(s)}{\mathrm{d}s}$$

则

$$\mathscr{L}[te^{-2t}u(t)]=-\frac{\mathrm{d}\left(\dfrac{1}{s+2}\right)}{\mathrm{d}s}=\frac{1}{(s+2)^2}$$

解法二

首先求 $\mathscr{L}[tu(t)]$。

幂函数的象函数为

$$\mathscr{L}[t^nu(t)]=\frac{n!}{s^{n+1}}$$

$n=1$,有

$$\mathscr{L}[tu(t)]=\frac{1}{s^2}$$

或将 $tu(t)$ 看作 t 与 $u(t)$ 乘积。

$$\mathscr{L}[u(t)]=\frac{1}{s}$$

利用 s 域微分性质

$$\mathscr{L}[tu(t)]=-\frac{\mathrm{d}\left[\dfrac{1}{s}\right]}{\mathrm{d}s}=\frac{1}{s^2}$$

由 s 域平移性质

$$\mathscr{L}[f(t)e^{-s_0t}]=F(s+s_0)$$

得

$$\mathscr{L}[te^{-2t}u(t)]=\frac{1}{(s+2)^2}$$

2. 解法一　　该信号中,描述存在时间范围的分量为 $u(t-1)$,描述幅度随时间变化的分量为 $te^{-(t-2)}$。为便于求解,与 t 有关的表达式形式应一致;$u(t-1)$ 的自变量无法改变,因而将幅度随时间变化的分量表示为 $t-1$ 的函数:

$$te^{-(t-2)}u(t-1)=e\cdot te^{-(t-1)}u(t-1)=e[(t-1)e^{-(t-1)}u(t-1)+e^{-(t-1)}u(t-1)]$$

考虑右侧第 1 个分量,为此先求 $\mathscr{L}[te^{-t}u(t)]$。

与例 $4-1.1$ 类似

$$\mathscr{L}[te^{-t}u(t)]=\frac{1}{(s+1)^2}$$

利用时移性质

$$\mathscr{L}[(t-1)e^{-(t-1)}u(t-1)]=\frac{1}{(s+1)^2}e^{-s}$$

由

$$\mathscr{L}[e^{-t}u(t)]=\frac{1}{s+1}$$

得

$$\mathscr{L}[e^{-(t-1)}u(t-1)]=\frac{1}{s+1}e^{-s}$$

则

$$\mathscr{L}[te^{-(t-2)}u(t-1)]=e\left[\frac{1}{(s+1)^2}e^{-s}+\frac{1}{s+1}e^{-s}\right]=\frac{s+2}{(s+1)^2}e^{-(s-1)}$$

解法二

$$te^{-(t-2)}u(t-1)=e\cdot t\cdot e^{-(t-1)}u(t-1)$$

$$\mathscr{L}[e^{-t}u(t)]=\frac{1}{s+1}$$

由时移性

$$\mathscr{L}[e^{-(t-1)}u(t-1)]=\frac{1}{s+1}e^{-s}$$

由 s 域微分性质

$$\mathscr{L}[te^{-(t-1)}u(t-1)]=-\frac{d\left[\frac{1}{s+1}e^{-s}\right]}{ds}=\frac{s+2}{(s+1)^2}e^{-s}$$

由线性特性

$$\mathscr{L}\{e[te^{-(t-1)}u(t-1)]\}=\frac{s+2}{(s+1)^2}e^{-s+1}$$

3. 解法一

s 域微分性质:

$$t^nf(t)\leftrightarrow(-1)^n\frac{d^nF(s)}{ds^n}$$

$n=3$,有

$$t^3f(t)\leftrightarrow-\frac{d^3F(s)}{ds^3}$$

$$\mathcal{L}[\cos 3tu(t)] = \frac{s}{s^2 + 9}$$

从而
$$\mathcal{L}[t^3 \cos 3tu(t)] = -\frac{\mathrm{d}^3\left[\dfrac{s}{s^2+9}\right]}{\mathrm{d}s^3} = \frac{6s^4 - 324s^2 + 486}{(s^2 + 9)^4}$$

需计算三阶微分；幂函数阶数越高,运算越复杂。

解法二　将余弦信号转化为复指数信号(求傅里叶变换时也用类似方法):

$$t^3 \cos 3tu(t) = t^3 \cdot \frac{1}{2}\mathrm{e}^{\mathrm{j}3t}u(t) + t^3 \cdot \frac{1}{2}\mathrm{e}^{-\mathrm{j}3t}u(t)$$

$f(t)\sin \omega_0 t$ 或 $f(t)\cos \omega_0 t$ 的拉普拉斯变换,可应用 s 域平移性质:

$$\begin{cases} \mathcal{L}[f(t)\sin \omega_0 t] = \mathcal{L}\left\{\dfrac{1}{2\mathrm{j}}\left[f(t)\mathrm{e}^{\mathrm{j}\omega_0 t} - f(t)\mathrm{e}^{-\mathrm{j}\omega_0 t}\right]\right\} = \dfrac{1}{2\mathrm{j}}\left[F(s - \mathrm{j}\omega_0) - F(s + \mathrm{j}\omega_0)\right] \\ \mathcal{L}[f(t)\cos \omega_0 t] = \mathcal{L}\left\{\dfrac{1}{2}\left[f(t)\mathrm{e}^{\mathrm{j}\omega_0 t} + f(t)\mathrm{e}^{-\mathrm{j}\omega_0 t}\right]\right\} = \dfrac{1}{2}\left[F(s - \mathrm{j}\omega_0) + F(s + \mathrm{j}\omega_0)\right] \end{cases}$$

其中

$$\mathcal{L}[f(t)] = \mathcal{L}[t^3 u(t)] = \mathcal{L}[t^n u(t)]\big|_{n=3} = \frac{n!}{s^{n+1}}\bigg|_{n=3} = \frac{6}{s^4}$$

$$\mathcal{L}[f(t)\cos \omega_0 t] = \frac{1}{2}\left[\frac{6}{(s - \mathrm{j}3)^4} + \frac{6}{(s + \mathrm{j}3)^4}\right] = \frac{6s^4 - 324s^2 + 486}{(s^2 + 9)^4}$$

与 s 域微分性质得到的结果相同。

4. 对 $\dfrac{f(t)}{t}$ 的形式,应用 s 域积分性质 $\displaystyle\int_s^{\infty} F(s_1)\mathrm{d}s_1 \leftrightarrow \dfrac{f(t)}{t}$。

$$\mathcal{L}[(\mathrm{e}^{-3t} - \mathrm{e}^{-5t})u(t)] = \frac{1}{s + 3} - \frac{1}{s + 5}$$

$$\mathcal{L}\left[\frac{\mathrm{e}^{-3t} - \mathrm{e}^{-5t}}{t}u(t)\right] = \int_s^{\infty}\left(\frac{1}{s_1 + 3} - \frac{1}{s_1 + 5}\right)\mathrm{d}s_1 = [\ln(s_1 + 3) - \ln(s_1 + 5)]\big|_s^{\infty} =$$

$$\ln\left(\frac{s_1 + 3}{s_1 + 5}\right)\bigg|_s^{\infty} = \ln\left(\frac{s + 5}{s + 3}\right)$$

5. 与上题类似,应用 s 域积分性质。

$$\mathcal{L}[\sin atu(t)] = \frac{a}{s^2 + a^2}$$

$$\mathcal{L}\left[\frac{\sin at}{t}u(t)\right] = \int_s^{\infty} \frac{a}{s_1^2 + a^2}\mathrm{d}s_1$$

无法直接得到原函数。

根据典型积分形式

$$\int \frac{1}{1 + s_1^2}\mathrm{d}s_1 = \arctan s_1$$

将被积函数变换为与其类似的形式

$$\int_s^{\infty} \frac{a}{s_1^2 + a^2}\mathrm{d}s_1 = \int_s^{\infty} \frac{1}{a} \cdot \frac{1}{1 + (s_1/a)^2}\mathrm{d}s_1 = \int_s^{\infty} \frac{1}{1 + (s_1/a)^2}\mathrm{d}\left(\frac{s_1}{a}\right) = \arctan\left(\frac{s_1}{a}\right)\bigg|_s^{\infty} =$$

$$\frac{\pi}{2} - \arctan\left(\frac{s}{a}\right)$$

也可写为 $\arctan \dfrac{1}{s}$。

4－2　已知 $\mathscr{L}[f(t)] = F(s)$，试求 $e^{-\frac{t}{\alpha}} f\left(\dfrac{t}{\alpha}\right)$ 的拉普拉斯变换。

【分析与解答】

$e^{-\frac{t}{\alpha}} f\left(\dfrac{t}{\alpha}\right)$ 由 $f(t)$ 经时间尺度变换及与指数信号相乘等两种变换得到。

解法一

先用 s 域平移得

$$\mathscr{L}[e^{-t} f(t)] = F(s + 1)$$

再由尺度变换

$$f(\alpha t) \leftrightarrow \frac{1}{\alpha} F\left(\frac{s}{\alpha}\right), \alpha > 0$$

得

$$\mathscr{L}\left[e^{-\frac{t}{\alpha}} f\left(\frac{t}{\alpha}\right)\right] = \frac{1}{\frac{1}{\alpha}} \cdot F\left[\frac{s}{\frac{1}{\alpha}} + 1\right] = \alpha F(\alpha s + 1)$$

解法二

先由尺度变换特性

$$f\left(\frac{t}{\alpha}\right) \leftrightarrow \alpha F(\alpha s)$$

再由 s 域平移得

$$e^{-\frac{t}{\alpha}} f\left(\frac{t}{\alpha}\right) \leftrightarrow \alpha F\left[\alpha\left(s + \frac{1}{\alpha}\right)\right] = \alpha F(\alpha s + 1)$$

4－3　已知 $\mathscr{L}[f(t)] = F(s)$，试求 $\mathscr{L}\left[\dfrac{1}{\alpha} e^{-\frac{b}{\alpha}t} f\left(\dfrac{t}{\alpha}\right)\right]$，其中 $\alpha > 0$。

【分析与解答】

由尺度变换

$$\mathscr{L}\left[f\left(\frac{t}{a}\right)\right] = aF(as)$$

由 s 域平移

$$\mathscr{L}\left[e^{-\frac{b}{a}t} f\left(\frac{t}{a}\right)\right] = aF\left[a\left(s + \frac{b}{a}\right)\right] = aF(as + b)$$

由线性

$$\mathscr{L}\left[\frac{1}{a} e^{-\frac{b}{a}t} f\left(\frac{t}{a}\right)\right] = \frac{1}{a} \cdot aF(as + b) = F(as + b)$$

4－4　求 $f(t) = \sin(\alpha t + \theta) u(t)$ 的拉普拉斯变换及收敛域。

【分析与解答】

$f(t)$ 有初始相位，为能应用 $\mathscr{L}[\sin \alpha t u(t)]$ 的结果，应将 $f(t)$ 展开为初始相位为 0 的形式。

$$\mathscr{L}[\sin(\alpha t+\theta)u(t)]=\mathscr{L}[(\sin\alpha t\cos\theta+\sin\theta\cos\alpha t)u(t)]=$$
$$\cos\theta\cdot\mathscr{L}[\sin\alpha tu(t)]+\sin\theta\cdot\mathscr{L}[\cos\alpha tu(t)]=$$
$$\frac{\cos\theta\cdot\alpha+\sin\theta\cdot s}{s^2+\alpha^2}$$

收敛域为 $\mathscr{L}[\sin\alpha tu(t)]$ 及 $\mathscr{L}[\cos\alpha tu(t)]$ 的公共部分。$\sin\alpha tu(t)$ 为等幅振荡,收敛域为使 $e^{-\sigma t}\sin\alpha tu(t)$ 收敛的 σ 范围;应有 $e^{-\sigma t}<1$,即 $e^{-\sigma t}$ 应随 t 增大而递减,因而要求 $\sigma>0$。类似的,$\cos\alpha tu(t)$ 的收敛域也为 $\sigma>0$。因而 $f(t)$ 收敛域为 $\sigma>0$。

4-5 画出下列信号波形,并求其象函数。

1. $f_1(t)=\sin\pi tu(t)$ 2. $f_2(t)=\sin\pi(t-1)u(t)$ 3. $f_3(t)=\sin\pi tu(t-1)$

4. $f_4(t)=\sin\pi(t-1)u(t-1)$ 5. $f_5(t)=\int_{0^-}^t\sin\pi\tau u(\tau)d\tau$

6. $f_6(t)=\dfrac{d}{dt}[\sin\pi tu(t)]$ 7. $f_7(t)=\dfrac{d^2}{dt^2}[\sin\pi tu(t)]$

【分析与解答】

1. $f_1(t)$ 为有始周期信号,有始周期($t>0$ 后波形的重复时间)为 $\dfrac{2\pi}{\pi}=2$。波形如图 4-5.1。

$$F_1(s)=\frac{\pi}{s^2+\pi^2}$$

由 $F_1(s)$,应用拉普拉斯变换性质可求其他信号的象函数。

2. 　　　　$\sin\pi(t-1)=\sin(\pi t-\pi)=-\sin\pi t$
$$f_2(t)=-\sin\pi tu(t)=-f_1(t)$$
波形为 $f_1(t)$ 沿横轴翻转,如图 4-5.2。
$$F_2(s)=-F_1(s)=-\frac{\pi}{s^2+\pi^2}$$

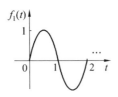 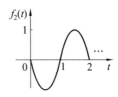

图 4-5.1　　　　　　　图 4-5.2

3. $\sin\pi tu(t-1)=-\sin\pi(t-1)u(t-1)=-f_1(t-1)$
波形为 $f_1(t)$ 延迟 1 个单位再沿横轴翻转,如图 4-5.3。
由线性及时移性质:
$$F_3(s)=-F_1(s)e^{-s}=-\frac{\pi}{s^2+\pi^2}e^{-s}$$

4. $f_4(t)$ 为 $f_1(t)$ 延迟 1 个单位:$f_4(t)=f_1(t-1)$,如图 4-5.4。

由时移性

$$F_4(s) = F_1(s)\,\mathrm{e}^{-s} = \frac{\pi}{s^2 + \pi^2}\,\mathrm{e}^{-s}$$

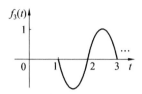

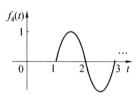

图 4 - 5.3　　　　　　　　　图 4 - 5.4

5. $f_5(t) = \left[-\dfrac{\cos \pi\tau}{\pi} \bigg|_{0^-}^{t} \right] u(t) = \dfrac{1}{\pi}(1 - \cos \pi t)u(t)$

波形为 $\cos \pi t u(t)$ 沿横轴翻转，向上平移 1 个单位，且幅度为原来的 $\dfrac{1}{\pi}$，如图 4 - 5.5。

由时域积分性质，对单边信号有

$$\int_{0^-}^{t} f(\tau)\mathrm{d}\tau \leftrightarrow \frac{F(s)}{s}$$

则

$$F_5(s) = \frac{F_1(s)}{s} = \frac{\pi}{s(s^2 + \pi^2)}$$

6. $f_6(t) = \cos \pi t \cdot \pi u(t) + \sin \pi t \delta(t) = \pi\cos \pi t u(t)$

波形如图 4 - 5.6。

由时域微分性质：

$$\frac{\mathrm{d}f(t)}{\mathrm{d}t} \leftrightarrow sF(s) - f(0^-)$$

$f(0^-) = 0$ 时

$$\frac{\mathrm{d}f(t)}{\mathrm{d}t} \leftrightarrow sF(s)$$

则

$$F_6(s) = sF_1(s) = \frac{\pi s}{s^2 + \pi^2}$$

7. $f_7(t) = \dfrac{\mathrm{d}}{\mathrm{d}t}\left[\pi\cos \pi t u(t) \right] = \pi\left[-\pi\sin \pi t u(t) + \cos \pi t \delta(t) \right] =$

$\qquad -\pi^2\sin \pi t u(t) + \pi\delta(t)$

波形如图 4 - 5.7。

由时域微分性质

$$F_7(s) = s^2 F_1(s) = \frac{\pi s^2}{s^2 + \pi^2}$$

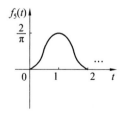

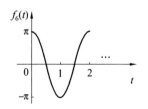

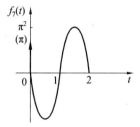

图 4 - 5.5　　　　　　图 4 - 5.6　　　　　　图 4 - 5.7

4－6 求 $f(t)=(t+1)u(t+1)$ 的单边拉普拉斯变换。

【分析与解答】

单边拉普拉斯变换只考虑信号 $t\geqslant 0$ 的部分，$f(t)$ 为双边信号，其与 $(t+1)u(t)$ 的单边拉普拉斯变换相同

$$\mathscr{L}[f(t)]=\mathscr{L}[(t+1)u(t)]=\mathscr{L}[tu(t)]+\mathscr{L}[u(t)]=\frac{1}{s^2}+\frac{1}{s}$$

4－7 信号 $f_1(t)$ 与 $f_2(t)$ 如图 $4-7.1$，试求其拉普拉斯变换。

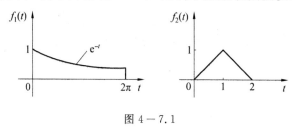

图 $4-7.1$

【分析与解答】

1. 由波形得

$$f_1(t)=e^{-t}[u(t)-u(t-2\pi)]$$

则

$$F_0(s)=\mathscr{L}[u(t)-u(t-2\pi)]=\frac{1}{s}(1-e^{-2\pi s})$$

由 s 域平移性质

$$\mathscr{L}[f_1(t)]=F_0(s+1)=\frac{1}{s+1}(1-e^{-2\pi(s+1)})$$

2. 为分段函数且随时间线性变化，根据定义求解复杂。与傅里叶变换类似，可利用时域微分：

$$\frac{\mathrm{d}^2 f_2(t)}{\mathrm{d}t^2}=\delta(t)-2\delta(t-1)+\delta(t-2)$$

波形如图 $4-7.2$。

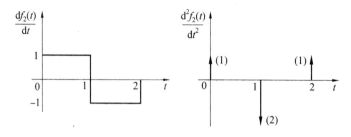

图 $4-7.2$

由 $\mathscr{L}[\delta(t)]=1$，$\mathscr{L}[\delta(t-1)]=e^{-s}$，$\mathscr{L}[\delta(t-2)]=e^{-2s}$，则

$$\mathscr{L}\left[\frac{\mathrm{d}^2 f_2(t)}{\mathrm{d}t^2}\right]=1-2e^{-s}+e^{-2s}=(1-e^{-s})^2$$

由时域微分性质

$$\frac{\mathrm{d}^2 f_2(t)}{\mathrm{d}t^2} \leftrightarrow s^2 F_2(s)$$

则

$$F_2(s) = \frac{1}{s^2}(1 - \mathrm{e}^{-s})^2$$

4.8　已知 $f(t) = \begin{cases} \mathrm{e}^{-at} & (2n < t < 2n+1) \\ 0 & (2n+1 < t < 2n+2) \end{cases}$ ，且 $n = 0, 1, 2, \cdots$。

试求象函数 $F(s)$。

【分析与解答】

$f(t)$ 波形如图 $4-8$。

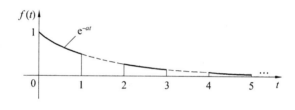

图 $4-8$

为便于求解，将 $f(t)$ 分解，并用阶跃项表示：

$f(t) = \mathrm{e}^{-at}[u(t) - u(t-1)] + \mathrm{e}^{-at}[u(t-2) - u(t-3)] + \mathrm{e}^{-at}[u(t-4) - u(t-5)] + \cdots$

为利用时移性，各指数信号的指数项系数中与 t 有关的部分应与阶跃项自变量相同：

$f(t) = \mathrm{e}^{-at}u(t) - \mathrm{e}^{-a} \cdot \mathrm{e}^{-a(t-1)}u(t-1) + \mathrm{e}^{-2a} \cdot \mathrm{e}^{-a(t-2)}u(t-2) - \mathrm{e}^{-3a} \cdot \mathrm{e}^{-a(t-3)}u(t-3) +$

$\mathrm{e}^{-4a} \cdot \mathrm{e}^{-a(t-4)}u(t-4) - \mathrm{e}^{-5a} \cdot \mathrm{e}^{-a(t-5)}u(t-5) + \cdots$

$$F(s) = \frac{1}{s+a} - \mathrm{e}^{-a} \cdot \frac{1}{s+a}\mathrm{e}^{-s} + \mathrm{e}^{-2a} \cdot \frac{1}{s+a}\mathrm{e}^{-2s} - \mathrm{e}^{-3a} \cdot \frac{1}{s+a}\mathrm{e}^{-3s} +$$

$$\mathrm{e}^{-4a} \cdot \frac{1}{s+a}\mathrm{e}^{-4s} - \mathrm{e}^{-5a} \cdot \frac{1}{s+a}\mathrm{e}^{-5s} + \cdots =$$

$$\frac{1}{s+a}[1 - \mathrm{e}^{-(s+a)} + \mathrm{e}^{-2(s+a)} - \mathrm{e}^{-3(s+a)} + \mathrm{e}^{-4(s+a)} - \mathrm{e}^{-5(s+a)} \cdots]$$

括号中为首项1，公比 $-\mathrm{e}^{-(s+a)}$ 的无穷等比级数，从而

$$F(s) = \frac{1}{s+a} \cdot \frac{1}{1 + \mathrm{e}^{-(s+a)}}$$

4—9　求 $F(s) = \dfrac{1}{s(s^2+5)}$ 的拉普拉斯反变换。

【分析与解答】

解法一　象函数包括共轭极点，如直接展开为部分分式，极点与系数均为共轭复数，求解较复杂。

为此将 $F(s)$ 分解为典型象函数 $\dfrac{1}{s}$ 及 $\dfrac{1}{s^2+5}$。 $F(s)$ 为真分式，因而应展开为真分式之和

$$\frac{1}{s(s^2+5)}=\frac{a}{s}+\frac{bs+c}{s^2+5}$$

等式右侧合并,分子为二次项,分别使二次、一次及常数项系数与左侧分子相同,从而建立 3 个方程,求出 a,b 及 c。则

$$F(s)=\frac{1}{5}\cdot\frac{1}{s}-\frac{1}{5}\cdot\frac{s}{s^2+5}$$

$$f(t)=\frac{1}{5}(1-\cos\sqrt{5}\,t)u(t)$$

可见 $f(0)=0$。

解法二 $F(s)$ 看作一个象函数除以 s,利用时域积分性质。

$$\mathscr{L}^{-1}\left[\frac{1}{s^2+5}\right]=\mathscr{L}^{-1}\left[\frac{1}{\sqrt{5}}\cdot\frac{\sqrt{5}}{s^2+(\sqrt{5})^2}\right]=\frac{1}{\sqrt{5}}\sin\sqrt{5}\,tu(t)$$

$$\mathscr{L}^{-1}[F(s)]=\frac{1}{\sqrt{5}}\int_{0^-}^{t}\sin\sqrt{5}\,\tau\mathrm{d}\tau=\frac{1}{5}(1-\cos\sqrt{5}\,t)u(t)$$

4.10 求下列象函数的拉普拉斯反变换:

1. $\dfrac{s}{1-\mathrm{e}^{-s}}$ 2. $\dfrac{1-\mathrm{e}^{-(s+1)}}{(s+1)(1-\mathrm{e}^{-2s})}$ 3. $\ln\left(\dfrac{s}{s+9}\right)$

【分析与解答】

1. **解法一** 与通常情况不同,此处 $F(s)$ 的分母不是 s 的多项式,无法用部分分式展开或留数法求。

将 $F(s)$ 分解,看作 s 与 $\dfrac{1}{1-\mathrm{e}^{-s}}$ 的乘积,再应用时域微分性质。

$\dfrac{1}{1-\mathrm{e}^{-s}}$ 可看作首项 1,公比 e^{-s} 的无穷等比级数之和:

$$\frac{1}{1-\mathrm{e}^{-s}}=1+\mathrm{e}^{-s}+\mathrm{e}^{-2s}+\cdots+\mathrm{e}^{-ns}+\cdots$$

$\mathscr{L}^{-1}[1]=\delta(t)$,由时移性 $\mathscr{L}^{-1}[\mathrm{e}^{-s}]=\delta(t-1)$,$\mathscr{L}^{-1}[\mathrm{e}^{-2s}]=\delta(t-2)$,$\cdots$。

$$\mathscr{L}^{-1}\left[\frac{1}{1-\mathrm{e}^{-s}}\right]=\delta(t)+\delta(t-1)+\delta(t-2)+\cdots+\delta(t-n)+\cdots$$

为有始周期冲激信号,有始周期为 1。

由一阶时域微分性质:

$$\frac{\mathrm{d}f(t)}{\mathrm{d}t}\leftrightarrow sF(s)-f(0^-)$$

$$\mathscr{L}^{-1}[sF(s)]=\frac{\mathrm{d}f(t)}{\mathrm{d}t}+f(0^-)$$

$$\mathscr{L}^{-1}\left[\frac{s}{1-\mathrm{e}^{-s}}\right]=[\delta'(t)+\delta(t)\mid_{t=0^-}]+[\delta'(t-1)+\delta(t-1)\mid_{t=0^-}]+\cdots+$$
$$[\delta'(t-n)+\delta(t-n)\mid_{t=0^-}]+\cdots$$

$\delta(t)$ 及其延迟在 $t=0^-$ 处均为 0:

$$\delta(t)\mid_{t=0^-}=\delta(t-1)\mid_{t=0^-}=\cdots=\delta(t-n)\mid_{t=0^-}=\cdots=0$$

因而

$$\mathscr{L}^{-1}\left(\frac{s}{1-e^{-s}}\right)=\delta'(t)+\delta'(t-1)+\cdots+\delta'(t-n)+\cdots=\sum_{n=0}^{\infty}\delta'(t-n)$$

为有始周期单位冲激偶,有始周期为 1。

波形如图 4－10.1。

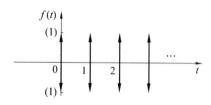

图 4－10.1

解法二　$F(s)$ 看作无穷等比级数之和:首项 s,公比 e^{-s},因而展开为

$$\frac{s}{1-e^{-s}}=s+se^{-s}+se^{-2s}+\cdots+se^{-ns}+\cdots$$

$$\mathscr{L}^{-1}\left[\frac{s}{1-e^{-s}}\right]=\mathscr{L}^{-1}[s]+\mathscr{L}^{-1}[se^{-s}]+\mathscr{L}^{-1}[se^{-2s}]+\cdots+\mathscr{L}^{-1}[se^{-ns}]+\cdots$$

$\mathscr{L}^{-1}[1]=\delta(t)$,由一阶时域微分性质,$\mathscr{L}^{-1}[s]=\delta'(t)$。

根据时移性

$$\mathscr{L}^{-1}\left[\frac{s}{1-e^{-s}}\right]=\delta'(t)+\delta'(t-1)+\delta'(t-2)+\cdots+\delta'(t-n)+\cdots$$

解法三　根据有始周期信号的拉普拉斯变换性质。

若 $f(t)$ 为"周期"为 T 的有始周期信号,设 $(0,T)$ 内的信号为 $f_1(t)$,且 $\mathscr{L}[f_1(t)]=F_1(s)$,则 $\mathscr{L}[f(t)]=\dfrac{F_1(s)}{1-e^{-Ts}}$;即有始周期信号象函数可由其第一个"周期"的象函数得到。

由 $F(s)$ 形式可知其为有始周期信号,且"周期"为 1,第一个"周期"$(0,1)$ 内象函数为 s,因而第一个"周期"的时域信号为 $\mathscr{L}^{-1}[s]=\delta'(t)$。对其进行有始周期延拓:

$$f(t)=\sum_{n=0}^{\infty}\delta'(t-n)=\delta'(t)+\delta'(t-1)+\cdots+\delta'(t-n)+\cdots$$

2. **解法一**　$F(s)$ 表达式复杂,将其分解为

$$F(s)=\frac{1}{(s+1)(1-e^{-2s})}-\frac{e^{-(s+1)}}{(s+1)(1-e^{-2s})}$$

等式右侧第一项的拉普拉斯反变换

$$f_1(t)=\mathscr{L}^{-1}[F_1(s)]=\mathscr{L}^{-1}\left[\frac{1}{(s+1)(1-e^{-2s})}\right]$$

对第二项,根据时移性,其拉普拉斯反变换为

$$f_2(t)=\mathscr{L}^{-1}[F_1(s)e^{-(s+1)}]=e^{-1}f_1(t-1)$$

因而主要是求 $f_1(t)$。

$F_1(s)$ 不是有理分式(分母中存在 $1-e^{-2s}$ 项),无法用部分分式展开或留数法求。但其分母中有因式首项为 1,因而可看作无穷等比级数之和:首项 $\dfrac{1}{s+1}$,公比 e^{-2s},即

$$F_1(s) = \frac{1}{s+1} + \frac{1}{s+1} \cdot e^{-2s} + \frac{1}{s+1} \cdot e^{-4s} + \cdots$$

$\mathscr{L}^{-1}\left(\dfrac{1}{s+1}\right) = e^{-t}u(t)$，由时移性，得

$$f_1(t) = e^{-t}u(t) + e^{-(t-2)}u(t-2) + e^{-(t-4)}u(t-4) + \cdots$$

$$f_2(t) = e^{-t}u(t-1) + e^{-(t-2)}u(t-3) + e^{-(t-4)}u(t-5) + \cdots$$

$$f(t) = f_1(t) - f_2(t) = e^{-t}[u(t) - u(t-1)] + e^{-(t-2)}[u(t-2) - u(t-3)] +$$
$$e^{-(t-4)}[u(t-4) - u(t-5)] + \cdots$$

可见有始"周期"为 2，且各"周期"波形为指数信号。如图 4－10.2。

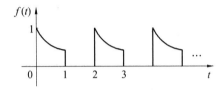

图 4－10.2

解法二 $F(s)$ 看作两个分量的乘积：

$$\frac{1 - e^{-(s+1)}}{(s+1)(1 - e^{-2s})} = \frac{1 - e^{-(s+1)}}{s+1} \cdot \frac{1}{1 - e^{-2s}}$$

由时域卷积定理:信号在变换域(此时是复频域)相乘相当于在时域卷积

$$\mathscr{L}^{-1}\left[\frac{1 - e^{-(s+1)}}{(s+1)(1 - e^{-2s})}\right] = \mathscr{L}^{-1}\left[\frac{1 - e^{-(s+1)}}{s+1}\right] * \mathscr{L}^{-1}\left[\frac{1}{1 - e^{-2s}}\right]$$

通常卷积过程复杂，但此时参与卷积的一个分量($\mathscr{L}^{-1}\left[\dfrac{1}{1 - e^{-2s}}\right]$)由 $\delta(t)$ 及其延时组成，因而容易求解。

首先考虑 $f_1(t) = \mathscr{L}^{-1}\left[\dfrac{1 - e^{-(s+1)}}{s+1}\right]$。与解法一类似，为便于求解，将象函数分解为

$$f_1(t) = \mathscr{L}^{-1}\left[\frac{1}{s+1}\right] - \mathscr{L}^{-1}\left[\frac{e^{-(s+1)}}{s+1}\right]$$

$\mathscr{L}^{-1}\left(\dfrac{1}{s+1}\right) = e^{-t}u(t)$，由线性及时移性

$$\mathscr{L}^{-1}\left[\frac{e^{-(s+1)}}{s+1}\right] = e^{-1} \cdot \mathscr{L}^{-1}\left[\frac{e^{-s}}{s+1}\right] = e^{-1} \cdot e^{-(t-1)}u(t-1) = e^{-t}u(t-1)$$

$$f_1(t) = e^{-t}[u(t) - u(t-1)]$$

下面考虑 $\mathscr{L}^{-1}\left[\dfrac{1}{1 - e^{-2s}}\right]$，其象函数展开为无穷等比级数之和

$$\mathscr{L}^{-1}\left[\frac{1}{1 - e^{-2s}}\right] = \mathscr{L}^{-1}[1 + e^{-2s} + e^{-4s} + \cdots] = \mathscr{L}^{-1}[1] + \mathscr{L}^{-1}[e^{-2s}] + \mathscr{L}^{-1}[e^{-4s}] + \cdots$$

由时移性

$$\mathscr{L}^{-1}\left[\frac{1}{1 - e^{-2s}}\right] = \delta(t) + \delta(t-2) + \delta(t-4) + \cdots$$

为有始周期单位冲激信号。

由卷积定理

$$\mathscr{L}^{-1}\left[\frac{1-\mathrm{e}^{-(s+1)}}{(s+1)\,(1-\mathrm{e}^{-2s})}\right]=f_1(t)*\left[\delta(t)+\delta(t-2)+\delta(t-4)+\cdots\right]$$

信号与冲激信号卷积即是将信号平移,平移值即为冲激作用时刻:

$$f(t)*\delta(t-t_0)=f(t-t_0)$$

$$\mathscr{L}^{-1}\left[\frac{1-\mathrm{e}^{-(s+1)}}{(s+1)\,(1-\mathrm{e}^{-2s})}\right]=f_1(t)+f_1(t-2)+f_1(t-4)+\cdots=$$

$$\mathrm{e}^{-t}\left[u(t)-u(t-1)\right]+\mathrm{e}^{-(t-2)}\left[u(t-2)-u(t-3)\right]+$$

$$\mathrm{e}^{-(t-4)}\left[u(t-4)-u(t-5)\right]+\cdots$$

3. 直接求 $\mathscr{L}^{-1}\left[\ln\left(\dfrac{s}{s+9}\right)\right]$ 较困难,为此写作

$$\ln\left(\frac{s}{s+9}\right)=\ln s-\ln(s+9)$$

由 $(\ln s)'=\dfrac{1}{s}$ 及 $[\ln(s+9)]'=\dfrac{1}{s+9}$,得 $\ln s=\displaystyle\int\frac{1}{s_1}\mathrm{d}s_1$ 及 $\ln(s+9)=\displaystyle\int\frac{1}{s_1+9}\mathrm{d}s_1$;

$$\ln\left(\frac{s}{s+9}\right)=\int\frac{1}{s_1}\mathrm{d}s_1-\int\frac{1}{s_1+9}\mathrm{d}s_1=\int_s^\infty\frac{1}{s_1+9}\mathrm{d}s_1-\int_s^\infty\frac{1}{s_1}\mathrm{d}s_1$$

$$\mathscr{L}^{-1}\left[\ln\left(\frac{s}{s+9}\right)\right]=\mathscr{L}^{-1}\left[\int_s^\infty\frac{1}{s_1+9}\mathrm{d}s_1\right]-\mathscr{L}^{-1}\left[\int_s^\infty\frac{1}{s_1}\mathrm{d}s_1\right]$$

由 $\mathscr{L}^{-1}\left[\dfrac{1}{s+9}\right]=\mathrm{e}^{-9t}u(t)$,$\mathscr{L}^{-1}\left[\dfrac{1}{s}\right]=u(t)$,由 s 域积分性质得

$$\begin{cases}\mathscr{L}^{-1}\left[\displaystyle\int_s^\infty\frac{1}{s_1+9}\mathrm{d}s_1\right]=\frac{\mathrm{e}^{-9t}}{t}u(t)\\[3mm]\mathscr{L}^{-1}\left[\displaystyle\int_s^\infty\frac{1}{s_1}\mathrm{d}s_1\right]=\frac{1}{t}u(t)\end{cases}$$

$$\mathscr{L}^{-1}\left[\ln\left(\frac{s}{s+9}\right)\right]=\frac{\mathrm{e}^{-9t}-1}{t}u(t)$$

4－11　求下列象函数的拉普拉斯反变换:

1. $F_1(s)=\dfrac{2s\mathrm{e}^{-s}}{(s+1)^2+100}$　2. $F_2(s)=\dfrac{1}{s^2\,(s+1)^3}$　3. $F_3(s)=\dfrac{4s^2+17s+16}{(s+2)^2(s+3)}$

【分析与解答】

1. $F_1(s)$ 分解为两个分量的乘积:

$$F_1(s)=F_1'(s)\cdot\mathrm{e}^{-s}$$

其中　　　　　　　　　　　　　$$F_1'(s)=\frac{2s}{(s+1)^2+100}$$

$F_1'(s)$ 分母为完全平方,与幅度受指数信号调制的单边正弦或余弦的象函数

$$\begin{cases}\mathscr{L}\left[\mathrm{e}^{-\alpha t}\sin\omega_0 t u(t)\right]=\dfrac{\omega_0}{(s+\alpha)^2+\omega_0^2}\\[3mm]\mathscr{L}\left[\mathrm{e}^{-\alpha t}\cos\omega_0 t u(t)\right]=\dfrac{s+\alpha}{(s+\alpha)^2+\omega_0^2}\end{cases}$$

形式类似。

$F_1'(s)$ 可表示为这两种象函数的组合形式,且 $\alpha=1,\omega_0=10$:

$$F_1'(s) = 2 \cdot \frac{s+1}{(s+1)^2 + 10^2} - \frac{1}{5} \cdot \frac{10}{(s+1)^2 + 10^2}$$

$$f_1'(t) = e^{-t}\left(2\cos 10t - \frac{1}{5}\sin 10t\right)u(t)$$

可合并为单一的正弦或余弦分量,但幅度及初始相位将发生变化。

如写为余弦形式 $f_1'(t) = Ae^{-t}\cos(10t + \varphi)u(t)$,幅度 A 及初始相位 φ 根据

$$\begin{cases} A\cos\varphi = 2 \\ A\sin\varphi = \dfrac{1}{5} \end{cases}$$

求出。

由时移性

$$\mathcal{L}^{-1}[F_1(s)] = f_1'(t-1) = e^{-(t-1)}\left[2\cos 10(t-1) - \frac{1}{5}\sin 10(t-1)\right]u(t-1)$$

2.$F_2(s)$ 有重级点:$s = 0$ 为二重极点,$s = -1$ 为三重极点。

$$F_2(s) = \frac{k_{11}}{s^2} + \frac{k_{12}}{s} + \frac{k_{21}}{(s+1)^3} + \frac{k_{22}}{(s+1)^2} + \frac{k_{23}}{s+1}$$

由 K 重根 P_i 的部分分式系数

$$k_{ik} = \frac{1}{(k-1)!} \cdot \frac{d^{k-1}\left[(s - P_i)^K F(s)\right]}{ds^{k-1}}\bigg|_{s=P_i} \qquad (1 \leqslant k \leqslant K)$$

得

$$\begin{cases} k_{11} = \left[s^2 \cdot \dfrac{1}{s^2(s+1)^3}\right]\bigg|_{s=0} = 1 \\[2ex] k_{12} = \dfrac{1}{(2-1)!} \cdot \dfrac{d}{ds}\left[s^2 \cdot \dfrac{1}{s^2(s+1)^3}\right]\bigg|_{s=0} = \dfrac{d}{ds}\left[\dfrac{1}{(s+1)^3}\right]\bigg|_{s=0} = -3 \\[2ex] k_{21} = \left[(s+1)^3 \cdot \dfrac{1}{s^2(s+1)^3}\right]\bigg|_{s=-1} = \dfrac{1}{s^2}\bigg|_{s=-1} = 1 \\[2ex] k_{22} = \dfrac{d}{ds}\left[(s+1)^3 \cdot \dfrac{1}{s^2(s+1)^3}\right]\bigg|_{s=-1} = \dfrac{d\left(\frac{1}{s^2}\right)}{ds}\bigg|_{s=-1} = 2 \\[2ex] k_{23} = \dfrac{1}{2!} \cdot \dfrac{d^2}{ds^2}\left[(s+1)^3 \cdot \dfrac{1}{s^2(s+1)^3}\right]\bigg|_{s=-1} = \dfrac{1}{2} \cdot \dfrac{d^2\left(\frac{1}{s^2}\right)}{ds^2}\bigg|_{s=-1} = 3 \end{cases}$$

则

$$F_2(s) = \frac{1}{s^2} - \frac{3}{s} + \frac{1}{(s+1)^3} + \frac{2}{(s+1)^2} + \frac{3}{s+1}$$

$\mathcal{L}^{-1}\left[\dfrac{1}{s}\right] = u(t)$,$\dfrac{1}{s^2} = \dfrac{1}{s} \cdot \dfrac{1}{s}$,由时域积分性质:复频域除以 s 相当于时域积分:

$$\mathcal{L}^{-1}\left[\frac{1}{s^2}\right] = \int_{0^-}^{t} u(\tau)d\tau = tu(t)$$

即单位斜坡函数。

或由幂函数象函数:

$$\mathcal{L}[t^n u(t)] = \frac{n!}{s^{n+1}}$$

$$n = 1 \qquad\qquad \mathscr{L}[tu(t)] = \frac{1}{s^2}$$

对 $\mathscr{L}^{-1}\left[\dfrac{1}{(s+1)^3}\right]$，可先求 $\mathscr{L}^{-1}\left[\dfrac{1}{s^3}\right]$。因 $\dfrac{1}{s^3} = \dfrac{1}{s^2} \cdot \dfrac{1}{s}$，则

$$\mathscr{L}^{-1}\left[\frac{1}{s^3}\right] = \int_{0^-}^{t} \tau u(\tau)\,\mathrm{d}\tau = \frac{1}{2}t^2 u(t)$$

由 s 域平移性质

$$\mathscr{L}^{-1}\left[\frac{1}{(s+1)^3}\right] = \frac{1}{2}t^2\,\mathrm{e}^{-t}u(t)$$

$$\mathscr{L}^{-1}\left[\frac{2}{(s+1)^2}\right] = 2t\mathrm{e}^{-t}u(t)$$

则

$$\mathscr{L}^{-1}[F_2(s)] = \left(t - 3 + \frac{1}{2}t^2\mathrm{e}^{-t} + 2t\mathrm{e}^{-t} + 3\mathrm{e}^{-t}\right)u(t)$$

3. $F_3(s)$ 包含重极点，用留数法较方便

$$f_3(t) = \mathscr{L}^{-1}\left[\frac{4s^2 + 17s + 16}{(s+2)^2(s+3)}\right] = \mathrm{Res}[F_3(s)\mathrm{e}^{st}, -2] + \mathrm{Res}[F_3(s)\mathrm{e}^{st}, -3]$$

$$\mathrm{Res}[F_3(s)\mathrm{e}^{st}, -2] = \frac{\mathrm{d}}{\mathrm{d}s}\left[(s+2)^2 \cdot \frac{4s^2 + 17s + 16}{(s+2)^2(s+3)}\mathrm{e}^{st}\right]\bigg|_{s=-2} = (3\mathrm{e}^{-2t} - 2t\mathrm{e}^{-2t})u(t)$$

$$\mathrm{Res}[F_3(s)\mathrm{e}^{st}, -3] = \left[(s+3) \cdot \frac{4s^2 + 17s + 16}{(s+2)^2(s+3)}\mathrm{e}^{3t}\right]\bigg|_{s=-3} = \mathrm{e}^{-3t}u(t)$$

$$f_3(t) = (3\mathrm{e}^{-2t} - 2t\mathrm{e}^{-2t} + \mathrm{e}^{-3t})u(t)$$

4－12　求 $F(s) = \dfrac{1}{s} + \dfrac{1}{s+1}$ 拉普拉斯反变换的初值与终值。

【分析与解答】

$$F(s) = \frac{2s+1}{s(s+1)}$$

$$f(0^+) = \lim_{s\to\infty}sF(s) = \lim_{s\to\infty}\frac{2s+1}{s+1} = \lim_{s\to\infty}\left(\frac{2 + \dfrac{1}{s}}{1 + \dfrac{1}{s}}\right) = 2$$

$F(s)$ 极点位于 s 平面左半平面及原点（单极点），满足终值定理使用条件。

$$f(\infty) = \lim_{s\to0}sF(s) = \lim_{s\to0}\frac{2s+1}{s+1} = 1$$

另一种方法是先求信号时域形式 $f(t) = \mathscr{L}^{-1}[F(s)]$，再确定 $f(0^+) = \lim\limits_{t\to0}f(t)$ 及 $f(\infty) = \lim\limits_{t\to\infty}f(t)$。

4－13　求图 4－13.1 电路的系统函数 $H(s) = \dfrac{V_2(s)}{V_1(s)}$。

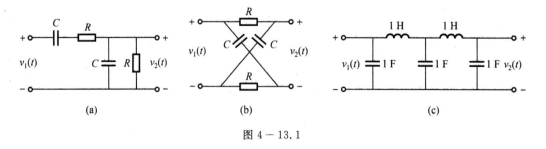

图 4 - 13.1

【分析与解答】

（a）有两个储能元件（电容），为二阶系统。电路结构较简单，输出与输入间是分压关系，输出端是 RC 并联，则

$$H(s) = \frac{V_2(s)}{V_1(s)} = \frac{\dfrac{R \cdot \dfrac{1}{sC}}{R + \dfrac{1}{sC}}}{\dfrac{1}{sC} + R + \dfrac{R \cdot \dfrac{1}{sC}}{R + \dfrac{1}{sC}}} = \frac{1}{RC} \cdot \frac{s}{s^2 + \dfrac{3}{RC}s + \dfrac{1}{R^2 C^2}}$$

极点个数与系统阶数相同。

（b）电路结构复杂，难以直接确定 $V_2(s)$ 与 $V_1(s)$ 关系。考察电路中 4 个节点，分别设为 a, b, c, d；如图 4 - 13.2。

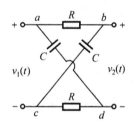

图 4 - 13.2

解法一 为将 $V_2(s)$ 用 $V_1(s)$ 表示，输出端电压看作 ad 间电容电压与 ab 间电阻电压之差，为求 $H(s)$ 上述两个电压应用 $V_1(s)$ 表示。

对 ad 间电压，考察 adc 回路，由分压关系

$$V_{ad}(s) = \frac{\dfrac{1}{sC}}{R + \dfrac{1}{sC}} V_1(s)$$

对 ab 间电压，考察 abc 回路。由分压关系

$$V_{ab}(s) = \frac{R}{R + \dfrac{1}{sC}} V_1(s)$$

$$V_2(s) = V_{ad}(s) - V_{ab}(s) = \frac{\dfrac{1}{sC}}{R + \dfrac{1}{sC}} V_1(s) - \frac{R}{R + \dfrac{1}{sC}} V_1(s) = -\frac{s - \dfrac{1}{RC}}{s + \dfrac{1}{RC}} V_1(s)$$

$$H(s) = \frac{V_2(s)}{V_1(s)} = -\frac{s - \dfrac{1}{RC}}{s + \dfrac{1}{RC}}$$

解法二　　输出电压看作 bc 电压与 cd 电压之差。

abc 回路，由分压关系

$$V_{bc}(s) = \frac{\dfrac{1}{sC}}{R + \dfrac{1}{sC}} V_1(s)$$

adc 回路，由分压关系

$$V_{dc}(s) = \frac{R}{R + \dfrac{1}{sC}} V_1(s)$$

$$V_2(s) = V_{bc}(s) - V_{dc}(s)$$

$$H(s) = \frac{V_2(s)}{V_1(s)} = -\frac{s - \dfrac{1}{RC}}{s + \dfrac{1}{RC}}$$

（c）**解法一**　　电路结构复杂。为直观表示 $V_2(s)$ 与 $V_1(s)$ 的关系，用图 4—13.3 等效表示，可见输出与输入的分压关系。

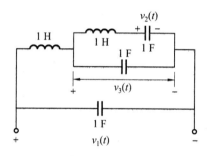

图 4—13.3

为求解方便，将响应对激励的分压分为两级：$v_3(t)$ 对 $v_1(t)$ 的分压，及 $v_2(t)$ 对 $v_3(t)$ 的分压：

$$H(s) = \frac{V_3(s)}{V_1(s)} \cdot \frac{V_2(s)}{V_3(s)}$$

其中

$$\begin{cases} \dfrac{V_3(s)}{V_1(s)} = \dfrac{\dfrac{\left(\dfrac{1}{s}+s\right)\cdot\dfrac{1}{s}}{\left(\dfrac{1}{s}+s\right)+\dfrac{1}{s}}}{\dfrac{\left(\dfrac{1}{s}+s\right)\cdot\dfrac{1}{s}}{\left(\dfrac{1}{s}+s\right)+\dfrac{1}{s}}+s} = \dfrac{s^2+1}{s^4+3s^2+1} \\[4mm] \dfrac{V_2(s)}{V_3(s)} = \dfrac{\dfrac{1}{s}}{s+\dfrac{1}{s}} = \dfrac{1}{s^2+1} \end{cases}$$

则

$$H(s) = \frac{1}{s^4+3s^2+1}$$

解法二　输入信号通过多个并联支路的作用得到响应,可通过并联支路的电流关系建立激励与响应的联系。并联支路电流有 4 个,均设为中间变量,如图 4—13.4。

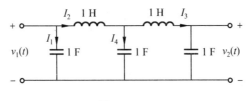

图 4—13.4

激励与响应均为电压,在时域上表示为流过其电流的积分,在 s 域上表示为电流的象函数与 $\dfrac{1}{s}$ 之积(即乘以电容复阻抗)

$$\begin{cases} V_1(s) = I_1(s) \cdot \dfrac{1}{s} \\[3mm] V_2(s) = I_3(s) \cdot \dfrac{1}{s} \end{cases}$$

$$H(s) = \frac{V_2(s)}{V_1(s)} = \frac{I_3(s)}{I_1(s)}$$

为得到 $I_3(s)$ 与 $I_1(s)$ 的关系,列两个回路电压方程及一个节点电流方程,

$$\begin{cases} I_1(s)\left(s+\dfrac{1}{s}\right) = I_4(s) \cdot \dfrac{1}{s} \\[3mm] I_2(s) = I_3(s) + I_4(s) \\[3mm] I_2(s) \cdot s + I_4(s) \cdot \dfrac{1}{s} = I_1(s) \cdot \dfrac{1}{s} \end{cases}$$

解得

$$\frac{I_3(s)}{I_1(s)} = \frac{1}{s^4+3s^2+1}$$

4—14　系统函数极、零分布如图 4—14,且 $H(\infty)=5$,试求 $H(s)$。

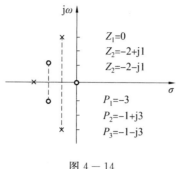

图 4—14

【分析与解答】

$$H(s) = H_0 \cdot \frac{(s-z_1)(s-z_2)(s-z_3)}{(s-p_1)(s-p_2)(s-p_3)} = H_0 \cdot \frac{s^3 + 4s^2 + 5s}{s^3 + 5s^2 + 16s + 30}$$

已知条件 $H(\infty)$ 用于确定 H_0，因为极、零点分布不包含系统增益的信息。为对 $H(s)$ 求极限，表示为

$$H(s) = H_0 \cdot \frac{1 + \dfrac{4}{s} + \dfrac{5}{s^2}}{1 + \dfrac{5}{s} + \dfrac{16}{s^2} + \dfrac{30}{s^3}}$$

$$\lim_{s \to \infty} H(s) = H_0$$

从而

$$H_0 = 5$$

4—15　系统极、零图如图 4—15.1。试构造具有相应极、零图性能的电路。

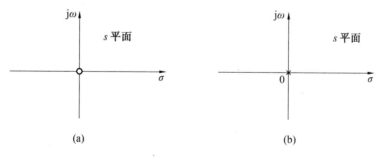

图 4—15.1

【分析与解答】

(a) $H(s) = s$，系统为微分器，因为 $h(t) = \mathscr{L}^{-1}[s] = \delta'(t)$。

图 4—15.2 电路为两种具体的微分器形式。图 4—15.2(a) 中，电感电压与电流的象函数之比，即 s 域复阻抗为

$$H(s) = \frac{V_0(s)}{I_s(s)} = Z_L(s) = sL = s$$

图 4－15.2(b) 中,电容的电流与电压象函数之比,即 s 域复阻抗的倒数为

$$H(s) = \frac{I_0(s)}{E_s(s)} = \frac{1}{Z_C(s)} = sC = s$$

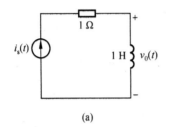 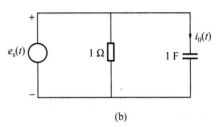

(a)　　　　　　　　　　　　　　　(b)

图 4－15.2

(b) $H(s) = \dfrac{1}{s}$,为积分器。

图 4－15.3 为两种具体的积分器形式。

图 4－15.3(a) 中

$$V_0(s) = I_s(s)Z_C(s)$$

则

$$H(s) = \frac{V_0(s)}{I_s(s)} = Z_C(s) = \frac{1}{s}$$

图 4－15.3(b) 中, $E_s(s) = I_0(s)Z_L(s)$,则

$$H(s) = \frac{I_0(s)}{E_s(s)} = \frac{1}{Z_L(s)} = \frac{1}{s}$$

可见电容或电感可与电阻构成微分或积分器。

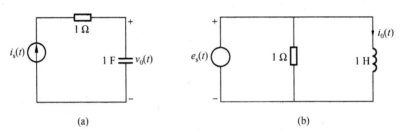

(a)　　　　　　　　　　　　　　　(b)

4－15.3

4－16 某系统的系统函数极点 $p_1 = -3$,零点 $z_1 = -a$,且 $H(\infty) = 1$.其单位阶跃响应包含 Ke^{-3t}. 试求: a 从 0 变到 5 时, K 值变化范围。

【分析与解答】

由极零分布可见系统为一阶的且稳定。可由系统函数求 $h(t)$,再求 $g(t)$。

$$H(s) = H_0 \frac{s+a}{s+3} \tag{4－16}$$

与例 4－14 类似, $H(\infty)$ 用于确定增益。如直接利用式(4－16)

$$H(\infty) = \lim_{s \to \infty} H(s) = H_0 \frac{\infty + a}{\infty + 3}$$

为 $\dfrac{\infty}{\infty}$ 型不定式。

因而需将 $H(s)$ 变化形式

$$H(s) = H_0 \frac{1 + \dfrac{a}{s}}{1 + \dfrac{3}{s}}$$

则

$$H(\infty) = H_0 = 1$$

$$H(s) = 1 + \frac{a - 3}{s + 3}$$

$$h(t) = \delta(t) + (a - 3)\,\mathrm{e}^{-3t} u(t)$$

$g(t)$ 为 $h(t)$ 的积分

$$g(t) = \int_{0^-}^{t} \left[\delta(\tau) + (a - 3)\,\mathrm{e}^{-3\tau} u(\tau)\right] \mathrm{d}\tau = u(t) + (a - 3)\left(-\frac{1}{3}\mathrm{e}^{-3\tau}\right)\bigg|_{0^-}^{t} =$$

$$\frac{a}{3} u(t) + \left(1 - \frac{a}{3}\right)\mathrm{e}^{-3t} u(t)$$

$$K = 1 - \frac{a}{3}$$

a 从 0 变化到 5 时，K 从 1 变化到 $-\dfrac{2}{3}$。

或用 s 域法。$g(t)$ 为激励 $u(t)$ 得到的零状态响应

$$g(t) = u(t) * h(t)$$

象函数

$$G(s) = \frac{1}{s} \cdot H(s)$$

由

$$g(t) = \mathcal{L}^{-1}\left[\frac{H(s)}{s}\right]$$

可得到相同结果。

4 − 17　系统结构如图 $4 - 17$，其中 $G(s) = \dfrac{1}{s^2 + 3s + 2}$。

1. K 满足何种条件，系统稳定？

2. 试求 $K = -1$ 时，系统单位冲激响应。

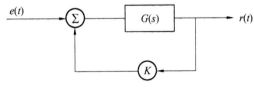

图 $4 - 17$

【分析与解答】

1. $G(s)$ 是系统的一个分系统。在 s 域,列出加法器输入－输出关系

$$[E(s)+KR(s)]G(s)=R(s)$$

$$H(s)=\frac{R(s)}{E(s)}=\frac{G(s)}{1-KG(s)}=\frac{1}{s^2+3s+2-K}$$

极点

$$P_{1,2}=-\frac{3}{2}\pm\frac{\sqrt{1+4K}}{2}$$

系统稳定的条件是系统函数所有极点位于 s 平面左半平面(s 域条件),或 $h(t)$ 绝对可积 $\int_{0^-}^{\infty}|h(t)|\mathrm{d}t<\infty$(时域条件);而时域与 s 域条件是等效的。

若系统稳定,应有

$$\begin{cases}-\frac{3}{2}+\frac{\sqrt{1+4K}}{2}<0\\-\frac{3}{2}-\frac{\sqrt{1+4K}}{2}<0\end{cases}$$

即

$$-\frac{1}{4}<K<2$$

2. $K=-1$ 时

$$H(s)=\frac{1}{s^2+3s+3}=\frac{2}{\sqrt{3}}\cdot\frac{\frac{\sqrt{3}}{2}}{\left(s+\frac{3}{2}\right)^2+\left(\frac{\sqrt{3}}{2}\right)^2}$$

$$h(t)=\frac{2}{\sqrt{3}}\mathrm{e}^{-\frac{3}{2}t}\sin\frac{\sqrt{3}}{2}tu(t)$$

4－18 系统极、零分布如图 4－18,试确定其滤波特性。

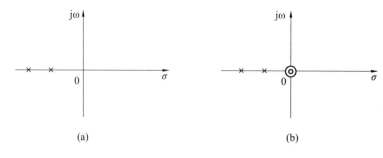

图 4－18

【分析与解答】

系统滤波特性由其幅频特性决定。

（a）由极、零图可见有两个一阶极点，没有零点。极点均位于左半平面，系统稳定。由极、零图无法确定 H_0，但 H_0 不影响系统滤波特性。

$$H(s) = H_0 \cdot \frac{1}{(s + p_1)(s + p_2)}$$

$$H(\omega) = H(s)\,\big|_{s = j\omega} = H_0 \cdot \frac{1}{(j\omega + p_1)(j\omega + p_2)}$$

$$|H(\omega)| = H_0 \cdot \frac{1}{\sqrt{(\omega^2 + p_1^2)(\omega^2 + p_2^2)}}$$

应确定特殊频率，即最小与最大频率处的 $|H(\omega)|$。

$$\begin{cases} \omega = 0, & |H(\omega)| = \dfrac{H_0}{|p_1 p_2|} \\[2mm] \omega \to \infty, & |H(\omega)| \to 0 \end{cases}$$

由 $|H(\omega)|$ 表达式知，其随 ω 增大而单调减小，因而为低通滤波器。

（b）与图（a）相比，原点处增加了一个二阶零点

$$H(s) = H_0 \cdot \frac{s^2}{(s + p_1)(s + p_2)}$$

$$H(\omega) = H(s)\,\big|_{s = j\omega} = H_0 \cdot \frac{-\omega^2}{(j\omega + p_1)(j\omega + p_2)}$$

$$|H(\omega)| = H_0 \cdot \frac{\omega^2}{\sqrt{(\omega^2 + p_1^2)(\omega^2 + p_2^2)}} = H_0 \cdot \frac{1}{\sqrt{\left[1 + \left(\dfrac{p_1}{\omega}\right)^2\right]\left[1 + \left(\dfrac{p_2}{\omega}\right)^2\right]}}$$

$$\begin{cases} \omega = 0, & |H(\omega)| = 0 \\[2mm] \omega \to \infty, & |H(\omega)| = H_0 \end{cases}$$

由 $|H(\omega)|$ 表达式知，ω 增大时其单调增加，因而为高通滤波器。

4－19　图 4－19.1 所示电路中，

1. 若 $v_1(t)$ 为 $u(t)$，求 $v_2(t)$。

2. $R_1 C_1 = R_2 C_2$ 时，画出 $v_2(t)$ 波形。

3. 试确定 $R_1 C_1 > R_2 C_2$、$R_1 C_1 < R_2 C_2$ 及 $R_1 C_1 = R_2 C_2$ 这 3 种不同电路参数情况下，系统幅频特性的差异。

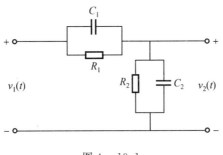

图 4－19.1

【分析与解答】

1.

$$H(s) = \frac{V_2(s)}{V_1(s)} = \frac{\dfrac{\dfrac{1}{sC_2} \cdot R_2}{\dfrac{1}{sC_2} + R_2}}{\dfrac{\dfrac{1}{sC_2} \cdot R_2}{\dfrac{1}{sC_2} + R_2} + \dfrac{\dfrac{1}{sC_1} \cdot R_1}{\dfrac{1}{sC_1} + R_1}} = \frac{C_1}{C_1 + C_2} \cdot \frac{s + \dfrac{1}{R_1 C_1}}{s + \dfrac{R_1 + R_2}{R_1 R_2 (C_1 + C_2)}}$$

$$V_1(s) = \frac{1}{s}$$

$$V_2(s) = V_1(s) H(s) = \frac{C_1}{C_1 + C_2} \cdot \frac{s + \dfrac{1}{R_1 C_1}}{s \left(s + \dfrac{R_1 + R_2}{R_1 R_2 (C_1 + C_2)} \right)} = \frac{K_1}{s} + \frac{K_2}{s + \alpha}$$

为表示方便，引入符号 $\alpha = \dfrac{R_1 + R_2}{R_1 R_2 (C_1 + C_2)}$。求出系数

$$\begin{cases} K_1 = \dfrac{R_1}{R_1 + R_2} \\ K_2 = \dfrac{R_1 C_1 - R_2 C_2}{(R_1 + R_2)(C_1 + C_2)} \end{cases}$$

则

$$v_2(t) = K_1 u(t) + K_2 e^{-\alpha t} u(t)$$

2. $e^{-\alpha t} > 0$；因电阻与电容均为正数，$\alpha > 0$，则 $e^{-\alpha t}$ 为衰减信号。

$R_1 C_1 > R_2 C_2$ 时 $K_2 > 0$，$K_2 e^{-\alpha t} > 0$ 且衰减，$v_2(t)$ 为衰减信号。

$$v_2(0) = \frac{R_2}{R_1 + R_2} + \frac{R_1 C_1 - R_2 C_2}{(C_1 + C_2)(R_1 + R_2)} = \frac{C_1}{C_1 + C_2}$$

$$\lim_{t \to \infty} v_2(t) = \frac{R_2}{R_1 + R_2}$$

波形如图 4－19.2(a)。

$R_1 C_1 = R_2 C_2$ 时，$K_2 = 0$，$v_2(t) = \dfrac{R_2}{R_1 + R_2} u(t)$。

波形如图 4－19.2(b)。

$R_1 C_1 < R_2 C_2$ 时，$K_2 < 0$，$K_2 e^{-\alpha t} < 0$ 且为递增信号。

而 $v_2(0)$ 及 $\lim\limits_{t \to \infty} v_2(t)$ 与 $R_1 C_1 > R_2 C_2$ 的情况相同（因为 $v_2(t)$ 表达式不变）。波形如图 4－19.2(c)。

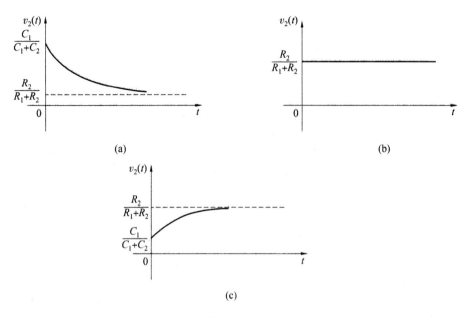

图 4 — 19.2

3. 解法一　解析法。

$H(s)$ 表示为

$$H(s) = H_0 \frac{s - Z_1}{s - P_1}$$

其中

$$\begin{cases} H_0 = \dfrac{C_1}{C_1 + C_2} \\[3mm] Z_1 = -\dfrac{1}{R_1 C_1} \\[3mm] P_1 = -\dfrac{R_1 + R_2}{R_1 R_2 (C_1 + C_2)} \end{cases}$$

$$H(\omega) = H_0 \frac{\mathrm{j}\omega - Z_1}{\mathrm{j}\omega - P_1}$$

$$|H(\omega)| = H_0 \frac{\sqrt{\omega^2 + Z_1^2}}{\sqrt{\omega^2 + P_1^2}}$$

分子分母均随 ω 增大, 难以确定 $|H(\omega)|$ 随 ω 的变化关系。为此将分子表示为常数, 则

$$|H(\omega)| = H_0 \frac{1}{\sqrt{\dfrac{\omega^2 + P_1^2}{\omega^2 + Z_1^2}}} = H_0 \frac{1}{\sqrt{1 + \dfrac{P_1^2 - Z_1^2}{\omega^2 + Z_1^2}}}$$

$R_1 C_1 = R_2 C_2$ 时

$$P_1 = -\frac{R_1 + R_2}{R_1 R_2 (C_1 + C_2)} = -\frac{R_1 + R_2}{R_1 C_1 (R_1 + R_2)} = -\frac{1}{R_1 C_1}$$

此时　　　　　　　　　　　　　　$P_1 = Z_1$

零、极点约掉　　　　　　　　　　$|H(\omega)| = H_0$

系统没有滤波作用, 为衰减器（分压作用）。幅频特性如图 4 — 19.3(a)。

$R_1C_1 > R_2C_2$ 时

$$R_1R_2C_1 + R_1R_2C_2 < R_1C_1(R_1 + R_2)$$

$$\frac{R_1 + R_2}{R_1R_2(C_1 + C_2)} > \frac{R_1 + R_2}{R_1C_1(R_1 + R_2)} = \frac{1}{R_1C_1}$$

$$-\frac{R_1 + R_2}{R_1R_2(C_1 + C_2)} < -\frac{1}{R_1C_1}$$

即

$$P_1 < Z_1$$

P_1，Z_1 均为负，则 $P_1^2 - Z_1^2 > 0$；即 ω 增大时，$\dfrac{P_1^2 - Z_1^2}{\omega^2 + Z_1^2}$ 单调减小，$|H(\omega)|$ 单调递增。

且

$$|H(0)| = H_0\left|\frac{Z_1}{P_1}\right|, \quad \lim_{\omega \to \infty}|H(\omega)| = H_0$$

幅频特性如图 $4-19.3(b)$。

反之，$R_1C_1 < R_2C_2$ 时

$$R_1R_2C_1 + R_1R_2C_2 > R_1C_1(R_1 + R_2)$$

$$P_1 > Z_1$$

即 $P_1^2 - Z_1^2 < 0$。ω 增大时，$\dfrac{1}{\omega^2 + Z_1^2}$ 减小，$\dfrac{P_1^2 - Z_1^2}{\omega^2 + Z_1^2}$ 增大，$|H(\omega)|$ 单调递减；幅频特性如图 $4-19.3(c)$。

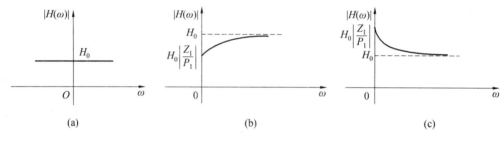

图 $4-19.3$

解法二 几何法。

(1) $R_1C_1 > R_2C_2$ 时，$P_1 < Z_1$，极点位于零点左侧，如图 $4-19.4(a)$。

$$H(\omega) = H_0\frac{j\omega - Z_1}{j\omega - P_1} = H_0\frac{B_1}{A_1}e^{j(\beta_1 - \alpha_1)}$$

$$|H(\omega)| = H_0\frac{B_1}{A_1}$$

由图 $4-19.4(a)$，不论 ω 为何值，$B_1 < A_1$。

$$\begin{cases} \omega = 0 \text{ 时}，B_1 = Z_1，A_1 = P_1，|H(\omega)| = H_0\left|\dfrac{Z_1}{P_1}\right| < H_0; \\[2mm] \omega \text{ 增大时}，\dfrac{B_1}{A_1} \text{ 单调递增}; \\[2mm] \omega \to \infty \text{ 时}，B_1 \to A_1，|H(\omega)| \to H_0 。 \end{cases}$$

画出幅频特性曲线与图 $4-19.3(b)$ 类似。

(2) $R_1C_1 < R_2C_2$ 时，$Z_1 < P_1$，极点位于零点右侧，如图 $4-19.4(b)$。不论 ω 为何值，$B_1 > A_1$。

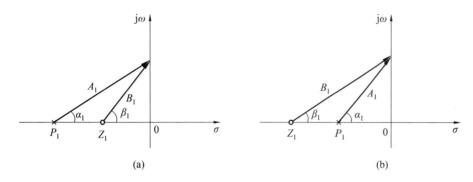

$$图 4-19.4$$

$$\begin{cases} \omega = 0, |H(\omega)| = H_0 \left| \dfrac{Z_1}{P_1} \right| > H_0; \\[2mm] \omega \text{ 增大时,} \dfrac{B_1}{A_1} \text{ 单调减小;} \\[2mm] \omega \to \infty, B_1 \to A_1, |H(\omega)| \to H_0. \end{cases}$$

画出幅频特性曲线与图 $4-19.3(c)$ 类似。

(3)$R_1 C_1 = R_2 C_2$ 时,Z_1 与 P_1 重合。ω 为任意值时,$B_1 = A_1$,即 $|H(\omega)| = H_0$。幅频特性曲线与图 $4-19.3(a)$ 类似。

4－20 某系统的系统函数 $H(s) = \dfrac{s}{s^2 + 10s + 100}$,试确定其滤波特性。

【分析与解答】

系统滤波特性由幅频特性决定。

$$H(\omega) = H(s) \big|_{s=j\omega} = \frac{j\omega}{-\omega^2 + 10j\omega + 100}$$

$$|H(\omega)| = \frac{\omega}{\sqrt{(100 - \omega^2)^2 + (10\omega)^2}}$$

ω 增大时,$|H(\omega)|$ 分子分母均增加,无法确定其随 ω 的变化趋势。

为此应确定一些特殊频率,至少是 $\omega = 0$ 及 $\omega \to \infty$ 时的 $|H(\omega)|$。

$\omega = 0$ 时,$|H(\omega)| = 0$;

$\omega \to \infty$ 时,分子分母均 $\to \infty$,难以确定 $|H(\omega)|$ 值;因而将 $|H(\omega)|$ 表达式变换形式,使分子为常数。

$$|H(\omega)| = \frac{1}{\sqrt{\omega^2 - 100 + \dfrac{10^4}{\omega^2}}}$$

则

$$|H(\omega)| \big|_{\omega \to \infty} = 0$$

两个极限频率处 $|H(\omega)|$ 均为 0,无法判断其随 ω 的变化关系,但可初步判断为带通滤波器;为此需考虑其他频率的 $|H(\omega)|$。

如 $\omega = 10$ 时,$|H(\omega)|$ 中分母第 1 项为 0,为特殊频率;此时 $|H(\omega)| = \dfrac{1}{10}$,为极大值。

$|H(\omega)|$ 曲线如图 $4-20$,可见为带通滤波器,中心角频率 $\omega_0 = 10$。

$|H(\omega)|$ 曲线可由计算机画出。

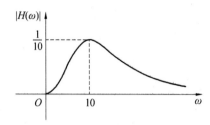

图 4 — 20

4 — 21 试确定图 4 — 21.1 电路的频率特性。

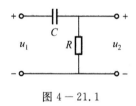

图 4 — 21.1

【分析与解答】

$$H(s) = \frac{U_2(s)}{U_1(s)} = \frac{R}{R + \dfrac{1}{sC}} = \frac{s}{s + \dfrac{1}{RC}}$$

解法一　解析法

$$H(\omega) = H(s)\mid_{s=j\omega} = \frac{j\omega}{j\omega + \alpha}$$

其中 $\alpha = \dfrac{1}{RC}$。

$$\begin{cases} |H(\omega)| = \dfrac{\omega}{\sqrt{\omega^2 + \alpha^2}} \\[3mm] \varphi(\omega) = \dfrac{\pi}{2} - \arctan\left(\dfrac{\omega}{\alpha}\right) \end{cases}$$

$|H(\omega)|$ 中,分子分母均随 ω 增加,无法确定 $|H(\omega)|$ 随 ω 的变化关系;因而将分子改写为常数。

$$|H(\omega)| = \frac{1}{\sqrt{1 + \left(\dfrac{\alpha}{\omega}\right)^2}}$$

$$\begin{cases} \omega = 0 \text{ 时}, |H(\omega)| = 0 \\ \omega \text{ 增加时}, |H(\omega)| \text{ 单调增加} \\ \omega \to \infty \text{ 时}, |H(\omega)| \to 1 \end{cases}$$

因而为高通滤波器,幅频特性曲线如图 4 — 21.2(a)($|H(\omega)|$ 为偶函数,只画出 $\omega \geqslant 0$ 部分)。

对于相频特性

$$\begin{cases} \omega = 0 \text{ 时},\varphi(\omega) = \dfrac{\pi}{2} - \arctan(0) = \dfrac{\pi}{2} - 0 = \dfrac{\pi}{2} \\[3mm] \omega = \dfrac{1}{RC} \text{ 时},\varphi(\omega) = \dfrac{\pi}{2} - \arctan(1) = \dfrac{\pi}{2} - \dfrac{\pi}{4} = \dfrac{\pi}{4} \\[3mm] \omega \to \infty \text{时},\varphi(\omega) \to \dfrac{\pi}{2} - \arctan(\infty) \to \dfrac{\pi}{2} - \dfrac{\pi}{2} = 0 \end{cases}$$

ω 增加时，$\dfrac{\omega}{\alpha}$ 单调增加（由于电路参数 R 及 C 均为正，即 α 为正），$\arctan\left(\dfrac{\omega}{\alpha}\right)$ 单调增加（$\arctan$ 函数单调递增），$-\arctan\left(\dfrac{\omega}{\alpha}\right)$ 单调递减，则 $\varphi(\omega)$ 单调递减。

相频特性曲线如图 $4-21.2$(b)（$\varphi(\omega)$ 为奇函数，只画出 $\omega \geqslant 0$ 部分）。

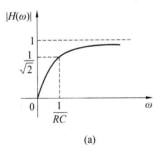 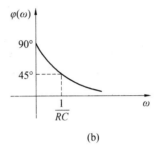

图 $4-21.2$

解法二　作图法。

零点 $z_1 = 0$，极点 $p_1 = -\dfrac{1}{RC}$。极零图如图 $4-21.3$。

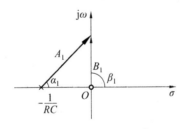

图 $4-21.3$

设极点指向 $j\omega$ 处的向量模为 A_1，幅角为 α_1；零点指向 $j\omega$ 处的向量模为 B_1，幅角为 β_1。$H(\omega)$ 用向量因子表示为

$$H(\omega) = \frac{j\omega}{j\omega + \alpha} = \frac{B_1 e^{j\beta_1}}{A_1 e^{j\alpha_1}} = \frac{B_1}{A_1} e^{j(\beta_1 - \alpha_1)}$$

$$\begin{cases} |H(\omega)| = \dfrac{B_1}{A_1} \\[3mm] \varphi(\omega) = \beta_1 - \alpha_1 \end{cases}$$

考察 ω 从 0 沿虚轴增加至 ∞ 的情况。

$\omega = 0$ 时，$B_1 = 0$，$A_1 = \dfrac{1}{RC}$，则 $|H(\omega)| = 0$；$\alpha_1 = 0$，$\beta_1 = 90°$，则 $\varphi(\omega) = 90°$。

$\omega = \dfrac{1}{RC}$ 是特殊频率（原点到极点与到 $j\omega$ 的距离相同，即原点、极点及 $j\omega$ 构成等腰直角三

角形),为此应确定其频率特性。此时

$$B_1 = \frac{1}{RC}, A_1 = \frac{\sqrt{2}}{RC}, 则 |H(\omega)| = \frac{1}{\sqrt{2}}; \alpha_1 = 45°, \beta_1 不变(仍为 90°), \varphi(\omega) = 45°。$$

$\omega \to \infty$时,A_1、B_1 均 $\to \infty$,且 A_1、B_1 趋于相同,即 $|H(\omega)| = 1$;$\alpha_1 \to 90°$,β_1 仍为 90°(不论 ω 如何变化,β_1 均为 90°),则 $\varphi(\omega) \to 0°$。

分别将3个频率处的 $|H(\omega)|$ 与 $\varphi(\omega)$ 连成曲线,可得到与图4-21.2类似的结果(反映随 ω 变化的大致曲线)。

4-22 系统极、零分布如图 4-22.1。

1. 判断系统稳定性;

2. 若 $|H(\omega)||_{\omega=0} = 10^{-4}$,画出系统模拟框图;

3. 求系统单位阶跃响应;

4. 大致画出系统幅频特性曲线。

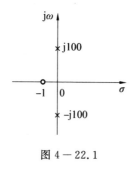

图 4-22.1

【分析与解答】

1. 共轭极点位于 s 平面虚轴,不满足稳定条件。

$$H(s) = H_0 \frac{s+1}{s^2 + 100^2}$$

$$R_{zs}(s) = E(s)H(s) = \frac{E_1(s)}{E_2(s)} \cdot H_0 \frac{s+1}{s^2 + 100^2} = \frac{A(s)}{E_2(s)} + \frac{B(s)}{s^2 + 100^2}$$

其中,$E_1(s)$、$E_2(s)$ 分别为 $E(s)$ 的分子及分母多项式。

对于 $R_{zs}(s)$ 的第一个分量,其零状态响应分量 $r_{zs\_1}(t) = \mathscr{L}^{-1}\left[\frac{A(s)}{E_2(s)}\right]$ 与 $e(t)$ 形式类似,为受迫响应分量。通常 $e(t)$ 有界,从而 $r_{zs\_1}(t)$ 有界。

$R_{zs}(s)$ 的第二个分量若为真分式,有 3 种可能:

$$\frac{B(s)}{s^2 + 100^2} = \begin{cases} \dfrac{C}{s^2 + 100^2} \\[2mm] \dfrac{Ds}{s^2 + 100^2} \\[2mm] \dfrac{Es + F}{s^2 + 100^2} \end{cases}$$

响应

$$r_{zs\_2}(t) = \begin{cases} K_1 \sin 10t u(t) \\ K_1 \cos 10t u(t) \\ K_3 \cos(10t + \varphi)u(t) \end{cases}$$

为等幅正弦（余弦）振荡，介于收敛与不收敛之间，从而系统处于稳定与不稳定之间。

$r_{zs\_2}(t)$ 形式由系统特性决定（$H(s)$ 极点为微分方程特征根），为自由响应分量。

2. 该条件用于确定 H_0。

$$H(\omega) = H(s)\,\big|_{s=j\omega} = H_0 \frac{j\omega + 1}{100^2 - \omega^2}$$

$$|H(\omega)| = H_0 \cdot \frac{\sqrt{\omega^2 + 1}}{|100^2 - \omega^2|}$$

代入已知条件得

$$H_0 = 1$$

则

$$H(s) = \frac{s+1}{s^2 + 100^2}$$

为画模拟图，应先得到微分方程

$$\frac{d^2 r(t)}{dt^2} + 10^4 r(t) = \frac{de(t)}{dt} + e(t)$$

方程右侧包含激励微分项，需引入中间信号 $q(t)$

$$\begin{cases} \dfrac{d^2 q(t)}{dt^2} + 10^4 q(t) = e(t) \\ r(t) = \dfrac{dq(t)}{dt} + q(t) \end{cases}$$

由上式第一个方程得到激励为 $e(t)$、响应为 $q(t)$ 的系统的模拟框图；再由第二个方程，将 $q(t)$ 及其微分项线性组合得到 $r(t)$；如图 4 - 22.2。

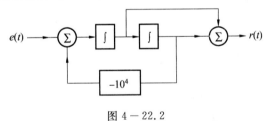

图 4 - 22.2

3. $\mathscr{L}[u(t)] = \dfrac{1}{s}$

单位阶跃响应的象函数

$$G(s) = H(s) \cdot \mathscr{L}[u(t)] = \frac{s+1}{s(s^2 + 10^4)} = 10^{-4} \cdot \frac{1}{s} - 10^{-4} \cdot \frac{s}{s^2 + 100^2} + 10^{-2} \cdot \frac{100}{s^2 + 100^2}$$

$$g(t) = (10^{-4} - 10^{-4} \cos 100t + 10^{-2} \sin 100t)u(t)$$

4. $|H(\omega)| = \dfrac{\sqrt{\omega^2 + 1}}{|100^2 - \omega^2|}$

ω 增大时，分子分母同时增大，$|H(\omega)|$ 不随 ω 单调变化。

$$\begin{cases} \omega = 0 \text{ 时}, |H(\omega)| = \dfrac{1}{100^2} \\ \omega = 100 \text{ 时}, |H(\omega)| \rightarrow \infty \\ \omega \rightarrow \infty \text{ 时}, |H(\omega)| \rightarrow 0 (\text{分母为比分子高阶的无穷大}) \end{cases}$$

幅频特性曲线如图 $4-22.3$。

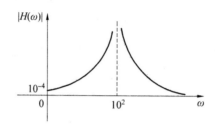

图 $4-22.3$

4—23　如图 $4-23$ 所示,$G(s) = \dfrac{1}{s+1}, E(s) = \dfrac{a}{s}, D(s) = \dfrac{b}{s}$。试求响应 $r(t)$ 的终值。

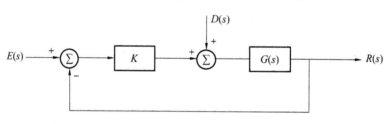

图 $4-23$

【分析与解答】

K 为乘法器,$G(s)$ 为子系统,$e(t)$ 与 $d(t)$ 均为阶跃信号。可先由系统框图求 $R(s)$,再由终值定理求解;也可由 $\mathcal{L}^{-1}[R(s)]$ 求 $r(t)$ 再取极限,但求解过程复杂。

$$R(s) = G(s) \{ D(s) + K[E(s) - R(s)] \}$$

$$R(s) = \frac{[KE(s) + D(s)]G(s)}{1 + KG(s)} = \frac{\left(\dfrac{Ka}{s} + \dfrac{b}{s}\right)\dfrac{1}{s+1}}{1 + \dfrac{K}{s+1}} = \frac{Ka + b}{s(s+1+K)}$$

$$\lim_{t \to \infty} r(t) = \lim_{s \to 0} [sR(s)] = \lim_{s \to 0} \left[\frac{Ka + b}{s+1+K} \right] = \frac{Ka + b}{1 + K}$$

4—24　系统微分方程

$$\frac{\mathrm{d}r(t)}{\mathrm{d}t} + 3r(t) = 3e(t)$$

$e(t) = u(t)$,全响应 $r(t) = \left(1 + \dfrac{1}{2}\mathrm{e}^{-3t}\right)u(t)$,试求其自由响应与零输入响应分量。

【分析与解答】

$$E(s) = \frac{1}{s}$$

$$H(s) = \frac{3}{s+3}$$

$$R_{zs}(s) = E(S)H(S) = \frac{1}{s} - \frac{1}{s+3}$$

$$r_{zs}(t) = (1 - e^{-3t})u(t)$$

$$r_{zi}(t) = r(t) - r_{zs}(t) = \frac{3}{2}e^{-3t}u(t)$$

自由响应为 $r_{zi}(t)$ 及 $r_{zs}(t)$ 中的暂态响应分量之和，即

$$A(t) = \frac{3}{2}e^{-3t}u(t) - e^{-3t}u(t) = \frac{1}{2}e^{-3t}u(t)$$

其形式为 $e^{\alpha t}u(t)$，其中 α 为特征根。

受迫响应与激励形式类似

$$B(t) = u(t)$$

或

$$B(t) = r(t) - A(t) = \left(1 + \frac{1}{2}e^{-3t}\right)u(t) - \frac{1}{2}e^{-3t}u(t) = u(t)$$

4-25　二阶系统自由响应形式 $(A_1 e^{-2t} + A_2 e^{-3t})u(t)$，且激励 $e(t) = (1 + e^{-t})u(t)$ 时，$r_{zs}(t) = \left(\frac{1}{3} + \frac{5}{3}e^{-3t}\right)u(t)$。试确定系统微分方程。

【分析与解答】

$$E(s) = \frac{1}{s} + \frac{1}{s+1} = \frac{2s+1}{s(s+1)}$$

$$R_{zs}(s) = \frac{1+2s}{s(s+3)}$$

$$H(s) = \frac{R_{zs}(s)}{E(s)} = \frac{s+1}{s+3}$$

$H(s)$ 只有 1 个极点 $P_1 = -3$，但由系统阶数及自由响应形式知，还应有极点 $P_2 = -2$；即出现了极、零点相消的情况。$H(s)$ 改写为

$$H(s) = \frac{(s+1)(s+2)}{(s+3)(s+2)} \tag{4-25}$$

尽管以上两种 $H(s)$ 描述的系统输入－输出关系等效，但式(4-25)更全面地反映了系统特性。

由式(4-25)，有

$$(s^2 + 5s + 6)R(s) = (s^2 + 3s + 2)E(s)$$

$$\frac{d^2 r(t)}{dt^2} + 5\frac{dr(t)}{dt} + 6r(t) = \frac{d^2 e(t)}{dt^2} + 3\frac{de(t)}{dt} + 2e(t)$$

表明为二阶系统。

$r_{zs}(t)$ 中，$\frac{1}{3}$ 为受迫响应分量（与激励信号形式类似），$\frac{5}{3}e^{-3t}$ 为自由响应分量（指数项系数为特征根）；自由响应分量中没有与激励 $e^{-t}u(t)$ 形式类似的信号，原因为激励象函数中的极点 $s = -1$，分母被 $H(s)$ 的零点约掉。

4－26 连续系统微分方程组

$$\begin{cases} \dfrac{\mathrm{d}r_1(t)}{\mathrm{d}t} + 2r_1(t) - r_2(t) = u(t) \\[3mm] -r_1(t) + \dfrac{\mathrm{d}r_2(t)}{\mathrm{d}t} + 2r_2(t) = 0 \end{cases}$$

初始条件 $r_1(0^-)=2$，$r_2(0^-)=1$，试求响应 $r_1(t)$ 和 $r_2(t)$。

【分析与解答】

本章与前面各章中均只涉及单输入－单输出系统。本题系统有两个输出，为多输出系统。方程组中每个方程为关于其中一个响应的一阶线性微分方程，但与常规的系统输入－输出微分方程不同，其方程右侧不是关于 $e(t)$ 形式，而是 $e(t)$ 代入方程右侧的结果。因而无法确定系统激励个数及激励与响应的关系，但可求解响应。

时域求解微分方程组很复杂，可应用拉普拉斯变换变为代数方程组。

$$\begin{cases} sR_1(s) - r_1(0^-) + 2R_1(s) - R_2(s) = \dfrac{1}{s} \\[3mm] -R_1(s) + sR_2(s) - r_2(0^-) + 2R_2(s) = 0 \end{cases}$$

代入初始条件

$$\begin{cases} (s+2)R_1(s) - R_2(s) = \dfrac{1}{s} + 2 \\[3mm] -R_1(s) + (s+2)R_2(s) = 1 \end{cases}$$

得

$$\begin{cases} R_1(s) = \dfrac{2s^2 + 6s + 2}{s(s+1)(s+3)} = \dfrac{\frac{2}{3}}{s} + \dfrac{1}{s+1} + \dfrac{\frac{1}{2}}{s+3} \\[4mm] R_2(s) = \dfrac{s^2 + 4s + 1}{s(s+1)(s+3)} = \dfrac{\frac{1}{3}}{s} + \dfrac{1}{s+1} - \dfrac{\frac{1}{3}}{s+3} \end{cases}$$

$$\begin{cases} r_1(t) = \left(\dfrac{2}{3} + \mathrm{e}^{-t} + \dfrac{1}{3}\mathrm{e}^{-3t} \right) u(t) \\[4mm] r_2(t) = \left(\dfrac{1}{3} + \mathrm{e}^{-t} - \dfrac{1}{3}\mathrm{e}^{-3t} \right) u(t) \end{cases}$$

可见在求解过程中，无法确定零状态响应象函数的两个分量：系统函数与激励的象函数。

4－27 电路如图 4－27(a)。

1. $e(t)$ 如图 4－27(b)，$R=1\ \Omega$，$C=1\ \mathrm{F}$，$u_C(0^-)=\dfrac{1}{2}\ \mathrm{V}$，求 $u_C(t)$。

2. $e(t)$ 如图 4－27(c)，为有始周期信号，第 1 个"周期"内 $e(t) = 5\mathrm{e}^{-10t}$，$R=\dfrac{1}{2}\ \Omega$，$C=1\ \mathrm{F}$，求 $0.3 < t < 0.4$ 时的 $u_C(t)$。

【分析与解答】

系统由线性元件 R 和 C 构成，为线性系统。在时域应用卷积法计算复杂，特别本题中

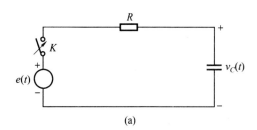

(a)

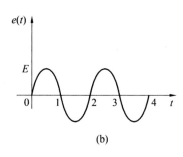

(b)

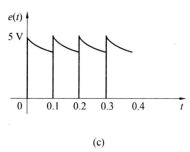

(c)

图 4－27

$e(t)$ 形式复杂，为此采用拉普拉斯变换法。

1.系统既有初始储能又有激励，因而包括零输入及零状态响应。

$$H(s)=\frac{U_C(s)}{E(s)}=\frac{\frac{1}{sC}}{R+\frac{1}{sC}}=\frac{1}{s+1}$$

特征根为系统函数极点，即 $\alpha=-1$。

零输入响应在时域求解较简单，无需用变换域方法。设

$$u_{C\_zi}(t)=c\mathrm{e}^{-t}$$

由

$$u_{C\_zi}(0^-)=\frac{1}{2}$$

得

$$c=\frac{1}{2}$$

$$u_{C\_zi}(t)=\frac{1}{2}\mathrm{e}^{-t}u(t)$$

由图 4－27(b)，假定 $e(t)$ 为有始周期信号，则"角频率" $\omega_0=\pi$；因而 $0<t<4$ 时，信号写为

$$e(t)=E\sin\pi t[u(t)-u(t-4)]=E\sin\pi tu(t)-E\sin\pi tu(t-4)$$

$$\sin\pi(t-4)=\sin\pi t$$

则

$$e(t)=E\sin\pi tu(t)-E\sin\pi(t-4)u(t-4)$$

将 $e(t)$ 看作 $t=0$ 起始的 $E\sin\pi t$，与 $t=4$ 起始的 $E\sin\pi t(E\sin\pi tu(t)$ 延迟 4 个单位即 $E\sin\pi(t-4)u(t-4)$)之差，可得到相同结果。

$$E(s)=\frac{E\pi}{s^2+\pi^2}-\frac{E\pi}{s^2+\pi^2}\mathrm{e}^{-4s}$$

$$U_{C\_zs}(s)=H(s)E(s)=\frac{1}{s+1}\cdot\frac{\pi E}{s^2+\pi^2}(1-\mathrm{e}^{-4s})$$

其包括两个分量,先求 $\mathscr{L}^{-1}\left(\dfrac{1}{s+1}\cdot\dfrac{\pi E}{s^2+\pi^2}\right)$。

其为真分式,为此分解为

$$\frac{1}{s+1}\cdot\frac{\pi E}{s^2+\pi^2}=\frac{K_1}{s+1}+\frac{K_2 s+K_3}{s^2+\pi^2}$$

右侧第二项分解为等幅单边正弦与余弦信号的象函数的叠加:

$$\frac{1}{s+1}\cdot\frac{\pi E}{s^2+\pi^2}=\frac{\pi E}{1+\pi^2}\left(\frac{1}{s+1}-\frac{s}{s^2+\pi^2}+\frac{1}{\pi}\cdot\frac{\pi}{s^2+\pi^2}\right)$$

$$\mathscr{L}^{-1}\left(\frac{1}{s+1}\cdot\frac{\pi E}{s^2+\pi^2}\right)=\frac{\pi E}{1+\pi^2}\left(e^{-t}-\cos\pi t+\frac{1}{\pi}\sin\pi t\right)u(t)$$

由拉普拉斯变换时移性

$$\mathscr{L}^{-1}\left(\frac{1}{s+1}\cdot\frac{\pi E}{s^2+\pi^2}e^{-4s}\right)=\frac{\pi E}{1+\pi^2}\left[e^{-(t-4)}-\cos\pi(t-4)+\frac{1}{\pi}\sin\pi(t-4)\right]u(t-4)$$

$$u_{C\_zs}(t)=\mathscr{L}^{-1}[U_{C\_zs}(s)]=\frac{\pi E}{1+\pi^2}\left\{\left(e^{-t}-\cos\pi t+\frac{1}{\pi}\sin\pi t\right)u(t)-\right.$$
$$\left.\left[e^{-(t-4)}-\cos\pi(t-4)+\frac{1}{\pi}\sin\pi(t-4)\right]u(t-4)\right\}$$

$$u_C(t)=u_{C\_zi}(t)+u_{C\_zs}(t)=\frac{1}{2}e^{-t}u(t)+\frac{\pi E}{1+\pi^2}\left\{\left(e^{-t}-\cos\pi t+\frac{1}{\pi}\sin\pi t\right)u(t)-\right.$$
$$\left.\left[e^{-(t-4)}-\cos\pi(t-4)+\frac{1}{\pi}\sin\pi(t-4)\right]u(t-4)\right\}$$

可见响应收敛。原因为系统稳定(极点位于 s 平面左半平面)。

2. 系统为因果系统即可以实现,因为由 R 和 C 即可构成该系统。从而 $0.3<t<0.4$ 时,响应只由该时刻及过去时刻的激励决定,即只需确定 $0<t<0.4$ 的激励。

由波形可见第 1 周期内,$e(t)$ 为衰减指数函数,且 $t=0$ 时 $e(t)=5$,从而 $e(t)=5e^{-10t}$。

根据延时关系

$$e(t)=\begin{cases}5e^{-10t} & (0\leqslant t<0.1)\\ 5e^{-10(t-0.1)} & (0.1\leqslant t<0.2)\\ 5e^{-10(t-0.2)} & (0.2\leqslant t<0.3)\\ 5e^{-10(t-0.3)} & (0.3\leqslant t<0.4)\end{cases}$$

可以简洁地表示为

$$e(t)=5e^{-10t}[u(t)-u(t-0.1)]+5e^{-10(t-0.1)}[u(t-0.1)-u(t-0.2)]+$$
$$5e^{-10(t-0.2)}[u(t-0.2)-u(t-0.3)]+5e^{-10(t-0.3)}u(t-0.3)$$

为便于求解,分解为两个分量

$$e(t)=e_1(t)-e_2(t)$$

其中

$$\begin{cases}e_1(t)=5e^{-10t}u(t)+5e^{-10(t-0.1)}u(t-0.1)+5e^{-10(t-0.2)}u(t-0.2)+5e^{-10(t-0.3)}u(t-0.3)\\ e_2(t)=5e^{-10t}u(t-0.1)+5e^{-10(t-0.1)}u(t-0.2)+5e^{-10(t-0.2)}u(t-0.3)\end{cases}$$

$$\mathscr{L}[e_1(t)]=\frac{5}{s+10}(1+e^{-0.1s}+e^{-0.2s}+e^{-0.3s})$$

为应用时移性,$e_2(t)$ 改写为

$$e_2(t) = 5\left[\frac{1}{e} \cdot e^{-10(t-0.1)} u(t-0.1) + \frac{1}{e} \cdot e^{-10(t-0.2)} u(t-0.2) + \right.$$

$$\left. \frac{1}{e} \cdot e^{-10(t-0.3)} u(t-0.3)\right]$$

$$\mathscr{L}[e_2(t)] = \frac{5}{e(s+10)}(e^{-0.1s} + e^{-0.2s} + e^{-0.3s})$$

$$E(s) = \mathscr{L}[e_1(t)] - \mathscr{L}[e_2(t)] = \frac{5}{s+10}(1 + e^{-0.1s} + e^{-0.2s} + e^{-0.3s}) -$$

$$\frac{5}{e(s+10)}(e^{-0.1s} + e^{-0.2s} + e^{-0.3s})$$

$$H(s) = \frac{\dfrac{1}{sC}}{R + \dfrac{1}{sC}} = \frac{1}{s+0.5}$$

$$V_C(s) = E(s)H(s) = \frac{1}{s+0.5} \cdot \frac{5}{s+10}(1 + e^{-0.1s} + e^{-0.2s} + e^{-0.3s}) -$$

$$\frac{1}{s+0.5} \cdot \frac{5}{e(s+10)}(e^{-0.1s} + e^{-0.2s} + e^{-0.3s})$$

$$\mathscr{L}^{-1}\left(\frac{1}{s+0.5} \cdot \frac{5}{s+10}\right) = \frac{5}{9.5}(e^{-0.5t} - e^{-10t})u(t)$$

其中

$$\mathscr{L}^{-1}\left[\frac{1}{s+0.5} \cdot \frac{5}{s+10}(1 + e^{-0.1s} + e^{-0.2s} + e^{-0.3s})\right] =$$

$$\mathscr{L}^{-1}\left(\frac{1}{s+0.5} \cdot \frac{5}{s+10} + \frac{1}{s+0.5} \cdot \frac{5}{s+10}e^{-0.1s} + \right.$$

$$\left. \frac{1}{s+0.5} \cdot \frac{5}{s+10}e^{-0.2s} + \frac{1}{s+0.5} \cdot \frac{5}{s+10}e^{-0.3s}\right) =$$

$$\frac{5}{9.5}\left[(e^{-0.5t} - e^{-10t})u(t) + (e^{-0.5(t-0.1)} - e^{-10(t-0.1)})u(t-0.1) + \right.$$

$$\left. (e^{-0.5(t-0.2)} - e^{-10(t-0.2)})u(t-0.2) + (e^{-0.5(t-0.3)} - e^{-10(t-0.3)})u(t-0.3)\right]$$

而

$$\mathscr{L}^{-1}\left(\frac{1}{s+0.5} \cdot \frac{5}{e(s+10)}\right) = \frac{1}{e} \cdot \frac{5}{9.5}(e^{-0.5t} - e^{-10t})u(t)$$

即

$$\mathscr{L}^{-1}\left[\frac{1}{s+0.5} \cdot \frac{5}{e(s+10)}(e^{-0.1s} + e^{-0.2s} + e^{-0.3s})\right] =$$

$$\frac{1}{e} \cdot \frac{5}{9.5}\left[(e^{-0.5(t-0.1)} - e^{-10(t-0.1)})u(t-0.1) + \right.$$

$$\left. (e^{-0.5(t-0.2)} - e^{-10(t-0.2)})u(t-0.2) + (e^{-0.5(t-0.3)} - e^{-10(t-0.3)})u(t-0.3)\right]$$

$$V_C(s) = \mathscr{L}^{-1}\left[\frac{1}{s+0.5} \cdot \frac{5}{s+10}(1 + e^{-0.1s} + e^{-0.2s} + e^{-0.3s})\right] -$$

$$\mathscr{L}^{-1}\left[\frac{1}{s+0.5} \cdot \frac{5}{e(s+10)}(e^{-0.1s} + e^{-0.2s} + e^{-0.3s})\right] =$$

$$\frac{5}{9.5}(e^{-0.5t} - e^{-10t})u(t) +$$

$$\frac{5}{9.5}\left(1-\frac{1}{e}\right) \cdot (e^{-0.5t}-e^{-10t})\left[(e^{-(t-0.1)}-e^{-10(t-0.1)})u(t-0.1)+\right.$$

$$\left.(e^{-(t-0.2)}-e^{-10(t-0.2)})u(t-0.2)+(e^{-(t-0.3)}-e^{-10(t-0.3)})u(t-0.3)\right]$$

4－28 电路如图 4－28(a)，求以下激励时的系统响应 $v_0(t)$。

1. 激励 $e_1(t)$ 如图 4－28(b)；
2. 激励 $e_2(t)$ 如图 4－28(c)。

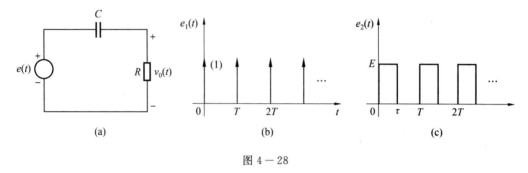

图 4－28

【分析与解答】

串联回路应列电压方程：

$$v_0(t)+\frac{1}{C}\int_{-\infty}^{t} i_C(\tau)\,\mathrm{d}\tau = e(t)$$

$$i_C(t)=i_R(t)=\frac{v_0(t)}{R}$$

即

$$\frac{\mathrm{d}v_0(t)}{\mathrm{d}t}+\alpha v_0(t)=\frac{\mathrm{d}e(t)}{\mathrm{d}t}$$

其中 $\alpha=\dfrac{1}{RC}$。

$$H(s)=\frac{s}{s+\alpha}$$

激励为有始周期信号，零状态响应也为有始周期信号，且"周期"仍为 T。可先求第 1 个周期的响应。

1. $0\leqslant t < T$ 时

$$e_1(t)=\delta(t)$$
$$E_1(s)=1$$
$$V_0'(s)=E_1(s)H(s)=\frac{s}{s+\alpha}$$
$$v_0'(t)=\mathcal{L}^{-1}[1]-\mathcal{L}^{-1}\left[\frac{\alpha}{s+\alpha}\right]=\delta(t)-\alpha e^{-\alpha t}u(t)$$

系统响应为 $v_0'(t)$ 的有始周期延拓

$$v_0(t)=\sum_{n=0}^{\infty}\left[\delta(t-nT)-\alpha e^{-\alpha(t-nT)}u(t-nT)\right]$$

$2.0 \leqslant t < T$ 时

$$e_2(t) = E[u(t) - u(t - \tau)]$$

$$E_2(s) = \frac{E}{s}(1 - \mathrm{e}^{-s\tau})$$

$$V_0(s) = E_2(s)H(s) = \frac{E(1 - \mathrm{e}^{-s\tau})}{s + \alpha}$$

$$v_0(t) = \mathscr{L}^{-1}\left(\frac{E}{s + \alpha}\right) - \mathscr{L}^{-1}\left(\frac{E\mathrm{e}^{-s\tau}}{s + \alpha}\right) = E\mathrm{e}^{-\alpha t}u(t) - E\mathrm{e}^{-\alpha(t - \tau)}u(t - \tau)$$

可见响应的第 2 个分量为第 1 个分量延迟 τ。原因：激励 $E[u(t) - u(t - \tau)]$ 为 $Eu(t)$ 与 $-Eu(t - \tau)$ 的叠加,其中 $Eu(t)$ 的零状态响应为 $E\mathrm{e}^{-\alpha t}u(t)$。

由系统时不变,$u(t - \tau)$ 的响应为 $E\mathrm{e}^{-\alpha(t - \tau)}u(t - \tau)$;

由系统线性,$-u(t - \tau)$ 的响应为 $-E\mathrm{e}^{-\alpha(t - \tau)}u(t - \tau)$;

由系统线性,$E[u(t) - u(t - \tau)]$ 的响应为 $E\mathrm{e}^{-\alpha t}u(t) - E\mathrm{e}^{-\alpha(t - \tau)}u(t - \tau)$。

激励为有始周期信号,零状态响应为 $v_0(t)$ 的有始周期延拓

$$v_0(t) = E\sum_{n=0}^{\infty}\left[\mathrm{e}^{-\alpha(t - nT)}u(t - nT) - \mathrm{e}^{-\alpha(t - nT - \tau)}u(t - nT - \tau)\right]$$

4－29　图 4.29(a) 电路中,$R_1 = 1\ \mathrm{k}\Omega$,$R_2 = 1\ \mathrm{k}\Omega$,$C = 200\ \mu\mathrm{F}$,激励如图 4－29(b),试求响应 $v_0(t)$。

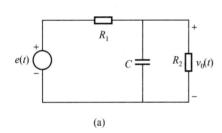
(a)

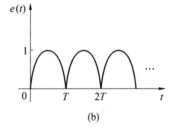
(b)

图 4－29

【分析与解答】

与例 4－28 类似,求有始周期信号激励下的响应。

电路有并联回路,应列节点电流方程。考察 R_1、C 与 R_2 相交的节点。流入节点的电流有一个：$\frac{1}{R_1}[e(t) - v_0(t)]$;流出节点的电流有 2 个,其中流过电容 C 的为 $C\frac{\mathrm{d}v_0(t)}{\mathrm{d}t}$,流过电阻 R_2 的为 $\frac{v_0(t)}{R_2}$。由基尔霍夫电流定律

$$C\frac{\mathrm{d}v_0(t)}{\mathrm{d}t} + \frac{v_0(t)}{R_2} = \frac{1}{R_1}[e(t) - v_0(t)]$$

代入元件参数

$$\frac{\mathrm{d}v_0(t)}{\mathrm{d}t} + 6v_0(t) = 5e(t)$$

$$H(s) = \frac{V_0(s)}{E(s)} = \frac{5}{s + 6}$$

激励信号为有始周期信号,零状态响应也为有始周期信号,且"周期"仍为 T。

考察 $e(t)$ 的第 1 个周期:相当于周期为 $2T$ 的正弦信号的第 $\frac{1}{2}$ 个周期,即 $\omega_0 = \frac{2\pi}{2T} = \frac{\pi}{T}$。

$0 < t < T$ 时 $\qquad e(t) = \sin\frac{\pi}{T}t\left[u(t) - u(t-T)\right]$

为利用时移性将其变形。与例 4-27 类似

$$\sin\frac{\pi}{T}(t-T) = \sin\left(\frac{\pi}{T}t - \pi\right) = -\sin\frac{\pi}{T}t$$

$$e(t) = \sin\frac{\pi}{T}tu(t) + \sin\frac{\pi}{T}(t-T)u(t-T)$$

$$E(s) = \frac{\pi/T}{s^2 + (\pi/T)^2} + \frac{\pi/T}{s^2 + (\pi/T)^2}e^{-sT}$$

$$V_0(s) = H(s)E(s) = \frac{5}{s+6}\cdot\frac{\pi/T}{s^2 + (\pi/T)^2}(1 + e^{-sT})$$

考虑 $\dfrac{1}{s+6}\cdot\dfrac{1}{s^2 + (\pi/T)^2}$。其为真分式,应展开为真分式之和:

$$\frac{1}{s+6}\cdot\frac{1}{s^2 + (\pi/T)^2} = \frac{K_1}{s+6} + \frac{K_2 s}{s^2 + (\pi/T)^2} + K_3\cdot\frac{\pi/T}{s^2 + (\pi/T)^2}$$

等式右侧合并,并使两侧分子对应项系数相同,从而得到

$$\begin{cases} K_1 = \dfrac{1}{6\left[(\pi/T)^2 - 6\right]} \\[2mm] K_2 = -\dfrac{1}{6\left[(\pi/T)^2 - 6\right]} \\[2mm] K_3 = \dfrac{1}{6(\pi/T)} \end{cases}$$

$$\mathscr{L}^{-1}\left[\frac{5}{s+6}\cdot\frac{\pi/T}{s^2 + (\pi/T)^2}\right] = \frac{5\pi}{T}\left(K_1 e^{-6t} + K_2\cos\frac{\pi}{T}t + K_3\sin\frac{\pi}{T}t\right)u(t)$$

$$\mathscr{L}^{-1}\left[\frac{5}{s+6}\cdot\frac{\pi/T}{s^2 + (\pi/T)^2}e^{-sT}\right] =$$

$$\frac{5\pi}{T}\left[K_1 e^{-6(t-T)}u(t-T) + K_2\cos\left[\frac{\pi}{T}(t-T)\right]u(t-T) + K_3\sin\left[\frac{\pi}{T}(t-T)\right]u(t-T)\right]$$

由

$$\cos\frac{\pi}{T}(t-T) = -\cos\frac{\pi}{T}t$$

$$\mathscr{L}^{-1}\left[\frac{5}{s+6}\cdot\frac{\pi/T}{s^2 + (\pi/T)^2}e^{-sT}\right] = \frac{5\pi}{T}\left[K_1 e^{-6(t-T)} - K_2\cos\frac{\pi}{T}t - K_3\sin\frac{\pi}{T}t\right]u(t-T)$$

$0 < t < T$ 时

$$v_0(t) = \mathscr{L}^{-1}[V_0(s)] = \frac{5\pi}{T}\left[\left(K_1 e^{-6t} + K_2\cos\frac{\pi}{T}t + K_3\sin\frac{\pi}{T}t\right)u(t) + \right.$$

$$\left.\left(K_1 e^{-6(t-T)} - K_2\cos\frac{\pi}{T}t - K_3\sin\frac{\pi}{T}t\right)u(t-T)\right]$$

响应为其以 T 为"周期"的有始周期延拓

$$v_0(t) = \frac{5\pi}{T} \sum_{n=0}^{\infty} \left\{ \left[K_1 e^{-6(t-nT)} + K_2 \cos \frac{\pi}{T}(t-nT) + K_3 \sin \frac{\pi}{T}(t-nT) \right] u(t-nT) + \right.$$

$$\left. \left[K_1 e^{-6(t-T-nT)} - K_2 \cos \left[\frac{\pi}{T}(t-nT) \right] - K_3 \sin \left[\frac{\pi}{T}(t-nT) \right] \right] u(t-T-nT) \right\}$$

4 — 30　二阶系统单位冲激响应 $h(t)$ 如图 $4-30$，系统初始状态为零，激励 $e(t) =$ $\sin \frac{\pi}{\tau} t u(t)$，试求：

1. 系统自由响应分量 $r_1(t)$；

2. 受迫响应分量 $r_2(t)$；

3. $t > 3\tau$ 时的总响应 $r(t)$。

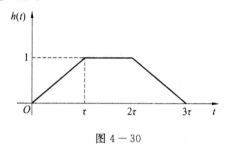

图 $4-30$

【分析与解答】

1. 由图 $4-30$ 知为稳定的因果系统。应先确定 $h(t)$ 解析式，其为分段函数；$2\tau \leqslant t \leqslant 3\tau$ 时，为 $-\frac{1}{\tau} t$ 延迟 3τ 的结果；则

$$h(t) = \frac{1}{\tau} t [u(t) - u(t-\tau)] + [u(t-\tau) - u(t-2\tau)] -$$

$$\frac{t-3\tau}{\tau} [u(t-2\tau) - u(t-3\tau)]$$

阶跃项合并

$$h(t) = \frac{1}{\tau} [tu(t) - (t-\tau)u(t-\tau) - (t-2\tau)u(t-2\tau) + (t-3\tau)u(t-3\tau)]$$

$$\mathscr{L}[tu(t)] = \frac{1}{s^2}$$

由时移性

$$H(s) = \frac{1}{\tau} \cdot \frac{1}{s^2} (1 - e^{-\tau s} - e^{-2\tau s} + e^{-3\tau s})$$

有二重极点，即微分方程特征根为二重根。

$$E(s) = \frac{\pi/\tau}{s^2 + (\pi/\tau)^2}$$

$$R_{zs}(s) = H(s)E(s) = \frac{\pi/\tau}{s^2 + (\pi/\tau)^2} \cdot \frac{1}{\tau s^2} (1 - e^{-\tau s} - e^{-2\tau s} + e^{-3\tau s})$$

$$\mathscr{L}^{-1} \left[\frac{\pi/\tau}{s^2 + (\pi/\tau)^2} \cdot \frac{1}{\tau s^2} \right] = \mathscr{L}^{-1} \left[\frac{1/\pi}{s^2} - \frac{1/\pi}{s^2 + (\pi/\tau)^2} \right] = \frac{1}{\pi} tu(t) - \frac{\tau}{\pi^2} \sin \frac{\pi}{\tau} tu(t)$$

$$r_{zs}(t) = \mathscr{L}^{-1}[R_{zs}(s)] = \left[\frac{1}{\pi}t - \frac{\tau}{\pi^2}\sin\frac{\pi}{\tau}t\right]u(t) -$$

$$\left[\frac{1}{\pi}(t-\tau) - \frac{\tau}{\pi^2}\sin\frac{\pi}{\tau}(t-\tau)\right]u(t-\tau) -$$

$$\left[\frac{1}{\pi}(t-2\tau) - \frac{\tau}{\pi^2}\sin\frac{\pi}{\tau}(t-2\tau)\right]u(t-2\tau) +$$

$$\left[\frac{1}{\pi}(t-3\tau) - \frac{\tau}{\pi^2}\sin\frac{\pi}{\tau}(t-3\tau)\right]u(t-3\tau)$$

$r_{zs}(t)$ 中的 $tu(t)$ 及延迟项由 $H(s)$ 极点 $(\frac{1}{s^2})$ 的反变换决定，为自由响应分量：

$$r_1(t) = \frac{1}{\pi}\left[tu(t) - (t-\tau)u(t-\tau) - (t-2\tau)u(t-2\tau) + (t-3\tau)u(t-3\tau)\right]$$

2. $\sin\frac{\pi}{\tau}tu(t)$ 及延迟项由 $E(s)$ 极点的反变换决定，形式与 $e(t)$ 类似，为受迫响应分量：

$$r_2(t) = -\frac{\tau}{\pi^2}\left[\sin\frac{\pi}{\tau}tu(t) - \sin\frac{\pi}{\tau}(t-\tau)u(t-\tau) - \sin\frac{\pi}{\tau}(t-2\tau)u(t-2\tau) + \right.$$

$$\left. \sin\frac{\pi}{\tau}(t-3\tau)u(t-3\tau)\right]$$

与例 $4-5$、$4-27$ 及例 $4-29$ 类似

$$\begin{cases} \sin\frac{\pi}{\tau}(t-\tau) = \sin\left(\frac{\pi}{\tau}t - \pi\right) = -\sin\frac{\pi}{\tau}t \\ \sin\frac{\pi}{\tau}(t-2\tau) = \sin\left(\frac{\pi}{\tau}t - 2\pi\right) = \sin\frac{\pi}{\tau}t \\ \sin\frac{\pi}{\tau}(t-3\tau) = \sin\left(\frac{\pi}{\tau}t - 3\pi\right) = -\sin\frac{\pi}{\tau}t \end{cases}$$

$$r_2(t) = -\frac{\tau}{\pi^2}\sin\frac{\pi}{\tau}t\left[u(t) + u(t-\tau) - u(t-2\tau) - u(t-3\tau)\right]$$

3. $r(t) = r_{zs}(t) = r_1(t) + r_2(t)$

$t > 3\tau$ 时，$r_1(t)$ 中的各阶跃项均为 1

$$r_1(t) = \frac{1}{\pi}\left[t - (t-\tau) - (t-2\tau) + (t-3\tau)\right] = 0$$

$r_2(t)$ 各阶跃项为 1，因而

$$r_2(t) = 0$$

从而

$$r(t) = 0$$

4 - 31　某系统的系统函数 $H(s) = \dfrac{5(s+3)}{s^2 + 2s + 5}$。

1. 试求零状态响应为

$$r_1(t) = e^{-(t-1)}\left[\cos 2(t-1) + \sin 2(t-1)\right]u(t-1)$$

时的激励 $e_1(t)$。

2. 将系统与限幅器级联，如图 $4-31.1$。

限幅器特性

$$y_2(t) = \begin{cases} 0 & (r_2(t) \leqslant 0) \\ r_2(t) & (r_2(t) > 0) \end{cases}$$

试求 $e_2(t) = \delta(t)$ 时,输出 $y_2(t)$ 的象函数。

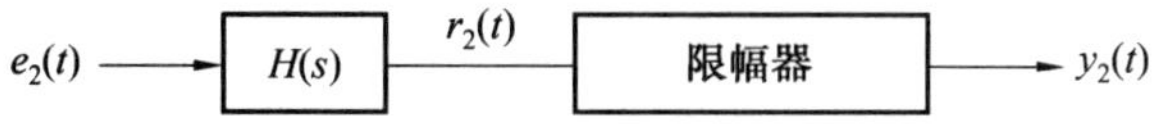

$$e_2(t) \longrightarrow \boxed{H(s)} \xrightarrow{\ r_2(t)\ } \boxed{限幅器} \longrightarrow y_2(t)$$

图 4 — 31.1

【分析与解答】

1.
$$\begin{cases} \mathscr{L}[e^{-t}\cos 2tu(t)] = \dfrac{s+1}{(s+1)^2 + 2^2} \\ \mathscr{L}[e^{-t}\sin 2tu(t)] = \dfrac{2}{(s+1)^2 + 2^2} \end{cases}$$

则
$$\begin{cases} \mathscr{L}[e^{-(t-1)}\cos 2(t-1)u(t-1)] = \dfrac{s+1}{(s+1)^2 + 2^2}e^{-s} \\ \mathscr{L}[e^{-(t-1)}\sin 2(t-1)u(t-1)] = \dfrac{s+1}{(s+1)^2 + 2^2}e^{-s} \end{cases}$$

$$R_1(s) = \mathscr{L}[r_1(t)] = \left[\frac{s+1}{(s+1)^2 + 2^2} + \frac{2}{(s+1)^2 + 2^2}\right]e^{-s}$$

$$H(s) = \frac{5(s+3)}{(s+1)^2 + 2^2}$$

$$E_1(s) = \frac{R_1(s)}{H(s)} = \frac{1}{5}e^{-s}$$

因
$$\mathscr{L}^{-1}[1] = \delta(t)$$

则
$$e_1(t) = \mathscr{L}^{-1}[E_1(s)] = \frac{1}{5}\delta(t-1)$$

为延迟且幅度减小为 $\dfrac{1}{5}$ 的 $\delta(t)$。

2. $r_2(t)$ 为系统单位冲激响应 $h(t)$。根据系统线性时不变性(因为 $H(s)$ 可得到线性常系数微分方程),由 $r_1(t)$ 得

$$r_2(t) = h(t) = 5r_1(t+1) = 5e^{-t}(\cos 2t + \sin 2t)u(t)$$

写为更简洁的形式

$$h(t) = 5\sqrt{2}\,e^{-t}\sin\left(2t + \frac{\pi}{4}\right)u(t)$$

为幅度受指数信号调制的单边正弦信号($\omega_0 = 2$ 得 $T = \pi$,初始相位为 $\dfrac{\pi}{4}$)。

限幅器作用是保留 $r_2(t)$ 中幅度大于 0 的部分,而滤除幅度小于 0 的成分,为非线性系统;$y_2(t)$ 如图 4 — 31.2。

为便于求 $Y_2(s)$,先不考虑 $y_2(t)$ 中 e^{-t} 的作用,则为图 4 — 31.3 的有始周期信号 $y_2'(t)$。

对有始周期信号,主要是求其第一个周期的象函数。在 $(0, \pi)$ 内

$$y_{2a}'(t) = 5\sqrt{2}\sin\left(2t + \frac{\pi}{4}\right)\left[u(t) - u\left(t - \frac{3}{8}\pi\right) + u\left(t - \frac{7}{8}\pi\right) - u(t - \pi)\right]$$

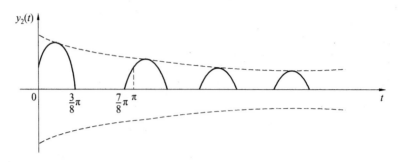

图 4 − 31.2

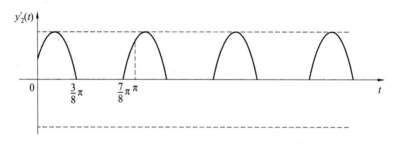

图 4 − 31.3

其中 $\sin\left(2t+\dfrac{\pi}{4}\right)$ 有初始相位，为便于求解，表示为初始相位为 0 的形式

$$\sin\left(2t+\frac{\pi}{4}\right)u(t)=\frac{\sqrt{2}}{2}(\sin 2t+\cos 2t)u(t)$$

$$\mathscr{L}\left[\sin\left(2t+\frac{\pi}{4}\right)u(t)\right]=\frac{\sqrt{2}}{2}\left(\frac{2}{s^2+4}+\frac{s}{s^2+4}\right)=\frac{\sqrt{2}}{2}\cdot\frac{s+2}{s^2+4}$$

为应用时移性质，改写 $y'_{2a}(t)$ 后三项中的正弦信号相位，使其与 t 有关的部分与阶跃项自变量有类似形式

$$\begin{cases}\sin\left(2t+\dfrac{\pi}{4}\right)u\left(t-\dfrac{3}{8}\pi\right)=\sin\left[2\left(t-\dfrac{3}{8}\pi\right)+\pi\right]u\left(t-\dfrac{3}{8}\pi\right)=-\sin\left[2\left(t-\dfrac{3}{8}\pi\right)\right]u\left(t-\dfrac{3}{8}\pi\right)\\[2mm]\sin\left(2t+\dfrac{\pi}{4}\right)u\left(t-\dfrac{7}{8}\pi\right)=\sin\left[2\left(t-\dfrac{7}{8}\pi\right)+2\pi\right]u\left(t-\dfrac{7}{8}\pi\right)=\sin\left[2\left(t-\dfrac{7}{8}\pi\right)\right]u\left(t-\dfrac{7}{8}\pi\right)\\[2mm]\sin\left(2t+\dfrac{\pi}{4}\right)u(t-\pi)=\sin\left[2(t-\pi)+2\pi+\dfrac{\pi}{4}\right]u(t-\pi)=\sin\left[2(t-\pi)+\dfrac{\pi}{4}\right]u(t-\pi)\end{cases}$$

则

$$\begin{cases}\mathscr{L}\left[\sin\left(2t+\dfrac{\pi}{4}\right)u\left(t-\dfrac{3}{8}\pi\right)\right]=\mathscr{L}\left[-\sin 2tu(t)\right]\mathrm{e}^{-\frac{3}{8}\pi s}=-\dfrac{2}{s^2+4}\mathrm{e}^{-\frac{3}{8}\pi s}\\[2mm]\mathscr{L}\left[\sin\left(2t+\dfrac{\pi}{4}\right)u\left(t-\dfrac{7}{8}\pi\right)\right]=\mathscr{L}\left[\sin 2tu(t)\right]\mathrm{e}^{-\frac{7}{8}\pi s}=\dfrac{2}{s^2+4}\mathrm{e}^{-\frac{7}{8}\pi s}\\[2mm]\mathscr{L}\left[\sin\left(2t+\dfrac{\pi}{4}\right)u(t-\pi)\right]=\mathscr{L}\left[\sin\left(2t+\dfrac{\pi}{4}\right)u(t)\right]\mathrm{e}^{-\pi s}=\dfrac{\sqrt{2}}{2}\cdot\dfrac{s+2}{s^2+4}\mathrm{e}^{-\pi s}\end{cases}$$

$$Y'_{2a}(s)=5\sqrt{2}\left(\frac{\sqrt{2}}{2}\cdot\frac{s+2}{s^2+4}+\frac{2}{s^2+4}\mathrm{e}^{-\frac{3}{8}\pi s}+\frac{2}{s^2+4}\mathrm{e}^{-\frac{7}{8}\pi s}-\frac{\sqrt{2}}{2}\cdot\frac{s+2}{s^2+4}\mathrm{e}^{-\pi s}\right)=$$

$$\frac{5\sqrt{2}}{s^2+4}\left[\frac{\sqrt{2}}{2}(s+2)+2\mathrm{e}^{-\frac{3}{8}\pi s}+2\mathrm{e}^{-\frac{7}{8}\pi s}-\frac{\sqrt{2}}{2}(s+2)\,\mathrm{e}^{-\pi s}\right]$$

$$Y'_2(s)=\frac{Y'_{2a}(s)}{1-\mathrm{e}^{-sT}}$$

由 s 域平移性质

$$Y_2(s)=Y'_2(s+1)=\frac{5\sqrt{2}}{[(s+1)^2+4](1-\mathrm{e}^{-(s+1)T})}\left[\frac{\sqrt{2}}{2}(s+3)+2\mathrm{e}^{-\frac{3}{8}\pi(s+1)}+\right.$$

$$\left.2\mathrm{e}^{-\frac{7}{8}\pi(s+1)}-\frac{\sqrt{2}}{2}(s+3)\,\mathrm{e}^{-\pi(s+1)}\right]$$

4－32　线性时不变系统,激励为 $e_1(t)$ 时,响应为 $r_1(t)$,如图 4－32.1。

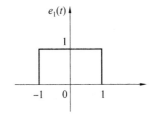 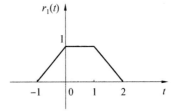

图 4－32.1

1.试求激励为图 4－32.2 的周期信号 $e_2(t)$ 时,响应 $r_2(t)$ 。

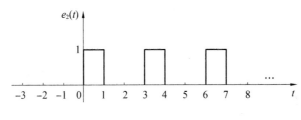

图 4－32.2

2.画出系统结构框图。

【分析与解答】

1.对拉普拉斯变换问题,通常是针对单边信号,即采用单边拉普拉斯变换;本题中 $e_1(t)$ 和 $r_1(t)$ 为双边信号,需用双边拉普拉斯变换。

$$e_1(t)=u(t+1)-u(t-1)$$

$$r_1(t)=(t+1)[u(t+1)-u(t)]+[u(t)-u(t-1)]-(t-2)[u(t-1)-u(t-2)]=$$
$$(t+1)u(t+1)-tu(t)-(t-1)u(t-1)+(t-2)u(t-2)$$

单边拉普拉斯变换的时移性对双边拉普拉斯变换也适用

$$E_1(s)=\frac{1}{s}\cdot\mathrm{e}^s-\frac{1}{s}\cdot\mathrm{e}^{-s}=\frac{1}{s}(\mathrm{e}^s-\mathrm{e}^{-s})$$

$$\mathscr{L}[tu(t)]=\frac{1}{s^2}$$

$$R_1(s)=\frac{1}{s^2}\cdot\mathrm{e}^s-\frac{1}{s^2}-\frac{1}{s^2}\cdot\mathrm{e}^{-s}+\frac{1}{s^2}\cdot\mathrm{e}^{-2s}=\frac{1}{s^2}(\mathrm{e}^s-1-\mathrm{e}^{-s}+\mathrm{e}^{-2s})$$

$$H(s) = \frac{R_1(s)}{E_1(s)} = \frac{1}{s}(1 - e^{-s})$$

可见,尽管 $E_1(s)$ 与 $R_1(s)$ 均包含左边信号象函数分量(e^s 相应于时域左移 1 个单位);但 $H(s)$ 中它们均被约掉,仍为单边信号($h(t)$)的象函数。

$e_2(t)$ 为 $T = 3$ 的有始周期信号

$$e_2(t) = \sum_{n=0}^{\infty} [e_2'(t - 3n)]$$

其第 1 个周期为 $0 \leqslant t \leqslant 1$ 的幅度为 1 的矩形脉冲

$$e_2'(t) = u(t) - u(t - 1)$$

$$E_2'(s) = \frac{1}{s}(1 - e^{-s})$$

$$E_2(s) = E_2'(s)(1 + e^{-3s} + e^{-6s} + \cdots + e^{-3ns} + \cdots) = \frac{1}{s} \cdot \frac{1 - e^{-s}}{1 - e^{-3s}}$$

$$R_2(s) = H(s)E_2(s) = \frac{1}{s^2} \cdot \frac{1 - 2e^{-s} + e^{-2s}}{1 - e^{-3s}}$$

写为
$$R_2(s) = \frac{R_2'(s)}{1 - e^{-3s}}$$

其中
$$R_2'(s) = \frac{1}{s^2}(1 - 2e^{-s} + e^{-2s})$$

$$R_2(s) = R_2'(s) + R_2'(s)e^{-3s} + \cdots + R_2'(s)e^{-3ns} + \cdots$$

$$r_2(t) = r_2'(t) + r_2'(t - 3) + \cdots + r_2'(t - 3n) + \cdots = \sum_{n=0}^{\infty} [r_2'(t - 3n)]$$

$r_2(t)$ 为 $r_2'(t)$ 的有始周期延拓,"周期" $T = 3$,这是有始周期激励 $e_2(t)$ 作用于线性时不变系统的结果。

$$\mathscr{L}^{-1}\left[\frac{1}{s^2}\right] = tu(t)$$

$$r_2'(t) = \mathscr{L}^{-1}[R_2'(s)] = tu(t) - 2(t-1)u(t-1) + (t-2)u(t-2)$$

为直观表示波形随时间的变化关系,写为分段函数

$$r_2'(t) = \begin{cases} t & (0 \leqslant t \leqslant 1) \\ t - 2(t-1) = -t + 1 & (1 \leqslant t \leqslant 2) \\ t - 2(t-1) + (t-2) = 0 & (t \geqslant 2) \end{cases}$$

有始周期延拓得到 $r_2(t)$,如图 4 - 32.3。

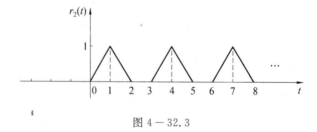

图 4 - 32.3

2. 系统结构图可由

$$H(s) = \frac{1}{s}(1 - \mathrm{e}^{-s})$$

确定。

复频域中，e^{-s} 相当于单位延时器，$\frac{1}{s}$ 相当于积分器（由时域积分性质）。结构图表示为时域形式，物理意义较为清楚，如图 4－32.4。

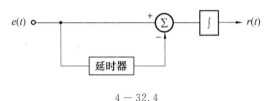

4－32.4

4－33　图 4－33 电路中，$R = 120\ \Omega$，$L = 0.1\ \mathrm{H}$，$C = 10\ \mu\mathrm{F}$，电感初始电流 $i_L(0^-) = 0.5\ \mathrm{A}$，电容初始电压 $u_C(0^-) = 30\ \mathrm{V}$，激励 $e(t) = 100u(t)\ \mathrm{V}$，试求回路电流与电容电压。

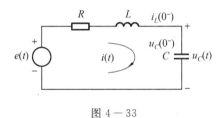

图 4－33

【分析与解答】

RLC 串联电路有两个储能元件，为二阶系统。

解法一　先求 $i(t)$ 再求 $u_C(t)$。

对串联电路应列回路电压方程

$$Ri(t) + u_L(t) + u_C(t) = e(t)$$

其中 $u_L(t)$、$u_C(t)$ 为电感及电容两端电压，由上式得到关于 $i(t)$ 的方程

$$Ri(t) + L\frac{\mathrm{d}i(t)}{\mathrm{d}t} + \frac{1}{C}\int_{-\infty}^{t} i(\tau)\,\mathrm{d}\tau = e(t)$$

如用时域法求解需首先化成微分方程，而用复频域法可直接对微分积分方程进行拉普拉斯变换（以利用时域微分及积分性质）

$$RI(s) + L\left[sI(s) - i_L(0^-)\right] + \frac{1}{C}\left[\frac{I(s)}{s} + \frac{\int_{-\infty}^{0^-} i(\tau)\,\mathrm{d}\tau}{s}\right] = E(s)$$

$$I(s) = \frac{E(s)}{R + Ls + \frac{1}{Cs}} + \frac{Li_L(0^-) - \dfrac{u_C(0^-)}{s}}{R + Ls + \frac{1}{Cs}}$$

$I(s)$ 中第一个分量与激励有关，为零状态响应的象函数；第二个分量与初始条件有关，为零输入响应的象函数。

由

$$E(s) = \frac{100}{s}$$

代入初始条件及电路参数得

$$I(s) = \frac{0.5s + 700}{s^2 + 1\,200s + 10^6}$$

将分母表示为完全平方形式,从而分解为典型的象函数形式:

$$I(s) = \frac{1}{2} \cdot \frac{s + 600}{(s + 600)^2 + 800^2} + \frac{1}{2} \cdot \frac{800}{(s + 600)^2 + 800^2}$$

$$i(t) = \mathscr{L}^{-1}[I(s)] = \left(\frac{1}{2}e^{-600t}\cos 800t + \frac{1}{2}e^{-600t}\sin 800t\right)u(t)$$

如用

$$u_C(t) = \frac{1}{C}\int_{-\infty}^{t} i(\tau)\,d\tau \tag{4-33}$$

求电压有

$$u_C(t) = \frac{1}{C}\int_{-\infty}^{0^-} i(\tau)\,d\tau + \frac{1}{C}\int_{0^-}^{t} i(\tau)\,d\tau$$

$t = 0^-$ 代入式(4-33),则

$$\frac{1}{C}\int_{-\infty}^{0^-} i(\tau)\,d\tau = u_C(0^-)$$

为系统初始条件。从而

$$u_C(t) = \frac{1}{C}\int_{0^-}^{t} i(\tau)\,d\tau + u_C(0^-)$$

被积函数 $i(t)$ 形式复杂,求解积分较困难。为此可由回路电压关系,利用相对简单的微分运算

$$u_C(t) = e(t) - Ri(t) - L\frac{di(t)}{dt} =$$

$$100 - 120 \cdot \frac{1}{2}e^{-600t}(\sin 800t + \cos 800t) -$$

$$0.1 \cdot \frac{d[e^{-600t}(\sin 800t + \cos 800t)/2]}{dt} =$$

$$(100 + 10e^{-600t}\sin 800t - 70e^{-600t}\cos 800t)u(t)$$

解法二 先求 $u_C(t)$ 再求 $i(t)$。

以 $u_C(t)$ 为响应列回路方程

$$L\frac{di(t)}{dt} + Ri(t) + u_C(t) = e(t)$$

代入 $i(t) = C\dfrac{du_C(t)}{dt}$,有

$$LC\frac{d^2 u_C(t)}{dt^2} + RC\frac{du_C(t)}{dt} + u_C(t) = e(t)$$

进行拉普拉斯变换有

$$LC[s^2 U_C(s) - su_C(0^-) - u_C'(0^-)] + RC[sU_C(s) - u_C(0^-)] + U_C(s) = E(s)$$

$$U_C(s) = \frac{E(s) + LCsu_C(0^-) + RCu_C(0^-) + LCu_C'(0^-)}{LCs^2 + RCs + 1}$$

初始条件 $u_C'(0^-)$ 题中未给出,需由已知条件确定。$u_C'(0^-)$ 为 $u_C'(t)$ 的初始值,因而应确定 $u_C'(t)$ 的形式。根据电容两端电压与电流的关系

$$C \frac{\mathrm{d}u_C(t)}{\mathrm{d}t} = i_C(t)$$

由于

$$i_C(t) = i_L(t)$$

$$C \frac{\mathrm{d}u_C(t)}{\mathrm{d}t} = i_L(t)$$

即

$$u_C{}'(0^-) = \frac{1}{C} i_L(0^-)$$

从而由 $i_L(0^-)$ 得到 $u_C'(0^-)$。

求出 $U_C(s)$，并由拉普拉斯反变换得到 $u_C(t)$，再由 $i(t) = C \dfrac{\mathrm{d}u_C(t)}{\mathrm{d}t}$ 求出电流。

4 – 34 图 $4 - 34$ 电路中，$R_1 = R_2 = 1\Omega$，$L = 0.5\mathrm{H}$，$C = 0.5\mathrm{F}$，初始状态为零。试求：

1. 系统函数及单位冲激响应；
2. 若 $e(t) = 5u(t-2)\mathrm{V}$，求响应 $u_C(t)$；
3. 若 $e(t) = 10\sin 2tu(t)\mathrm{V}$，求响应 $u_C(t)$。

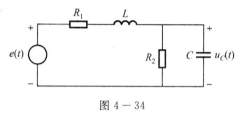

图 $4 - 34$

【分析与解答】

1.

$$H(s) = \frac{U_C(s)}{E(s)} = \frac{\dfrac{R_2 \cdot \dfrac{1}{sC}}{R_2 + \dfrac{1}{sC}}}{R_1 + sL + \dfrac{R_2 \cdot \dfrac{1}{sC}}{R_2 + \dfrac{1}{sC}}} = \frac{4}{s^2 + 4s + 8}$$

$$h(t) = \mathscr{L}^{-1} \left[\frac{4}{(s+2)^2 + 2^2} \right] = 2\mathrm{e}^{-2t} \sin 2tu(t)$$

2.

$$E(s) = \mathscr{L}[5u(t)]\mathrm{e}^{-2s} = \frac{5}{s} \mathrm{e}^{-2s}$$

$$U_C(s) = H(s)E(s) = \frac{20}{s[(s+2)^2 + 4]} \mathrm{e}^{-2s}$$

象函数中有共轭极点，若展开为部分分式则极点与系数均为复数，运算较复杂。分母为 s（位移）的完全平方项，对应于幅度受指数信号调制的单边正弦或余弦信号。不考虑 e^{-2s}，分解为典型信号象函数形式

$$\frac{20}{s[(s+2)^2 + 4]} = \frac{K_1}{s} + K_2 \cdot \frac{s+2}{(s+2)^2 + 2^2} + K_3 \cdot \frac{2}{(s+2)^2 + 2^2}$$

右侧合并，令分子对应项系数与左侧相同，解方程组得到待定系数

$$\frac{20}{s\left[(s+2)^2+4\right]}=\frac{5}{2}\cdot\frac{1}{s}-\frac{5}{2}\cdot\frac{s+2}{(s+2)^2+2^2}-\frac{5}{2}\cdot\frac{2}{(s+2)^2+2^2}$$

$$u_C'(t)=\mathscr{L}^{-1}\left[\frac{20}{s\left[(s+2)^2+4\right]}\right]=\frac{5}{2}\left[1-\mathrm{e}^{-2t}(\cos 2t+\sin 2t)\right]u(t)$$

由时移性质

$$u_C(t)=u_C'(t-2)=\frac{5}{2}\left\{1-\mathrm{e}^{-2(t-2)}\left[\cos 2(t-2)+\sin 2(t-2)\right]\right\}u(t-2)$$

同频率项合并,物理意义更确切

$$u_C(t)=\frac{5}{2}\left[1-\sqrt{2}\,\mathrm{e}^{-2(t-2)}\cos\left(2(t-2)-45°\right)\right]u(t-2)$$

等效为

$$u_C(t)=\frac{5}{2}\left[1+\sqrt{2}\,\mathrm{e}^{-2(t-2)}\cos\left(2(t-2)+135°\right)\right]u(t-2)$$

电路没有延迟环节,响应与激励同时出现。$u_C(t)$ 在 $t=2$ 时开始存在,是由于激励在 $t=2$ 时加入,这体现了时不变系统响应随激励进行延时的特性。

3.
$$E(s)=10\cdot\frac{2}{s^2+4}=\frac{20}{s^2+4}$$

$$U_C(s)=H(s)E(s)=\frac{80}{(s^2+4)(s^2+4s+8)}$$

包括两对共轭极点,如展开为 4 个部分分式,则各极点与系数项均为复数。$U_C(s)$ 分母中二次因式均为完全平方项,可分解为等幅的单边正弦及余弦信号及指数信号调制的单边正弦及余弦信号的象函数之和。

$U_C(s)$ 为真分式,展开后各分式应为真分式

$$\frac{80}{(s^2+4)(s^2+4s+8)}=\frac{as+b}{s^2+4}+\frac{cs+d}{s^2+4s+8}$$

右侧合并,令分子对应项系数与左侧相同,解方程组,得到待定系数

$$U_C(s)=\frac{-4s+4}{s^2+4}+\frac{4s+12}{(s+2)^2+2^2}$$

表示为

$$U_C(s)=-4\cdot\frac{s}{s^2+2^2}+2\cdot\frac{2}{s^2+2^2}+4\cdot\frac{s+2}{(s+2)^2+2^2}+2\cdot\frac{2}{(s+2)^2+2^2}$$

$$u_C(t)=(-4\cos 2t+2\sin 2t+4\mathrm{e}^{-2t}\cos 2t+2\mathrm{e}^{-2t}\sin 2t)u(t)$$

同频率项合并

$$u_C(t)=\left[2\sqrt{5}\left(\frac{1}{\sqrt{5}}\sin 2t-\frac{2}{\sqrt{5}}\cos 2t\right)+2\mathrm{e}^{-2t}\cdot\sqrt{5}\left(\frac{1}{\sqrt{5}}\sin 2t+\frac{2}{\sqrt{5}}\cos 2t\right)\right]u(t)=$$

$$2\sqrt{5}\left[-\cos(2t+26.5°)+\mathrm{e}^{-2t}\cos(2t-26.5°)\right]u(t)$$

4－35 线性系统 A,在激励 $e_A(t)=\cos\omega_0 tu(t)$ 作用下,响应 $r_A(t)=K\sin\omega_0 tu(t)$。系统 B 由两个系统 A 级联构成,试求其在图 4－35 信号 $e_B(t)$ 作用下的响应 $r_B(t)$。

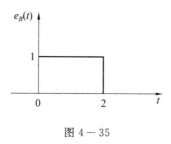

图 4－35

【分析与解答】

$$E_A(s) = \frac{s}{s^2 + \omega_0^2}$$

$$R_A(s) = k \cdot \frac{\omega_0}{s^2 + \omega_0^2}$$

$$H_A(s) = \frac{R_A(s)}{E_A(s)} = \frac{k\omega_0}{s}$$

即系统 A 为积分器。

$$H_B(s) = H_A(s) \cdot H_A(s) = \frac{k^2\omega_0^2}{s^2}$$

即系统 B 为二阶积分器。

$$e_B(t) = [u(t) - u(t-2)], \quad E_B(s) = \frac{1}{s}(1 - e^{-2s})$$

$$R_B(s) = H_B(s) E_B(s) = \frac{1}{s^3} k^2 \omega_0^2 (1 - e^{-2s})$$

先考虑 $\mathscr{L}^{-1}\left(\frac{1}{s^3}\right)$。由 $\mathscr{L}[u(t)] = \frac{1}{s}$，利用时域积分性质

$$\mathscr{L}^{-1}\left(\frac{1}{s^3}\right) = \int_{0^-}^{t} \left[\int_{0^-}^{\lambda} u(\tau)d\tau\right] d\lambda = \left[\int_{0^-}^{t} \lambda d\lambda\right] u(t) = \frac{1}{2} t^2 u(t)$$

或由 $\mathscr{L}[t^n u(t)] = \frac{n!}{s^{n+1}}$，得 $n=2$ 时，$\mathscr{L}^{-1}\left(\frac{1}{s^3}\right) = \frac{1}{2} t^2 u(t)$。

或者，$s=0$ 处有 3 阶极点，由留数法有

$$\mathscr{L}^{-1}\left(\frac{1}{s^3}\right) = \frac{1}{2} \left[\frac{d^2}{ds^2}\left(s^3 \cdot \frac{1}{s^3} e^{st}\right)\right]\bigg|_{s=0} = \frac{1}{2} t^2 e^{st}\big|_{s=0} = \frac{1}{2} t^2$$

由时移性有

$$r_B(t) = \frac{1}{2} k^2 \omega_0^2 [t^2 u(t) - (t-2)^2 u(t-2)]$$

其中第 1 个分量为相应于激励中 $u(t)$ 分量的响应，第 2 个分量为相应于激励中 $-u(t-2)$ 分量的响应；激励信号两个分量具有延时关系，通过线性时不变系统后，响应的两个分量也具有相同的延时关系。

4－36　系统模拟图如图 4－36.1。

1. 求单位冲激响应；
2. $e(t) = e^t u(-t)$，求响应 $r(t)$；

3.画出输入与输出信号波形。

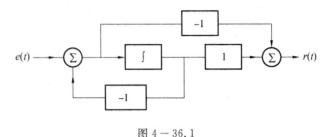

图 4 - 36.1

【分析与解答】

1.先由模拟图确定微分方程。模拟图输入与输出端均有加法器,无法直接列出 $e(t)$ 与 $r(t)$ 的关系,因为积分器的输出无法用 $e(t)$ 及 $r(t)$ 进行表示;为此将积分器输出设为中间变量 $q(t)$,从而分别列两个加法器的输入输出方程:

$$
\begin{cases}
\dfrac{\mathrm{d}q(t)}{\mathrm{d}t} = e(t) - q(t) \\
-\dfrac{\mathrm{d}q(t)}{\mathrm{d}t} + q(t) = r(t)
\end{cases}
$$

在时域上约掉中间变量 $q(t)$ 很复杂,为此采用拉普拉斯变换,

$$
\begin{cases}
sQ(s) = E(s) - Q(s) \\
-sQ(s) + Q(s) = R(s)
\end{cases}
$$

从而

$$
\begin{cases}
Q(s) = \dfrac{E(s)}{s+1} \\
Q(s) = \dfrac{R(s)}{1-s}
\end{cases}
$$

则

$$
\frac{E(s)}{s+1} = \frac{R(s)}{1-s}
$$

即

$$
\frac{\mathrm{d}r(t)}{\mathrm{d}t} + r(t) = -\frac{\mathrm{d}e(t)}{\mathrm{d}t} + e(t)
$$

$$
H(s) = \frac{-s+1}{s+1} = -1 + \frac{2}{s+1}
$$

$$
h(t) = -\delta(t) + 2\mathrm{e}^{-t}u(t)
$$

$h(t)$ 单边且可积,因而为因果稳定系统。原因为由模拟图可见系统由加法器、乘法器及积分器构成,在实际中均可实现且均为稳定元件(对有界的输入产生有界的输出)。

2.通常激励为单边信号,这里 $e(t)$ 为左边信号,为单边指数信号 $\mathrm{e}^{-t}u(t)$ 的翻转;如用复频域法,需采用双边变换拉普拉斯变换,无法直接应用单边拉普拉斯变换的性质及结论。

为此采用时域法,用图解法求卷积(可直观地确定积分下限)。

$$
r_{\mathrm{zs}}(t) = \int_{-\infty}^{\infty} e(\tau) h(t-\tau)\,\mathrm{d}\tau
$$

$t \leqslant 0$ 时，$e(\tau)$ 及 $h(t-\tau)$ 波形如图 $4-36.2$，$h(t-\tau)$ 的两个分量与 $e(\tau)$ 均有公共部分。

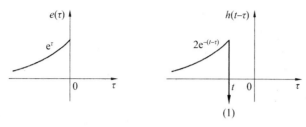

图 $4-36.2$

$$e(t) * [-\delta(t)] = -\int_{-\infty}^{0} e^{\tau}\delta(t-\tau)\,d\tau = -\int_{-\infty}^{0} e^{t}\delta(\tau-t)\,d\tau =$$

$$-e^{t}\int_{-\infty}^{0} \delta(\tau-t)\,d\tau = -e^{t}$$

或

$$e(t) * [-\delta(t)] = -e(t) = -e^{t}$$

$$e(t) * 2e^{-t}u(t) = \int_{-\infty}^{t} e^{\tau}2e^{-(t-\tau)}\,d\tau = e^{t}$$

$$r_{zs}(t) = -e^{t} + e^{t} = 0$$

$t > 0$ 时，$e(\tau)$ 波形不变，$h(t-\tau)$ 如图 $4-36.3$，只有 $2e^{-(t-\tau)}$ 与 $e(\tau)$ 有公共部分。

$$r_{zs}(t) = \int_{-\infty}^{0} e^{\tau} \cdot 2e^{-(t-\tau)}\,d\tau = 2e^{-t}\int_{-\infty}^{0} e^{2\tau}\,d\tau = e^{-t}$$

即

$$r_{zs}(t) = e^{-t}u(t)$$

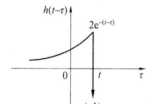

图 $4-36.3$

3．输入及输出信号波形如图 $4-36.4$。

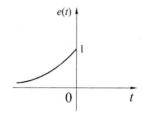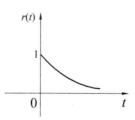

图 $4-36.4$

即输出为输入信号的翻转。

$4-37$　系统函数 $H(s) = \dfrac{s+3}{s^2+3s+2}$，输入 $e(t) = e^{t}u(-t)$，求其零状态响应。

【分析与解答】

输入信号为左边信号，与上题相同。

解法一   左边信号采用双边拉普拉斯变换。

$$E(s) = \int_{-\infty}^{\infty} e^t u(-t) e^{-st} dt = \int_{-\infty}^{0} e^{(1-s)t} dt = \frac{1}{1-s}$$

$$R(s) = \frac{s+3}{s^2+3s+2} \cdot \frac{1}{1-s} = \frac{1}{s+1} + \frac{-\dfrac{1}{3}}{s+2} + \frac{\dfrac{2}{3}}{1-s}$$

第 3 个分量与为 $E(s)$ 形式类似，因而其相应的时域信号与 $e(t)$ 类似，从而不必求双边拉普拉斯反变换。

$$r(t) = \left(e^{-t} - \frac{1}{3}e^{-2t} \right) u(t) + \frac{2}{3} e(t) =$$

$$\left(e^{-t} - \frac{1}{3}e^{-2t} \right) u(t) + \frac{2}{3} e^t u(-t)$$

即响应为双边信号。

解法二   时域法。

$$h(t) = \mathscr{L}^{-1} [H(s)] = (2e^{-t} - e^{-2t}) u(t)$$

$$r(t) = h(t) * e(t) = \int_{-\infty}^{\infty} e^\tau u(-\tau) [2e^{-(t-\tau)} u(t-\tau) - e^{-2(t-\tau)} u(t-\tau)] d\tau$$

可采用图解法求解。

$t \leqslant 0$ 时，$e(\tau)$ 及 $h(t-\tau)$ 波形如图 $4-37.1$；公共部分为 $-\infty < \tau < t$。

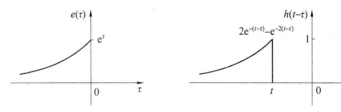

图 $4-37.1$

$$r(t) = \int_{-\infty}^{t} e^\tau [2e^{-(t-\tau)} - e^{-2(t-\tau)}] d\tau = 2e^{-t} \int_{-\infty}^{t} e^{2\tau} d\tau - e^{-2t} \int_{-\infty}^{t} e^{3\tau} d\tau =$$

$$\frac{2}{3} e^t$$

$t > 0$ 时，$e(\tau)$ 表达式不变，$h(t-\tau)$ 如图 $4-37.2$；公共部分 $-\infty < \tau < 0$。

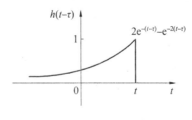

图 $4-37.2$

与 $t \leqslant 0$ 时相比,只是积分上限不同:

$$r(t) = \int_{-\infty}^{0} e^{\tau} \left[2e^{-(t-\tau)} - e^{-2(t-\tau)} \right] d\tau = 2e^{-t} \int_{-\infty}^{0} e^{2\tau} d\tau - e^{-2t} \int_{-\infty}^{0} e^{3\tau} d\tau =$$

$$e^{-t} - \frac{1}{3} e^{-2t}$$

因而

$$r(t) = \left(e^{-t} - \frac{1}{3} e^{-2t} \right) u(t) + \frac{2}{3} e^{t} u(-t)$$

第 5 章

连续信号离散化及恢复

概念与解题提要

1. 取样信号频谱的特点

对连续信号冲激取样后,变为离散信号;离散信号频谱是周期的,是连续信号频谱的周期延拓,且周期为取样角频率 ω_s:

$$F_s(\omega) = \frac{1}{T_s} \sum_{n=-\infty}^{\infty} F(\omega - n\omega_s)$$

式中 $\omega_s = \frac{2\pi}{T_s}$。可见取样后信号幅度发生变化,原因在于 T_s 时间范围内只有 1 个时刻存在信号,因而频谱值为取样前的 $\frac{1}{T_s}$。

2. 时域和频域中,周期性与离散性的对应关系

第 3 章中,周期信号的频谱是离散的;而本章中,离散信号的频谱是周期的:

时域　　　频域

周期 ⟷ 离散

离散 ⟷ 周期

可见,信号在一个域如果是离散的,则在另一个域是周期的;因而信号在时域和频域具有对称性,这由傅里叶变换的对称性(第 3 章中所述)决定。

3. 取样定理

(1) 取样定理的意义

将连续信号在时间上离散化时,要满足取样定理;而时间离散化又是信号数字化的重要组成部分。计算机采用数字处理方式,因而取样定理具有十分重要的理论与应用意义。

(2) 取样定理的依据

取样定理的结论,即最低取样率为信号最高频率的两倍,是容易理解的。这由取样信号频谱是连续信号频谱的周期重复这一特点所决定。

(3) 取样定理所要求的 3 个参数的关系

最低取样频率 f_{smin}、最低取样角频率 ω_{smin} 及最高取样周期 T_{smax} 这三者具有相互关系,其中一个确定后,另外两个就唯一确定。

$$\begin{cases} \omega_{\text{smin}} = \dfrac{2\pi}{T_{\text{smax}}} \\ \omega_{\text{smin}} = 2\pi f_{\text{smin}} \\ T_{\text{smax}} = \dfrac{1}{f_{\text{smin}}} \end{cases}$$

（4）确定取样参数所需的条件

根据取样定理，为求奈奎斯特频率与奈奎斯特间隔，只需确定信号的最高频率成分，而无需确定频谱的具体形式。

（5）信号无失真恢复的限带要求

取样定理表明：当取样频率 f_s 大于最低取样频率 f_{smin} 时，由取样信号可无失真恢复取样前的连续信号。因而，只有带限信号（频谱分布于有限频率范围内）才可能由取样信号无失真恢复出原信号。非带限信号频谱存在于整个频率范围，不论取样率为多大，相邻周期频谱均将产生混叠，无法从取样信号的周期性频谱中提取出无失真的单周期频谱，即无法准确恢复取样前信号。

4. 理想滤波器的不可实现性

根据所选通的频率范围，理想滤波器分为三种：理想低通、理想带通及理想高通。它们均为非因果系统，原因为其 $h(t)$ 中均包括 Sa( ) 函数，即不是单边信号，从而不满足因果性。

$h(t)$ 中包含 Sa( ) 函数的原因是理想滤波特性的系统 $H(\omega)$ 中包含频域矩形脉冲。

如对理想高通滤波器，其幅频特性如图 5－0.1。

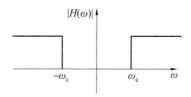

图 5－0.1

$$|H(\omega)| = 1 - G_{2\omega_c}(\omega)$$

其中，ω_c 为截止角频率；$G_{2\omega_c}( )$ 表示脉冲宽度为 $2\omega_c$ 的频域矩形脉冲。如不考虑相频特性，冲激响应

$$h(t) = 2\pi\delta(t) - \text{Sa}( )$$

为双边信号，即响应早于激励。

对理想带通滤波器，幅频特性如图 5－0.2。

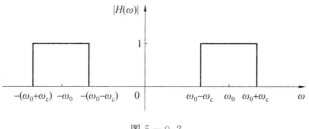

图 5－0.2

$$|H(\omega)| = 1 - G_{2\omega_c}(\omega - \omega_0) - G_{2\omega_c}(\omega + \omega_0)$$

对于其中的两个频域矩形脉冲,对应的时间信号分别为 $\text{Sa}()e^{j\omega_0 t}$ 及 $\text{Sa}()e^{-j\omega_0 t}$,如不考虑相频特性

$$h(t) = 2\pi\delta(t) - 2\text{Sa}()\cos\omega_0 t$$

为双边信号。

从理想滤波器的频域形式考虑,也非因果系统,因为不满足佩利—维纳准则:

$$\int_{-\infty}^{\infty} \frac{|\ln|H(\omega)||}{1+\omega^2} d\omega < \infty$$

理想滤波器在通带以外,幅频特性值为 0,即 $|H(\omega)| = 0$;因而 $\ln|H(\omega)| \to -\infty$,则 $|\ln|H(\omega)|| \to \infty$,从而 $\dfrac{|\ln|H(\omega)||}{1+\omega^2}$ 不可积。

5. 系统无失真传输

系统无失真传输条件,包括幅度无失真及相位两个无失真方面。判断幅度无失真需确定频率特性的模,计算较容易;判断相位无失真需求相频特性,一般需计算反正切函数,较为复杂。所以可先确定是否满足幅度无失真条件;如满足再判断是否满足相位无失真条件;二者缺一不可。

对无失真传输系统,任何信号通过它都不会产生失真。无失真传输是系统特性的一种描述;如系统不是无失真传输系统时,不表明任何信号通过它都产生失真。如理想滤波器不满足幅度无失真传输条件,因为幅频特性在整个频率范围内不是常数。如果激励有频谱成分位于滤波器通带范围以外,则这些频率分量被完全抑制,输出信号与输入相比产生失真;但如果激励信号所有频率成分均位于滤波器通带内,则系统输出将不产生失真。

例题分析与解答

5—1 对图 $5-1.1$ 所示信号取样,取样间隔为 T_s,试大致画出取样信号的频谱。

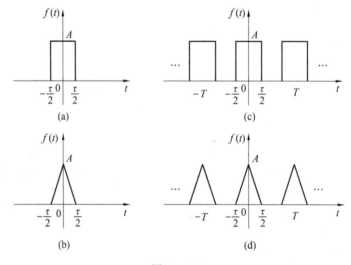

图 $5-1.1$

【分析与解答】

（a）单周期矩形脉冲为典型的非周期信号。

取样前
$$F(\omega) = A\tau \mathrm{Sa}\left(\frac{\omega\tau}{2}\right)$$

如图 5－1.2。

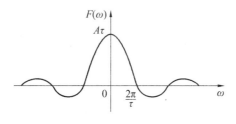

图 5－1.2

取样后频谱是取样前信号频谱的周期延拓，周期为取样角频率 ω_s，且 $\omega_s = \dfrac{2\pi}{T_s}$，幅度为其 $\dfrac{1}{T_s}$：

$$F_s(\omega) = \frac{1}{T_s}\sum_{n=-\infty}^{\infty} F(\omega - n\omega_s) \tag{5－1.1}$$

$F_s(\omega)$ 如图 5－1.3。有 3 个主要参数：$\omega = 0$ 时的频谱值 $F_s(0) = \dfrac{A\tau}{T_s}$；第 1 个零点位置 $\dfrac{2\pi}{\tau}$；频谱周期即取样角频率 ω_s。3 个参数确定后，$F_s(\omega)$ 大致形状就可确定。

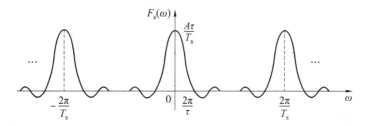

图 5－1.3

不论 ω_s 取为多少，相邻周期频谱都将产生混叠，不能无失真地恢复原信号。原因为矩形脉冲不是带限信号。

表达式为
$$F_s(\omega) = \frac{A\tau}{T_s}\sum_{n=-\infty}^{\infty} \mathrm{Sa}\left(\frac{\omega - n\omega_s}{2}\tau\right)$$

（b）周期矩形脉冲信号为典型的周期信号形式。

取样前的连续周期信号为离散谱，由无穷多个等间隔的冲激构成，且间隔为基波角频率：

$$F(\omega) = 2\pi\sum_{n=-\infty}^{\infty} c_n\delta(\omega - n\omega_1)$$

式中，$\omega_1 = \dfrac{2\pi}{T}$。$c_n$ 为指数傅里叶系数

$$c_n = \frac{1}{T} F_0(\omega) \big|_{\omega = n\omega_1}$$

则

$$F(\omega) = \frac{2\pi}{T} \sum_{n=-\infty}^{\infty} F_0(n\omega_1) \delta(\omega - n\omega_1)$$

由

$$F_0(\omega)\delta(\omega - n\omega_1) = F_0(n\omega_1)\delta(\omega - n\omega_1)$$

得

$$F(\omega) = \frac{2\pi}{T} \sum_{n=-\infty}^{\infty} F_0(\omega)\delta(\omega - n\omega_1) = \frac{2\pi}{T} F_0(\omega) \sum_{n=-\infty}^{\infty} \delta(\omega - n\omega_1)$$

即周期信号频谱是单周期信号频谱在基波角频率处的冲激取样,且幅度为其 $\frac{2\pi}{T}$ 倍。因而,图 5 - 1.2 的频谱取样再乘以系数,得到周期矩形脉冲信号的频谱如图 5 - 1.4。

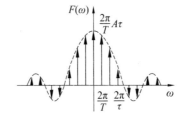

图 5 - 1.4

其有 3 个主要参数:$\omega = 0$ 时的频谱值,即 $F(0) = \frac{2\pi}{T} \cdot A\tau$;谱线间隔:$\frac{2\pi}{T}$;频谱包络第 1 个零点的位置:$\frac{2\pi}{\tau}$。频谱包络第 1 个零点位置不一定位于谐波频率处,除非 $\frac{2\pi}{\tau} = k \cdot \frac{2\pi}{T}$($k$ 为正整数),即 $T = k\tau$,即信号周期为脉冲宽度的整数倍。

$F(\omega)$ 表达式

$$F(\omega) = \frac{2\pi A\tau}{T} \mathrm{Sa}\left(\frac{\omega\tau}{2}\right) \cdot \sum_{n=-\infty}^{\infty} \delta(\omega - n\omega_1) \tag{5-1.2}$$

而取样信号频谱是取样前信号频谱(图 5 - 1.4)的周期延拓,周期为取样角频率 ω_s,且幅度变为原来的 $\frac{1}{T_s}$。频谱图如图 5 - 1.5。有 4 个主要参数:$F_s(0) = \frac{2\pi A\tau}{TT_s}$;谱线间隔 $\frac{2\pi}{T}$;频谱包络的第 1 个零点位置 $\frac{2\pi}{\tau}$;周期 ω_s。这些参数确定后,频谱图的大致形状就可确定。

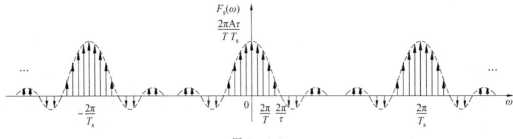

图 5 - 1.5

将式(5－1.2)代入式(5－1.1)，得到表达式

$$F_s(\omega) = \frac{2\pi A\tau}{T T_s} \sum_{k=-\infty}^{\infty} \left[\mathrm{Sa}\left(\frac{\omega - k\omega_s}{2}\tau\right) \sum_{n=-\infty}^{\infty} \delta(\omega - n\omega_1 - k\omega_s) \right]$$

（c）单周期三角波脉冲。

取样前的三角波脉冲频谱可用时域微分性质求解，如例 3－13 与例 3－14：

$$F(\omega) = \frac{A\tau}{2} \mathrm{Sa}^2\left(\frac{\omega\tau}{4}\right)$$

为 $\mathrm{Sa}^2(\ )$ 形式，因而 $F(\omega)$ 为正，即相位谱为 0。频谱幅度与 $\dfrac{A\tau}{2}$ 即信号能量（面积）成正比。

频谱图如图 5－1.6。第 1 个零点位置满足 $\mathrm{Sa}^2\left(\dfrac{\omega\tau}{4}\right) = 0$，即 $\mathrm{Sa}\left(\dfrac{\omega\tau}{4}\right) = 0$，$\dfrac{\omega\tau}{4} = \pi$，即 $\omega = \dfrac{4\pi}{\tau}$。

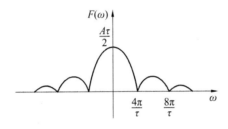

图 5－1.6

取样后

$$F_s(\omega) = \frac{1}{T_s} \sum_{n=-\infty}^{\infty} F(\omega - n\omega_s) = \frac{A\tau}{2T_s} \sum_{n=-\infty}^{\infty} \mathrm{Sa}^2\left(\frac{\omega - n\omega_s}{4}\tau\right)$$

如图 5－1.7。

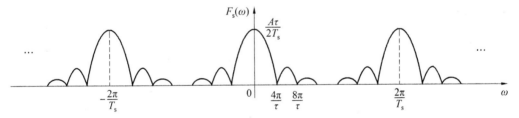

图 5－1.7

（d）周期三角波脉冲。

取样前，周期信号频谱为离散的：

$$F(\omega) = 2\pi \sum_{n=-\infty}^{\infty} c_n \delta(\omega - n\omega_1)$$

$$c_n = \frac{1}{T} F_0(\omega) \big|_{\omega = n\omega_1}$$

因而

$$F(\omega) = \frac{2\pi}{T} \sum_{n=-\infty}^{\infty} F_0(n\omega_1)\delta(\omega - n\omega_1) = \frac{2\pi}{T} F_0(\omega) \sum_{n=-\infty}^{\infty} \delta(\omega - n\omega_1)$$

其中，$F_0(\omega)$ 为单周期三角波频谱(图 $5-1.6$)。即 $F(\omega)$ 为 $F_0(\omega)$ 在谐波频率处的取样，再

乘以 $\dfrac{2\pi}{T}$；即

$$F(\omega)=\frac{2\pi}{T}\cdot\frac{A\tau}{2}\,\mathrm{Sa}^2\left(\frac{\omega\tau}{4}\right)\sum_{n=-\infty}^{\infty}\delta(\omega-n\omega_1)=\frac{\pi A\tau}{T}\,\mathrm{Sa}^2\left(\frac{\omega\tau}{4}\right)\sum_{n=-\infty}^{\infty}\delta(\omega-n\omega_1)$$

$$(5-1.3)$$

如图 $5-1.8$。频谱图主要参数：$F(0)=\dfrac{\pi A\tau}{T}$，谱线间隔 $\dfrac{2\pi}{T}$；频谱包络第 1 个零点位置

$\dfrac{4\pi}{\tau}$。

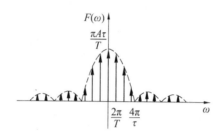

图 $5-1.8$

取样后，信号频谱是取样前信号频谱(即上图)的周期延拓，周期为 ω_s，幅度为原来的

$\dfrac{1}{T_s}$。如图 $5-1.9$。主要参数：$F(0)=\dfrac{\pi A\tau}{TT_s}$；谱线间隔 $\dfrac{2\pi}{T}$；频谱包络第 1 零点位置 $\dfrac{4\pi}{\tau}$；重复

周期 ω_s。

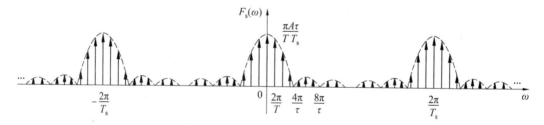

图 $5-1.9$

式($5-1.3$)代入式($5-1.1$)，得

$$F_s(\omega)=\frac{\pi A\tau}{TT_s}\sum_{k=-\infty}^{\infty}\left[\mathrm{Sa}^2\left(\frac{\omega-k\omega_s}{4}\tau\right)\cdot\sum_{n=-\infty}^{\infty}\delta(\omega-n\omega_1-k\omega_s)\right]$$

5－2 试确定下列信号的最低取样率与 Nyquist 间隔。

(1)$\mathrm{Sa}(100t)+\mathrm{Sa}(50t)$ (2)$\mathrm{Sa}^2(100t)$

【分析与解答】

(1) 分别确定两个分量的最高频率成分。

对 $\mathrm{Sa}(100t)$，根据傅里叶变换对称性

$$\mathscr{F}[\mathrm{Sa}(100t)]=\frac{\pi}{100}[u(\omega+100)-u(\omega-100)]$$

最高频率成分 $\omega_{m_1}=100$。

对 $Sa(50t)$，类似地，最高频率成分 $\omega_{m_2}=50$。信号 $Sa(100t)+Sa(50t)$ 最高频率成分为二者中最大值，即 $\omega_m=100$。

最低取样率

$$f_{smin}=2f_m=2\cdot\frac{\omega_m}{2\pi}=\frac{100}{\pi}$$

Nyquist 间隔：

$$T_{smax}=\frac{1}{f_{smin}}=\frac{\pi}{100}$$

（2）一种方法是求 $\mathscr{F}[Sa^2(100t)]$。时域信号为两个分量之积，可用频域卷积定理：$\mathscr{F}[Sa^2(100t)]=\frac{1}{2\pi}\mathscr{F}[Sa(100t)]*\mathscr{F}[Sa(100t)]$，再求 ω_m。$\mathscr{F}[Sa(100t)]$ 为频域矩形脉冲，两个矩形脉冲的卷积并不复杂，但求信号频谱并无必要。

为应用取样定理，只需确定信号的最高频率成分。为此可利用卷积的图解过程，与例 1—10 类似。

设 $\mathscr{F}[Sa(100t)]=F_1(\omega)$。$F_1(\omega)*F_1(\omega)=\int_{-\infty}^{\infty}F_1(u)F_1(\omega-u)\mathrm{d}u$；图解过程如图 5—2。

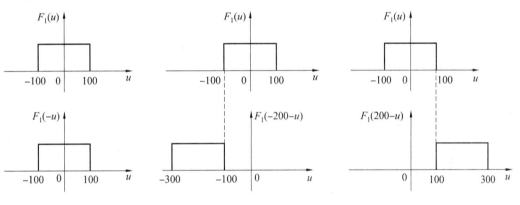

图 5—2

可见，$F_1(\omega-u)$ 沿 u 轴向左及向右平移过程中，当 $\omega=-200$ 及 $\omega=200$ 时，$F_1(u)$ 与 $F_1(\omega-u)$ 恰好没有公共部分；继续平移，$\omega<-200$ 及 $\omega>200$ 时，$F_1(u)F_1(\omega-u)=0$，$\mathscr{F}[Sa(100t)]*\mathscr{F}[Sa(100t)]=0$。因而 $\omega_m=200$，即

$$\begin{cases}f_{smin}=\dfrac{\omega_m}{\pi}=\dfrac{200}{\pi}\\[2mm]T_{smax}=\dfrac{1}{f_{smin}}=\dfrac{\pi}{200}\end{cases}$$

5—3　电路如图 5—3，为满足无失真传输条件，电路参数应满足何种条件？

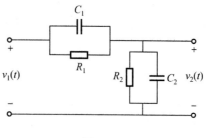

图 5 — 3

【分析与解答】

系统频率特性为零状态响应与激励的频谱之比；响应与激励均为电压，且流过的电流相同，因而频率特性为响应与激励两端的复阻抗之比；响应两端为两个元件并联，复阻抗为两个复阻抗之积除以二者之和。

$$H(\omega) = \frac{V_2(\omega)}{V_1(\omega)} = \frac{R_2 \cdot \dfrac{1}{j\omega C_2}}{R_1 \cdot \dfrac{1}{j\omega C_1} + R_2 \cdot \dfrac{1}{j\omega C_2}} = \frac{R_2(1 + j\omega R_1 C_1)}{(R_1 + R_2) + j\omega(R_1 R_2 C_1 + R_1 R_2 C_2)}$$

$$|H(\omega)| = \frac{\sqrt{R_2^2 + (R_2 \omega R_1 C_1)^2}}{\sqrt{(R_1 + R_2)^2 + \omega^2 [R_1^2 R_2^2 (C_1 + C_2)^2]}}$$

为使幅度无失真，$|H(\omega)|$ 应为常数。其表达式中有开方运算，为运算方便，可令 $|H(\omega)|^2 = k$（k 为任意正数），这与 $|H(\omega)|$ 为常数是等效的。

$$|H(\omega)|^2 = \frac{R_2^2 + (R_2 \omega R_1 C_1)^2}{(R_1 + R_2)^2 + \omega^2 [R_1^2 R_2^2 (C_1 + C_2)^2]} = k$$

因而

$$R_2^2 + \omega^2 (R_1 R_2 C_1)^2 = k (R_1 + R_2)^2 + k R_1^2 R_2^2 (C_1 + C_2)^2 \omega^2$$

对应项系数相同

$$\begin{cases} R_2^2 = k (R_1 + R_2)^2 \\ (R_1 R_2 C_1)^2 = k R_1^2 R_2^2 (C_1 + C_2)^2 \end{cases}$$

得到 k 的两种形式

$$\begin{cases} k = \dfrac{R_2^2}{(R_1 + R_2)^2} \\ k = \dfrac{C_1^2}{(C_1 + C_2)^2} \end{cases}$$

约掉中间变量 k

$$\frac{R_2^2}{(R_1 + R_2)^2} = \frac{C_1^2}{(C_1 + C_2)^2}$$

即

$$\frac{R_2}{R_1 + R_2} = \pm \left(\frac{C_1}{C_1 + C_2} \right)$$

电阻及电容均为正数，则

$$\frac{R_2}{R_1 + R_2} = \frac{C_1}{C_1 + C_2}$$

即
$$R_1 C_1 = R_2 C_2$$

再判断这种电路参数是否满足相位无失真条件,为此考察相频特性。$H(\omega)$ 为分式,相频特性为分子向量的幅角减去分母向量的幅角,而向量幅角为虚部除以实部的反正切。

$$\varphi(\omega) = \arctan R_1 C_1 \omega - \arctan \left(\frac{R_1 R_2 C_1 + R_1 R_2 C_2}{R_1 + R_2} \omega \right)$$

$R_1 C_1 = R_2 C_2$ 时

$$R_2 R_1 C_1 + R_1 R_2 C_2 = R_2 R_1 C_1 + R_1 R_1 C_1 = R_1 C_1 (R_1 + R_2)$$

从而
$$\frac{R_1 R_2 C_1 + R_1 R_2 C_2}{R_1 + R_2} = R_1 C_1$$

即
$$\varphi(\omega) = 0$$

相频特性曲线为通过原点的直线,满足相位无失真条件。$\varphi(\omega) = 0$ 表明信号任一频率分量通过系统后,没有延迟;从而信号在系统输出端各频率分量的相对位置与输入端相同,从而没有相位失真。

该电路参数同时满足幅度及相位无失真条件,故系统无失真传输。

5—4 图 5—4 电路中,电流 $i(t)$ 为输入,电压 $u(t)$ 为响应。为使系统无失真传输,试确定电路参数 R_1 和 R_2。

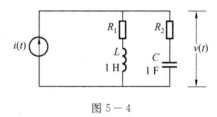

图 5—4

【分析与解答】

$$H(\omega) = \frac{V(\omega)}{I(\omega)} = \frac{\left(R_2 + \dfrac{1}{j\omega C} \right)(R_1 + j\omega L)}{\left(R_2 + \dfrac{1}{j\omega C} \right) + (R_1 + j\omega L)} = \frac{(1 + R_1 R_2) j\omega + R_1 - R_2 \omega^2}{1 + (R_1 + R_2) j\omega - \omega^2}$$

有
$$|H(\omega)| = \frac{\sqrt{(R_1 - R_2 \omega^2)^2 + [(1 + R_1 R_2)\omega]^2}}{\sqrt{(1 - \omega^2)^2 + [(R_1 + R_2)\omega]^2}}$$

幅度无失真应有
$$\frac{\sqrt{(R_1 - R_2 \omega^2)^2 + [(1 + R_1 R_2)\omega]^2}}{\sqrt{(1 - \omega^2)^2 + [(R_1 + R_2)\omega]^2}} = k$$

得
$$R_1^2 + (1 + R_1^2 R_2^2)\omega^2 + R_2^2 \omega^4 = k[1 + (R_1^2 + R_2^2 + 2R_1 R_2 - 2)\omega^2 + \omega^4]$$

则

$$\begin{cases} R_1^2 = k \\ 1 + R_1^2 R_2^2 = k(R_1^2 + R_2^2 + 2R_1 R_2 - 2) \\ k = R_2^2 \end{cases}$$

约掉 k

$$\begin{cases} R_1 = R_2 \\ 3R_1^4 - 2R_1^2 - 1 = 0 \end{cases}$$

得

$$R_1 = R_2 = 1$$

再考虑系统相频特性

$$\varphi(\omega) = \arctan\left[\frac{(1 + R_1 R_2)\,\omega}{R_1 - R_2 \omega^2}\right] - \arctan\left[\frac{(R_1 + R_2)\,\omega}{1 - \omega^2}\right]$$

$R_1 = R_2 = 1$ 时 $\qquad\qquad \varphi(\omega) = 0$

满足相位无失真条件。

同时满足幅度及相位无失真条件，因而系统满足无失真条件。

5－5 某理想低通滤波器幅频及相频特性曲线如图 $5-5.1$。当激励分别为 $\frac{\pi}{\omega_c}\delta(t)$ 和

$\frac{\sin \omega_c t}{\omega_c t}$ 时，证明系统响应相同。

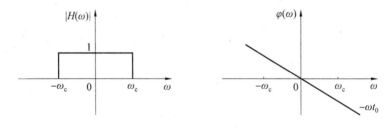

图 $5-5.1$

【分析与解答】

$\frac{\pi}{\omega_c}\delta(t)$ 与 $\frac{\sin \omega_c t}{\omega_c t}$ 是不同信号，但作用于同一系统，可得到相同响应。这在时域，由 $r_{zs}(t) = e(t) * h(t)$ 无法解释；但从频域上看，尽管输入信号不同，但如在系统通带内具有相同频谱，则输出相同。

$$\mathscr{F}\left[\frac{\pi}{\omega_c}\delta(t)\right] = \frac{\pi}{\omega_c}$$

对于 $\frac{\sin \omega_c t}{\omega_c t}$，由傅里叶变换对称性，其频谱为矩形脉冲，

$$\mathscr{F}\left(\frac{\sin \omega_c t}{\omega_c t}\right) = \frac{\pi}{\omega_c} G_{2\omega_c}(\omega)$$

可见与滤波器带宽相同。

$\frac{\pi}{\omega_c}\delta(t)$ 的频谱存在于整个频率范围，$\frac{\sin \omega_c t}{\omega_c t}$ 频谱只存在于理想低通滤波器通带内；尽

管两个信号频谱不同,但在滤波器通带内频谱相同,均为$\dfrac{\pi}{\omega_c}$;如图 $5-5.2$。

　　由 $\qquad\qquad\qquad R(\omega)=H(\omega)E(\omega)$

可见两种激励下得到的输出信号频谱相同,因而输出相同。

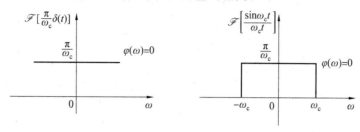

图 $5-5.2$

　　5 — 6　理想带通滤波器频率特性如图 $5-6.1$。求其单位冲激响应,画出波形;并说明是否物理可实现。

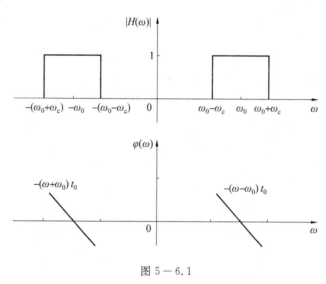

图 $5-6.1$

【分析与解答】

　　理想滤波器均不满足佩利 — 维纳准则,非因果;且不是无失真传输系统,因为 $|H(\omega)|$ 在整个频率范围不为常数。

　　作为带通滤波器,频率特性较复杂。为便于求解,将两个通带部分的频谱平移至零频附近,如图 $5-6.2$,并用 $H_0(\omega)=|H_0(\omega)|\mathrm{e}^{\mathrm{j}\varphi_0(\omega)}$ 表示。再根据频移性质求解。

　　$H_0(\omega)$ 具有线性相频特性;可求先 $\mathscr{F}^{-1}[|H_0(\omega)|]$,再利用时移性质求 $\mathscr{F}^{-1}[H_0(\omega)]$。$|H_0(\omega)|$ 为频域矩形脉冲($E=1,\tau=2\omega_c$),根据对称性,有

$$\mathscr{F}^{-1}\big[|H_0(\omega)|\big]=\frac{1}{\pi}\omega_c\mathrm{Sa}(\omega_c t)$$

$$\mathscr{F}^{-1}\big[H_0(\omega)\big]=\mathscr{F}^{-1}\big[|H_0(\omega)|\mathrm{e}^{-\mathrm{j}\omega t_0}\big]=\frac{1}{\pi}\omega_c\mathrm{Sa}\big[\omega_c(t-t_0)\big]$$

　　将 $H(\omega)$ 中 $\omega<0$ 部分用 $H_1(\omega)$ 表示,$\omega>0$ 的部分用 $H_2(\omega)$ 表示,则

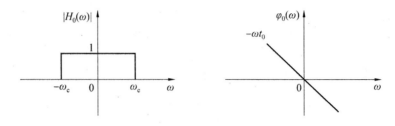

图 5－6.2

$$H_1(\omega) = H_0(\omega + \omega_0)$$

$$\mathscr{F}^{-1}\big[H_1(\omega)\big] = \frac{1}{\pi}\omega_c \mathrm{Sa}\big[\omega_c(t - t_0)\big]\mathrm{e}^{-\mathrm{j}\omega_0 t}$$

$$H_2(\omega) = H_0(\omega - \omega_0)$$

$$\mathscr{F}^{-1}\big[H_2(\omega)\big] = \frac{1}{\pi}\omega_c \mathrm{Sa}\big[\omega_c(t - t_0)\big]\mathrm{e}^{\mathrm{j}\omega_0 t}$$

$$h(t) = \mathscr{F}^{-1}\big[H_1(\omega)\big] + \mathscr{F}^{-1}\big[H_2(\omega)\big] = \frac{2\omega_c}{\pi}\mathrm{Sa}\big[\omega_c(t - t_0)\big]\cos\omega_0 t$$

波形如图 5－6.3(设 t_0 为 $\dfrac{2\pi}{\omega_0}$ 的整数倍)。$h(t)$ 为双边信号,系统非因果。

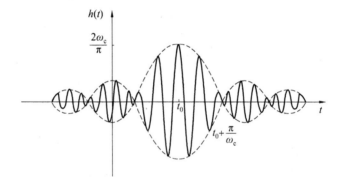

图 5－6.3

5－7 图 5－7 所示系统中,两个子系统均为低通滤波器,频率特性分别为

$$\begin{cases} H_1(\omega) = u(\omega + \omega_1) - u(\omega - \omega_1) \\ H_2(\omega) = u(\omega + \omega_2) - u(\omega - \omega_2) \end{cases}$$

且满足 $\omega_2 > \omega_1, \omega_2 + \omega_1 \gg \omega_2 - \omega_1$。

1.试求系统总的冲激响应 $h(t)$;

2.将两个系统的位置交换,其频率特性有何变化?

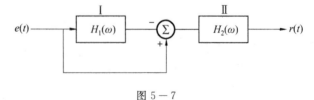

图 5－7

【分析与解答】

1.根据系统结构,有

$$H(\omega)=\frac{R(\omega)}{E(\omega)}=\left[1-H_1(\omega)\right]H_2(\omega)=H_2(\omega)-H_1(\omega)H_2(\omega)$$

由 $H_1(\omega)$ 及 $H_2(\omega)$ 表达式,均为理想低通滤波器。

由于 $\omega_2>\omega_1$

$$H_1(\omega)H_2(\omega)=H_1(\omega)$$
$$H(\omega)=H_2(\omega)-H_1(\omega)$$

$$h(t)=\mathscr{F}^{-1}\left[H_2(\omega)\right]-\mathscr{F}^{-1}\left[H_1(\omega)\right]=\frac{\omega_2}{\pi}\mathrm{Sa}(\omega_2 t)-\frac{\omega_1}{\pi}\mathrm{Sa}(\omega_1 t)=\frac{1}{\pi t}\sin\omega_2 t-\frac{1}{\pi t}\sin\omega_1 t=$$

$$\frac{2}{\pi t}\sin\left(\frac{\omega_2-\omega_1}{2}t\right)\cos\left(\frac{\omega_1+\omega_2}{2}t\right)$$

由 $\omega_2+\omega_1\gg\omega_2-\omega_1,\dfrac{\omega_1-\omega_2}{2}t\leqslant\dfrac{\omega_1+\omega_2}{2}t$,有

$$\sin\left(\frac{\omega_2-\omega_1}{2}t\right)\approx\frac{\omega_2-\omega_1}{2}t$$

则

$$h(t)\approx\frac{2}{\pi t}\cdot\frac{\omega_2-\omega_1}{2}t\cdot\cos\left(\frac{\omega_1+\omega_2}{2}t\right)=\frac{\omega_2-\omega_1}{\pi}\cos\left(\frac{\omega_1+\omega_2}{2}t\right)$$

2. $H(\omega)=\left[1-H_2(\omega)\right]H_1(\omega)=H_1(\omega)-H_1(\omega)H_2(\omega)=H_1(\omega)-H_1(\omega)=0$
系统对所有频率分量完全抑制,没有信号能够通过。

5－8　激励 $e(t)$ 与系统 $H(\omega)$ 如图 $5-8$,试求系统响应 $r(t)$。

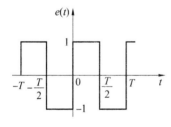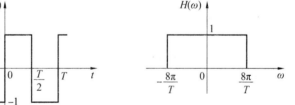

图 $5-8$

【分析与解答】

需确定 $e(t)$ 的频谱特性。为周期信号,应考察傅里叶级数。为奇函数,$a_0=a_n=0$,且为奇谐函数,只包含奇次谐波成分。

$$b_n=\frac{4}{T}\int_0^{\frac{T}{2}}e(t)\sin n\omega_1 t\mathrm{d}t=\frac{2}{n\pi}(1-\cos n\pi t)=\begin{cases}\dfrac{4}{n\pi}&(n\text{ 为奇})\\[2mm]0&(n\text{ 为偶})\end{cases}$$

$e(t)$ 展开为

$$e(t)=\frac{4}{\pi}\left(\sin\omega_1 t+\frac{1}{3}\sin 3\omega_1 t+\frac{1}{5}\sin 5\omega_1 t+\cdots\right)$$

$H(\omega)$ 为理想低通特性,截止频率 $\omega_c = \dfrac{8\pi}{T}$,$T$ 为激励信号周期,即 $\omega_c = 4\omega_1$。因而 $e(t)$ 中只有基波及三次谐波位于滤波器通带内并通过系统。系统相频特性为 0,则在输出端这两个频率成分的初始相位与输入端相同,因而

$$r(t) = \frac{4}{\pi}\left(\sin \omega_1 t + \frac{1}{3}\sin 3\omega_1 t\right)$$

5－9 图 5－9 所示系统中,激励 $e(t) = \sum\limits_{n=-\infty}^{\infty} \delta(t-nT)$;两个子系统中:

$$H_1(\omega) = u(\omega+2\pi) - u(\omega-2\pi)$$
$$h_2(t) = u(t+1) - u(t-1)$$

试求下列情况下的系统输出:

1. $T = \dfrac{4}{3}$; 2. $T = 2$。

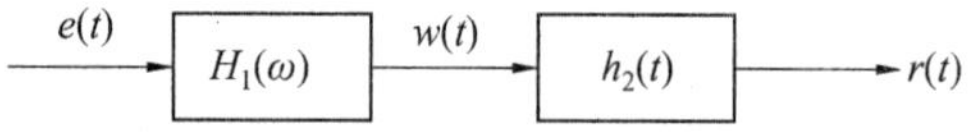

图 5－9

【分析与解答】

第 1 个系统为理想低通滤波器,截止角频率为 2π。第 2 个系统给出时域特性。两种情况下激励信号周期不同,故基频 ω_1 不同,从而通过 $H_1(\omega)$ 的频率成分不同。

1. $\omega_1 = \dfrac{3}{2}\pi$

$$E(\omega) = 2\pi \sum_{n=-\infty}^{\infty} C_n \delta(\omega - n\omega_1)$$

$$C_n = \frac{1}{T} F_0(\omega)\Big|_{\omega=n\omega_1} = \frac{1}{T} \cdot \mathscr{F}[\delta(t)]\Big|_{\omega=n\omega_1} = \frac{1}{T}$$

则

$$E(\omega) = \omega_1 \sum_{n=-\infty}^{\infty} \delta(\omega - n\omega_1)$$
$$W(\omega) = H_1(\omega) E(\omega)$$

$E(\omega)$ 中 3 个最低的频率分量位于滤波器通带内:直流成分,$\omega_1 = \dfrac{3}{2}\pi$,$-\omega_1 = -\dfrac{3}{2}\pi$;经过 $H_1(\omega)$ 后

$$W(\omega) = \left[\omega_1 \sum_{n=-1}^{1} \delta(\omega - n\omega_1)\right] = \frac{3}{2}\pi\left[\delta(\omega) + \delta\left(\omega + \frac{3}{2}\pi\right) + \delta\left(\omega - \frac{3}{2}\pi\right)\right]$$

因

$$\mathscr{F}^{-1}[\delta(\omega)] = \frac{1}{2\pi}$$

则

$$w(t) = \mathscr{F}^{-1}[W(\omega)] = \frac{3}{2}\pi \cdot \frac{1}{2\pi}\left(1 + e^{-j\frac{3\pi}{2}t} + e^{j\frac{3\pi}{2}t}\right) = \frac{3}{4}\left(1 + 2\cos\frac{3\pi}{2}t\right)$$

$w(t)$ 经过系统 $h_2(t)$ 后

$$r(t) = w(t) * h_2(t) = \frac{3}{4}\left(1 + 2\cos\frac{3\pi}{2}t\right) * \left[u(t+1) - u(t-1)\right] =$$

$$\frac{3}{4}\left\{\int_{-\infty}^{\infty}\left[u(t-\tau+1) - u(t-\tau-1)\right]\mathrm{d}\tau + \right.$$

$$\left.\int_{-\infty}^{\infty}2\cos\frac{3\pi}{2}\tau\left[u(t-\tau+1) - u(t-\tau-1)\right]\mathrm{d}\tau\right\} =$$

$$\frac{3}{4}\left[2 + \frac{4}{3\pi}\cdot\sin\frac{3\pi}{2}(t+1) - \sin\frac{3\pi}{2}(t-1)\right] =$$

$$\frac{3}{2} - \frac{2}{\pi}\cos\frac{3\pi}{2}t$$

2. $\omega_1 = \pi$

$$E(\omega) = \pi\sum_{n=-\infty}^{\infty}\delta(\omega - n\pi)$$

其 5 个最低的频率分量位于滤波器通带内：$0, \omega_1 = \pi, -\omega_1 = -\pi, 2\omega_1 = 2\pi, -2\omega_1 = -2\pi$。

$$W(\omega) = H_1(\omega)E(\omega) = \left[\pi\sum_{n=-2}^{2}\delta(\omega - n\omega_1)\right] =$$

$$\pi\left[\delta(\omega) + \delta(\omega+\pi) + \delta(\omega-\pi) + \delta(\omega+2\pi) + \delta(\omega-2\pi)\right]$$

$$w(t) = \mathscr{F}^{-1}\left[W(\omega)\right] = \pi\left(\frac{1}{2\pi} + \frac{1}{2\pi}\mathrm{e}^{-\mathrm{j}\pi t} + \frac{1}{2\pi}\mathrm{e}^{\mathrm{j}\pi t} + \frac{1}{2\pi}\mathrm{e}^{-\mathrm{j}2\pi t} + \frac{1}{2\pi}\mathrm{e}^{\mathrm{j}2\pi t}\right) =$$

$$\frac{1}{2}(1 + 2\cos\pi t + 2\cos 2\pi t)$$

$$r(t) = w(t) * h_2(t) = \int_{-\infty}^{\infty}\frac{1}{2}(1 + 2\cos\pi\tau + 2\cos 2\pi\tau)\left[u(t-\tau+1) - u(t-\tau-1)\right]\mathrm{d}\tau$$

被积函数中，$u(t-\tau+1) - u(t-\tau-1)$ 不为 0 的条件是 $\begin{cases}\tau < t+1 \\ \tau > t-1\end{cases}$，即

$$r(t) = \int_{t-1}^{t+1}\frac{1}{2}(1 + 2\cos\pi\tau + 2\cos 2\pi\tau)\mathrm{d}\tau =$$

$$1 + \frac{1}{\pi}\cdot\sin\pi\tau\Big|_{t-1}^{t+1} + \frac{1}{2\pi}\cdot\sin 2\pi\tau\Big|_{t-1}^{t+1} = 1$$

5－10　图 5－10 所示系统中，

$$H(\omega) = \begin{cases}\mathrm{e}^{-\mathrm{j}\omega t_0} & (|\omega| \leqslant 1) \\ 0 & (|\omega| > 1)\end{cases}$$

试求下列两种情况下的输出 $r(t)$：

1. $e(t) = u(t)$；　　　2. $e(t) = \dfrac{2\sin\left(\dfrac{t}{2}\right)}{t}$。

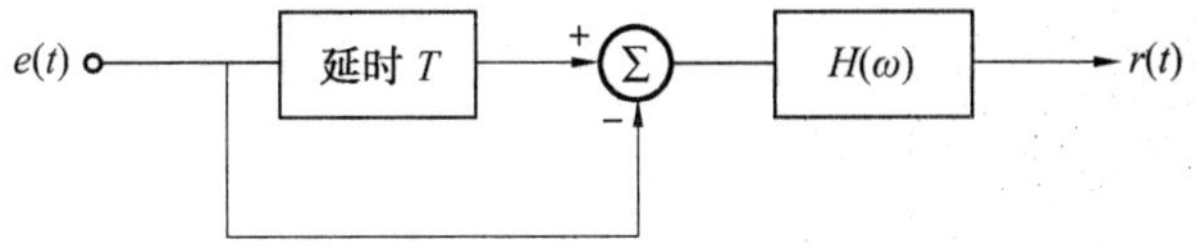

```
e(t) ○──────[ 延时 T ]──────+ Σ ──────[ H(ω) ]──────▶ r(t)
              │                -  ↑
              └──────────────────┘
```

图 5－10

【分析与解答】

$H(\omega)$ 为理想低通滤波器。已知系统频率特性,求响应应用频域分析法。

1. $e(t)$ 经两个支路送入加法器输入端,其中一路延时 T。设加法器输出即理想低通滤波器输入为 $w(t)$,则

$$w(t) = u(t-T) - u(t)$$

$$W(\omega) = \mathscr{F}[u(t-T)] - \mathscr{F}[u(t)] = \left[\pi\delta(\omega) + \frac{1}{j\omega}\right]e^{-j\omega T} - \left[\pi\delta(\omega) + \frac{1}{j\omega}\right]$$

由 $\pi\delta(\omega)e^{-j\omega T} = \pi\delta(\omega)$,得

$$W(\omega) = \frac{1}{j\omega}(e^{-j\omega T} - 1)$$

$$R(\omega) = W(\omega)H(\omega) = \frac{1}{j\omega}(e^{-j\omega T} - 1)e^{-j\omega t_0} = \frac{1}{j\omega}(e^{-j\omega(T+t_0)} - e^{-j\omega t_0}), \ -1 \leqslant \omega \leqslant 1$$

$R(\omega)$ 形式为 $\frac{1}{j\omega}$ 乘以复指数函数,可先求 $\mathscr{F}^{-1}\left(\frac{1}{j\omega}\right)(-1 \leqslant \omega \leqslant 1)$,再利用时移性质。

设 $\frac{1}{j\omega}[u(\omega+1) - u(\omega-1)]$ 的傅里叶反变换为 $r'(t)$,即

$$r'(t) = \frac{1}{2\pi}\int_{-1}^{1}\frac{1}{j\omega}e^{j\omega t}\,d\omega = \frac{1}{2\pi}\int_{-1}^{1}\frac{1}{j\omega}(\cos\omega t + j\sin\omega t)\,d\omega =$$

$$\frac{1}{2\pi}\int_{-1}^{1}\frac{\cos\omega t}{j\omega}\,d\omega + \frac{1}{2\pi}\int_{-1}^{1}\frac{\sin\omega t}{\omega}\,d\omega = \frac{1}{\pi}\int_{0}^{1}\frac{\sin\omega t}{\omega}\,d\omega$$

进行变量代换,从而用正弦积分函数 $\mathrm{Si}(t)$ 表示积分结果

$$r'(t) = \frac{1}{\pi}\int_{0}^{t}\frac{\sin x}{x}\,dx = \frac{1}{\pi}\mathrm{Si}(t)$$

其中

$$\mathrm{Si}(t) = \int_{0}^{t}\frac{\sin x}{x}\,dx$$

而
$$r(t) = r'(t-T-t_0) - r'(t-t_0) = \frac{1}{\pi}[\mathrm{Si}(t-T-t_0) - \mathrm{Si}(t-t_0)]$$

或者,直接应用理想低通滤波器的单位阶跃响应 $g(t)$ 的表达式。理想低通滤波器为线性时不变系统,因而可分别求 $w(t)$ 两个分量的输出。

$$g(t) = \frac{1}{2} + \frac{1}{\pi}\mathrm{Si}[\omega_c(t-t_d)]$$

式中,ω_c 为滤波器截止角频率;t_d 为系统相频特性斜率(即延迟时间)。$\omega_c = 1, t_d = t_0$,则

$$g(t) = \frac{1}{2} + \frac{1}{\pi}\mathrm{Si}(t-t_0)$$

由时不变性,$u(t-T)$ 通过滤波器输出为 $g(t-T)$;由线性特性,输出信号为输入信号各分量的响应的叠加:

$$r(t) = g(t-T) - g(t) = \frac{1}{2} + \frac{1}{\pi}\mathrm{Si}(t-t_0-T) - \left[\frac{1}{2} + \frac{1}{\pi}\mathrm{Si}(t-t_0)\right] =$$

$$\frac{1}{\pi}[\mathrm{Si}(t-t_0-T) - \mathrm{Si}(t-t_0)]$$

与通过傅里叶反变换计算的结果相同。

2. 表示为 $e(t) = \mathrm{Sa}\left(\dfrac{t}{2}\right)$。

$$E(\omega) = 2\pi\left[u(\omega + 0.5) - u(\omega - 0.5)\right]$$

所有频率成分位于滤波器通带内。滤波器对通带内各频率分量延迟 t_0。

$e(t)$ 通过两个支路。在第一个支路通过延时器 T 后，得到 $\mathrm{Sa}\left[\dfrac{1}{2}(t - T)\right]$，再通过滤波器，输出为 $r_1(t) = \mathrm{Sa}\left[\dfrac{1}{2}(t - t_0 - T)\right]$；另一支路信号幅度取负，为 $-\mathrm{Sa}\left(\dfrac{t}{2}\right)$，再通过滤波器，输出 $r_2(t) = -\mathrm{Sa}\left[\dfrac{1}{2}(t - t_0)\right]$。

系统输出是两个支路输出之和：

$$r(t) = \mathrm{Sa}\left[\dfrac{1}{2}(t - t_0 - T)\right] - \mathrm{Sa}\left[\dfrac{1}{2}(t - t_0)\right]$$

5－11　图 5－11.1(a) 所示系统中，

$$e(t) = \frac{\sin 2t}{2\pi t}$$

$$s(t) = \cos 1\,000t$$

带通滤波器频率特性如图 5－11.1(b)。试求输出信号 $r(t)$。

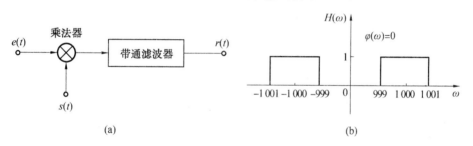

图 5－11.1

【分析与解答】

乘法器输出

$$e(t)s(t) = \frac{\sin 2t}{2\pi t} \cdot \cos 1\,000t$$

可看作调幅信号，即 $e(t)$ 对 $\cos 1\,000t$ 的振荡幅度进行调制。

应用频域卷积定理求 $\mathscr{F}[e(t)s(t)]$。

$e(t) = \dfrac{1}{\pi}\mathrm{Sa}(t)$ 为抽样函数，为求其频谱可用对称性。

$$\mathscr{F}\left\{\frac{1}{4\pi}\left[u(t + 2) - u(t - 2)\right]\right\} = \frac{\sin 2\omega}{2\pi\omega}$$

故

$$E(\omega) = 2\pi \cdot \frac{1}{4\pi}\left[u(\omega + 2) - u(\omega - 2)\right] = \frac{1}{2}\left[u(\omega + 2) - u(\omega - 2)\right]$$

而 $$S(\omega)=\pi[\delta(\omega+1\,000)+\delta(\omega-1\,000)]$$

则 $$\mathscr{F}[e(t)s(t)]=\frac{1}{2\pi}E(\omega)*S(\omega)=\frac{1}{2\pi}\cdot\frac{1}{2}[u(\omega+2)-u(\omega-2)]*$$

$$\pi[\delta(\omega+1\,000)+\delta(\omega-1\,000)]=$$

$$\frac{1}{4}\{[u(\omega+1002)-u(\omega+998)]+[u(\omega-998)-u(\omega-1002)]\}$$

或采用下面的方法。

$$\mathscr{F}[e(t)\cos 1\,000t]=\frac{1}{2}e(t)(e^{j1\,000t}+e^{-j1\,000t})$$

根据频移性质，$e(t)\cos 1\,000t$ 频谱相当于将 $e(t)$ 进行频谱搬移，即左右各平移 1 000 个单位，且幅度为原来一半，即

$$\mathscr{F}[e(t)\cos 1\,000t]=\frac{1}{2}[E(\omega-1\,000)+E(\omega+1\,000)]=$$

$$\frac{1}{2}\{[u(\omega+2-1\,000)-u(\omega-2-1\,000)]+$$

$$[u(\omega+2+1\,000)-u(\omega-2+1\,000)]\}=$$

$$\frac{1}{4}\{[u(\omega+1\,002)-u(\omega+998)]+$$

$$[u(\omega-998)-u(\omega-1\,002)]\}$$

如图 5－11.2。

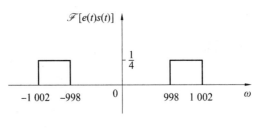

图 5－11.2

可见滤波器输入信号频谱 $\mathscr{F}[e(t)s(t)]$ 的带宽大于 $H(\omega)$，而其输出信号频谱 $R(\omega)$ 的带宽与 $H(\omega)$ 相同；因而

$$R(\omega)=E(\omega)H(\omega)=\frac{1}{4}H(\omega)$$

如图 5－11.3。即 $R(\omega)$ 与 $H(\omega)$ 形式相同，而幅度为其 $\frac{1}{4}$。

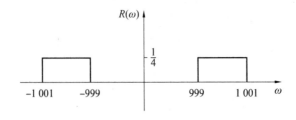

图 5－11.3

对 $R(\omega) = \dfrac{1}{4}\{[u(\omega+1001)-u(\omega+999)]+[u(\omega-999)-u(\omega-1001)]\}$

可由傅里叶逆变换定义求 $r(t)$

$$r(t) = \frac{1}{2\pi} \cdot \frac{1}{4}\left(\int_{-1\,001}^{-999} \mathrm{e}^{\mathrm{j}\omega t}\,\mathrm{d}\omega + \int_{999}^{1\,001} \mathrm{e}^{\mathrm{j}\omega t}\,\mathrm{d}\omega\right) =$$

$$\frac{1}{2\pi} \cdot \frac{1}{4} \cdot \frac{1}{\mathrm{j}t}(\mathrm{e}^{-\mathrm{j}999t} - \mathrm{e}^{-\mathrm{j}1\,001t} + \mathrm{e}^{\mathrm{j}1\,001t} - \mathrm{e}^{\mathrm{j}999t}) =$$

$$\frac{1}{8\pi} \cdot \frac{1}{\mathrm{j}t} \cdot 2\mathrm{j}(\sin 1\,001t - \sin 999t) =$$

$$\frac{1}{2\pi}\mathrm{Sa}(t)\cos 1\,000t$$

也可采用下述方法。考虑频域矩形脉冲 $R_0(\omega)$（图 $5-11.4$），则

$$R(\omega) = R_0(\omega+1\,000) + R_0(\omega-1\,000)$$

可先求 $\mathscr{F}^{-1}[R_0(\omega)]$，再求 $\mathscr{F}^{-1}[R(\omega)]$。

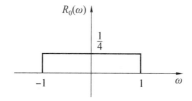

图 $5-11.4$

由傅里叶变换对称性质，频域矩形脉冲对应于时域抽样函数

$$r_0(t) = \mathscr{F}^{-1}[R_0(\omega)] = \frac{1}{4\pi} \cdot \frac{\sin t}{t} = \frac{1}{4\pi}\mathrm{Sa}(t)$$

由频移性质

$$r(t) = r_0(t)(\mathrm{e}^{-\mathrm{j}1\,000t} + \mathrm{e}^{\mathrm{j}1\,000t}) = \frac{1}{2\pi}\mathrm{Sa}(t)\cos 1\,000t$$

波形如图 $5-11.5$。

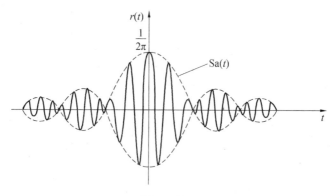

图 $5-11.5$

$5-12$　系统如图 $5-12.1(\mathrm{a})$ 所示，且

$$e(t) = \frac{\sin t}{\pi t}$$

$$s(t) = \cos 1\,000t$$

理想低通滤波器频率特性如图 $5-12.1(b)$，试求输出信号 $r(t)$。

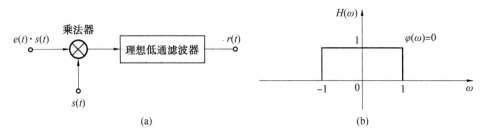

图 $5-12.1$

【分析与解答】

本题与上题类似，但乘法器输入为乘积信号，更为复杂。

解法一　$e(t)$ 为抽样函数，根据对称性

$$E(\omega) = [u(\omega+1) - u(\omega-1)]$$

可见

$$E(\omega) = H(\omega)$$

即激励信号频谱与理想低通滤波器的频率特性相同，如图 $5-12.2$。

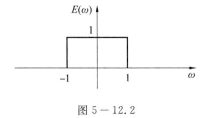

图 $5-12.2$

乘法器输入 $e(t)s(t)$ 为 $e(t)$ 对 $s(t)$ 的调幅信号，频谱为 $e(t)$ 频谱（图 $5-12.2$）左右各平移 $1\,000$ 个单位，幅度变为原来的一半：

$$E_0(\omega) = \mathscr{F}[e(t)s(t)] = \frac{1}{2}[E(\omega+1\,000) + E(\omega-1\,000)]$$

如图 $5-12.3$。

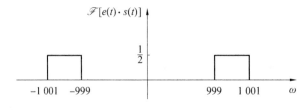

图 $5-12.3$

乘法器输出 $e(t)s(t) \cdot s(t)$ 的频谱是 $e(t)s(t)$ 频谱再左右各平移 $1\,000$ 单位，幅度变为原来一半（即乘法器输出是对 $e(t)$ 频谱两次搬移的结果）：

$$\mathscr{F}[e(t)s(t) \cdot s(t)] = \frac{1}{2}[E_0(\omega+1\,000) + E_0(\omega-1\,000)]$$

如图 $5-12.4$。

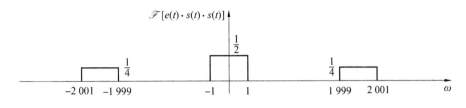

图 5—12.4

因而滤波器输入信号频谱由 3 个部分构成：

$$\mathscr{F}[e(t)s(t)s(t)] = \begin{cases} \dfrac{1}{2} & (-1 \leqslant \omega \leqslant 1) \\ \dfrac{1}{4} & (-2\,001 \leqslant \omega \leqslant -1\,999) \\ \dfrac{1}{4} & (1\,999 \leqslant \omega \leqslant 2\,001) \end{cases}$$

可见只有 $-1 \leqslant \omega \leqslant 1$ 部分位于滤波器通带内，因而

$$R(\omega) = \mathscr{F}[e(t)s(t)s(t)] H(\omega) = \frac{1}{2}[u(\omega+1) + u(\omega-1)] = \frac{1}{2}H(\omega) =$$

$$\frac{1}{2}E(\omega)$$

即输出信号频谱与 $H(\omega)$ 及 $E(\omega)$ 类似，只是幅度为其 $\dfrac{1}{2}$，如图 5—12.5。

从而
$$r(t) = \frac{1}{2}e(t) = \frac{1}{2\pi}\mathrm{Sa}(t)$$

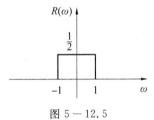

图 5—12.5

解法二　根据频域卷积定理

$$\mathscr{F}[e(t)s(t)s(t)] = \frac{1}{2\pi}\mathscr{F}[e(t)s(t)] * \mathscr{F}[s(t)] =$$

$$\frac{1}{2\pi}\left\{\frac{1}{2\pi}\mathscr{F}[e(t)] * \mathscr{F}[s(t)]\right\} * \mathscr{F}[s(t)] =$$

$$\frac{1}{4\pi^2}[E(\omega) * S(\omega) * S(\omega)] =$$

$$\frac{1}{4\pi^2}E(\omega) * \pi[\delta(\omega+1\,000) + \delta(\omega-1\,000)] *$$

$$\pi[\delta(\omega+1\,000) + \delta(\omega-1\,000)] =$$

$$\frac{1}{4}E(\omega) * [2\delta(\omega) + \delta(\omega+2\,000) + \delta(\omega-2\,000)] =$$

$$\frac{1}{2}E(\omega) + \frac{1}{4}E(\omega+2\,000) + \frac{1}{4}E(\omega-2\,000)$$

$$R(\omega) = \mathscr{F}[e(t)s(t)s(t)] \cdot H(\omega) =$$

$$\left[\frac{1}{2}E(\omega) + \frac{1}{4}E(\omega + 2\,000) + \frac{1}{4}E(\omega - 2\,000)\right][u(\omega + 1) + u(\omega - 1)] =$$

$$\frac{1}{2}E(\omega)$$

则

$$r(t) = \frac{1}{2}e(t) = \frac{1}{2\pi}\mathrm{Sa}(t)$$

5-13　图 5-13 所示系统中,理想低通滤波器频率特性

$$H(\omega) = [u(\omega + 2) - u(\omega - 2)]\mathrm{e}^{-\mathrm{j}3\omega}$$

$e(t) = \left(\dfrac{\sin t}{t}\right)^2 \cos 50t$,试求 $r(t)$。

图 5-13

【分析与解答】

$e(t)$ 表达式较复杂,为 3 个信号分量的乘积。

首先求 $\mathscr{F}\left(\dfrac{\sin t}{t}\right)$,根据对称性

$$\mathscr{F}\left(\frac{\sin t}{t}\right) = 2\pi \cdot \frac{1}{2}[u(\omega + 1) - u(\omega - 1)] = \pi[u(\omega + 1) - u(\omega - 1)]$$

用 $e_0(t)$ 表示 $\left(\dfrac{\sin t}{t}\right)^2$,由频域卷积定理

$$E_0(\omega) = \frac{1}{2\pi} \cdot \pi[u(\omega + 1) - u(\omega - 1)] * \pi[u(\omega + 1) - u(\omega - 1)] =$$

$$\frac{\pi}{2}[u(\omega + 1) - u(\omega - 1)] * [u(\omega + 1) - u(\omega - 1)]$$

与例 1-10 及例 5-2(2)类似,根据卷积的图解过程,可知 $E_0(\omega)$ 的存在范围为 $-2 \leqslant \omega \leqslant 2$。或用解析法计算 $E_0(\omega)$(为频域的三角波脉冲),也可得到其频谱存在范围。

$$\mathscr{F}[\cos 50t] = \pi[\delta(\omega + 50) + \delta(\omega - 50)]$$

由频域卷积定理:

$$E(\omega) = \frac{1}{2\pi}E_0(\omega) * \mathscr{F}[\cos 50t] = \frac{1}{2\pi}E_0(\omega) * \pi[\delta(\omega + 50) + \delta(\omega - 50)] =$$

$$\frac{1}{2}[E_0(\omega + 50) + E_0(\omega - 50)]$$

$g(t) = e(t)\cos 50t$,再次应用频域卷积定理:

$$G(\omega) = \frac{1}{2\pi}E(\omega) * \mathscr{F}(\cos 50t) = \frac{1}{2\pi} \cdot \frac{1}{2}[E_0(\omega + 50) + E_0(\omega - 50)] *$$

$$\pi[\delta(\omega + 50) + \delta(\omega - 50)] =$$

$$\frac{1}{4}E_0(\omega+100)+\frac{1}{2}E_0(\omega)+\frac{1}{4}E_0(\omega-100)$$

即理想低通滤波器输入信号频谱包括 3 个分量,分别位于 $\omega=0$、$\omega=-1\,000$ 及 $\omega=1\,000$ 附近,其中只有 $\omega=0$ 附近的分量即 $E_0(\omega)$ 位于滤波器通带内。

$$R(\omega)=G(\omega)H(\omega)=\left[\frac{1}{2}E_0(\omega+100)+E_0(\omega)+\frac{1}{2}E_0(\omega-100)\right]\cdot\left[u(\omega+2)-u(\omega-2)\right]\mathrm{e}^{-\mathrm{j}3\omega}=$$

$$\left\{\left[\frac{1}{4}E_0(\omega+100)+\frac{1}{2}E_0(\omega)+\frac{1}{4}E_0(\omega-100)\right]\cdot\left[u(\omega+2)-u(\omega-2)\right]\right\}\mathrm{e}^{-\mathrm{j}3\omega}=$$

$$\frac{1}{2}E_0(\omega)\mathrm{e}^{-\mathrm{j}3\omega}$$

由 $\mathscr{F}^{-1}\left[E_0(\omega)\right]=\left(\dfrac{\sin t}{t}\right)^2$,根据时移性

$$r(t)=\mathscr{F}^{-1}\left[\frac{1}{2}E_0(\omega)\mathrm{e}^{-\mathrm{j}3\omega}\right]=\frac{1}{2}\left[\frac{\sin(t-3)}{t-3}\right]^2$$

5—14　系统如图 $5-14.1$,$x_1(t)$ 和 $x_2(t)$ 为乘法器输入信号,频谱分别为 $X_1(\omega)$ 和 $X_2(\omega)$。用周期冲激序列 $p(t)$ 对 $w(t)$ 取样,得到 $w_p(t)$。使 $w_p(t)$ 通过理想低通滤波器,为由滤波器准确恢复 $w(t)$,试确定最大取样时间间隔 $T_{\max}$ 及滤波器截止频率 ω_c。

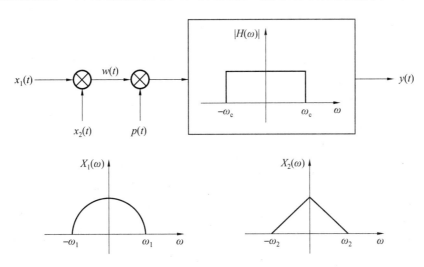

图 $5-14.1$

【分析与解答】

由系统输入端开始考虑。

乘法器输出

$$w(t)=x_1(t)x_2(t)$$

由频域卷积定理,$w(t)$ 的频谱为

$$W(\omega)=\frac{1}{2\pi}X_1(\omega)*X_2(\omega)$$

$X_1(\omega)$ 及 $X_2(\omega)$ 只给出了频谱图,难以根据上式求出 $W(\omega)$ 表达式。但为确定最大取样周期,根据取样定理,只需求出信号的最高频率值,无需其频谱的具体形式。

为确定 $W(\omega)$ 的最高频率成分,可利用卷积的图解过程。由图 $5-14.1$ 可见

$$\begin{cases} X_1(\omega): -\omega_1 \leqslant \omega \leqslant \omega_1 \\ X_2(\omega): -\omega_2 \leqslant \omega \leqslant \omega_2 \end{cases}$$

与例 $1-10$ 类似,可得 $X_1(\omega) * X_2(\omega)$ 的存在范围:

$$-(\omega_1 + \omega_2) \leqslant \omega \leqslant \omega_1 + \omega_2$$

即

$$\omega_m = \omega_1 + \omega_2$$

因而,对 $w(t)$ 取样,为由取样信号准确恢复 $w(t)$,最低取样角频率

$$\omega_{smin} = 2\omega_m = 2(\omega_1 + \omega_2)$$

最大取样周期

$$T_{smax} = \frac{2\pi}{\omega_{smin}} = \frac{\pi}{\omega_1 + \omega_2}$$

取样信号 $w_p(t)$ 的频谱是周期的,且周期为取样角频率 ω_s。$w_p(t)$ 通过理想低通滤波器后,为准确恢复取样前信号,滤波器输出的只应是 $w_p(t)$ 频谱中的一个周期(即 $w(t)$ 的频谱)。如果输出不足一个周期,则丢失了信号信息;如输出大于一个周期,则该频谱不是 $W(\omega)$,反变换后与 $w(t)$ 相比产生失真。因而,滤波器截止频率应满足:

$$\omega_1 + \omega_2 \leqslant \omega_c \leqslant \omega_s - (\omega_1 + \omega_2)$$

如图 $5-14.2$ 所示,两种虚线分别表示所允许的滤波器截止频率的最小值与最大值下的频率特性。

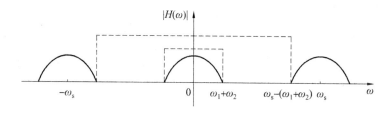

图 $5-14.2$

5 - 15 对信号 $e(t) = 5\cos 1\ 000\pi t \cos^2(2\ 000\pi t)$ 取样,设取样频率为 $4\ 500\ \text{Hz}$;令取样信号通过截止频率 $2\ 600\ \text{Hz}$ 的理想低通滤波器(通带内具有零相移及单位增益)。

试求:(1) 滤波器的输出信号;

(2) 为在滤波器输出端无失真恢复 $e(t)$,所需要的最低取样率。

【分析与解答】

频谱的自变量通常用 ω 表示,而题中给出的取样频率与滤波器参数用 $f(\text{Hz})$ 表示,为求解方便,频谱自变量可用 f 表示。

(1) 将 $e(t)$ 展开为各频率分量

$$e(t) = 5\cos 1\ 000\pi t \cdot \frac{1}{2}(1 + \cos 4\ 000\pi t) =$$

$$\frac{5}{2}\left(\cos 1\ 000\pi t + \frac{1}{2}\cos 3\ 000\pi t + \frac{1}{2}\cos 5\ 000\pi t\right)$$

$$E(\omega) = \frac{5}{2}\pi \left\{ \left[\delta(\omega + 1\,000\pi) + \delta(\omega - 1\,000\pi)\right] + \right.$$

$$\frac{1}{2}\left[\delta(\omega + 3\,000\pi) + \delta(\omega - 3\,000\pi)\right] +$$

$$\left. \frac{1}{2}\left[\delta(\omega + 5\,000\pi) + \delta(\omega - 5\,000\pi)\right] \right\}$$

以 f 为自变量,

$$E(f) = \frac{5}{2}\pi \left\{ \left[\delta(f + 500) + \delta(f - 500)\right] + \frac{1}{2}\left[\delta(f + 1\,500) + \delta(f - 1\,500)\right] + \right.$$

$$\left. \frac{1}{2}\left[\delta(f + 2\,500) + \delta(f - 2\,500)\right] \right\}$$

如图 $5-15.1$。

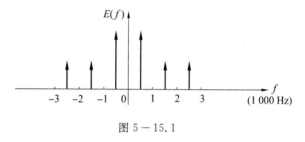

图 $5-15.1$

取样后信号频谱

$$E_{\mathrm{s}}(f) = \frac{1}{T_{\mathrm{s}}} \sum_{n=-\infty}^{\infty} E(f - nf_{\mathrm{s}})$$

即 $E(f)$ 的周期延拓,且周期为 $f_{\mathrm{s}} = 4\,500$,幅度为原来的 $\frac{1}{T_{\mathrm{s}}}$。图 $5-15.2$ 为其主周期附近的 3 个周期的频谱。

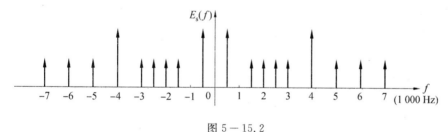

图 $5-15.2$

滤波器截止频率 $2\,600$(Hz),因而取样信号频谱中,只有 4 个频率成分位于滤波器通宽内:$500\ \mathrm{Hz}$,$1\,500\ \mathrm{Hz}$,$2\,000\ \mathrm{Hz}$,$2\,500\ \mathrm{Hz}$,如图 $5-15.3$。滤波器输出信号中只包括这 4 个频率成分:

$$r(t) = \frac{5}{2}f_{\mathrm{s}}\left(\cos 1\,000\pi t + \frac{1}{2}\cos 3\,000\pi t + \frac{1}{2}\cos 4\,000\pi t + \frac{1}{2}\cos 5\,000\pi t\right)$$

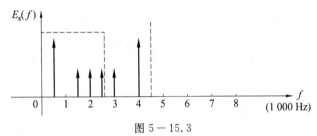

图 5－15.3

（2）由 $e(t)$ 表达式及频谱图知，其最高频率成分 $\omega_{\max}=5\,000\pi$，即

$$f_{\max}=\frac{\omega_{\max}}{2\pi}=2\,500\text{ Hz}$$

由取样定理，使其唯一重建的最低取样率为

$$f_{s\min}=2f_{\max}=5\,000\text{ Hz}$$

第6章

离散信号与系统的时域分析

概念与解题提要

1. 零输入响应与全响应边界值的判断

一些情况下,题目中的边界值 $y(k)$ 未说明是零输入响应还是全响应,需进行判断。不论是前向还是后向差分方程,均可表示为

$$y(l) + a_{l-1}y(l-1) + \cdots = b_s x(s) + b_{s-1}x(s-1) + \cdots$$

其中,l 与 s 分别为响应与激励序列的最高序号,且与 n 有关。

将方程左右两侧序号同时减 s 再减 1,得

$$y(l-s-1) + a_{l-1}y(l-s-2) + \cdots = b_s x(-1) + b_{s-1}x(-2) + \cdots \quad (6-0)$$

$n = 0$ 定义为激励作用于系统的起始时刻,从而 $x(-1) = x(-2) = \cdots = 0$,此时上式右侧为 0。对因果系统,由于激励为 0,因而 $y_{zs}(n) = 0$,则 $y(l-s-1), y(l-s-2), \cdots$ 均为 $y_{zi}(n)$ 的边界值,即

$$\begin{cases} y(l-s-1) = y_{zi}(l-s-1) \\ y(l-s-2) = y_{zi}(l-s-2) \\ \quad\quad\vdots \end{cases}$$

方程 $(6-0)$ 各项自变量同时加 1,得

$$y(l-s) + a_{l-1}y(l-s-1) + \cdots = b_s x(0) + b_{s-1}x(-1) + \cdots$$

等式右侧出现 $x(0)$,表明激励已作用于系统,因而已产生 $y_{zs}(n)$;从而 $y(l-s)$ 中已包含激励作用,因而为全响应边界值。

结论

判断 $y(k)$ 的序号:

(1) 如小于差分方程左侧响应最高序号与右侧激励最高序号之差,即

$$k < l - s$$

则为零输入响应边界值。

(2) 若

$$k \geqslant l - s$$

则为全响应边界值。

例题分析与解答

6－1 离散系统中，$x(n)$ 为激励，$y(n)$ 为响应。试判断下列系统的线性、时不变性及因果性。

1. $y(n) = 2x(n) + 3$　　　2. $y(n) = x(n) \sin\left(\dfrac{2}{7}n + \dfrac{\pi}{6}\right)$

3. $y(n) = [x(n)]^2$　　　4. $y(n) = \displaystyle\sum_{m=-\infty}^{n} x(m)$

【分析与解答】

本题中，激励与响应的关系不是用差分方程表示，系统特性的判断方法与例 1－12 中连续系统的情况类似。

1. $y(n)$ 指零状态响应，其中分量 3 不是 $y_{zi}(n)$；$y_{zi}(n)$ 由系统边界条件决定，表达式中应包含 $y(0)$，$y(1)$ 等。

设激励 $x_1(n)$ 时的响应为 $y_1(n)$，$x_2(n)$ 时的响应为 $y_2(n)$；则激励 $a_1 x_1(n) + a_2 x_2(n)$ 时，响应为

$$2[a_1 x_1(n) + a_2 x_2(n)] + 3$$

而

$$a_1 y_1(n) + a_2 y_2(n) = [2a_1 x_1(n) + 3] + [2a_2 x_2(n) + 3] =$$
$$2[a_1 x_1(n) + a_2 x_2(n)] + 6$$

可见二者不同，因而为非线性系统。

或者，由 $x(n)$ 与 $y(n)$ 的关系可见有常数项 3，从而 $y(n)$ 与 $x(n)$ 为非线性关系，使系统为非线性。

激励 $x(n - n_0)$ 时，响应为

$$2x(n - n_0) + 3 = y(n - n_0)$$

从而系统时不变。

时不变也可由 $x(n)$ 与 $y(n)$ 的关系确定：方程中各系数为常数，表明不同时刻激励与响应关系不变，即系统特性不随时间改变。

系统非因果：因为 $y(n)$ 中包含与 $x(n)$ 无关的常数，则激励不存在时仍有响应输出。

2. 激励 $a_1 x_1(n) + a_2 x_2(n)$ 时

$$y(n) = [a_1 x_1(n) + a_2 x_2(n)] \sin\left(\frac{2}{7}n + \frac{\pi}{6}\right) =$$
$$a_1 x_1(n) \sin\left(\frac{2}{7}n + \frac{\pi}{6}\right) + a_2 x_2(n) \sin\left(\frac{2}{7}n + \frac{\pi}{6}\right) =$$
$$a_1 y_1(n) + a_2 y_2(n)$$

为线性系统。

也可由 $x(n)$ 与 $y(n)$ 的关系确定：$y(n)$ 为 $x(n)$ 的一次项函数，因而为线性关系。

激励 $x(n - n_0)$ 时，响应为

$$x(n-n_0) \sin\left(\frac{2}{7}n + \frac{\pi}{6}\right)$$

且

$$y(n-n_0) = x(n-n_0) \sin\left[\frac{2}{7}(n-n_0) + \frac{\pi}{6}\right]$$

上面两式不同,表明激励延迟后,响应没有进行相应的延迟;即延迟后系统对激励的作用与延迟前不同,即系统特性发生变化,因而为时变。

或者由 $x(n)$ 与 $y(n)$ 的关系确定:系数项 $\sin\left(\frac{2}{7}n + \frac{\pi}{6}\right)$ 与 n 有关,表明不同时间 $y(n)$ 与 $x(n)$ 的关系(幅度放大系数)不同,即系统特性随时间变化。

因果系统:$y(n)$ 不早于 $x(n)$(由方程知,二者时间自变量相同,即同时出现),满足因果关系。

3. 激励 $a_1 x_1(n) + a_2 x_2(n)$ 时,响应

$$[a_1 x_1(n) + a_2 x_2(n)]^2 = a_1^2 x_1^2(n) + 2a_1 a_2 x_1(n) x_2(n) + a_2^2 x_2^2(n)$$

而

$$a_1 y_1(n) + a_2 y_2(n) = a_1^2 x_1^2(n) + a_2^2 x_2^2(n)$$

二者不同,为非线性系统。

或由 $x(n)$ 与 $y(n)$ 关系:$y(n)$ 是 $x(n)$ 的高次项,不是线性关系,不满足叠加性和均匀性,使系统非线性。

激励为 $x(n-n_0)$,响应为

$$[x(n-n_0)]^2 = y(n-n_0)$$

其随激励延迟进行相同的延迟,因而为时不变系统。

或由 $x(n)$ 与 $y(n)$ 的关系确定:系数为常数,因而任意时间 $x(n)$ 与 $y(n)$ 的关系不变。

因果系统:$y(n)$ 与 $x(n)$ 同时出现(不早于激励),满足因果关系。

4. 系统的作用是,将激励信号当前及过去所有时刻的信号值相加。

激励 $a_1 x_1(n) + a_2 x_2(n)$ 时,响应为

$$\sum_{m=-\infty}^{n} [a_1 x_1(m) + a_2 x_2(m)] = a_1 \sum_{m=-\infty}^{n} x_1(m) + a_2 \sum_{m=-\infty}^{n} x_2(m) = a_1 y_1(n) + a_2 y_2(n)$$

为线性系统。

也可由 $x(n)$ 与 $y(n)$ 的关系确定:$y(n)$ 是 $x(n)$ 的叠加,叠加属于线性运算,从而为线性系统。

激励为 $x(n-n_0)$ 时,响应

$$\sum_{m=-\infty}^{n} x(m-n_0) = \sum_{m=-\infty}^{n-n_0} x(m) = y(n-n_0)$$

表明激励延迟任意时间 n_0,响应也延迟相同时间;即延迟前后系统对激励的作用不变,从而时不变。

也可由 $x(n)$ 与 $y(n)$ 间的关系确定:不论在什么时刻,系统的作用都是将当前与过去所有激励信号相加,即系统特性不变。

因果系统:因为如 $x(n)$ 为 0,则 $y(n)$ 必为 0;或由 $y(n) = x(-\infty) + \cdots + x(-1) + x(0) + \cdots + x(n)$,响应由当前及过去时刻的激励决定,满足因果性。

6－2 根据下列方程求解系统响应：

1. $y(n+1)+2y(n)=(n-1)u(n)$，边界条件 $y(0)=1$；

2. $y(n+2)+2y(n+1)+y(n)=3^{n+2}u(n)$，边界条件 $y(-1)=0,y(0)=0$；

3. $y(n+1)-2y(n)=4u(n)$，边界条件 $y(0)=0$。

【分析与解答】

给出的方程不是差分方程（差分方程右侧应为有关 $x(n)$ 的形式，即 $x(n)$ 及其位移项的组合），其右侧是自由项（$x(n)$ 代入差分方程右侧的结果）；无法确定 $x(n)$ 及 $y(n)$ 的关系，从而无法得到 $h(n)$ 并用 $y_{zs}(n)=x(n)*h(n)$ 求解，且无法确定系统否为线性（无法判断方程右侧是否为 $x(n)$ 及其位移项的线性组合）。

且已知条件为全响应边界条件，无法确定 $y_{zi}(n)$ 的边界值，从而无法求 $y_{zi}(n)$，因而只能通过解差分方程求解全响应。

1. 特征方程 $\alpha+2=0$，特征根 $\alpha=-2$。

齐次解

$$y_c(n)=A(-2)^n$$

由自由项 $n-1$ 得特解形式

$$y_p(n)=B_0+B_1 n$$

代入方程左侧得

$$3B_0+B_1+3B_1 n$$

与自由项比较得

$$\begin{cases} 3B_0+B_1=-1 \\ 3B_1=1 \end{cases}$$

则

$$\begin{cases} B_0=-\dfrac{4}{9} \\ B_1=\dfrac{1}{3} \end{cases}$$

$$y_p(n)=\frac{1}{3}n-\frac{4}{9}$$

完全解

$$y(n)=y_c(n)+y_p(n)=A(-2)^n+\frac{1}{3}n-\frac{4}{9}$$

代入边界条件 $y(0)$ 得

$$A=\frac{13}{9}$$

则

$$y(n)=\frac{13}{9}(-2)^n+\frac{1}{3}n-\frac{4}{9}$$

2. 特征方程 $\alpha^2+2\alpha+1=0$，特征根 $\alpha_1=\alpha_2=-1$（二重根）。

齐次解形式

$$y_c(n)=(A_1+A_2 n)(-1)^n$$

自由项

$$3^{n+2} = 9 \cdot 3^n$$

特解形式

$$y_p(n) = B \cdot 3^n$$

代入方程左端,与自由项比较得

$$B = \frac{9}{16}$$

$$y_p(n) = \frac{9}{16} \cdot 3^n$$

$$y(n) = y_c(n) + y_p(n) = (A_1 + A_2 n)(-1)^n + \frac{9}{16} \cdot 3^n$$

代入边界条件得

$$\begin{cases} A_1 = -\dfrac{9}{16} \\ A_2 = -\dfrac{3}{4} \end{cases}$$

则

$$y(n) = \left(-\frac{9}{16} - \frac{3}{4}n \right)(-1)^n + \frac{9}{16} \cdot 3^n$$

　　3.特征方程 $\alpha - 2 = 0$,特征根 $\alpha = 2$。

　　齐次解形式

$$y_c(n) = A \cdot 2^n$$

　　自由项为 $4u(n)$,则

$$y_p(n) = B$$

代入方程左端,与自由项比较得

$$B = -4$$

则

$$y_p(n) = -4$$

$$y(n) = y_c(n) + y_p(n) = A \cdot 2^n - 4$$

代入边界条件,得

$$A = 4$$

$$y(n) = 4(2^n - 1)$$

可见 $y(0) = 0$,这由给出的边界条件决定。更确切地表示为

$$y(n) = 4(2^n - 1)u(n-1)$$

　　6－3　已知线性时不变系统激励 $x(n)$ 及单位函数响应 $h(n)$,试画出 $y_{zs}(n)$ 的波形。

　　1.$x(n)$ 及 $h(n)$ 波形如图 6－3.1。

　　2.$x(n)$ 及 $h(n)$ 波形如图 6－3.2。

　　3.$x(n) = a^n u(n)$,$0 < a < 1$;$h(n) = \beta^n u(n)$,$0 < \beta < 1$,且 $a \neq \beta$。

【分析与解答】

　　1.由 $h(n)$ 波形写出表达式:$h(n) = \delta(n) + \delta(n-1) + \delta(n-2)$,因而可将系统看作3个

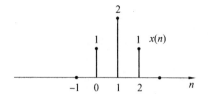

图 6 - 3.1

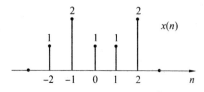

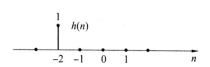

图 6 - 3.2

并联的子系统组成,对激励作用分别为:直接通过、延迟 1 个及 2 个时间单位。

$$y_{zs}(n) = x(n) * h(n) = x(n) * [\delta(n) + \delta(n-1) + \delta(n-2)] =$$
$$x(n) + x(n-1) + x(n-2)$$

即响应为 3 个分量的叠加,分别为 $x(n)$ 及其延迟 1 及 2 个时间单位的结果,如图 6 - 3.3。

2. 由波形知 $h(n) = \delta(n+2)$,不是单边序列因而系统非因果。

$$y_{zs}(n) = x(n) * \delta(n+2) = x(n+2)$$

即响应超前(左移)激励 2 个时间单位,如图 6 - 3.4。响应早于激励实际上是不可能实现的。

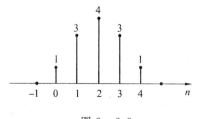

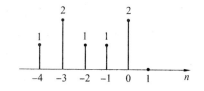

图 6 - 3.3   图 6 - 3.4

3. $h(n)$ 为单边序列,系统因果;$0 < \beta < 1$,即 $h(n)$ 收敛,系统稳定。$0 < a < 1$,$x(n)$ 有界;$x(n)$ 与 $h(n)$ 均有界,卷积和 $y_{zs}(n)$ 必有界。两个序列均为单边序列,由卷积和图解过程可知,$y_{zs}(n)$ 也为单边序列。

$$y_{zs}(n) = a^n u(n) * \beta^n u(n) = \sum_{m=-\infty}^{\infty} a^m u(m) \beta^{n-m} u(n-m) =$$
$$\left[\sum_{m=0}^{n} a^m \beta^{n-m}\right] u(n) = \beta^n \frac{1 - (a\beta^{-1})^{n+1}}{1 - a\beta^{-1}} u(n) = \frac{\alpha^{n+1} - \beta^{n+1}}{\alpha - \beta} u(n)$$

式中,$\sum\limits_{m=0}^{n} a^m \beta^{n-m}$ 为无穷等比级数,应用了无穷等比级数求和公式。

为直观反映 $y_{zs}(n)$ 幅度随时间变化的趋势,可得

$$\begin{cases} y_{zs}(0)=1 \\ y_{zs}(1)=\dfrac{\alpha^2-\beta^2}{\alpha-\beta}=\alpha+\beta \\ y_{zs}(2)=\dfrac{\alpha^3-\beta^3}{\alpha-\beta}=\alpha^2+\alpha\beta+\beta^2 \\ y_{zs}(3)=\dfrac{\alpha^4-\beta^4}{\alpha-\beta}=\alpha^3+\alpha^2\beta+\alpha\beta^2+\beta^3 \end{cases}$$

若 $\alpha+\beta<1$

$$\begin{cases} y_{zs}(1)<1=y_{zs}(0) \\ y_{zs}(2)=(\alpha+\beta)^2-\alpha\beta<(\alpha+\beta)^2<\alpha+\beta=y_{zs}(1) \\ y_{zs}(3)=(\alpha^2+\alpha\beta+\beta^2)(\alpha+\beta)-\alpha^2\beta-\alpha\beta^2< \\ \qquad (\alpha^2+\alpha\beta+\beta^2)(\alpha+\beta)<\alpha^2+\alpha\beta+\beta^2=y_{zs}(2) \\ \qquad\qquad\vdots \end{cases}$$

即

$$\begin{cases} y_{zs}(1)<y_{zs}(0) \\ y_{zs}(2)<y_{zs}(1) \\ y_{zs}(3)<y_{zs}(2) \\ \qquad\vdots \end{cases}$$

可见 $y_{zs}(n)$ 收敛,如图 6－3.5。

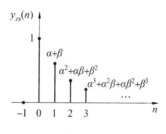

图 6－3.5

6－4　线性时不变离散系统,初始状态为 $\lambda(0)$,激励为 $x(n)$ 时零状态响应

$$y_1(n)=\left[\left(\frac{1}{2}\right)^n+1\right]u(n)$$

初始状态不变,激励为 $-x(n)$ 时零状态响应

$$y_2(n)=\left[\left(-\frac{1}{2}\right)^n-1\right]u(n)$$

试求初始条件为 $2\lambda(0)$,激励为 $4x(n)$ 时的零状态响应 $y(n)$。

【分析与解答】

与连续时间系统的例 2－8 类似。响应中有稳态分量,表明激励中有常数项。

解法一　初始状态不变,则 $y_{zi}(n)$ 不变;对线性时不变系统,$x(n)$ 变为原来的负值时,零状态响应也变为原来的负值。从而

$$\begin{cases} y_1(n)=y_{zi}(n)+y_{zs}(n) \\ y_2(n)=y_{zi}(n)-y_{zs}(n) \end{cases}$$

则

$$\begin{cases} y_{zi}(n) = \left[\frac{1}{2} \left(-\frac{1}{2} \right)^n + \frac{1}{2} \left(\frac{1}{2} \right)^n \right] u(n) \\ y_{zs}(n) = \left[-\frac{1}{2} \left(-\frac{1}{2} \right)^n + \frac{1}{2} \left(\frac{1}{2} \right)^n + 1 \right] u(n) \end{cases}$$

可判断出系统特征根分别为 $-\frac{1}{2}$ 和 $\frac{1}{2}$,因而系统稳定。

初始条件为 $2\lambda(0)$、激励为 $4x(n)$ 时,$y_{zi}(n)$ 为 $\lambda(0)$ 时的 2 倍、$y_{zs}(n)$ 为 $x(n)$ 时的 4 倍,则

$$y(n) = 2y_{zi}(n) + 4y_{zs}(n) = \left[-\left(-\frac{1}{2} \right)^n + 3 \left(\frac{1}{2} \right)^n + 4 \right] u(n)$$

解法二 由

$$\begin{cases} y_1(n) = y_{zi}(n) + y_{zs}(n) \\ y_2(n) = y_{zi}(n) - y_{zs}(n) \end{cases}$$

得到用 $y_1(n)$ 和 $y_2(n)$ 表示的 $y_{zi}(n)$ 和 $y_{zs}(n)$

$$\begin{cases} y_{zi}(n) = \frac{1}{2} \left[y_1(n) + y_2(n) \right] \\ y_{zs}(n) = \frac{1}{2} \left[y_1(n) - y_2(n) \right] \end{cases}$$

从而

$$y(n) = 2y_{zi}(n) + 4y_{zs}(n) = 3y_1(n) - y_2(n) = $$
$$\left[-\left(-\frac{1}{2} \right)^n + 3 \left(\frac{1}{2} \right)^n + 4 \right] u(n)$$

6—5 离散系统框图如图 6—5,初始条件为零。试列写系统差分方程,并求其单位函数响应。

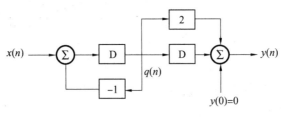

图 6—5

【分析与解答】

模拟图中有两个加法器,无法直接列写差分方程:对两个加法器分别列输入 — 输出方程时,第 1 个加法器的输出与第 2 个加法器的输入无法用 $x(n)$ 及 $y(n)$ 表示。

为此设中间信号 $q(n)$(第 1 个延时器的输出即第 2 个延时器的输入),以间接建立 $x(n)$ 及 $y(n)$ 的联系。对两个加法器分别列输入 — 输出方程

$$\begin{cases} x(n) - q(n) = q(n+1) & (6-5.1) \\ 2q(n) + q(n-1) = y(n) & (6-5.2) \end{cases}$$

将 $q(n)$ 约掉,得到差分方程。具体如下:

由式(6—5.2)得

$$y(n+1) = 2q(n+1) + q(n) \qquad (6-5.3)$$

由式(6−5.2)和式(6−5.3)得

$$y(n+1) + y(n) = 2[q(n+1) + q(n)] + [q(n) + q(n-1)] \qquad (6-5.4)$$

应将上式右侧两个括号项用 $x(n)$ 及 $y(n)$ 表示。为此,由方程(6−5.1)得

$$x(n) = q(n+1) + q(n)$$

自变量序号减 1 得

$$x(n-1) = q(n) + q(n-1)$$

代入式(6−5.4)得

$$y(n+1) + y(n) = 2x(n) + x(n-1)$$

可见在时域处理差分方程组很复杂。学习第 7 章后可采用 z 域法,此时差分方程变为代数方程,从而可容易地将中间变量 $q(n)$ 约掉。

下面求 $h(n)$。差分方程右侧包括 $x(n)$ 及位移项,可分别考虑这两项的作用。

只有 $2x(n)$ 作用时,差分方程为

$$y(n+1) + y(n) = 2x(n) \qquad (6-5.5)$$

设其单位函数响应 $h_1(n)$。

特征方程 $\alpha + 1 = 0$,特征根 $\alpha = -1$,有

$$h_1(n) = K\,(-1)^n$$

为求系数,应确定 $h_1(n)$ 边界条件。

方程(6−5.5)等式两侧 $x(n)$ 及 $y(n)$ 的最高序号的比较,可见响应晚于激励 1 个时间单位,因而系统因果,即 $n < 0$ 时 $h_1(n) = 0$,因而需应用 $h_1(k)$,$k \geqslant 0$ 的边界条件。

$x(n) = \delta(n)$ 时,方程变为

$$h_1(n+1) + h_1(n) = 2\delta(n)$$

$n = -1$ 时

$$h_1(0) + h_1(-1) = 2\delta(-1) = 0$$

因而 $h_1(0) = -h_1(-1) = 0$,即由 $h_1(0)$ 无法求出 $h_1(n)$ 中的系数,因而需求 $h_1(1)$。

$n = 0$ 时

$$h_1(1) + h_1(0) = 2\delta(0) = 2$$

则

$$h_1(1) = 2$$

代入 $h_1(n)$ 得 $K = -2$,即

$$h_1(n) = -2\,(-1)^n u(n)$$

方程(6−5.5)决定了 $h_1(n)$ 晚于 $\delta(n)$ 1 个单位,即从 $n = 1$ 开始存在;这由上面求出的 $h_1(0) = 0$ 得到验证。因而更确切地

$$h_1(n) = -2\,(-1)^n u(n-1)$$

下面求 $x(n-1)$ 单独作用时的单位函数响应 $h_2(n)$。此时系统差分方程

$$y(n+1) + y(n) = x(n-1) \qquad (6-5.6)$$

可采用 $h_1(n)$ 类似的方法求 $h_2(n)$;但由于激励 $2x(n)$ 与 $x(n-1)$ 间的关系,可由 $h_1(n)$ 直接得到 $h_2(n)$。差分方程为线性常系数方程,因而系统线性时不变。根据线性和时不变性

$$h_2(n) = \frac{1}{2}h_1(n-1) = (-1)^n u(n-2)$$

可见 $h_2(n)$ 从 $n=2$ 开始存在,即晚于激励 2 个单位,这由差分方程(6−5.6)所决定:响应最高序号大于激励最高序号 2 个单位。

由系统的线性特性

$$h(n) = h_1(n) + h_2(n) = -2(-1)^n u(n-2) + 2\delta(n-1) + (-1)^n u(n-2) =$$
$$2\delta(n-1) - (-1)^n u(n-2)$$

上面过程表明时域求 $h(n)$ 很复杂。学习第 7 章后可采用 z 域法:由差分方程求系统函数 $H(z)$,再求逆 Z 变换 $h(n) = Z^{-1}[H(z)]$,较为简便。

6−6　离散系统差分方程

$$2y(n) - y(n-1) = 4x(n) + 2x(n-1)$$

试求单位函数响应 $h(n)$ 及单位阶跃响应 $g(n)$。

【分析与解答】

由差分方程知为一阶线性时不变因果系统。与题 6−5 类似,方程右侧激励包括两个分量,应分别考虑。

只有 $4x(n)$ 作用时,差分方程

$$2y(n) - y(n-1) = 4x(n) \tag{6−6.1}$$

设该系统单位函数响应为 $h_1(n)$。

特征方程

$$2\alpha - 1 = 0$$

特征根

$$\alpha = \frac{1}{2}$$

$$h_1(n) = K\left(\frac{1}{2}\right)^n u(n)$$

由式(6−6.1)知为因果系统,因而 $h_1(n)$ 单边,需用 $u(n)$ 表示存在时间。

为求系数应先确定 $h_1(n)$ 边界条件。令 $x(n) = \delta(n)$,$y(n) = h(n)$,则

$$2h_1(n) - h_1(n-1) = 4\delta(n)$$

$n=0$ 时,$2h_1(0) - h_1(-1) = 4\delta(0)$;因果系统 $h_1(-1) = 0$,从而 $h_1(0) = 2\delta(0) = 2$。

则 $\qquad\qquad\qquad\qquad K = 2$

即

$$h_1(n) = 2\left(\frac{1}{2}\right)^n u(n)$$

再求 $2x(n-1)$ 单独作用时的单位函数响应 $h_2(n)$。此时差分方程

$$2y(n) - y(n-1) = 2x(n-1) \tag{6−6.2}$$

与题 6−5 类似,由差分方程右侧两项 $4x(n)$ 及 $2x(n-1)$ 的关系,可由 $h_1(n)$ 直接得到 $h_2(n)$。根据系统线性和时不变性

$$h_2(n) = \frac{1}{2}h_1(n-1) = 2\left(\frac{1}{2}\right)^n u(n-1)$$

根据系统线性特性,单位函数响应是 $h_1(n)$ 与 $h_2(n)$ 的叠加:

$$h(n) = h_1(n) + h_2(n) = 2\delta(n) + 2\left(\frac{1}{2}\right)^n u(n-1) + 2\left(\frac{1}{2}\right)^n u(n-1) =$$

$$2\delta(n) + 4\left(\frac{1}{2}\right)^n u(n-1)$$

下面考虑 $g(n)$,首先应确定 $g(n)$ 与 $h(n)$ 的关系。$g(n)$ 为激励 $u(n)$ 时的 $r_{zs}(n)$,$h(n)$ 为激励 $\delta(n)$ 时的 $r_{zs}(n)$。上述两个激励信号的关系

$$u(n) = \sum_{i=0}^{\infty} \delta(n-i)$$

因而对线性时不变系统,$\delta(n)$ 与 $u(n)$ 产生的 $r_{zs}(n)$ 的关系为

$$g(n) = \sum_{i=0}^{\infty} h(n-i)$$

即 $g(n)$ 为 $h(n)$ 延迟之和,因而

$$g(n) = 2\left[\sum_{i=0}^{\infty} \delta(n-i)\right] + 4\left[\sum_{i=0}^{\infty} \left(\frac{1}{2}\right)^{n-i} u(n-i-1)\right]$$

上式右侧第 2 项中,$u(n-i-1)$ 为 1 即 $i \leq n-1$ 时,求和函数才存在;且各项存在时间依次为 $u(n-1)$、$u(n-2)$、$u(n-3)\cdots$,则求和后信号存在时间应为 $u(n-1)$,即

$$g(n) = 2u(n) + 4\left(\frac{1}{2}\right)^n \left[\sum_{i=0}^{n-1} \left(\frac{1}{2}\right)^{-i}\right] u(n-1) =$$

$$2u(n) + 4\left(\frac{1}{2}\right)^n \cdot \frac{1-\left(\frac{1}{2}\right)^{-n}}{1-\left(\frac{1}{2}\right)^{-1}} u(n-1) =$$

$$2u(n) + 4\left[1-\left(\frac{1}{2}\right)^n\right] u(n-1)$$

$n=0$ 时,上式第 2 项为 0,即 $4\left[1-\left(\frac{1}{2}\right)^n\right] u(n) = 4\left[1-\left(\frac{1}{2}\right)^n\right] u(n-1)$,从而也可表示为

$$g(n) = 2u(n) + 4\left[1-\left(\frac{1}{2}\right)^n\right] u(n) = \left[6-4\left(\frac{1}{2}\right)^n\right] u(n)$$

6 — 7　离散系统差分方程

$$y(n+3) - 2y(n+2) - y(n+1) + 2y(n) = x(n+1) - x(n)$$

输入 $x(n) = (-2)^n u(n)$,试求零状态响应,并指出其自由响应及受迫响应分量。

【分析与解答】

一般题目中,系统阶数不超过 2。本题差分方程中,响应最高与最低序号之差为 3,为 3 阶系统。

特征方程

$$\alpha^3 - 2\alpha^2 - \alpha + 2 = 0$$

即

$$(\alpha-1)(\alpha+1)(\alpha-2) = 0$$

$\alpha_1 = 1, \alpha_2 = -1, \alpha_3 = 2$。

$$h(n) = [K_1 + K_2(-1)^n + K_3 \cdot 2^n] u(n)$$

差分方程中 $y(n)$ 最高序号大于 $x(n)$ 最高序号,为因果系统,因而 $h(n)$ 单边。

用迭代法计算 $h(n)$ 边界值,考虑 $n \geqslant 0$ 的情况。

$x(n) = \delta(n)$,$y(n) = h(n)$ 代入方程:

$$h(n+3) - 2h(n+2) - h(n+1) + 2h(n) = \delta(n+1) - \delta(n)$$

$n = -3$ 时,$h(0) - 2h(-1) - h(-2) + 2h(-3) = \delta(-2) - \delta(-3)$;由 $\delta(-2) = \delta(-3) = 0$,及 $h(-1) = h(-2) = h(-3) = 0$,得 $h(0) = 0$。

$n = -2$ 时,$h(1) - 2h(0) - h(-1) + 2h(-2) = \delta(-1) - \delta(-2)$;由 $\delta(-1) = 0$,得 $h(1) = 0$。

差分方程中,$y(n)$ 与 $x(n)$ 的最高序号之差为 2,表明零状态响应晚于激励 2 个单位,从而 $h(n)$ 存在时间为 $u(n-2)$。因而边界条件 $h(0)$ 及 $h(1)$ 无法提供 $h(n)$ 的信息。

因而,对该 3 阶系统,应求出 $h(2)$,$h(3)$,$h(4)$ 这 3 个边界条件。

$n = -1$ 时,$h(2) - 2h(1) - h(0) + 2h(-1) = \delta(0) - \delta(-1)$;由 $\delta(0) = 1$,得 $h(2) = 1$。

$n = 0$ 时,$h(3) - 2h(2) - h(1) + 2h(0) = \delta(1) - \delta(0)$;由 $\delta(1) = 0$,得 $h(3) = 2h(2) - \delta(0) = 1$。

$n = 1$ 时,$h(4) - 2h(3) - h(2) + 2h(1) = \delta(2) - \delta(1)$;由 $\delta(2) = 0$,得 $h(4) = 2h(3) + h(2) = 3$。

将上述边界条件代入 $h(n)$,得 $\begin{cases} K_1 + K_2 + 4K_3 = 1 \\ K_1 - K_2 + 8K_3 = 1 \\ K_1 + K_2 + 16K_3 = 3 \end{cases}$,从而 $\begin{cases} K_1 = 0 \\ K_2 = \dfrac{1}{3} \\ K_3 = \dfrac{1}{6} \end{cases}$。

即

$$h(n) = \left[\frac{1}{3}(-1)^n + \frac{1}{6} \cdot 2^n \right] u(n-2)$$

差分方程为线性常系数方程,则系统为线性时不变系统,可由卷积法求 $y_{zs}(n)$。

$$y_{zs}(n) = (-2)^n u(n) * \left[\frac{1}{3}(-1)^n + \frac{1}{6} \cdot 2^n \right] u(n-2) =$$

$$\sum_{m=-\infty}^{\infty} (-2)^{n-m} u(n-m) \cdot \frac{1}{3}(-1)^m u(m-2) +$$

$$\sum_{m=-\infty}^{\infty} (-2)^{n-m} u(n-m) \cdot \frac{1}{6} \cdot 2^m u(m-2) =$$

$$(-2)^n \left[\frac{1}{3} \sum_{m=2}^{n} \left(\frac{1}{2} \right)^m + \frac{1}{6} \sum_{m=2}^{n} (-1)^m \right] u(n-2) =$$

$$(-2)^n \left\{ \frac{1}{3} \cdot \frac{(1/2)^2 [1 - (1/2)^{n-1}]}{1 - (1/2)} + \right.$$

$$\left. \frac{1}{6} \cdot \frac{(-1)^2 [1 - (-1)^{n-1}]}{1 - (-1)} \right\} u(n-2) =$$

$$\left[\frac{1}{4}(-2)^n + \frac{1}{12} \cdot 2^n - \frac{1}{3}(-1)^n \right] u(n-2)$$

可见 $y_{zs}(n)$ 从 $n=2$ 开始存在,与 $x(n)$ 相比延迟两个单位。

由卷积和的变量代换、翻转、平移、相乘、叠加的图解过程也可知,

$x_1(n)u(n) * x_2(n)u(n-2)$ 的存在范围为 $u(n-2)$。

$\alpha_2 = -1, \alpha_3 = 2$ 为特征根，则 $\left[\dfrac{1}{12} \cdot 2^n - \dfrac{1}{3}(-1)^n\right]u(n-2)$ 为自由响应分量，而

$\dfrac{1}{4}(-2)^n u(n-2)$ 为受迫响应分量（与激励形式类似）。

6 — 8　离散系统差分方程
$$y(n+2) - 3y(n+1) + 2y(n) = x(n+1) - 2x(n)$$

1. 输入 $x(n) = 2^n u(n)$，边界条件 $y_{zi}(0) = 0$、$y_{zi}(1) = 1$，试求全响应。
2. 激励 $x(n) = u(n)$，边界条件 $y(0) = 1$，$y(-1) = 1$，试求全响应。
3. 画出系统模拟图。

【分析与解答】

1. $\alpha^2 - 3\alpha + 2 = 0$；特征根 $\alpha_1 = 1, \alpha_2 = 2$。
$$y_{zi}(n) = (C_1 + C_2 \cdot 2^n)u(n)$$

代入边界条件
$$\begin{cases} C_1 = -1 \\ C_2 = 1 \end{cases}$$
$$y_{zi}(n) = (-1 + 2^n)u(n)$$

可见 $y_{zi}(0) = 0$，即 $y_{zi}(n)$ 从 $n = 1$ 时开始存在，这由系统边界条件决定。写为
$$y_{zi}(n) = (-1 + 2^n)u(n-1)$$

更确切，上式 $y_{zi}(n)$ 不收敛。系统初始条件是确定的，但产生不确定的响应，表明系统不稳定，原因在于有特征根幅度大于 1。

差分方程为线性常系数，表明系统线性时不变，可由卷积法求 $y_{zs}(n)$。

$h(n)$ 形式与 $y_{zi}(n)$ 类似，设
$$h(n) = (K_1 + K_2 \cdot 2^n)u(n)$$

差分方程左侧 $y(n)$ 最高序号大于右侧 $x(n)$ 最高序号，为因果系统，$h(n)$ 为单边。用迭代法求 $h(n)$ 边界值。由差分方程得
$$h(n+2) - 3h(n+1) + 2h(n) = \delta(n+1) - 2\delta(n)$$

考虑 $h(n)$ 在 $n \geqslant 0$ 的情况。

$n = -2$ 时，$h(0) - 3h(-1) + 2h(-2) = \delta(-1) - 2\delta(-2)$；由 $\delta(-1) = \delta(-2) = 0$，$h(-1) = h(-2) = 0$，得 $h(0) = 0$。

$n = -1$ 时，$h(1) - 3h(0) + 2h(-1) = \delta(0) - 2\delta(-1)$；由 $\delta(-1) = 0, \delta(0) = 1$，及 $h(-1) = h(0) = 0$，得 $h(1) = 1$。

差分方程中 $y(n)$ 与 $x(n)$ 最高序号之差为 1，因而 $y_{zs}(n)$ 与 $x(n)$ 相比延迟 1 个单位，从而 $h(n)$ 存在时间为 $u(n-1)$；所以边界条件 $h(0)$ 无法提供 $h(n)$ 信息。二阶系统需两个边界条件，还应求出 $h(2)$。

$n = 0$ 时，$h(2) - 3h(1) + 2h(0) = \delta(1) - 2\delta(0)$；则 $h(2) = 3h(1) - 2\delta(0) = 1$。

将 $h(1)$ 及 $h(2)$ 代入 $h(n)$，得 $\begin{cases} K_1 = 1 \\ K_2 = 0 \end{cases}$。

则
$$h(n) = u(n)$$
由 $h(0) = 0$，写为
$$h(n) = u(n-1)$$
更确切。

$$y_{zs}(n) = 2^n u(n) * u(n-1) = \sum_{m=-\infty}^{\infty} 2^{n-m} u(n-m) u(m-1) =$$

$$2^n \left[\sum_{m=1}^{n} 2^{-m} \right] u(n-1) = (2^n - 1) u(n-1)$$

可见 $y_{zs}(n)$ 从 $n=1$ 开始存在，这是由差分方程中 $y(n)$ 与 $x(n)$ 最高序号关系决定的。由卷积和的图解过程也可知，$x_1(n)u(n) * x_2(n)u(n-1)$ 的存在范围为 $u(n-1)$。

$$y(n) = y_{zi}(n) + y_{zs}(n) = 2(2^n - 1) u(n-1)$$

可见响应发散。

2. 差分方程中，响应与激励最高序号之差为 1，已知边界条件的自变量均小于 1，因而为零输入响应的边界条件。

代入 $y_{zi}(n)$ 表达式，得
$$\begin{cases} C_1 = 1 \\ C_2 = 0 \end{cases}$$
$$y_{zi}(n) = u(n)$$

$$y_{zs}(n) = \sum_{m=-\infty}^{\infty} u(m) u(n-m-1) = \left[\sum_{m=0}^{n-1} u(m) \right] u(n-1) = nu(n-1)$$

$$y(n) = y_{zi}(n) + y_{zs}(n) = u(n) + nu(n-1)$$

为使表达式简洁，可将 $y_{zs}(n)$ 写为
$$y_{zs}(n) = nu(n)$$
从而
$$y(n) = (n+1) u(n)$$

3. 差分方程右侧包含激励位移项 $x(n+1)$，无法直接画模拟框图：因为无法由 $x(n)$ 及基本运算单元延时器得到 $x(n+1)$；它是 $x(n)$ 超前 1 个单位的结果，而超前物理上不可实现。

与连续系统微分方程右侧包含激励微分项的情况类似，此时需引入辅助信号。设辅助信号为 $q(n)$，将差分方程用另外两个差分方程等效表示；原方程左侧所有 y 变量代换为 q，右侧用 $x(n)$ 表示，得到第 1 个方程；原方程左侧用 $y(n)$ 表示，右侧所有 x 变量代换为 q，得到第 2 个方程。下面进行验证。

由差分方程得
$$q(n+2) - 3q(n+1) + 2q(n) = x(n)$$
代入原方程右侧得
$$q(n+3) - 5q(n+2) + 8q(n+1) - 4q(n) =$$
$$[q(n+3) - 2q(n+2)] - 3[q(n+2) - 2q(n+1)] + 2[q(n+1) - 2q(n)]$$

与差分方程左侧（齐次方程）比较，对应项系数应相同，从而
$$y(n) = q(n+1) - 2q(n)$$
即
$$\begin{cases} q(n+2) - 3q(n+1) + 2q(n) = x(n) \\ y(n) = q(n+1) - 2q(n) \end{cases}$$

第 1 个方程是激励 $x(n)$，响应 $q(n)$ 的系统的差分方程；其右侧不包含 $x(n)$ 位移项，可用 1 个加法器画出模拟框图；根据第 2 个方程知，由中间信号 $q(n)$ 及其位移项线性组合得到响应 $y(n)$，这可由一个前向支路和另一个加法器得到；如图 6－8。

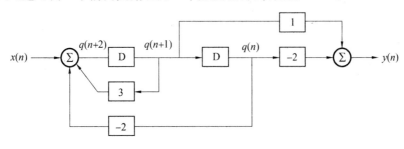

图 6－8

6－9　离散系统差分方程 $y(n+1)+2y(n)=x(n+1)$，且 $x(n)=e^{-n}u(n)$，$y(0)=0$。试求零状态响应及全响应。

【分析与解答】

由差分方程知为一阶线性时不变系统。方程左侧响应自变量最高序号 $(n+1)$ 不小于右侧激励最高序号 $(n+1)$，即响应不早于激励，为因果系统。

1. 零状态响应

先求 $h(n)$。

特征方程 $\alpha+2=0$，特征根 $\alpha=-2$。

特征根绝对值大于 1，系统不稳定。

设 $h(n)=K(-2)^n$，由因果系统则 $n<0$ 时，$h(n)=0$。

先确定 $h(n)$ 初值。$x(n)=\delta(n)$，$y(n)=h(n)$ 代入差分方程：

$$h(n+1)+2h(n)=\delta(n+1)$$

$n=-1$ 时

$$h(0)+2h(-1)=\delta(0)=1$$

从而

$$h(0)=1$$

代入 $h(n)$ 表达式

$$K=1$$

$$h(n)=(-2)^n u(n)$$

$$y_{zs}(n)=e^{-n}u(n)*(-2)^n u(n)=\sum_{m=-\infty}^{\infty}\left[e^{-(n-m)}u(n-m)(-2)^m u(m)\right]$$

若两个阶跃项自变量同时大于等于 0，$\begin{cases} n-m\geqslant 0 \\ m\geqslant 0 \end{cases}$，即 $0\leqslant m\leqslant n$ 时，求和函数存在。卷积结果存在时间用阶跃项表示，其自变量由求和函数两个阶跃项自变量之和决定：$n-m+m=n$。

从而

$$y_{zs}(n) = \left[\sum_{m=0}^{n} e^{-(n-m)} (-2)^m\right] u(n) = e^{-n}\left[\sum_{m=0}^{n}(-2e)^m\right]u(n) =$$

$$\frac{1}{2e+1}\left[2e(-2)^n + e^{-n}\right]u(n)$$

2. 全响应

差分方程中响应与激励最高序号之差为 0，已知的初始条件 $y(0)$ 的序号不小于它，因而 $y(0)$ 不是 $y_{zi}(n)$ 的边界条件，而是全响应的边界条件。为此需确定 $y_{zi}(n)$ 边界条件：可通过 $y(n)$ 与 $y_{zs}(n)$ 边界条件之差得到。

$n=0$ 代入 $y_{zs}(n)$，得 $y_{zs}(0)=1$。则

$$y_{zi}(0) = y(0) - y_{zs}(0) = -1$$

$y_{zi}(n)$ 形式与 $h(n)$ 类似

$$y_{zi}(n) = C_1 (-2)^n$$

可见其发散，这由系统的不稳定决定。

代入 $y_{zi}(0)$，得 $C_1 = -1$，则

$$y_{zi}(n) = -(-2)^n u(n)$$

$$y(n) = y_{zs}(n) + y_{zi}(n) = \frac{1}{2e+1}\left[e^{-n} - (-2)^n\right]u(n)$$

由此得 $y(0)=0$，与给出的系统初始条件是一致的。

6－10 系统差分方程

$$y(n+3) - 2\sqrt{2}\,y(n+2) + y(n+1) = x(n)$$

试求初始条件 $y_{zi}(0)$，$y_{zi}(1)$，$y_{zi}(2)$ 为何值时，

$$y_{zi}(n) = (1-2\sqrt{2})\delta(n) + \frac{(\sqrt{2}+1)^2}{2}(\sqrt{2}-1)^n u(n) + \frac{(\sqrt{2}-1)^2}{2}(\sqrt{2}+1)^n u(n)$$

【分析与解答】

通常已知初始条件求 $y_{zi}(n)$，本题正相反。

线性常系数差分方程，相应于线性时不变系统，由于是 3 阶系统，需确定 3 个初始条件。

特征方程

$$\alpha^3 - 2\sqrt{2}\alpha^2 + \alpha = 0$$

特征根

$$\alpha_1 = 0, \quad \alpha_2 = \sqrt{2}-1, \quad \alpha_3 = \sqrt{2}+1$$

$$y_{zi}(n) = C_1\alpha_1^n + C_2\alpha_2^n + C_3\alpha_3^n$$

与已知的

$$y_{zi}(n) = (1-2\sqrt{2})\delta(n) + \frac{(\sqrt{2}+1)^2}{2}(\sqrt{2}-1)^n u(n) + \frac{(\sqrt{2}-1)^2}{2}(\sqrt{2}+1)^n u(n)$$

$$(6-10)$$

比较得

$$\begin{cases} C_1 = 1 - 2\sqrt{2} \\ C_2 = \dfrac{\left(\sqrt{2} + 1\right)^2}{2} \\ C_3 = -\dfrac{\left(\sqrt{2} - 1\right)^2}{2} \end{cases}$$

$y_{zi}(0), y_{zi}(1), y_{zi}(2)$ 可由式(6 − 10)得到：

$$\begin{cases} y_{zi}(0) = C_1 + C_2 + C_3 = 1 \\ y_{zi}(1) = C_2\alpha_2 + C_3\alpha_3 = 1 \\ y_{zi}(2) = C_2\alpha_2^2 + C_3\alpha_3^2 = 0 \end{cases}$$

第 1 个方程中用了 $0^0 = 1$。

第7章

离散信号与系统的 z 域分析

概念与解题提要

1. 典型单边序列的 Z 变换

典型序列单边 Z 变换，如 $\delta(n)$，$u(n)$，$a^n u(n)$，$\sin \omega_0 n u(n)$（$\cos \omega_0 n u(n)$）的结果可直接应用。其他序列 Z 变换形式无需记，可由 Z 变换性质求出。对左边及双边序列的 Z 变换，进行逆 Z 变换时，可根据收敛域将 Z 变换（一般为分式）展开为幂级数，再转化为 Z 变换定义式，从而得到 $x(n)$；如例 7－13、例 7－16～7－18。

2. Z 变换的分解性

Z 变换为级数形式（由序列在时间上离散所决定），可分解为系数为各时刻信号值的 z^{-1} 的幂的叠加：

$$X(z) = \sum_{n=-\infty}^{\infty} x(n) z^{-n} = \cdots x(-2) z^2 + x(-1) z + x(0) + x(1) z^{-1} + x(2) z^{-2} + \cdots$$

由上面的 Z 变换定义式的无穷级数展开形式，采用长除法，将分式形式的 Z 变换转化为 z^{-1} 的幂级数，可判断 $x(n)$ 存在时间范围，并得到某时刻的序列值。

这是 Z 变换区别于拉普拉斯变换的一个重要特点；后者的积分形式决定了其不具备 Z 变换的上述分解性：

$$F(s) = \int_{-\infty}^{\infty} f(t) \mathrm{e}^{-st} \mathrm{d}t$$

$X(z)$ 中分子与分母多项式最高阶数的关系决定了时域序列的存在时间范围：是因果序列、左边序列还是双边序列。分为以下四种情况：

（1）$X(z)$ 为真分式

长除后，$X(z)$ 的展开式中只包括 z^{-1} 的幂：

$$X(z) = K_1 z^{-1} + K_2 z^{-2} + K_3 z^{-3} + \cdots$$

即 $x(0) = x(-1) = x(-2) = \cdots = 0$，从而为单边序列；由于级数中没有常数项，则 $x(0) = 0$；$x(n)$ 在 $n > 0$ 范围存在，且 $x(1) = K_1$，$x(2) = K_2$，$x(3) = K_3$，$\cdots$。

（2）$X(z)$ 分子与分母多项式的阶数相同

$X(z)$ 分解为常数项与真分式叠加，即常数项与 z^{-1} 的各次幂之和：

$$X(z) = K_0 + K_1 z^{-1} + K_2 z^{-2} + K_3 z^{-3} + \cdots$$

即 $x(-1) = x(-2) = \cdots = 0$，为单边序列；序列在 $n \geqslant 0$ 范围存在，且 $x(0) = K_0$，$x(1) = K_1$，

$x(2)=K_2,x(3)=K_3,\cdots$。

（3）$X(z)$ 为 z 的多项式

$X(z)$ 为 z 的幂级数形式：

$$X(z)=\cdots+K_{-3}z^3+K_{-2}z^2+K_{-1}z+K_0$$

从而 $x(1)=x(2)=\cdots=0$，即 $x(n)$ 为左边序列，且 $x(0)=K_0,x(-1)=K_{-1}$，$x(-2)=K_{-2},x(-3)=K_{-3},\cdots$。

（4）$X(z)$ 为假分式

$X(z)$ 为 z 的多项式与真分式的叠加，同时包括 z 与 z^{-1} 的幂：

$$X(z)=\cdots K_{-3}z^3+K_{-2}z^2+K_{-1}z+K_0+K_1z^{-1}+K_2z^{-2}+K_3z^{-3}+\cdots$$

从而 $x(n)$ 为双边序列，且 $\cdots,x(-3)=K_{-3},x(-2)=K_{-2},x(-1)=K_{-1}$，$x(0)=K_0$，$x(1)=K_1,x(2)=K_2,x(3)=K_3,\cdots$。

3. Z 变换与拉普拉斯变换的关系

（1）联系

Z 变换可看作连续信号的拉普拉斯变换在离散信号中的推广；两种变换的性质类似，用 Z 变换求离散系统响应与用拉普拉斯变换求连续系统响应的过程也类似；且二者均为复变函数（变换域自变量 s 与 z 均为复变量）。

（2）区别

Z 变换比拉普拉斯变换复杂。Z 变换要考虑单边序列、左边序列与双边序列 3 种情况；拉普拉斯变换一般只考虑单边信号。离散信号 Z 变换由 Z 变换表达式与收敛域共同决定，二者缺一不可；对序列进行 Z 变换须给出收敛域；另一方面，只有 Z 变换表达式与收敛域同时给出的，其对应的时间序列才被唯一确定。

（3）收敛域

Z 变换存在收敛域问题。仅由 Z 变换表达式无法确定时间序列：不同收敛域下，时间序列不同，即 Z 变换表达式没有反映信号在 z 域的全部信息。

拉普拉斯变换也存在收敛域，即使 $f(t)e^{-\sigma t}$ 收敛的 σ 范围，由 $f(t)$ 自身特性决定。但求拉普拉斯变换时一般无须确定收敛域，因为时域信号一般只考虑单边情况，而不考虑左边及双边信号。

求解 Z 变换的时间序列既可能是单边，也可能是左边或双边信号。在求出 Z 变换表达式的同时，须同时给出其收敛域。单边、左边及双边 3 种不同序列的 Z 变换表达式可能相同，在 Z 域将其区分的正是收敛域（分别对应 z 平面的某个圆外、某个圆内及两个圆之间）。

由于收敛域问题，Z 变换比拉普拉斯变换复杂得多。同时，Z 变换定义的无穷级数形式

$$X(z)=\sum_{n=0}^{\infty}x(n)z^{-n}$$

使其计算上也比拉普拉斯变换的积分 $F(s)=\int_{0^-}^{\infty}f(t)e^{-st}\mathrm{d}t$ 复杂。

序列进行 Z 变换的前提是其有界或收敛，否则序列本身不确定，其 Z 变换自然也无法确定。

4. Z 变换收敛域

（1）有限长序列 Z 变换的收敛域

有限长序列收敛域为整个 z 平面：$0<|z|<\infty$；在 $z=0$ 及 $z\to\infty$ 处是否收敛，取决于序

列存在范围。包括以下 3 种情况：

① 单边序列：只存在于纵轴右侧。

如 $x(n)$ 存在于 $2 \leqslant n \leqslant 8$，则

$$X(z) = \sum_{n=2}^{8} x(n) z^{-n} = x(2) z^{-2} + x(3) z^{-3} + \cdots + x(8) z^{-8}$$

$x(n)$ 有界时，当 $z \neq 0$ 时，式中任一项均有界，从而 $X(z)$ 收敛。但 $z = 0$ 时，式中任一项的 $z^{-n} \to \infty$（由于 n 均为正数），从而 $X(z)$ 不收敛。$z \to \infty$时，任一项中的 $z^{-n} = 0$（因 n 为正数），则 $X(z)$ 收敛于 0。

因而，有限长单边序列 Z 变换收敛域为 $0 < |z| \leqslant \infty$。

② 左边序列：只存在于纵轴左侧。

如 $x(n)$ 存在于 $-9 \leqslant n \leqslant -3$，则

$$X(z) = \sum_{n=-9}^{-3} x(n) z^{-n} = x(-9) z^{9} + x(-8) z^{8} + \cdots + x(-3) z^{3}$$

$x(n)$ 有界时，当 $z \neq \infty$ 时式中任一项均有界，$X(z)$ 收敛。$z \to \infty$ 时，式中任一项中的 $z^{-n} \to \infty$（由于 n 为负），因而 $X(z)$ 不收敛。$z = 0$ 时，任一项中的 $z^{-n} = 0$，从而 $X(z)$ 收敛于 0。

因而，有限长左边序列 Z 变换收敛域为 $0 \leqslant |z| < \infty$。

③ 双边序列：同时存在于纵轴两侧。

如 $x(n)$ 存在于 $-3 \leqslant n \leqslant 8$，则

$$X(z) = \sum_{n=-3}^{-1} x(n) z^{-n} + \sum_{n=0}^{8} x(n) z^{-n} =$$
$$[x(-3) z^{3} + \cdots + x(-1) z] + [x(0) + x(1) z^{-1} + \cdots + x(8) z^{-8}]$$

其中：$\begin{cases} 左边序列收敛域：|z| < \infty \\ 单边序列收敛域：|z| > 0 \end{cases}$，双边序列收敛域为两个收敛域的公共部分：$0 < |z| < \infty$ （$z = 0$ 及 $z \to \infty$ 均不收敛）。

有限长序列 Z 变换收敛域在例 7－3 及例 7－4 中出现。

（2）$\delta(n)$ 的 Z 变换的收敛域

$\delta(n)$ 为特殊序列，只在 1 个时间上存在。其为单边序列，则收敛域 $|z| > 0$。

但 $|z| = 0$ 也收敛：

$$Z[\delta(n)] = \sum_{n=-\infty}^{\infty} \delta(n) z^{-n}$$

$\delta(n)$ 只在 $n = 0$ 存在，无穷级数中只存在一项：

$$[\delta(n) z^{-n}]|_{n=0} = 1$$

z 取任意值上式均成立，包括 $z = 0$，因为 $0^0 = 1$。

$\delta(n)$ 的 Z 变换收敛域在例 7－17.1 中出现。

（3）收敛域扩大的问题

z 域运算可能导致收敛域扩大，即相乘（如应用 Z 变换时域卷积定理）或相加（如应用 Z 变换线性特性）后，所得到的 Z 变换的收敛域是参与运算的各 Z 变换收敛域的公共部分。但运算结果可能出现极、零点相消情况，从而可能使收敛域扩大。

如 $$\begin{cases} X(z)=\dfrac{z}{z-1} \quad (\,|z|>1) \\[3mm] Y(z)=\dfrac{z-1}{(z-0.5)(z-0.4)} \quad (\,|z|>0.5) \end{cases}$$

则

$$X(z)Y(z)=\frac{z}{(z-0.5)(z-0.4)} \tag{7-0.1}$$

$X(z)$ 与 $Y(z)$ 收敛域的公共部分应同时满足 $\begin{cases} |z|>1 \\ |z|>0.5 \end{cases}$，即 $|z|>1$。

但由式(7-0.1)知，$X(z)$ 极点($z=1$)与 $Y(z)$ 零点($z=1$)约掉，从而 $z=1$ 不是 $X(z)Y(z)$ 的极点，即 $X(z)Y(z)$ 有两个极点 $p_1=0.5$ 及 $p_1=0.4$。收敛域必以极点为边界（收敛域内不存在极点，否则不可能收敛），从而，$X(z)Y(z)$ 的收敛域为

$$|z|>0.5$$

由于极、零点相消，$X(z)Y(z)$ 收敛域比 $X(z)$ 和 $Y(z)$ 收敛域的公共部分扩大（由 $|z|>1$ 扩大为 $|z|>0.5$），如图 7-0.1。

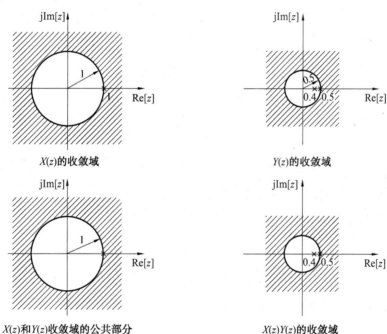

图 7-0.1

考虑另一种情况：

$$\begin{cases} X(z)=\dfrac{z}{z-0.5} \quad (\,|z|>0.5) \\[3mm] Y(z)=\dfrac{z-0.5}{z-1} \quad (\,|z|>1) \end{cases}$$

则

$$X(z)Y(z)=\frac{z}{z-1} \tag{7-0.2}$$

$X(z)$ 与 $Y(z)$ 收敛域的公共部分应同时满足 $\begin{cases} |z| > 1 \\ |z| > 0.5 \end{cases}$，即 $|z| > 1$。

由式 $(7-0.2)$ 见，$X(z)$ 极点 $(z=0.5)$ 与 $Y(z)$ 零点 $(z=0.5)$ 约掉，使 $z=0.5$ 不是 $X(z)Y(z)$ 的极点，即 $X(z)Y(z)$ 只有一个极点 $z=1$。收敛域以极点为边界，从而，$X(z)Y(z)$ 的收敛域为

$$|z| > 1$$

可见，尽管极、零点相消，但 $X(z)Y(z)$ 收敛域与 $X(z)$ 和 $Y(z)$ 收敛域的公共部分相同（均为 $|z| > 1$），即收敛域没有扩大。

极、零点相消的情况下，只有值为最大的那个极点被约掉时，收敛域才扩大；否则收敛域不变。

5. Z 变换的性质

（1）位移性

Z 变换位移性较复杂，因为序列有单边序列和双边序列两种，Z 变换又分为单边 Z 变换和双边 Z 变换，所以有 4 种情况；但实际主要应用单边序列的单边 Z 变换。

左移： $\qquad Z[x(n+m)u(n)] = z^m \left[X(z) - \sum_{k=0}^{m-1} x(k) z^{-k} \right]$

即左移后，原单边信号的一些信号值移到纵轴左侧，不再参与单边 Z 变换，因而应将这部分的 Z 变换分量 $\left(-\sum_{k=0}^{m-1} x(k) z^{-k} \right)$ 去掉。

实际应用中，系统阶数一般不超过 2 阶，则对差分方程进行 Z 变换时，主要应用

$$\begin{cases} Z[x(n+1)] = zX(z) - zx(0) \\ Z[x(n+2)] = z^2 X(z) - z^2 x(0) - zx(1) \end{cases}$$

右移情况下： $\qquad Z[x(n-m)] = z^{-m} X(z)$

单边序列右移后，原纵轴左侧不会有信号值移到纵轴右侧，因而不产生附加项。

（2）z 域卷积定理

$$z[x(n)y(n)] = \frac{1}{2\pi j} \oint_{C_1} X(\gamma) Y\left(\frac{z}{\gamma}\right) \gamma^{-1} \mathrm{d}\gamma \qquad (7-0.3)$$

上式右侧 γ 为积分变量（复变量），积分结果为关于 z 的函数；C_1 为 γ 平面内在被积函数收敛域，即 $X(\gamma)$ 与 $Y\left(\dfrac{z}{\gamma}\right)$ 收敛域公共部分内包含原点的任一条逆时针闭合围线。要求围线包围圆点，即具有图 $7-0.2(a)$ 的形式（围线包括所有极点），而不是图 $7-0.2(b)$ 的形式（围线不包括圆点，即围线包围的区域位于收敛域内因而没有极点，从而无法用留数求逆 Z 变换）。

显然，积分路径有无穷多种可能；尽管积分路径不同，但积分结果均相同。

式 $(7-0.3)$ 的 z 域卷积形式，与第 1 章的时域卷积、第 3 章的频域卷积、第 4 章的复频域卷积均有所不同。

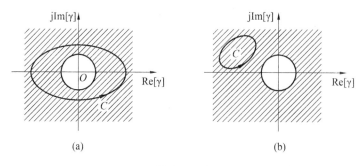

图 $7-0.2$

$$\begin{cases} 时域: f_1(t) * f_2(t) = \int_{-\infty}^{\infty} f_1(\tau) f_2(t-\tau) \mathrm{d}\tau & (连续信号) \\[2mm] 时域: f_1(n) * f_2(n) = \sum_{m=-\infty}^{\infty} f_1(m) f_2(n-m) & (离散信号) \\[2mm] 频域: F_1(\omega) * F_2(\omega) = \int_{-\infty}^{\infty} F_1(u) F_2(\omega-u) \mathrm{d}u \\[2mm] 复频域: F_1(s) * F_2(s) = \int_{\sigma-\mathrm{j}\infty}^{\sigma+\mathrm{j}\infty} F_1(\zeta) F_2(s-\zeta) \mathrm{d}\zeta \\[2mm] z域卷积: X(z) Y(z) = \oint_C X(\gamma) Y\left(\dfrac{z}{\gamma}\right) \gamma^{-1} \mathrm{d}\gamma \end{cases}$$

其中各种变换域(频域、复频域及 z 域)卷积,在相应各章的变换域卷积定理部分均介绍过。

由上式可见,时域和频域卷积形式类似,原因在于自变量均为实变量。复频域卷积的积分形式与时域和频域类似,但积分限不同(为复数):原因在于自变量为复变量。z 域卷积又与复频域卷积不同,积分形式更复杂,且积分路径为闭合围线。

与逆 Z 变换

$$x(n) = \frac{1}{2\pi\mathrm{j}} \oint_C X(z) z^{n-1} \mathrm{d}z$$

类似,直接求式$(7-0.3)$的闭合围线积分不可能。因而与用留数法逆 Z 变换类似,求式$(7-0.3)$的积分也用留数定理,即被积函数在闭合围线内所包围的所有极点处的留数之和。

第 4 章的拉普拉斯反变换也与此类似:

$$f(t) = \frac{1}{2\pi\mathrm{j}} \int_{\sigma-\mathrm{j}\infty}^{\sigma+\mathrm{j}\infty} F(s) \mathrm{e}^{st} \mathrm{d}s$$

直接求上式中积分路径为无限长的线积分不可能,为此在 s 平面收敛域内,补一条圆弧,与 $\sigma-\mathrm{j}\infty$ 延伸至 $\sigma+\mathrm{j}\infty$ 的无限长直线构成闭合围线。为保持线积分与闭合围线积分相同,被积函数在圆弧上的积分应为 0。为此需满足两个条件:①$f(t)$ 为单边信号;②$F(s)$ 为真分式。在上述两个条件下,将拉普拉斯逆变换转化为闭合围线积分,从而用被积函数在闭合围线内的各极点留数之和来求积分。

被积函数的极点与闭合围线所包围的极点不同。被积函数的极点不一定在闭合围线内,求留数只是针对闭合围线内的极点。不应求闭合围线外极点处的留数(不符合留数定理),因而应首先判断被积函数的各极点是否位于闭合围线内。

由第 1 章知,时域信号的卷积交换次序后,结果保持不变(即交换律):

$$f_1(t) * f_2(t) = f_2(t) * f_1(t)$$

从而

$$\int_{-\infty}^{\infty} f_1(\tau) f_2(t-\tau) d\tau = \int_{-\infty}^{\infty} f_2(\tau) f_1(t-\tau) d\tau$$

类似地，z 域卷积也可交换次序，即有两种形式：

$$Z[x(n) y(n)] = \frac{1}{2\pi j} \oint_{C_1} X(\gamma) Y\left(\frac{z}{\gamma}\right) \gamma^{-1} d\gamma = \frac{1}{2\pi j} \oint_{C_2} X\left(\frac{z}{\gamma}\right) Y(\gamma) \gamma^{-1} d\gamma$$

C_2 为被积函数在收敛域（$X\left(\frac{z}{\gamma}\right)$ 及 $Y(\gamma)$ 收敛域的公共部分）内包含原点的任一条逆时针闭合围线。

例 7－10 及例 7－17 中应用了 z 域卷积定理。

（3）终值定理

①Z 变换与拉普拉斯变换终值定理的关系。

比较两种变换的终值定理：

$$\begin{cases} \lim\limits_{n \to \infty} x(n) = \lim\limits_{z \to 1} [(z-1) X(z)] \\ \lim\limits_{t \to \infty} f(t) = \lim\limits_{s \to 0} s F(s) \end{cases}$$

s 平面的原点与 z 平面的 $z=1$ 对应：

$$z \to 1 \xrightarrow{\text{等效于}} s \to 0$$

因而

$$z - 1 \xrightarrow{\text{等效于}} s$$

所以 Z 变换与拉普拉斯变换的终值定理等效。

②Z 变换终值定理的使用条件。

若序列的终值存在（即序列收敛），即 Z 变换所有极点位于 z 平面的单位圆内（单位圆上只能位于 $z=1$ 处，且为一阶极点）。原因如下：

通常 Z 变换可分解为部分分式

$$X(z) = \sum_{i=1}^{N} A_i \frac{z}{z - z_i}$$

则

$$x(n) = \left[\sum_{i=1}^{N} A_i (z_i)^n \right] u(n)$$

即 $x(n)$ 为单边指数序列之和，且每个指数序列的底为 Z 变换中相应的部分分式的极点；若所有极点位于单位圆内，则各指数序列均收敛，从而 $x(n)$ 收敛。若 $z=1$ 为一阶极点，其部分分式相应于 $\frac{z}{z-1}$，对应的时间序列为 $u(n)$，相当于为等幅指数序列，仍收敛。当 $z=1$ 处有高阶极点如 2 阶极点时，相应的部分分式为 $\frac{z}{(z-1)^2}$，用留数法求时域序列

$$Z^{-1}\left[\frac{z}{(z-1)^2}\right] = \text{Res}\left[\frac{z^n}{(z-1)^2}, 1\right] = \left.\frac{d z^n}{dz}\right|_{z=1} = n u(n)$$

序列发散，终值不存在。

例 7－9 及例 7－30 应用到终值定理使用条件。

③Z 变换与拉普拉斯变换的终值定理使用条件的关系。

拉普拉斯变换终值定理使用条件：$F(s)$ 所有极点位于 s 平面左半平面（纵轴上只能位于圆点处，且为一阶极点）。

根据 z 平面与 s 平面的对应关系：

$$
\begin{array}{cc}
z\ 平面 & s\ 平面 \\
\end{array}
$$

$$
\begin{cases}
单位圆内 \xleftarrow{\ 等效于\ } 左半平面 \\
单位圆上 \xleftarrow{\ 等效于\ } 纵轴 \\
z=1 \xleftarrow{\ 等效于\ } 圆点
\end{cases}
$$

可见两种变换终值定理的使用条件等价。

6. Z 反变换

（1）部分分式展开法与留数法的等效性

Z 反变换与拉普拉斯反变换类似，可采用部分分式展开或留数法求解。若各极点为单极点，可用部分分式展开或留数法；若为高阶极点，应采用留数法，此时部分分式展开较复杂：n 阶极点需展开为 n 个部分分式，并求 n 个待定系数。

部分分式展开法与留数法等效，以单极点为例说明。

部分分式展开

$$
\frac{X(z)}{z} = \frac{A_1}{z-z_1} + \cdots + \frac{A_i}{z-z_i} + \cdots + \frac{A_N}{z-z_N}
$$

其中

$$
A_i = (z-z_i) \left. \frac{X(z)}{z} \right|_{z=z_i}
$$

$$
x(n) = \sum_{i=1}^{N} A_i \, (z_i)^n \tag{7-0.4}
$$

留数法

$$
x(n) = \sum_{i=1}^{N} \mathrm{Res}\left[X(z) z^{n-1} , z_i \right]
$$

右侧为关于时间的函数，是时间序列。上式可写为

$$
x(n) = \sum_{i=1}^{N} \left[(z-z_i) \frac{X(z)}{z} z^n \right] \Big|_{z=z_i} = \sum_{i=1}^{N} \left[(z-z_i) \left. \frac{X(z)}{z} \right|_{z=z_i} \cdot (z_i)^n \right] = \sum_{i=1}^{N} A_i \, (z_i)^n
$$

可见与式（7-0.4）相同。在部分分式展开法中，每个部分分式的逆 Z 变换对应于一个留数。留数法无需单独计算部分分式中的系数项，它将部分分式法中的两种运算：求系数及部分分式的逆 Z 变换，通过计算留数一次完成（系数项 A_i 即 $(z-z_i) \left. \frac{X(z)}{z} \right|_{z=z_i}$，包含在留数中）。

（2）逆 Z 变换与拉普拉斯反变换的留数法的关系

用留数法求两种逆变换的形式类似：

① 单极点。

$$\begin{cases} \text{逆 Z 变换：} \quad \mathrm{Res}[X(z)z^{n-1},z_i]=(z-z_i)X(z)z^{n-1}\big|_{z=z_i} \\ \text{拉普拉斯反变换：} \quad \mathrm{Res}[F(s)\mathrm{e}^{st},p_i]=(s-p_i)F(s)\mathrm{e}^{st}\big|_{s=p_i} \end{cases}$$

两式具有如下对应关系：

$$\begin{cases} \dfrac{X(z)}{z} \xleftarrow{\text{对应于}} F(s) \\ z^n \xleftarrow{\text{对应于}} \mathrm{e}^{st} \\ z-z_i \xleftarrow{\text{对应于}} s-p_i \\ z=z_i \xleftarrow{\text{对应于}} s=p_i \end{cases}$$

② 高阶极点。

对 r 阶级点

$$\begin{cases} \text{逆 Z 变换：} \quad \mathrm{Res}[X(z)z^{n-1},z_i]=\dfrac{1}{(r-1)!}\cdot\dfrac{\mathrm{d}^{r-1}}{\mathrm{d}z^{r-1}}\big[(z-z_i)^rX(z)z^{n-1}\big]\bigg|_{z=z_i} \\ \text{拉普拉斯反变换：} \quad \mathrm{Res}[F(s)\mathrm{e}^{st},p_i]=\dfrac{1}{(r-1)!}\cdot\dfrac{\mathrm{d}^{r-1}}{\mathrm{d}s^{r-1}}\big[(s-p_i)^rF(s)\mathrm{e}^{st}\big]\bigg|_{s=p_i} \end{cases}$$

两种高阶极点的留数形式也类似，$\dfrac{X(z)}{z}$ 对应于 $F(s)$。

7. 系统函数极点与差分方程特征根的关系

系统函数极点与差分方程特征根相同。

如差分方程

$$y(n+N)+a_{N-1}y(n+N-1)+\cdots+a_0y(n)=$$
$$b_Mx(n+M)+b_{M-1}x(n+M-1)+\cdots+b_0x(n)$$

特征方程

$$\alpha^N+a_{N-1}\alpha^{N-1}+\cdots+a_0=0$$

系统函数

$$H(z)=\frac{b_Mz^M+b_{M-1}z^{M-1}+\cdots+b_0}{z^N+a_{N-1}z^{N-1}+\cdots+a_0}$$

可见特征方程与由系统函数分母多项式构成的方程形式相同，只是自变量不同：

$$\begin{cases} \alpha^N+a_{N-1}\alpha^{N-1}+\cdots+a_0=0 \\ z^N+a_{N-1}z^{N-1}+\cdots+a_0=0 \end{cases}$$

因而系统函数极点与差分方程特征根相同。

8. 差分方程右侧包含激励位移项时的模拟图

差分方程右侧只包含 $x(n)$ 时，利用一个加法器可画出模拟图。但如包含 $x(n)$ 的位移项，如 $x(n+2)$ 时，无法由 $x(n)$ 通过延时器得到 $x(n+2)$。延迟是可以实现的，而由 $x(n)$ 到 $x(n+2)$ 为超前运算，不可实现。此时由差分方程无法直接画出模拟图。

与第 4 章连续时间系统微分方程右侧包含激励微分项的情况类似，此时在时域确定 $x(n)$ 与 $y(n)$ 的图解联系较困难，为此考虑变换域形式。

以
$$y(n+2)+a_1 y(n+1)+a_0 y(n)=b_1 x(n+1)+b_0 x(n) \qquad (7-0.5)$$
为例说明。

方程两侧 Z 变换,并令初始条件为 0:
$$z^2 Y(z)+a_1 z Y(z)+a_0 Y(z)=b_1 z X(z)+b_0 X(z)$$
从而
$$\frac{Y(z)}{b_1 z+b_0}=\frac{X(z)}{z^2+a_1 z+a_0}$$
引入中间变量 $Q(z)$
$$\frac{Y(z)}{b_1 z+b_0}=\frac{X(z)}{z^2+a_1 z+a_0}=Q(z)$$
建立两个方程
$$\begin{cases} Q(z)(z^2+a_1 z+a_0)=X(z) \\ Y(z)=Q(z)(b_1 z+b_0) \end{cases}$$
逆 Z 变换:
$$\begin{cases} q(n+2)+a_1 q(n+1)+a_0 q(n)=x(n) \\ y(n)=b_1 q(n+1)+b_0 q(n) \end{cases} \qquad (7-0.6)$$
借助于中间序列 $q(n)$,用上述两个方程等效原始的差分方程。其第 1 个方程是 $x(n)$ 为激励,$q(n)$ 为响应的系统的差分方程;右侧只包含 $x(n)$,用一个加法器可画出该系统模拟图;再通过第 2 个方程,对 $q(n)$ 及其位移项进行线性组合,得到 $y(n)$。该方法构造两个系统,等效表示原始系统。

作为逆过程,将方程(7−0.6)中 $q(n)$ 作为中间变量约掉后(仍然是采用 Z 变换较方便),可得到 $x(n)$ 及 $y(n)$ 的差分方程(式(7−0.5))。

由式(7−0.6),中间序列的引入方法是:将原方程左侧所有 y 变量代换为 q,右侧变为 $x(n)$,得到一个方程;将原方程左侧变为 $y(n)$,右侧所有 y 变量代换为 q,得到另一个方程。这与第 6 章离散系统时域分析时的结论相同(例 6−8.3)。且与连续系统中,微分方程右侧包含激励微分项时中间变量的引入形式类似。

9. 序列的傅里叶变换

(1)序列傅里叶变换与取样信号频谱的关系

由序列傅里叶变换
$$X(\mathrm{e}^{\mathrm{j}\omega})=\sum_{n=-\infty}^{\infty} x(n)\mathrm{e}^{-\mathrm{j}\omega n}$$
得
$$X(\mathrm{e}^{\mathrm{j}(\omega+2k\pi)})=\sum_{n=-\infty}^{\infty} x(n)\mathrm{e}^{-\mathrm{j}(\omega+2k\pi)\,n}=\sum_{n=-\infty}^{\infty} x(n)\mathrm{e}^{-\mathrm{j}\omega n}=X(\mathrm{e}^{\mathrm{j}\omega})$$
式中,k 为任意整数。可见 $X(\mathrm{e}^{\mathrm{j}\omega})$ 为周期频谱,且周期为 2π。周期性是序列频谱的主要特点;序列傅里叶变换的自变量用 $\mathrm{e}^{\mathrm{j}\omega}$ 表示,就是用于表明其频谱的周期性:$\mathrm{e}^{\mathrm{j}(\omega+2k\pi)}=\mathrm{e}^{\mathrm{j}\omega}$。

序列的频谱与第 3 章取样信号的频谱是统一的,因为它们均为离散信号;序列 $x(n)$ 可看作连续信号 $x(t)$ 在取样周期 $T_\mathrm{s}=1$ 时的取样信号。

取样信号频谱

$$F_s(\omega) = \frac{1}{T_s} \sum_{n=-\infty}^{\infty} F(\omega - n\omega_s)$$

可见为周期性频谱,且取样周期 $T_s = 1$ 时,$\omega_s = 2\pi$。

序列频谱与取样信号频谱是离散信号频谱的两种不同表现形式。

(2) 序列傅里叶变换与 Z 变换的关系

序列傅里叶变换是单位圆上的 Z 变换:

$$X(e^{j\omega}) = X(z)\big|_{z=e^{j\omega}}$$

$z = e^{j\omega}$ 表明复变量 z 的模为 1,从而位于 z 平面单位圆上。因而序列傅里叶变换由其 Z 变换得到(令 $z = e^{j\omega}$)。

序列的傅里叶变换与 Z 变换的关系,与连续信号傅里叶变换与拉普拉斯变换的关系类似:

$$\begin{cases} X(e^{j\omega}) = X(z)\big|_{z=e^{j\omega}} \\ F(\omega) = F(s)\big|_{s=j\omega} \end{cases}$$

其中

序列   连续信号

$$\begin{cases} X(e^{j\omega}) \xleftarrow{\text{相应于}} F(\omega) \\ X(z) \xleftarrow{\text{相应于}} F(s) \\ z = e^{j\omega} \xleftarrow{\text{相应于}} s = j\omega \end{cases} \tag{3}$$

其中 $z = e^{j\omega}$ 为 z 平面单位圆,$s = j\omega$ 为 s 平面纵轴;二者为 s 平面与 z 平面的映射关系。

(3) 由 Z 变换求傅里叶变换的条件

对 $X(e^{j\omega}) = X(z)\big|_{z=e^{j\omega}}$,由 Z 变换求傅里叶变换的前提是其收敛域包括 z 平面单位圆。对单边 Z 变换,有

$$X(z) = \sum_{n=0}^{\infty} x(n)z^{-n} = x(0) + x(1)z^{-1} + x(2)z^{-2} + \cdots + x(n)z^{-n} + \cdots$$

其收敛域为某个圆外,即 $|z| > R$。如收敛域包括单位圆,则 $|z|$ 可小于 1,此时 z^{-n} 随 n 增加而递增;为使 $X(z)$ 存在(级数收敛),$x(n)$ 应随 n 增加而递减(以使 $x(n)z^{-n}$ 收敛),即 $x(n)$ 收敛。这是由 Z 变换求傅里叶变换的条件。

这与第 4 章中,由连续信号的拉普拉斯变换求其傅里叶变换的条件类似(z 平面单位圆相当于 s 平面纵轴)。

10. 离散系统频率特性

(1) 频率特性与系统函数的关系

离散系统频率特性为系统函数在单位圆上的值,这与连续系统的频率特性与系统函数的关系类似:

$$\begin{cases} H(\omega) = H(s)\big|_{s=j\omega} \\ H(e^{j\omega}) = H(z)\big|_{z=e^{j\omega}} \end{cases}$$

$s = j\omega$ 与 $z = e^{j\omega}$ 为 s 平面与 z 平面的映射关系。

(2) 由系统函数求频率特性的条件

根据由 Z 变换求傅里叶变换的条件,有

$$\begin{cases} H(\mathrm{e}^{\mathrm{j}\omega}) = \mathscr{F}[h(n)] \\ H(z) = Z[h(n)] \end{cases}$$

可由系统函数求频率特性

$$H(\mathrm{e}^{\mathrm{j}\omega}) = H(z)\,\big|_{z=\mathrm{e}^{\mathrm{j}\omega}}$$

与由序列 Z 变换求傅里叶变换的条件类似,要求 $h(n)$ 收敛(或绝对可和),即系统稳定。

（3）幅频特性与相频特性的对称性

如离散系统 $h(n)$ 为实序列,则幅频特性为 ω 的偶函数,相频特性为 ω 的奇函数:

$$\begin{cases} |H(\mathrm{e}^{-\mathrm{j}\omega})| = |H(\mathrm{e}^{\mathrm{j}\omega})| \\ \varphi(\mathrm{e}^{-\mathrm{j}\omega}) = -\varphi(\mathrm{e}^{\mathrm{j}\omega}) \end{cases}$$

这与连续系统类似:即若 $h(t)$ 为实信号,则

$$\begin{cases} |H(-\omega)| = |H(\omega)| \\ \varphi(-\omega) = -\varphi(\omega) \end{cases}$$

（4）离散系统频率特性的特点

离散系统频率特性为 $h(n)$ 的傅里叶变换,因而具有序列频谱的所有特点,即为周期为 2π 的周期谱。频率特性的周期性是离散系统区别于连续系统的一个重要特点。

连续系统与离散系统中,理想低通滤波器及理想带通滤波器频率特性的对比如图 $7-0.2$。

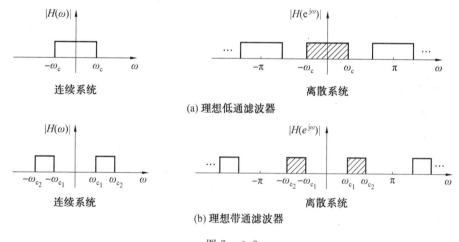

(a) 理想低通滤波器

(b) 理想带通滤波器

图 $7-0.2$

可见,对离散系统中的滤波器,滤波特性由其主周期 $(-\pi,\pi)$ 内的幅频特性(图 $7-0.2$ 中阴影部分)决定。另一方面,由主周期内的频率特性可确定其任意频率下的频率特性(由周期性)。

11. 离散系统的频域分析法

本章包括离散系统 Z 域分析及频域分析两部分内容。用频率特性描述离散系统,属于离散系统的频域分析法,它与第 3 章连续系统频域分析法的原理类似。

本课程包括系统的 4 种变换域分析方法:

$$\begin{cases} \text{连续系统} \begin{cases} \text{频域分析(第 3 章)} \\ \text{复频域分析（第 4 章)} \end{cases} \\ \text{离散系统} \begin{cases} \text{频域分析（第 7 章)} \\ \text{z 域分析（第 7 章)} \end{cases} \end{cases}$$

12. 离散系统特性描述及响应求解方法

（1）描述离散系统特性的各种量之间的关系

第 6 章及本章学习的描述离散系统特性的量（包括时域、频域及 z 域方法），包括 4 种解析及 2 种图解形式，共 6 种：

$$\begin{cases} \text{解析形式} \begin{cases} \text{时域：差分方程}, h(n) \\ \text{频域：} H(e^{j\omega}) \\ \text{z 域：} H(z) \end{cases} \\ \text{图解形式} \begin{cases} \text{时域：模拟图} \\ \text{z 域：模拟图，极零图} \end{cases} \end{cases}$$

这些量从不同角度描述系统特性，其中 1 个量确定后，其余那些量就被唯一确定。相互关系如图 7－0.3。

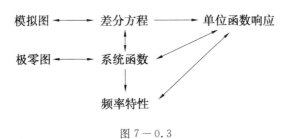

图 7－0.3

可见在这些量的关系上，系统函数处于核心地位。$H(z)$ 确定后，可直接得到其他 5 个量，如可得到差分方程，$h(n)$ 及 $H(e^{j\omega})$；这是变换域分析的优势。对任意一个量，借助于 $H(z)$，可得到所有其他量。如由 $h(n)$，无法在时域上确定差分方程；但可先由 Z 变换得到 $H(z)$，再由 $H(z)$ 得到差分方程。

描述离散系统特性的各种量之间相互确定的关系，与连续系统类似（图 4－0）。

（2）离散系统响应的求解方法

包括 4 种。

① 时域，解差分方程。分别求自由及受迫响应，计算很复杂，且需确定全响应的初始条件。

② 时域，分别求 $y_{zi}(n)$ 及 $y_{zs}(n)$。需由差分方程求 $h(t)$，且计算卷积和，较复杂。

③ z 域法。对差分方程进行 Z 变换，代入系统初始条件，一次求出全响应。需应用 Z 变换位移性，且由全响应无法直接区分 $y_{zi}(n)$ 及 $y_{zs}(n)$ 两个分量。

④ 时域法求 $y_{zi}(n)$，z 域法求 $y_{zs}(n)$。计算简单。时域法求 $y_{zi}(n)$ 较容易：由差分方程确定特征根，再代入 $y_{zi}(n)$ 初始条件求待定系数。该方法无需应用 Z 变换位移性。

13. 本课程各种信号变换及系统分析方法的总结

（1）各种线性变换中，信号分解的单元信号

各种变换的信号分解形式为

$$
\begin{cases}
连续信号
\begin{cases}
傅里叶变换: f(t)=\dfrac{1}{2\pi}\displaystyle\int_{-\infty}^{\infty}F(\omega)\,\mathrm{e}^{\mathrm{j}\omega t}\,\mathrm{d}\omega\\[2mm]
拉普拉斯变换: f(t)=\dfrac{1}{2\pi\mathrm{j}}\displaystyle\int_{\sigma-\mathrm{j}\infty}^{\sigma+\mathrm{j}\infty}F(s)\,\mathrm{e}^{st}\,\mathrm{d}s
\end{cases}\\[6mm]
离散信号
\begin{cases}
傅里叶变换: x(n)=\dfrac{1}{2\pi}\displaystyle\int_{-\pi}^{\pi}X(\mathrm{e}^{\mathrm{j}\omega})\,\mathrm{e}^{\mathrm{j}\omega n}\,\mathrm{d}\omega\\[2mm]
Z 变换: x(n)=\dfrac{1}{2\pi\mathrm{j}}\displaystyle\oint_{C}X(z)z^{n-1}\,\mathrm{d}z
\end{cases}
\end{cases}
$$

各种变换均为将时域信号分解为无穷多个复指数信号分量的叠加,即单元信号均为复指数信号:

$$
单元信号
\begin{cases}
连续
\begin{cases}
傅里叶变换: \mathrm{e}^{\mathrm{j}\omega t}(模为\ 1)\\
拉普拉斯变换: \mathrm{e}^{st}=\mathrm{e}^{\sigma t}\mathrm{e}^{\mathrm{j}\omega t}(模为\ \mathrm{e}^{\sigma t})
\end{cases}\\[4mm]
离散
\begin{cases}
傅里叶变换: \mathrm{e}^{\mathrm{j}\omega n}(模为\ 1)\\
Z 变换: z^{n}(模为\ |z|^{n})
\end{cases}
\end{cases}
$$

其中傅里叶变换的单元信号模为 1。拉普拉斯变换与 Z 变换单元信号的模为 1(即 $\sigma=0$ 及 $|z|=1$)时,其分别变为特例:连续信号及离散信号的傅里叶变换:

$$
\begin{cases}
连续信号的傅里叶变换 \xleftarrow{\ 相应于\ } s 平面纵轴上的拉普拉斯变换\\[2mm]
序列的傅里叶变换 \xleftarrow{\ 相应于\ } z 平面单位圆上的 Z 变换
\end{cases}
$$

傅里叶级数是信号的时域分解形式,不属于变换域分析方法;但仍反映了周期信号的频谱特性,可看作一种频谱分析方法。由

$$
f(t)=\sum_{n=-\infty}^{\infty}c_{n}\mathrm{e}^{\mathrm{j}n\omega_{1}t}
$$

可见,单元信号也为复指数信号(模为 1)。

（2）系统变换域分析方法的卷积定理

用各种变换域方法进行系统分析的基础和依据均为卷积定理(前提是线性时不变系统):

$$
\begin{cases}
频域
\begin{cases}
连续系统: e(t)*h(t)\longleftrightarrow E(\omega)H(\omega)\\
离散系统: x(n)*h(n)\longleftrightarrow X(\mathrm{e}^{\mathrm{j}\omega})H(\mathrm{e}^{\mathrm{j}\omega})
\end{cases}\\[4mm]
复频域: e(t)*h(t)\longleftrightarrow E(s)H(s)\\[2mm]
z 域: x(n)*h(n)\longleftrightarrow X(z)H(z)
\end{cases}
$$

卷积定理是本门课程的核心内容。

例题分析与解答

7—1　求 $\mathrm{e}^{an}\cos\omega_{0}nu(n)$ 的 Z 变换,标明收敛域,并画出极零图。

【分析与解答】

信号为幅度受指数序列调制的单边余弦序列。与第 4 章的 $\mathscr{L}[\mathrm{e}^{at}\cos\omega_{0}tu(t)]$,即幅度受指数信号调制的单边余弦信号象函数的求解情况类似。

1. Z 变换及收敛域

解法一 先求 $Z[\cos \omega_0 n u(n)]$，再利用时域指数序列加权（z 域尺度变换特性）。

$Z[\cos \omega_0 n u(n)]$ 可转化为求复指数序列的 Z 变换，后者可看作实指数序列变换的推广：

$$Z[\cos \omega_0 n u(n)] = \frac{1}{2} Z[e^{j\omega_0 n} u(n)] + \frac{1}{2} Z[e^{-j\omega_0 n} u(n)]$$

由 $e^{j\omega_0 n} = a^n |_{a=e^{j\omega_0}}$，得

$$Z[e^{j\omega_0 n} u(n)] = Z[a^n u(n)] |_{a=e^{j\omega_0}} = \frac{z}{z - e^{j\omega_0}}$$

类似地

$$Z[e^{-j\omega_0 n} u(n)] = \frac{z}{z - e^{-j\omega_0}}$$

$$Z[\cos \omega_0 n u(n)] = \frac{1}{2} \cdot \frac{z}{z - e^{j\omega_0}} + \frac{1}{2} \cdot \frac{z}{z - e^{-j\omega_0}} = \frac{z(z - \cos \omega_0)}{z^2 - 2\cos \omega_0 z + 1}$$

分子分母均为 z 的二次项，$\cos \omega_0$ 为常数。

由 $Z[a^n u(n)]$ 的收敛域 $|z| > |a|$，有

$$\begin{cases} Z[e^{j\omega_0 n} u(n)] \text{收敛域：} |z| > |e^{j\omega_0}| = 1 \\ Z[e^{-j\omega_0 n} u(n)] \text{收敛域：} |z| > |e^{-j\omega_0}| = 1 \end{cases}$$

$Z[\cos \omega_0 n u(n)]$ 收敛域为其公共部分：$|z| > 1$。

求 $Z[\cos \omega_0 n u(n)]$ 与第 4 章求 $\mathcal{L}[\cos \omega_0 t u(t)]$ 类似（余弦信号转化为指数信号）：

$$\mathcal{L}[\cos \omega_0 t u(t)] = \frac{1}{2} \mathcal{L}[e^{j\omega_0 t} u(t)] + \frac{1}{2} \mathcal{L}[e^{-j\omega_0 t} u(t)] =$$

$$\frac{1}{2} \mathcal{L}[e^{at} u(t)] |_{a=j\omega_0} + \frac{1}{2} \mathcal{L}[e^{at} u(t)] \bigg|_{a=-j\omega_0} =$$

$$\frac{1}{2} \cdot \frac{1}{s-a} \bigg|_{a=j\omega_0} + \frac{1}{2} \cdot \frac{1}{s-a} \bigg|_{a=-j\omega_0} = \frac{s}{s^2 + \omega_0^2}$$

由 z 域尺度变换特性：

$$Z[a^n x(n)] = X\left(\frac{z}{a}\right)$$

$$Z[e^{an} \cos \omega_0 n u(n)] = Z[(e^a)^n \cos \omega_0 n u(n)] = Z[\cos \omega_0 n u(n)] \big|_{z=\frac{z}{e^a}} =$$

$$\frac{z(z - \cos \omega_0)}{z^2 - 2\cos \omega_0 z + 1} \bigg|_{z=\frac{z}{e^a}} = \frac{z(z - e^a \cos \omega_0)}{z^2 - 2e^a \cos \omega_0 z + e^{2a}}$$

收敛域为 $Z[\cos \omega_0 n u(n)]$ 收敛域的变量代换：$\left|\dfrac{z}{e^a}\right| > 1$，则 $|z| > e^a$。

解法二 $e^{an} \cos \omega_0 n u(n)$ 直接用指数序列表示

$$e^{an} \cos \omega_0 n u(n) = \frac{1}{2} e^{(a+j\omega_0)n} u(n) + \frac{1}{2} e^{(a-j\omega_0)n} u(n)$$

$$Z[e^{(a+j\omega_0)n} u(n)] = Z[a^n u(n)] |_{a=e^{a+j\omega_0}} = \frac{z}{z - e^{a+j\omega_0}}$$

收敛域 $|z| > |e^{a+j\omega_0}| = e^a |e^{j\omega_0}| = e^a$。

类似地 $$Z[e^{(a-j\omega_0)n} u(n)] = \frac{z}{z - e^{a-j\omega_0}}, \qquad |z| > e^a$$

$$Z[e^{an}\cos\omega_0 nu(n)] = \frac{1}{2}\left(\frac{z}{z - e^{(\alpha+j\omega_0)}} + \frac{z}{z - e^{(\alpha-j\omega_0)}}\right) =$$

$$\frac{z}{2}\left[\frac{1}{(z - e^{\alpha}\cos\omega_0) - je^{\alpha}\sin\omega_0} + \frac{1}{(z - e^{\alpha}\cos\omega_0) + je^{\alpha}\sin\omega_0}\right] =$$

$$\frac{z(z - e^{\alpha}\cos\omega_0)}{z^2 - 2e^{\alpha}\cos\omega_0 z + e^{2\alpha}}$$

收敛域为两个分量收敛域的公共部分,即 $|z| > e^{\alpha}$。

2. 极零图

Z 变换的分子分母均为 z 的二次项,分别有两个零点和极点。

零点:$z_1 = 0, z_2 = e^{\alpha}\cos\omega_0$。

分母二次多项式的判别式

$$\Delta = 4e^{2\alpha}\cos^2\omega_0 - 4e^{2\alpha} = -4\sin^2\omega_0 < 0$$

因而有共轭极点

$$p_{1,2} = \frac{2e^{\alpha}\cos\omega_0 \pm j\sqrt{4e^{2\alpha} - 4e^{2\alpha}\cos^2\omega_0}}{2} = e^{\alpha}(\cos\omega_0 \pm j\sin\omega_0)$$

极零图如图 7-1。

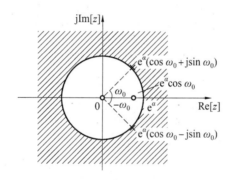

图 7-1

极点表示为极坐标为 $p_{1,2} = e^{\alpha} \cdot e^{\pm j\omega_0}$,即模为 e^{α},幅角(与原点连线和横轴的夹角)分别为 $\pm\omega_0$;因而位于 z 平面上以圆点为圆心,半径为 e^{α} 的圆上;共轭极点关于横轴对称,实部为 $e^{\alpha}\cos\omega_0$,与零点 z_2 相同;因 $\cos\omega_0 < 1$,则 $e^{\alpha}\cos\omega_0 < e^{\alpha}$,即 z_2 位于圆内的正实轴上(两个极点连线与横轴的交点)。

7-2　求序列 $x(n) = \cos\left(2n + \dfrac{\pi}{4}\right)u(n)$ 的 Z 变换及收敛域,并画出极零图。

【分析与解答】

典型 Z 变换形式中,余弦序列初始相位为 0。

$$\begin{cases} Z[\cos\omega_0 nu(n)] = \dfrac{z(z - \cos\omega_0)}{z^2 - 2z\cos\omega_0 + 1} \\ Z[\sin\omega_0 nu(n)] = \dfrac{z\sin\omega_0}{z^2 - 2z\cos\omega_0 + 1} \end{cases}$$

这里 $x(n)$ 初始相位 $\varphi_0 = \dfrac{\pi}{4}$，应表示为初始相位为 0 的形式。两个 Z 变换的分母相同，分子不同：余弦序列为 z 的 2 次项，正弦序列为 z 的 1 次项。

$$x(n) = \cos 2n \cos \frac{\pi}{4} u(n) - \sin 2n \sin \frac{\pi}{4} u(n) = \frac{\sqrt{2}}{2}(\cos 2n - \sin 2n) u(n)$$

此时 $\omega_0 = 2$，则

$$X(z) = \frac{\sqrt{2}}{2}\left[\frac{z(z - \cos 2)}{z^2 - 2z\cos 2 + 1} - \frac{z\sin 2}{z^2 - 2z\cos 2 + 1}\right] = \frac{\sqrt{2}}{2} \cdot \frac{z^2 - z(\cos 2 + \sin 2)}{z^2 - 2z\cos 2 + 1}$$

零点 $z_1 = 0, z_2 = \cos 2 + \sin 2$。$z_1$ 位于 z 平面原点上，z_2 为实数，位于实轴上；$\cos 2 + \sin 2 = 0.49$，在单位圆内。

极点：$z^2 - 2z\cos 2 + 1 = 0$。$\Delta = 4\cos^2 2 - 4 = -4\sin^2 2$，$\sin 2 = 0.91 > 0$，因而 $\Delta < 0$。共轭极点

$$p_{1,2} = \frac{2\cos 2 \pm \mathrm{j}\sqrt{4 - 4\cos^2 2}}{2} = \cos 2 \pm \mathrm{j}\sin 2$$

由 $\qquad [\mathrm{Re}^2(p_i) + \mathrm{Im}^2(p_i)]^{1/2} = (\cos^2 2 + \sin^2 2)^{1/2} = 1 \quad (i = 1, 2)$

因而极点均位于单位圆上。因 $\cos 2 = -0.42 < 0$，p_1 和 p_2 分别位于第 2 和第 3 象限。极零图如图 7-2。

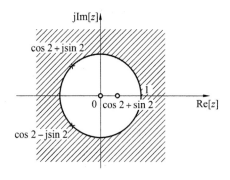

图 7-2

7-3 求序列 $x(n) = \begin{cases} 1 & (0 \leqslant n \leqslant N-1) \\ 0 & (其他) \end{cases}$ 的 Z 变换及收敛域，并画出极零图。

【分析与解答】

1. Z 变换及收敛域

解法一 信号形式简单，为有限长序列且为常数，可根据定义直接求解。

$$X(z) = \sum_{n=0}^{N-1} z^{-n} = 1 + z^{-1} + \cdots + z^{-(N-1)}$$

为首项为 1，公比为 z^{-1} 的长度为 N 有限长等比级数之和。

首项 a_1，公比 q 的长度为 N 的有限长等比级数之和

$$\frac{a_1(1 - q^N)}{1 - q}$$

不论公比 q 为何值，上式均成立。

有限长序列,不论 Z 变换是否为等比级数,不论公比为多少,Z 变换均收敛。

$$X(z) = \frac{1 - z^{-N}}{1 - z^{-1}}$$

z 取任意值上式均成立,但前提是 z^{-1} 存在即 $z \neq 0$,因而收敛域

$$|z| > 0$$

解法二 利用 Z 变换位移性。

$$x(n) = u(n) - u(n - N)$$

$$X(z) = \frac{z}{z-1} - \frac{z}{z-1} \cdot z^{-N} = \frac{1 - z^{-N}}{1 - z^{-1}}$$

$x(n)$ 有限长且单边,由"概念与解题提要"中的分析,收敛域 $|z| > 0$。

为便于分析,将 $X(z)$ 分子分母表示为 z 的多项式:同乘 z^N,有

$$X(z) = \frac{z^N - 1}{z^N - z^{N-1}}$$

2. 极零图

分子分母均为 N 次多项式,分别有 N 个极点和零点。

$z^N = 1$,若 z 为实变量,则 $z = 1$ 为 N 重根。但 z 为复变量,应将方程右侧的 1 表示为复数:复平面上其模为 1,幅角为 2π,即

$$z^N = e^{j2\pi}$$

开 N 次方:

$$z_i = e^{j\frac{2\pi}{N}i} \quad (i = 0, 1, \cdots, N-1)$$

因而 N 个零点的模均为 1,幅角为 $\frac{2\pi}{N}$ 整数倍;即在 z 平面单位圆上幅角以 $\frac{2\pi}{N}$ 等间隔分布。极零图如图 7 – 3。

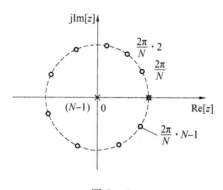

图 7 – 3

分母 $z^N - z^{N-1} = 0$,即 $z^{N-1}(z-1) = 0$,$p_1 = 1$ 为 1 阶极点,$p_{2,3,\cdots,N-2} = 0$ 为(z 平面圆点)$N-1$ 阶极点,如图 7 – 3。

$z = 1$ 既为零点也为极点,被约掉,既不是零点也不是极点。这由 $X(z)$ 表达式决定:

$$X(z) = \frac{z^N - 1}{z^N - z^{N-1}} = \frac{(z-1)(z^{N-1} + \cdots + z + 1)}{z^{N-1}(z-1)} = \frac{z^{N-1} + \cdots + z + 1}{z^{N-1}}$$

7 – 4 求序列 $x(n) = \begin{cases} n & (0 \leqslant n \leqslant N-1) \\ 0 & (其他) \end{cases}$ 的 Z 变换。

【分析与解答】

$x(n)$ 为有界函数,信号值是确定的,其 Z 变换必存在(级数收敛)。

为便于求解,用 $u(n)$ 表示存在时间:

$$x(n) = n[u(n) - u(n-N)]$$

$$X(z) = Z[nu(n) - nu(n-N)] =$$
$$Z[nu(n) - Nu(n-N) - (n-N)u(n-N)] =$$
$$Z[nu(n)] - NZ[u(n-N)] - Z[(n-N)u(n-N)]$$

由 z 域微分性质

$$Z[nu(n)] = -\frac{\mathrm{d}\left[\dfrac{z}{z-1}\right]}{\mathrm{d}z} = \frac{z}{(z-1)^2}$$

由位移性

$$\begin{cases} Z[u(n-N)] = \dfrac{z}{z-1} \cdot z^{-N} \\[3mm] Z[(n-N)u(n-N)] = \dfrac{z}{(z-1)^2} \cdot z^{-N} \end{cases}$$

$$X(z) = \frac{z}{(z-1)^2} - N \cdot \frac{z}{z-1} \cdot z^{-N} - \frac{z}{(z-1)^2} \cdot z^{-N} = \frac{z^{N+1} - Nz^2 + (N-1)z}{(z-1)^2 z^N}$$

$x(n)$ 有限长,收敛域包括 $0 < |z| < \infty$;由于单边,收敛域还包括 $|z| = \infty$,从而 $|z| > 0$。

7−5 求序列 $x(n) = \left(\dfrac{1}{2}\right)^{|n|}$ 的 Z 变换,标明收敛域并绘出极零图。

【分析与解答】

$x(n)$ 双边序列。$|n|$ 值与 n 的正负有关,应先将绝对值符号去掉:

$$x(n) = \begin{cases} \left(\dfrac{1}{2}\right)^n, & n \geq 0 \\[3mm] \left(\dfrac{1}{2}\right)^{-n}, & n < 0 \end{cases} = \left(\frac{1}{2}\right)^n u(n) + \left(\frac{1}{2}\right)^{-n} u(-n-1)$$

双边序列 Z 变换由两部分组成,分别为左边及单边序列 Z 变换:

$$X(z) = Z[x(n)] = \sum_{n=-\infty}^{-1} \left(\frac{1}{2}\right)^{-n} z^{-n} + \sum_{n=0}^{\infty} \left(\frac{1}{2}\right)^n z^{-n}$$

对左边序列

$$\sum_{n=-\infty}^{-1} \left(\frac{1}{2}\right)^{-n} z^{-n} = \sum_{n=1}^{\infty} \left(\frac{1}{2}\right)^n z^n = \frac{\dfrac{1}{2}z}{1 - \dfrac{1}{2}z} = -\frac{z}{z-2}$$

为使该无穷等比级数收敛(即 Z 变换存在),应有公比 $\left|\dfrac{1}{2}z\right| < 1$,即收敛域 $|z| < 2$。

$$Z\left[\left(\frac{1}{2}\right)^n u(n)\right] = \frac{z}{z - \dfrac{1}{2}} \quad |z| > \frac{1}{2}$$

对双边序列

$$X(z) = -\frac{z}{z-2} + \frac{z}{z-\frac{1}{2}} = \frac{-\frac{3}{2}z}{(z-2)\left(z-\frac{1}{2}\right)} \quad \frac{1}{2} < |z| < 2$$

收敛域为两个收敛域的公共部分。

零点：$z_1 = 0$，极点：$p_1 = \frac{1}{2}$、$p_2 = 2$；极零图如图 7 − 5。

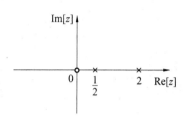

图 7 − 5

7 − 6　已知序列 $x(n) = |n-3|u(n)$，试求其 Z 变换。

【分析与解答】

与上题类似，$x(n)$ 的表达式中有绝对值，取值与 n 有关，是分段函数；应先去掉绝对值运算。$x(n)$ 为单边序列，从而

$$x(n) = \begin{cases} 3 & (n=0) \\ 2 & (n=1) \\ 1 & (n=2) \\ 0 & (n=3) \\ n-3 & (n \geqslant 4) \end{cases}$$

从而

$$x(n) = 3\delta(n) + 2\delta(n-1) + \delta(n-2) + (n-3)u(n-4)$$

其中对 $(n-3)u(n-4)$ 难以直接求解，表示为

$$(n-3)u(n-4) = (n-4)u(n-4) + u(n-4)$$

$$Z[u(n)] = \frac{z}{z-1} \quad |z| > 1$$

由 z 域微分性质

$$Z[nu(n)] = -\frac{d\left[\frac{z}{z-1}\right]}{dz} = \frac{z}{(z-1)^2} \quad |z| > 1$$

由位移（右移）性

$$Z[(n-4)u(n-4)] = \frac{z}{(z-1)^2} \cdot z^{-4} = \frac{z^{-3}}{(z-1)^2} \quad |z| > 1$$

$$Z[x(n)] = 3Z[\delta(n)] + 2Z[\delta(n-1)] + Z[\delta(n-2)] +$$
$$Z[(n-4)u(n-4)] + Z[u(n-4)] =$$
$$3 + 2z^{-1} + z^{-2} + \frac{z^{-3}}{(z-1)^2} + \frac{z}{z-1} \cdot z^{-4} =$$

$$\frac{3z^4 - 4z^3 + 2}{z^2 (z-1)^2} \quad |z| > 1$$

7－7 设 $x(n)$ 为单边序列,且满足 $x(n) = nu(n) + \sum_{i=0}^{n} x(i)$,试确定 $x(n)$。

【分析与解答】

$\sum_{i=0}^{n} x(i)$ 难以求解,应表示为关于 $x(n)$ 的形式。任意单边序列与 $u(n)$ 的卷积和为对该序列求和:

$$x(n) * u(n) = \sum_{m=0}^{n} x(m)$$

因为

$$x(n)u(n) * u(n) = \sum_{m=0}^{\infty} x(m) u(m) u(n-m) = \left[\sum_{m=0}^{n} x(m) \right] u(n)$$

这与连续信号 $f(t)$ 与 $u(t)$ 卷积为其积分是类似的:

$$f(t) * u(t) = \int_{0^-}^{t} f(\tau) \mathrm{d}\tau$$

从而建立方程

$$x(n) = nu(n) + x(n) * u(n)$$

未知量 $x(n)$ 由该方程求解。因有 $x(n) * u(n)$,难以时域求解;可用 Z 变换转化为乘法运算。由时域卷积定理

$$X(z) = \frac{z}{(z-1)^2} + X(z) \frac{z}{z-1}$$

解得

$$X(z) = -\frac{z}{z-1}$$

从而

$$x(n) = -u(n)$$

7－8 对图 7－8 所示连续信号进行 $2N+1$ 点均匀取样(N 为正整数),试求取样后序列的 Z 变换。

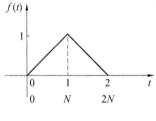

图 7－8

【分析与解答】

由波形写出 $f(t)$ 表达式

$$f(t) = \begin{cases} t & (0 \leqslant t \leqslant 1) \\ -t+2 & (1 \leqslant t \leqslant 2) \end{cases}$$

为易于求解，将分段函数写为关于阶跃项的形式：

$$f(t) = t[u(t) - u(t-1)] + (-t+2)[u(t-1) - u(t-2)] =$$
$$tu(t) - 2(t-1)u(t-1) + (t-2)u(t-2) \tag{7-8}$$

在 $0 \leqslant t \leqslant 2$ 范围内进行 $2N+1$ 点取样，相当于取样时间间隔为 $\dfrac{1}{N}$，即取样时间 $t = \dfrac{n}{N}$，

$0 \leqslant n \leqslant 2N$。代入式(7-8)，有

$$f\left(\frac{n}{N}\right) = \frac{n}{N}u\left(\frac{n}{N}\right) - 2\left(\frac{n}{N} - 1\right)u\left(\frac{n}{N} - 1\right) + \left(\frac{n}{N} - 2\right)u\left(\frac{n}{N} - 2\right)$$

写为

$$f(n) = \frac{1}{N}\left[nu(n) - 2(n-N)u(n-N) + (n-2N)u(n-2N)\right]$$

由位移性

$$\begin{cases} Z[(n-N)u(n-N)] = \dfrac{z}{(z-1)^2} \cdot z^{-N} \\ Z[(n-2N)u(n-2N)] = \dfrac{z}{(z-1)^2} \cdot z^{-2N} \end{cases} \quad (|z| > 1)$$

$$Z[f(n)] = \frac{1}{N}\left[\frac{z}{(z-1)^2} - 2\frac{z}{(z-1)^2} \cdot z^{-N} + \frac{z}{(z-1)^2} \cdot z^{-2N}\right] =$$
$$\frac{1}{N} \cdot \frac{z}{(z-1)^2}(1 - z^{-N})^2 \quad (|z| > 1)$$

7-9　已知 $x(n) = a^n u(n)$，$|a| < 1$，求 $g(n) = \sum\limits_{k=0}^{n} x(k)$ 的终值。

【分析与解答】

解法一　时域法

$x(n)$ 为单边衰减指数序列，$g(n)$ 为 $x(n)$ 中各时刻信号之和，显然收敛，因而终值存在。离散时间域的信号求和与连续时间域的信号积分相当：

$$\begin{cases} \text{连续时域}：g(t) = \displaystyle\int_{0^-}^{t} f(\tau)\mathrm{d}\tau \\ \text{离散时域}：g(n) = \displaystyle\sum_{k=0}^{n} x(k) \end{cases}$$

$$g(n) = \sum_{k=0}^{n}\left[a^k u(k)\right] = \left(\sum_{k=0}^{n} a^k\right)u(n) = \frac{1-a^{n+1}}{1-a}u(n)$$

其中，$\left(\sum\limits_{k=0}^{n} a^k\right)$ 为首项 1，公比 a，共 $n+1$ 项的有限长等比级数。

终值　　　　　　　$$\lim_{n \to \infty} g(n) = \lim_{n \to \infty} \frac{1-a^{n+1}}{1-a}u(n) = \frac{1}{1-a}$$

式中，因 $|a| < 1$，$a^{\infty+1} \to 0$。

解法二 z 域法

利用终值定理。

$$G(z) = Z\left[\frac{1-a^{n+1}}{1-a}u(n)\right] = \frac{1}{1-a}\{Z[u(n)] - Z[a^{n+1}u(n)]\} = \frac{z^2}{(z-1)(z-a)}$$

极点 $p_1 = 1$ 为单位圆上 $z=1$ 处的 1 阶极点，$p_2 = a$ 位于单位圆内，满足终值定理使用条件。

$$\lim_{n\to\infty}g(n) = \lim_{z\to 1}[(z-1)G(z)] = \lim_{z\to 1}\frac{z^2}{z-a} = \frac{1}{1-a}$$

7－10 求序列 $e^{-bn}\sin\omega_0 nu(n)$ 的 Z 变换。

【分析与解答】

可采用例 7－1 类似方法。这里采用另一种方法，即 z 域卷积定理。

将序列分解为两个分量的乘积 $x(n)y(n)$，其中

$$\begin{cases} x(n) = e^{-bn}u(n) \\ y(n) = \sin\omega_0 nu(n) \end{cases}$$

$$\begin{cases} X(z) = \dfrac{z}{z-e^{-b}} \quad (|z| > e^{-b}) \\ Y(z) = \dfrac{z\sin\omega_0}{z^2 - 2z\cos\omega_0 + 1} \quad (|z| > 1) \end{cases}$$

$$Z[x(n)y(n)] = \frac{1}{2\pi j}\oint_C X(\gamma)Y\left(\frac{z}{\gamma}\right)\gamma^{-1}d\gamma =$$

$$\frac{1}{2\pi j}\oint_C \frac{\gamma}{\gamma - e^{-b}} \cdot \frac{\dfrac{z}{\gamma}\sin\omega_0}{\left(\dfrac{z}{\gamma}\right)^2 - 2\dfrac{z}{\gamma}\cos\omega_0 + 1}\gamma^{-1}d\gamma =$$

$$\frac{1}{2\pi j}\oint_C \frac{z\sin\omega_0\gamma}{(\gamma - e^{-b})(\gamma^2 - 2z\cos\omega_0\gamma + z^2)}d\gamma \tag{7-10}$$

被积函数分母为 γ 的 3 次项，从而有 3 个极点。其中 $\gamma_1 = e^{-b}$；对二次项，$\Delta = (2z\cos\omega_0)^2 - 4z^2 = -4z^2\sin^2\omega_0 < 0$，因而共轭极点

$$\gamma_{2,3} = \frac{2z\cos\omega_0 \pm j\sqrt{4z^2 - (2z\cos\omega_0)^2}}{2} = z\cos\omega_0 \pm jz\sin\omega_0 = ze^{\pm j\omega_0}$$

被积函数中，$X(\gamma)$ 和 $Y\left(\dfrac{z}{\gamma}\right)$ 分别为 $X(z)$ 和 $Y(z)$ 的变量代换。对 $X(z)$ 和 $Y(z)$ 的收敛域进行变量代换，得

$$\begin{cases} X(\gamma) : |\gamma| > e^{-b} \\ Y\left(\dfrac{z}{\gamma}\right) : \left|\dfrac{z}{\gamma}\right| > 1 \end{cases}$$

得收敛域

$$\begin{cases} X(\gamma) : |\gamma| > e^{-b} \\ Y\left(\dfrac{z}{\gamma}\right) : |\gamma| < |z| \end{cases}$$

被积函数收敛域为 $X(\gamma)$、$Y\left(\dfrac{z}{\gamma}\right)$ 及 γ^{-1} 收敛域的公共部分,其中 γ^{-1} 收敛域为 $|\gamma| \neq 0$,即 $|\gamma| > 0$,则被积函数收敛域为

$$e^{-b} < |\gamma| < |z|$$

即 γ 平面内,半径为 e^{-b} 及 $|z|$ 的两个圆之间的部分。

C 为被积函数收敛域内包含圆点的任一条逆时针闭合围线,积分路径有无穷多种(但积分结果相同)。显然,极点 $\gamma_1 = e^{-b}$ 在 C 内;而共轭极点 $\gamma_{2,3}$ 位于半径为 z 的圆上,不在 C 内。因而,尽管被积函数有 3 个极点,但 C 内只有一个极点 γ_1。

根据留数定理,式(7－10)闭合围线积分为 C 内所有极点留数之和:

$$Z[x(n)y(n)] = \text{Res}\left[\frac{z\sin\omega_0\gamma}{(\gamma - e^{-b})(\gamma^2 - 2z\cos\omega_0\gamma + z^2)}, e^{-b}\right] =$$

$$\frac{z\sin\omega_0\gamma}{(\gamma^2 - 2z\cos\omega_0\gamma + z^2)}\bigg|_{\gamma = e^{-b}} =$$

$$\frac{ze^{-b}\sin\omega_0}{z^2 - 2ze^{-b}\cos\omega_0 + e^{-2b}}$$

收敛域 $|z| > e^{-b}$。

7－11　求 $X(z) = \dfrac{z^2 + z + 1}{z^2 + 3z + 2}$,$|z| > 2$ 的逆 Z 变换。

【分析与解答】

解法一　$X(z)$ 只有单极点,可用部分分式展开法。

$$\frac{X(z)}{z} = \frac{z^2 + z + 1}{z(z^2 + 3z + 2)} = \frac{K_1}{z} + \frac{K_2}{z+1} + \frac{K_3}{z+2}$$

$$\begin{cases} K_1 = \dfrac{X(z)}{z} \cdot z \bigg|_{z=0} = \dfrac{1}{2} \\[2mm] K_2 = \dfrac{X(z)}{z}(z+1) \bigg|_{z=-1} = -1 \\[2mm] K_3 = \dfrac{X(z)}{z}(z+2) \bigg|_{z=-2} = \dfrac{3}{2} \end{cases}$$

$$X(z) = \frac{1}{2} - \frac{z}{z+1} + \frac{3}{2} \cdot \frac{z}{z+2}$$

$$x(n) = \frac{1}{2}\delta(n) - (-1)^n u(n) + \frac{3}{2}(-2)^n u(n) \qquad (7-11.1)$$

解法二　$X(z)$ 不是真分式,分解为多项式及真分式两个分量(可通过长除):

$$X(z) = 1 - \frac{2z+1}{z^2 + 3z + 2}$$

对右侧真分式进行分解(有两个单极点,分解为两个真分式之和):

$$X(z) = 1 + \frac{1}{z+1} - 3 \cdot \frac{1}{z+2}$$

由

$$\begin{cases} Z^{-1}\left[\dfrac{z}{z+1}\right] = (-1)^n u(n) & |z| > 1 \\[2mm] Z^{-1}\left[\dfrac{z}{z+2}\right] = (-2)^n u(n) & |z| > 2 \end{cases}$$

根据位移性

$$\begin{cases} Z^{-1}\left[\dfrac{1}{z+1}\right]=(-1)^{n-1}u(n-1) & |z|>1 \\[2mm] Z^{-1}\left[\dfrac{1}{z+2}\right]=(-2)^{n-1}u(n-1) & |z|>2 \end{cases}$$

已知收敛域 $|z|>2$,满足 $|z|>1$,从而

$$\left.\begin{cases} Z^{-1}\left[\dfrac{1}{z+1}\right]=(-1)^{n-1}u(n-1) \\[2mm] Z^{-1}\left[\dfrac{1}{z+2}\right]=(-2)^{n-1}u(n-1) \end{cases}\right\} \quad |z|>2$$

则

$$x(n)=\delta(n)+(-1)^{n-1}u(n-1)-3(-2)^{n-1}u(n-1) \qquad (7-11.2)$$

与解法一得到的式(7-11.1)形式不同。上式中,$n=0$ 时,只有第 1 项存在;$n\geq1$ 时,只存在后两个分量。写为分段函数

$$x(n)=\begin{cases} 1 & (n=0) \\[2mm] -(-1)^n+\dfrac{3}{2}(-2)^n & (n\geq1) \end{cases}$$

也将式(7-11.1)表示为分段函数:$n=0$ 时,3 个分量均存在;$n\geq1$ 时,只有后两个分量存在。

$$x(n)=\begin{cases} \dfrac{1}{2}-(-1)^0+\dfrac{3}{2}(-2)^0=1 & (n=0) \\[2mm] -(-1)^n+\dfrac{3}{2}(-2)^n & (n\geq1) \end{cases}$$

可见,两种解法得到的是同一个序列。

7-12 试求 $X(z)$ 的逆 Z 变换。

1. $X(z)=\dfrac{z}{(z-1)^2(z-2)}$,$|z|>2$;

2. $X(z)=\dfrac{z^2}{(ze-1)^3}$,$|z|>\dfrac{1}{e}$。

【分析与解答】

有高阶极点,应用留数法。如用部分分式展开法求解很复杂,因为每个高阶极点需展开为多个部分分式(个数与极点阶数相同)。

1. $X(z)z^{n-1}=\dfrac{z^n}{(z-1)^2(z-2)}$

由收敛域知 $x(n)$ 单边,即 $n\geq0$。$X(z)z^{n-1}$ 有一阶极点 $p_1=2$ 及二阶极点 $p_2=1$。

在 $z=2$ 极点处的留数:

$$\mathrm{Res}\left[X(z)z^{n-1},2\right]=\left[\dfrac{z^n}{(z-1)^2(z-2)}(z-2)\right]\Bigg|_{z=2}=\dfrac{z^n}{(z-1)^2}\Bigg|_{z=2}=2^n$$

在 $z=1$ 极点处的留数:

$$\mathrm{Res}\left[X(z)z^{n-1},1\right]=\dfrac{\mathrm{d}}{\mathrm{d}z}\left[\dfrac{z^n}{(z-2)}\right]\Bigg|_{z=1}=\dfrac{nz^{n-1}(z-2)-z^n}{(z-2)^2}\Bigg|_{z=1}=-n-1$$

$$x(n) = \mathrm{Res}[X(z)z^{n-1}, 2] + \mathrm{Res}[X(z)z^{n-1}, 1] = (2^n - n - 1)u(n)$$

2.
$$X(z) = \frac{z^2}{(ze-1)^3} = \frac{z^2}{e^3 \left(z - \dfrac{1}{e}\right)^3}$$

$$X(z)z^{n-1} = \frac{z^{n+1}}{e^3 \left(z - \dfrac{1}{e}\right)^3}$$

由收敛域知 $x(n)$ 单边，$n \geqslant 0$，从而 $X(z)z^{n-1}$ 只有三阶极点 $p = \dfrac{1}{e}$。

$$\mathrm{Res}\left[X(z)z^{n-1}, \frac{1}{e}\right] = \frac{1}{2} \cdot \frac{\mathrm{d}^2}{\mathrm{d}z^2}\left[\frac{z^{n+1}}{e^3\left(z-\dfrac{1}{e}\right)^3}\left(z-\frac{1}{e}\right)^3\right]\Bigg|_{z=\frac{1}{e}} = \frac{1}{2} \cdot \frac{\mathrm{d}^2}{\mathrm{d}z^2}\left[\frac{z^{n+1}}{e^3}\right]\Bigg|_{z=\frac{1}{e}} =$$

$$\frac{1}{2}n(n+1)\,e^{-(n+2)}$$

$$x(n) = \frac{1}{2}n(n+1)\,e^{-(n+2)}\,u(n)$$

7—13　试求 $X(z) = e^z (|z| < \infty)$ 的逆 Z 变换。

【分析与解答】

$X(z)$ 与通常的有理分式形式不同，无法应用部分分式展开或留数法；也不是 z 的多项式形式（可利用时移性）。

因而将 $X(z)$ 表示为 Z 变换定义式（幂级数），即 Taylor 级数形式：

$$e^z = 1 + z + \frac{z^2}{2!} + \cdots + \frac{z^n}{n!} + \cdots$$

将求和运算写为一般项：

$$X(z) = \sum_{n=0}^{\infty} \frac{z^n}{n!} \tag{7—13}$$

Z 变换定义为

$$X(z) = \sum_{n=-\infty}^{\infty} x(n)z^{-n}$$

为关于 z^{-1} 的幂级数，因而应将式（7—13）中 z^n 改为 z^{-n}；为使 $X(z)$ 不变，求和符号与自变量同时取负

$$X(z) = \sum_{n=0}^{-\infty} \frac{z^{-n}}{(-n)!}$$

自变量从下限开始，从而

$$X(z) = \sum_{n=-\infty}^{0} \frac{z^{-n}}{(-n)!}$$

与 Z 变换定义比较，$x(n)$ 的幅度为 $\dfrac{1}{(-n)!}$，存在范围 $-\infty \leqslant n \leqslant 0$。从而为左边序列

$$x(n) = \frac{1}{(-n)!}u(-n)$$

收敛域位于 z 平面某个圆内。

7 - 14 某连续系统微分方程

$$\frac{\mathrm{d}r(t)}{\mathrm{d}t} + ar(t) = e(t)$$

另有一离散系统,单位阶跃响应 $g(n)$ 为上述连续系统单位阶跃响应 $g_C(t)$ 的取样,即 $g(n) = g_C(nT)$。试求其差分方程。

【分析与解答】

应先由连续系统微分方程求出其 $g_C(t)$,再得到离散系统单位阶跃响应,从而确定差分方程。

可由拉普拉斯变换法求 $g_C(t)$。激励 $u(t)$ 象函数

$$E(s) = \frac{1}{s}$$

由微分方程得系统函数

$$H(s) = \frac{1}{s+a}$$

$g_C(t)$ 象函数

$$G_C(s) = E(s) H(s) = \frac{\dfrac{1}{a}}{s} + \frac{-\dfrac{1}{a}}{s+a}$$

$$g_C(t) = \mathscr{L}^{-1}[G_C(s)] = \frac{1}{a}(1 - \mathrm{e}^{-at}) u(t)$$

$$g(n) = g(t)\,|_{t=nT} = \frac{1}{a}(1 - \mathrm{e}^{-anT}) u(nT)$$

用 Z 变换法由 $g(n)$ 得到离散系统 $H(z)$,进而得到差分方程。

$$G(z) = Z[g(n)] = \frac{1}{a}\left(\frac{z}{z-1} - \frac{z}{z-\mathrm{e}^{-aT}}\right) = \frac{1}{a} \cdot \frac{(1-\mathrm{e}^{-aT})z}{(z-1)(z-\mathrm{e}^{-aT})}$$

激励 $u(n)$ Z 变换

$$U(z) = \frac{z}{z-1}$$

因

$$G(z) = H(z) U(z)$$

则

$$H(z) = \frac{G(z)}{U(z)} = \frac{1}{a} \cdot \frac{1-\mathrm{e}^{-aT}}{z-\mathrm{e}^{-aT}}$$

$$\frac{Y(z)}{X(z)} = \frac{1}{a} \cdot \frac{1-\mathrm{e}^{-aT}}{z-\mathrm{e}^{-aT}}$$

$$(z-\mathrm{e}^{-aT}) Y(z) = \frac{1}{a}(1-\mathrm{e}^{-aT}) X(z)$$

从而

$$y(n+1) - \mathrm{e}^{-aT} y(n) = \frac{1}{a}(1-\mathrm{e}^{-aT}) x(n)$$

为一阶线性时不变因果系统。

7－15　将微分方程

$$\frac{\mathrm{d}^2 y(t)}{\mathrm{d}t^2} - 3\frac{\mathrm{d}y(t)}{\mathrm{d}t} + 2y(t) = x(t)$$

表示为与其近似的差分方程。

【分析与解答】

将微分运算用差分运算近似表示，且对连续时间 t 取样，从而转化为差分方程。

一阶微分用一阶差分表示，$y(t)$ 在 $t=nT$ 处取样，如取样间隔 T 足够小，则

$$\left.\frac{\mathrm{d}y(t)}{\mathrm{d}t}\right|_{t=nT} \approx \frac{y[(n+1)T] - y(nT)}{T}$$

二阶微分用二阶差分表示：

$$\left.\frac{\mathrm{d}^2 y(t)}{\mathrm{d}t^2}\right|_{t=nT} = \left.\frac{\mathrm{d}}{\mathrm{d}t}\left[\frac{\mathrm{d}y(t)}{\mathrm{d}t}\right]\right|_{t=nT} \approx \left.\frac{\mathrm{d}}{\mathrm{d}t}\left[\frac{y[(n+1)T] - y(nT)}{T}\right]\right|_{t=nT} \approx$$

$$\frac{1}{T}\left[\frac{y[(n+2)T] - y[(n+1)T]}{T} - \frac{y[(n+1)T] - y(nT)}{T}\right] =$$

$$\frac{y[(n+2)T] - 2y[(n+1)T] + y(nT)}{T^2}$$

代入微分方程，并对 $x(t)$ 取样，从而将微分方程近似为

$$\frac{y[(n+2)T] - 2y[(n+1)T] + y(nT)}{T^2} - 3\frac{y[(n+1)T] - y(nT)}{T} + 2y(nT) = x(nT)$$

则

$$y[(n+2)T] - (2+3T)y[(n+1)T] + (1+3T+2T^2)y(nT) = T^2 x(nT)$$

令 $T=1$，得

$$y(n+2) - 5y(n+1) + 6y(n) = x(n)$$

7－16　画出 $X(z) = \dfrac{-3z^{-1}}{2 - 5z^{-1} + 2z^{-2}}$ 的极零图；并在 3 种不同收敛域下，求其逆 Z 变换。

1. $|z| > 2$　2. $|z| < 0.5$　3. $0.5 < |z| < 2$

【分析与解答】

$X(z)$ 分子分母写为 z 的多项式形式：

$$X(z) = \frac{-3z}{2z^2 - 5z + 2} = \frac{-\dfrac{3}{2}z}{\left(z - \dfrac{1}{2}\right)(z - 2)}$$

零点 $z=0$，极点 $p_1 = \dfrac{1}{2}$，$p_2 = 2$；极零图如图 7－14。

1. 由收敛域知 $x(n)$ 为单边序列。

解法一　用部分分式法

$$\frac{X(z)}{z} = \frac{K_1}{z - \dfrac{1}{2}} + \frac{K_2}{z - 2}$$

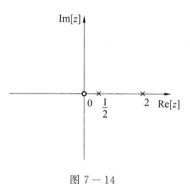

图 7 — 14

解得

$$\begin{cases} K_1 = 1 \\ K_2 = -1 \end{cases}$$

$$X(z) = \frac{z}{z - \frac{1}{2}} - \frac{z}{z - 2} \qquad (7 - 16.1)$$

$$x(n) = \left[\left(\frac{1}{2} \right)^n - 2^n \right] u(n)$$

更确切地

$$x(n) = \left[\left(\frac{1}{2} \right)^n - 2^n \right] u(n - 1)$$

解法二 用留数法

$n \geqslant 0$ 时

$$X(z) z^{n-1} = \frac{-\frac{3}{2} z^n}{\left(z - \frac{1}{2} \right)(z - 2)}$$

有两个极点：$p_1 = \frac{1}{2}$，$p_2 = 2$。

由留数定理

$$x(n) = \sum_i \text{Res} \left[X(z) z^{n-1}, z_i \right] = \left. \frac{-3z^n}{-2(z-2)} \right|_{z=\frac{1}{2}} + \left. \frac{-3z^n}{2z-1} \right|_{z=2} =$$

$$\left[\left(\frac{1}{2} \right)^n - 2^n \right] u(n) = \left[\left(\frac{1}{2} \right)^n - 2^n \right] u(n - 1)$$

2.收敛域在 z 平面某个圆外，$x(n)$ 为左边序列。

求左边序列的逆 Z 变换时，无法应用典型序列的单边 Z 变换的结果。应在收敛域内将 $X(z)$ 展开为 Z 变换定义式。将式(7 — 16.1)的分子分母同除以 z，表示为无穷等比级数之和的形式：

$$X(z) = \frac{1}{1 - \frac{1}{2} z^{-1}} - \frac{1}{1 - 2z^{-1}} \qquad (7 - 16.2)$$

右式第 1 项为首项 1，公比 $\frac{1}{2} z^{-1}$ 的无穷等比级数之和：

$$\frac{1}{1-\frac{1}{2}z^{-1}} = 1 + \frac{1}{2}z^{-1} + \left(\frac{1}{2}z^{-1}\right)^2 + \cdots + \left(\frac{1}{2}z^{-1}\right)^n + \cdots \qquad (7-16.3)$$

上式成立(即等式右侧收敛于左侧分式)的条件是公比绝对值小于 1,即 $\left|\frac{1}{2}z^{-1}\right| < 1$,为 $|z| > \frac{1}{2}$。

式(7-16.2)等式右侧第 2 项,可看作首项 1,公比 $2z^{-1}$ 的无穷等比级数之和:

$$\frac{1}{1-2z^{-1}} = 1 + 2z^{-1} + (2z^{-1})^2 + \cdots + (2z^{-1})^n + \cdots \qquad (7-16.4)$$

上式成立(方程右侧之和收敛于左侧)条件是右式的公比绝对值小于 1,即 $|2z^{-1}| < 1$,则 $|z| > 2$。

因而,将 $X(z)$ 展开式为式(7-16.3)及式(7-16.4)的无穷级数的前提是同时满足

$$\begin{cases} |z| > \dfrac{1}{2} \\ |z| > 2 \end{cases}$$

即

$$|z| > 2$$

但本题收敛域 $|z| < \frac{1}{2}$ 不满足该条件;即该收敛域下,不能将 $X(z)$ 展开为式(7-16.3)和式(7-16.4)的级数形式。为此,改写 $X(z)$ 的两个部分分式的分母,使其第一项为 1:

$$X(z) = \frac{\frac{1}{2}z}{1-\frac{1}{2}z} - \frac{2z}{1-2z} \qquad (2)$$

上式右侧第 1 个分式可看作首项 $\frac{1}{2}z$,公比 $\frac{1}{2}z$ 的无穷等比级数之和:

$$\frac{\frac{1}{2}z}{1-\frac{1}{2}z} = \frac{1}{2}z + \left(\frac{1}{2}z\right)^2 + \cdots + \left(\frac{1}{2}z\right)^n + \cdots$$

上式成立的前提为等式右侧中无穷等比级数公比小于 1,即 $\left|\frac{1}{2}z\right| < 1$,即 $|z| < 2$。本题的收敛域为 $|z| < \frac{1}{2}$,满足该条件,从而上式成立。

第 2 个分式,可看作首项 $2z$,公比 $2z$ 的无穷等比级数之和:

$$\frac{2z}{1-2z} = 2z + (2z)^2 + \cdots + (2z)^n + \cdots$$

上式成立前提是等式右侧无穷等比级数的公比小于 1,即 $|2z| < 1$,即 $|z| < \frac{1}{2}$,这正是本题的收敛域。

从而 $X(z)$ 展开为无穷级数

$$X(z) = \sum_{n=1}^{\infty} \left(\frac{1}{2}\right)^n z^n - \sum_{n=1}^{\infty} 2^n z^n$$

改写为 Z 变换定义形式

$$X(z) = \sum_{n=-1}^{-\infty} 2^n z^{-n} - \sum_{n=-\infty}^{-1} \left(\frac{1}{2}\right)^n z^{-n}$$

$$x(n) = 2^n u(-n-1) - \left(\frac{1}{2}\right)^n u(-n-1) = \left[2^n - \left(\frac{1}{2}\right)^n\right] u(-n-1)$$

3. 由收敛域知 $x(n)$ 为双边序列。$X(z)$ 包含两部分，$|z| > 0.5$ 收敛的部分对应于单边序列，$|z| < 2$ 收敛的部分对应于左边序列。

$$X(z) = \frac{z}{2-z} + \frac{z}{z-\frac{1}{2}}$$

右侧第一项写为无穷等比级数之和的形式

$$X_1(z) = \frac{z}{2-z} = \frac{\frac{1}{2}z}{1-\frac{1}{2}z} = \sum_{n=1}^{\infty} \left(\frac{1}{2}z\right)^n = \sum_{n=-\infty}^{-1} 2^n z^{-n}$$

成立条件是公比 $\left|\frac{1}{2}z\right| < 1$，即 $|z| < 2$；本题收敛域 $0.5 < |z| < 2$ 满足该条件。上式与 Z 变换定义 $X(z) = \sum_{n=-\infty}^{\infty} x(n) z^{-n}$ 比较，可见 $x(n)$ 随 n 的变化关系为 2^n，存在时间范围为 $n \leqslant -1$，从而

$$x_1(n) = z^{-1}\left[X_1(z)\right] = 2^n u(-n-1)$$

第 2 项也展开为无穷等比级数之和

$$X_2(z) = \frac{z}{z-\frac{1}{2}} = \frac{1}{1-\frac{1}{2}z^{-1}} = \sum_{n=0}^{\infty} \left(\frac{1}{2}z^{-1}\right)^n = \sum_{n=0}^{\infty} \left(\frac{1}{2}\right)^n z^{-n}$$

成立前提为公比 $\left|\frac{1}{2}z^{-1}\right| < 1$，即 $|z| > \frac{1}{2}$；本题收敛域也满足该条件。上式与 Z 变换定义式比较：

$$x_2(n) = z^{-1}\left[X_2(z)\right] = \left(\frac{1}{2}\right)^n u(n)$$

$$x(n) = x_1(n) + x_2(n) = 2^n u(-n-1) + \left(\frac{1}{2}\right)^n u(n)$$

总结 由本题知，只由 $X(z)$ 无法确定对应的时间序列，此时 $x(n)$ 有多种可能；不同收敛域下 $x(n)$ 不同。如收敛域在 z 平面某个圆外，可用常规单边逆 Z 变换方法求解；否则应根据收敛域将 $X(z)$ 展开为幂级数形式，并表示为 Z 变换定义式，从而得到 $x(n)$。

7—17 已知 $x(n)$ 和 $y(n)$ 的 Z 变换 $X(z)$ 和 $Y(z)$，试求 $Z[x(n)y(n)]$。

1. $\begin{cases} X(z) = \dfrac{1}{1-0.5z^{-1}} & (|z| > 0.5) \\ Y(z) = \dfrac{1}{1-2z} & (|z| < 0.5) \end{cases}$

2. $\begin{cases} X(z) = \dfrac{0.99}{(1-0.1z^{-1})(1-0.1z)} & (0.1 < |z| < 10) \\ Y(z) = \dfrac{1}{1-10z} & (|z| > 0.1) \end{cases}$

【分析与解答】

有两种考虑：直观的方法是求 $X(z)$ 和 $Y(z)$ 逆 Z 变换，得到 $x(n)$ 和 $y(n)$，再求 $Z[x(n)y(n)]$，但要进行二次逆 Z 变换及一次 Z 变换。

另一种是根据 z 域卷积定理，由闭合围线积分（转化为留数）求解。

1. **解法一**：逆 Z 变换法

$X(z)$ 分子分母改写为 z 的多项式：

$$X(z) = \frac{z}{z - 0.5}, \ |z| > 0.5$$

$$x(n) = \left(\frac{1}{2}\right)^n u(n)$$

$Y(z)$ 收敛域在圆内，因而 $y(n)$ 为左边序列。与题 $7-16$ 类似，为确定 $y(n)$，可将 $Y(z)$ 展开为 Z 变换定义式。$Y(z)$ 为首项 1，公比 $2z$ 的无穷等比级数之和：

$$Y(z) = \frac{1}{1 - 2z} = 1 + 2z + (2z)^2 + \cdots + (2z)^n + \cdots$$

但上式成立要求右侧无穷等比级数收敛于左侧；如公比绝对值 $|2z| < 1$，即 $|z| < \frac{1}{2}$ 则收敛，这正是题中的 $Y(z)$ 收敛域，因而上式成立。

将 $Y(z)$ 求和项写为一般形式：

$$Y(z) = \sum_{n=0}^{\infty} (2z)^n$$

右侧不是 Z 变换定义式。与例 $7-16$ 类似，将求和变量与求和函数的 n 同时取负

$$Y(z) = \sum_{n=0}^{-\infty} 2^{-n} z^{-n} = \sum_{n=-\infty}^{0} \left(\frac{1}{2}\right)^n z^{-n} \quad |z| < 0.5$$

可见

$$y(n) = \left(\frac{1}{2}\right)^n u(-n)$$

则

$$x(n)y(n) = \left(\frac{1}{2}\right)^n u(n) \cdot \left(\frac{1}{2}\right)^n u(-n)$$

$x(n)$ 存在范围为 $n \geq 0$，$y(n)$ 存在范围为 $n \leq 0$，$x(n)y(n)$ 存在范围为二者公共部分，即 $n = 0$，则

$$x(n)y(n) = \delta(n)$$

从而

$$Z[x(n)y(n)] = 1$$

收敛域：整个 z 平面，即 $|z| \geq 0$。

解法二　分别考虑 z 域卷积定理的两种形式

（1）第 1 种形式

$X(z)$ 和 $Y(z)$ 变量代换，表示为 γ 的函数：

$$\begin{cases} X(\gamma) = \dfrac{\gamma}{\gamma - 0.5} \\ Y\left(\dfrac{z}{\gamma}\right) = \dfrac{1}{1 - 2 \cdot \dfrac{z}{\gamma}} = \dfrac{\gamma}{\gamma - 2z} \end{cases}$$

$$z[x(n)y(n)] = \frac{1}{2\pi j}\oint_{C_1} X(\gamma) Y\left(\frac{z}{\gamma}\right)\gamma^{-1}d\gamma =$$

$$\frac{1}{2\pi j}\oint_{C_1} \frac{\gamma}{(\gamma - 0.5)(\gamma - 2z)}d\gamma \qquad (7-17.1)$$

C_1 为 γ 平面被积函数收敛域内，包围原点的任一条逆时针闭合围线。被积函数极点有两个：$\gamma_1 = 0.5, \gamma_2 = 2z$；为用留数定理求闭合围线积分，应判断极点是否位于 C_1 内。

被积函数的收敛域为 γ 平面内，$X(\gamma)$ 及 $Y\left(\dfrac{z}{\gamma}\right)$ 收敛域的公共部分；对 $X(z)$ 与 $Y(z)$ 收敛域变量代换，得 $X(\gamma)$ 及 $Y\left(\dfrac{z}{\gamma}\right)$ 的收敛域满足

$$\begin{cases} X(\gamma), & |\gamma| > 0.5 \\ Y\left(\dfrac{z}{\gamma}\right), & \left|\dfrac{z}{\gamma}\right| < 0.5 \end{cases}$$

从而

$$\begin{cases} X(\gamma), & |\gamma| > 0.5 \\ Y\left(\dfrac{z}{\gamma}\right), & |\gamma| > 2|z| \end{cases}$$

从而被积函数收敛域

$$|\gamma| > \max(0.5, 2|z|)$$

有两种可能，一种是 $0.5 > 2|z|$，从而收敛域为 $|\gamma| > 0.5$，如图 $7-15.1$(a)；另一种是 $0.5 < 2|z|$，从而收敛域 $|\gamma| > 2|z|$，如图 $7-15.1$(b)。不论哪种情况，极点 $\gamma_1 = 0.5$ 和 $\gamma_2 = 2z$ 均在围线 C_1 内。

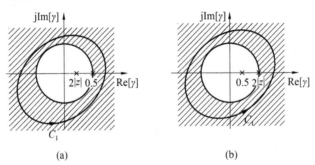

(a)   (b)

图 $7-15.1$

根据留数定理，式($7-17.1$) 为

$$z[x(n)y(n)] = \mathrm{Res}\left[\frac{\gamma}{(\gamma - 0.5)(\gamma - 2z)}, 0.5\right] + \mathrm{Res}\left[\frac{\gamma}{(\gamma - 0.5)(\gamma - 2z)}, 2z\right] =$$

$$\frac{0.5}{0.5 - 2z} + \frac{2z}{2z - 0.5} = 1$$

（2）另一种形式

利用 z 域卷积定理的另一种形式：

$$z[x(n)y(n)] = \frac{1}{2\pi j}\oint_{C_2} X\left(\frac{z}{\gamma}\right) Y(\gamma) \gamma^{-1} \mathrm{d}\gamma =$$

$$\frac{1}{2\pi j}\oint_{C_2}\left[\frac{\dfrac{z}{\gamma}}{\dfrac{z}{\gamma}-0.5} \cdot \frac{1}{1-2\gamma} \cdot \frac{1}{\gamma}\right]\mathrm{d}\gamma =$$

$$\frac{1}{2\pi j}\oint_{C_2}\left[\frac{2z}{2z-\gamma} \cdot \frac{1}{1-2\gamma} \cdot \frac{1}{\gamma}\right]\mathrm{d}\gamma \qquad (7-17.2)$$

被积函数有 3 个极点：$\gamma_1 = 2z, \gamma_2 = 0.5, \gamma_3 = 0$。

对 $X(z)$ 和 $Y(z)$ 的收敛域变量代换，得

$$\begin{cases} X\left(\dfrac{z}{\gamma}\right), \left|\dfrac{z}{\gamma}\right| > 0.5 \\ Y(\gamma), |\gamma| < 0.5 \end{cases}$$

从而

$$\begin{cases} X\left(\dfrac{z}{\gamma}\right), |\gamma| < 2|z| \\ Y(\gamma), |\gamma| < 0.5 \end{cases}$$

从而被积函数收敛域

$$|\gamma| < \min(2|z|, 0.5)$$

有两种可能：第 1 种 $0.5 > 2|z|$，从而 $|\gamma| < 2|z|$，如图 $7-15.2$(a)；或者 $0.5 < 2|z|$，从而 $|\gamma| < 0.5$，如图 $7-15.2$(b)。不论哪种情况，$\gamma_1 = 2z$ 和 $\gamma_2 = 0.5$ 均在围线 C_2 以外，即 C_2 内只包含一个极点：$\gamma_3 = 0$。

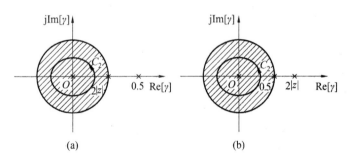

图 $7-15.2$

由留数定理，只应计算被积函数在 $\gamma_3 = 0$ 极点处的留数，由式（$7-17.2$），有

$$z[x(n)y(n)] = \mathrm{Res}\left[\frac{2z}{(2z-\gamma)(1-2\gamma)\gamma}, 0\right] = \frac{2z}{(2z-\gamma)(1-2\gamma)}\bigg|_{\gamma=0} = 1$$

结果与逆 Z 变换法及 z 域卷积定理的第 1 种形式相同。

2. 解法一：逆 Z 变换法

$$X(z) = \frac{-9.9z}{(z-0.1)(z-10)}$$

收敛域在 z 平面的两个圆之间，$x(n)$ 为双边序列。

求 $x(n)$ 的过程较复杂,与例 7-16.3 类似。

$$\frac{X(z)}{z} = \frac{K_1}{z-0.1} + \frac{K_2}{z-10}$$

其中

$$\begin{cases} K_1 = \left.\frac{X(z)}{z}(z-0.1)\right|_{z=0.1} = 1 \\ K_2 = \left.\frac{X(z)}{z}(z-10)\right|_{z=10} = -1 \end{cases}$$

则

$$X(z) = \frac{z}{z-0.1} - \frac{z}{z-10}$$

第 2 个部分分式,分母中 z 的 1 次项及常数项交换次序:

$$X(z) = \frac{z}{z-0.1} + \frac{z}{10-z}$$

为将部分分式表示为无穷等比级数之和,将其分母的第 1 项表示为 1:

$$X(z) = \frac{1}{1-0.1z^{-1}} + \frac{0.1z}{1-0.1z}$$

将两个部分分式在收敛域 $0.1 < |z| < 10$ 条件下,表示为无穷等比级数之和,再转化为 Z 变换定义式的幂级数形式:

$$\begin{cases} Z^{-1}\left[\frac{1}{1-0.1z^{-1}}\right] = 0.1^n u(n) & (0.1 < |z| < 10) \\ Z^{-1}\left[\frac{0.1z}{1-0.1z}\right] = 10^n u(-n-1) & (0.1 < |z| < 10) \end{cases}$$

$$x(n) = Z^{-1}\left[\frac{1}{1-0.1z^{-1}}\right] + Z^{-1}\left[\frac{0.1z}{1-0.1z}\right] = 0.1^n u(n) + 10^n u(-n-1) \quad (0.1 < |z| < 10)$$

$$Y(z) = -\frac{0.1}{z-0.1} = -0.1z^{-1} \cdot \frac{z}{z-0.1} \quad (|z| > 0.1)$$

由

$$Z^{-1}\left[\frac{z}{z-0.1}\right] = (0.1)^n u(n) \quad (|z| > 0.1)$$

根据线性及位移性:

$$y(n) = Z^{-1}[Y(z)] = -0.1(0.1)^{n-1}u(n-1) = -(0.1)^n u(n-1) \quad |z| > 0.1$$

$$\begin{aligned} x(n)y(n) &= [0.1^n u(n) + 10^n u(-n-1)] \cdot [-(0.1)^n u(n-1)] = \\ &\quad (0.1)^n u(n) \cdot [-(0.1)^n u(n-1)] + \\ &\quad 10^n u(-n-1)[-(0.1)^n u(n-1)] = \\ &\quad [(0.1)^n \cdot -(0.1)^n]u(n-1) = \\ &\quad -(0.01)^n u(n-1) \end{aligned}$$

$$\begin{aligned} Z[x(n)y(n)] &= Z[-0.01(0.01)^{n-1}u(n-1)] = \\ &\quad -0.01 \cdot Z[(0.01)^n u(n)]z^{-1} = \\ &\quad -0.01 \cdot \frac{z}{z-0.01} \cdot z^{-1} = \frac{1}{1-100z} \end{aligned}$$

收敛域与 $Z[(0.01)^n u(n)]$ 相同,即 $|z| > 0.01$。

解法二 应用 z 域卷积定理

对 $X(z)$ 及 $Y(z)$ 变量代换

$$\begin{cases} X(\gamma)=\dfrac{0.99}{(1-0.1\gamma^{-1})(1-0.1\gamma)} & (0.1<|\gamma|<10) \\[3mm] Y\left(\dfrac{z}{\gamma}\right)=\dfrac{1}{1-10\dfrac{z}{\gamma}}=\dfrac{\gamma}{\gamma-10z} & (|\gamma|<10|z|) \end{cases} \qquad (7-17.3)$$

$$Z[x(n)y(n)]=\frac{1}{2\pi j}\oint_C X(\gamma)Y\left(\frac{z}{\gamma}\right)\gamma^{-1}\mathrm{d}\gamma=\frac{1}{2\pi j}\oint_C\frac{-9.9\gamma}{(\gamma-0.1)(\gamma-10)(\gamma-10z)}\mathrm{d}\gamma$$

被积函数有三个极点：$\gamma_1=0.1,\gamma_2=10$ 及 $\gamma_3=10z$。

由式（7-17.3）知，被积函数收敛域 $\begin{cases} 0.1<|\gamma|<10 \\ |\gamma|<10|z| \end{cases}$，即

$$0.1<|\gamma|<\min(10,10|z|)$$

则围线 C 内极点只有 1 个：$\gamma_1=0.1$。　$\gamma_2=10$ 及 $\gamma_3=10z$ 均在围线外。

由留数定理

$$Z[x(n)y(n)]=\mathrm{Res}\left[-\frac{9.9\gamma}{(\gamma-0.1)(\gamma-10)(\gamma-10z)},0.1\right]=$$

$$-\frac{9.9\gamma}{(\gamma-10)(\gamma-10z)}\bigg|_{\gamma=0.1}=\frac{1}{1-100z}$$

7-18　已知 $x(n)=a^n u(n),h(n)=b^n u(-n)$，试求 $y(n)=x(n)*h(n)$。

【分析与解答】

$y(n)$ 为零状态响应；题中要求 $|a|<1$，即 $x(n)$ 值是确定的；由 $n<0$ 时，$h(n)\neq 0$，知系统非因果。

求卷积和有两种方法：① 时域计算；② 利用 Z 变换的时域卷积定理，将卷积和运算转化为 Z 变换、z 域乘法及逆 Z 变换 3 个过程。

这里用 z 域法求解。

$$X(z)=\frac{z}{z-a}\quad |z|>a$$

$h(n)$ 为左边序列，则

$$H(z)=Z[h(n)]=\sum_{n=-\infty}^{0}b^n z^{-n}=1+b^{-1}z+b^{-2}z^2+\cdots=\frac{1}{1-b^{-1}z}\quad |z|<b$$

$$Y(z)=X(z)H(z)=\frac{-bz}{(z-a)(z-b)}\quad a<|z|<b$$

设

$$\frac{Y(z)}{z}=\frac{K_1}{z-a}+\frac{K_2}{z-b}$$

解出

$$\begin{cases} K_1=\dfrac{b}{b-a} \\[3mm] K_2=-\dfrac{b}{b-a} \end{cases}$$

则

$$Y(z) = \frac{b}{b-a}\left(\frac{z}{z-a} - \frac{z}{z-b}\right) \quad a < |z| < b$$

$$y(n) = \frac{b}{b-a}\left\{z^{-1}\left[\frac{z}{z-a}\right] - z^{-1}\left[\frac{z}{z-b}\right]\right\} \quad a < |z| < b$$

对第 1 个部分分式,根据

$$z^{-1}\left[\frac{z}{z-a}\right] = a^n u(n) \quad |z| > a$$

而收敛域 $a < |z| < b$ 满足 $|z| > a$ 条件,从而

$$z^{-1}\left[\frac{z}{z-a}\right] = a^n u(n)$$

对第二个部分分式,由

$$z^{-1}\left[\frac{z}{z-b}\right] = b^n u(n) \quad |z| > b$$

收敛域 $a < |z| < b$ 不满足 $|z| > b$,因而

$$z^{-1}\left[\frac{z}{z-b}\right] \neq b^n u(n) \quad a < |z| < b$$

求其逆 Z 变换的过程与例 7-16.3 及例 7-17 类似。将部分分式变形:

$$\frac{z}{z-b} = -\frac{z}{b-z} = -\frac{\dfrac{z}{b}}{1-\dfrac{z}{b}}$$

满足 $\left|\dfrac{z}{b}\right| < 1$ 即 $|z| < b$ 时,上式为下列无穷等比级数的收敛形式:

$$\frac{z}{z-b} = -\left[\frac{z}{b} + \left(\frac{z}{b}\right)^2 + \cdots + \left(\frac{z}{b}\right)^n + \cdots\right]$$

$Y(z)$ 收敛域 $a < |z| < b$ 满足 $|z| < b$ 条件,从而

$$\frac{z}{z-b} = -\left[\frac{z}{b} + \left(\frac{z}{b}\right)^2 + \cdots + \left(\frac{z}{b}\right)^n + \cdots\right] \quad a < |z| < b$$

即

$$\frac{z}{z-b} = -\sum_{n=1}^{\infty}\left(\frac{z}{b}\right)^n = -\sum_{n=-\infty}^{-1} b^n z^{-n} \quad a < |z| < b$$

则

$$z^{-1}\left[\frac{z}{z-b}\right] = -b^n u(-n-1) \quad a < |z| < b$$

$$y(n) = \frac{b}{b-a}\left[a^n u(n) + b^n u(-n-1)\right]$$

为双边序列。由卷积和的图解过程可以印证:单边序列和左边序列的卷积和为双边序列。

7-19 已知系统输出方程及初始条件,试求全响应。

1. $y(n+2) - 2y(n+1) + y(n) = \delta(n) + \delta(n-1) + u(n-2)$

$y_{zi}(0) = 0, y_{zi}(1) = 0$

2. $y(n+2) - 3y(n+1) + 2y(n) = x(n+1) - 2x(n)$

$y_{zi}(0) = 0, y_{zi}(1) = 1, x(n) = 2^n u(n)$

3. $y(n+2)+2y(n+1)+2y(n)=(e^{n+1}+2e^n)u(n)$

　　$y_{zi}(0)=y_{zi}(1)=0$

【分析与解答】

所给出的方程不是差分方程(差分方程右侧应为激励及其位移项的形式),其右侧是 $x(n)$ 代入差分方程右侧的结果。由方程无法确定 $x(n)$ 与 $y(n)$ 的关系,无法求 $h(n)$,不可能在时域用 $y_{zs}(n)=x(n)*h(n)$ 求解。

为此用 z 域法。

1.初始条件为 0,因而全响应为 $y_{zs}(n)$。

方程右侧合并,从而

$$y(n+2)-2y(n+1)+y(n)=u(n) \tag{7-19.1}$$

两侧 Z 变换,利用位移性

$$[z^2 Y(z)-z^2 y_{zi}(0)-z y_{zi}(1)]-2[zY(z)-z y_{zi}(0)]+Y(z)=\frac{z}{z-1}$$

代入初始条件

$$z^2 Y(z)-2zY(z)+Y(z)=\frac{z}{z-1}$$

从而

$$Y(z)=\frac{z}{(z-1)^3}$$

有高阶极点,用留数法求逆 Z 变换:

$$y(n)=\sum_i \text{Res}[Y(z)z^{n-1},z_i]=\text{Res}\left[\frac{z^n}{(z-1)^3},1\right]=$$

$$\frac{1}{2}\cdot\frac{d^2}{dz^2}\left[\frac{z^n}{(z-1)^3}\cdot(z-1)^3\right]\Big|_{z=1}=\frac{1}{2}\cdot\frac{d^2}{dz^2}z^n\Big|_{z=1}=$$

$$\frac{1}{2}\cdot n(n-1)z^{n-2}\Big|_{z=1}=$$

$$\frac{1}{2}n(n-1)u(n)$$

由 $y(n)$ 得 $y(0)=y(1)=0$,则 $y(n)$ 从 $n\geqslant 2$ 存在,更确切地表示为

$$y(n)=\frac{1}{2}n(n-1)u(n-2)$$

2.差分方程 Z 变换

$$z^2 Y(z)-z^2 y_{zi}(0)-z y_{zi}(1)-3[zY(z)-z y_{zi}(0)]+2Y(z)=zX(z)-2X(z)$$

代入初始条件

$$z^2 Y(z)-z-3zY(z)+2Y(z)=zX(z)-2X(z)$$

由 $X(z)=\dfrac{z}{z-2}$,$|z|>2$,得

$$Y(z)=\frac{2z}{z^2-3z+2}=\frac{-2z}{z-1}+\frac{2z}{z-2}\quad |z|>2$$

则

$$y(n) = -2u(n) + 2 \cdot 2^n u(n) = 2(2^n - 1)u(n)$$

$y(0) = 0$,因而

$$y(n) = 2(2^n - 1)u(n-1)$$

3.方程两侧 Z 变换

$$z^2 Y(z) - z^2 y_{zi}(0) - z y_{zi}(1) + 2[zY(z) - z y_{zi}(0)] + 2Y(z) = \frac{ez}{z - e} + \frac{2z}{z - e}$$

代入初始条件

$$Y(z) = \frac{(e + 2)z}{(z^2 + 2z + 2)(z - e)} \tag{7-19.2}$$

有 3 个极点:共轭极点 $p_{1,2} = -1 \pm j$ 及 $p_3 = e$。

考虑任意共轭极点对应的部分分式展开。设 $X(z)$ 有一对共轭极点 $\alpha \pm j\beta$,则

$$X(z) = K_1 \frac{z}{z - \alpha - j\beta} + K_2 \frac{z}{z - \alpha + j\beta}$$

其系数也共轭:

$$K_1 = K_2^*$$

设

$$\begin{cases} K_1 = A + jB \\ K_2 = A - jB \end{cases}$$

因而只需计算 K_1 或 K_2 中的一个。

这与拉普拉斯反变换(第 4 章)情况类似。设象函数 $F(s)$ 有共轭极点 $\alpha \pm j\beta$,则

$$F(s) = \frac{K_1}{s - \alpha - j\beta} + \frac{K_2}{s - \alpha + j\beta}$$

则其两个系数也共轭:

$$K_1 = K_2^*$$

将式(7-19.2)$Y(z)$ 展开:

$$Y(z) = \frac{K_1 z}{z + 1 - j} + \frac{K_2 z}{z + 1 + j} + \frac{K_3 z}{z - e}$$

$$K_1 = \left[(z + 1 - j) \frac{Y(z)}{z} \right] \Bigg|_{z = -1 + j} = \frac{e + 2}{(z + 1 + j)(z - e)} \Bigg|_{z = -1 + j} =$$

$$-\frac{e + 2}{2(e^2 + 2e + 2)} + \frac{e^2 + 3e + 2}{2(e^2 + 2e + 2)} j =$$

$$-0.16 + 0.59j$$

$$K_2 = K_1^* = -0.16 - 0.59j$$

$$A_3 = \left[(z - e) \frac{Y(z)}{z} \right] \Bigg|_{z = e} = \frac{e + 2}{e^2 + 2e + 2} = 0.32$$

$$Y(z) = (-0.16 + j0.59) \frac{z}{z + 1 - j} + (-0.16 - j0.59) \frac{z}{z + 1 + j} + 0.32 \frac{z}{z - e}$$

$$y(n) = (-0.16 + j0.59)(-1 + j)^n + (-0.16 - j0.59)(-1 - j)^n + 0.32e^n$$

$$\tag{7-19.3}$$

可化简:等式右侧前两个序列共轭,可合并为一个实序列。原因为:式(7-19.2)中 $Y(z)$ 各系数为实数,因而 $y(n) = Z^{-1}[Y(z)]$ 为实序列;尽管式(7-19.3)中指数序列的系数项及

底数均为复数,但合并后虚部约掉。

式 (7-19.3) 中各复数均为直角坐标形式,合并时较复杂,可采用极坐标:

如对 $-0.16+\mathrm{j}0.59$, $\begin{cases} 模:\sqrt{0.16^2+0.59^2}=0.61 \\ 幅角:\arctan\left(-\dfrac{0.59}{0.16}\right)=105° \end{cases}$

从而

$$\begin{cases} -0.16+\mathrm{j}0.59=0.61\mathrm{e}^{\mathrm{j}105°} \\ -0.16-\mathrm{j}0.59=(0.61\mathrm{e}^{\mathrm{j}105°})^*=0.61\mathrm{e}^{-\mathrm{j}105°} \\ (-1+\mathrm{j})^n=\left(\sqrt{2}\,\mathrm{e}^{\mathrm{j}\frac{3}{4}\pi}\right)^n=\left(\sqrt{2}\right)^n\mathrm{e}^{\mathrm{j}\frac{3}{4}n\pi} \\ (-1-\mathrm{j})^n=\left[(-1+\mathrm{j})^n\right]^*=\left[\left(\sqrt{2}\right)^n\mathrm{e}^{\mathrm{j}\frac{3}{4}n\pi}\right]^*=\left(\sqrt{2}\right)^n\mathrm{e}^{-\mathrm{j}\frac{3}{4}n\pi} \end{cases}$$

则

$$y(n)=0.61\mathrm{e}^{\mathrm{j}105°}\left(\sqrt{2}\right)^n\mathrm{e}^{\mathrm{j}\frac{3}{4}n\pi}+0.61\mathrm{e}^{-\mathrm{j}105°}\left(\sqrt{2}\right)^n\mathrm{e}^{-\mathrm{j}\frac{3}{4}n\pi}+0.32\mathrm{e}^n=$$
$$0.61\left(\sqrt{2}\right)^n\left[\mathrm{e}^{\mathrm{j}\left(\frac{3}{4}n\pi+105°\right)}+\mathrm{e}^{-\mathrm{j}\left(\frac{3}{4}n\pi+105°\right)}\right]+0.32\mathrm{e}^n$$

将模相同、幅角大小相同、符号相反的复指数项合并:

$$y(n)=\left[1.22\left(\sqrt{2}\right)^n\cos\left(\frac{3}{4}n\pi+105°\right)+0.32\mathrm{e}^n\right]u(n)$$

右侧第 2 项与激励形式类似,为受迫响应分量。第 1 项为自由响应分量,为幅度受指数序列调制的单边余弦序列,初始相位为 $105°$;其发散(振荡幅度受 $\left(\sqrt{2}\right)^n$ 调制) 表明系统不稳定,因为系统函数极点(即差分方程特征根) $p_{1,2}=-1\pm\mathrm{j}$ 位于 z 平面单位圆外。

7-20　系统输出方程
$$y(n+2)+y(n+1)+y(n)=u(n)$$
且初始条件 $y(0)=1,y(1)=2$;试求响应 $y(n)$。

【分析与解答】

与例 7-19.1、7-19.3 类似,已知不是差分方程。

方程 Z 变换,并代入初始条件,有
$$Y(z)=\frac{z(z^2+2z-2)}{(z-1)(z^2+z+1)} \tag{7-20.1}$$

有 3 个极点:$p_1=1$,共轭极点 $p_{2,3}=-\dfrac{1}{2}\pm\mathrm{j}\dfrac{\sqrt{3}}{2}$。

可采用例 7-19.3 类似方法,将 $Y(z)$ 分解为 3 个部分分式。其中两个部分分式相应的极点共轭,且系数也共轭;对反变换后的时域复序列合并,以约掉虚部。但求解过程较复杂。

采用另一种方法。$Y(z)$ 分母为 z 的一次多项式与二次多项式乘积,可分解为分母 z 的一次项与二次项的两个部分分式:
$$Y(z)=\frac{A(z)}{z-1}+\frac{B(z)}{z^2+z+1}$$

$Y(z)$ 分子与分母阶数相同,为使上式成立,每个部分分式分子与分母多项式阶数应相同,即

$$Y(z) = \frac{az}{z-1} + \frac{bz^2 + cz + d}{z^2 + z + 1}$$

右侧合并:

$$Y(z) = \frac{(a+b)z^3 + (a+c-b)z^2 + (a-c+d)z - d}{(z-1)(z^2 + z + 1)}$$

令上式与式(7－20.1)分子对应项系数相同:

$$\begin{cases} a+b=1 \\ a+c-b=2 \\ a-c+d=-2 \\ -d=0 \end{cases}$$

从而

$$\begin{cases} a=1/3 \\ b=2/3 \\ c=3/7 \\ d=0 \end{cases}$$

从而

$$Y(z) = \frac{1}{3} \cdot \frac{z}{z-1} + \frac{\frac{2}{3}z^2 + \frac{3}{7}z}{z^2 + z + 1}$$

对第二个分式,其分母与分子均为 z 的二次项,与单边正弦及余弦序的 Z 变换

$$\begin{cases} Z[\cos \omega_0 n u(n)] = \dfrac{z(z - \cos \omega_0)}{z^2 - 2z\cos \omega_0 + 1} \\ Z[\sin \omega_0 n u(n)] = \dfrac{z\sin \omega_0}{z^2 - 2z\cos \omega_0 + 1} \end{cases}$$

比较,可见应分解为单边正弦及余弦 Z 变换的叠加。

比较分母多项式:应有 $-2\cos \omega_0 = 1$,即 $\cos \omega_0 = -\dfrac{1}{2}$,从而 $\omega_0 = \dfrac{2}{3}\pi$。因而设

$$\frac{\frac{2}{3}z^2 + \frac{3}{7}z}{z^2 + z + 1} = K_1 \frac{z\left(z - \cos \frac{2}{3}\pi\right)}{z^2 - 2z\cos \frac{2}{3}\pi + 1} + K_2 \frac{z\sin \frac{2}{3}\pi}{z^2 - 2z\cos \frac{2}{3}\pi + 1}$$

右侧合并,令左右两侧分子中对应项系数相同,建立两个方程,从而得

$$\begin{cases} K_1 = \dfrac{2}{3} \\ K_2 = \dfrac{4\sqrt{3}}{3} \end{cases}$$

因此

$$Y(z) = \frac{1}{3} \cdot \frac{z}{z-1} + \frac{2}{3} \cdot \frac{z\left(z - \cos \frac{2}{3}\pi\right)}{z^2 - 2z\cos \frac{2}{3}\pi + 1} + \frac{4\sqrt{3}}{3} \cdot \frac{z\sin \frac{2}{3}\pi}{z^2 - 2z\cos \frac{2}{3}\pi + 1}$$

$$y(n) = \left(\frac{1}{3} + \frac{2}{3}\cos \frac{2}{3}n\pi + \frac{4\sqrt{3}}{3}\sin \frac{2}{3}n\pi\right)u(n)$$

其中正弦与余弦序列频率相同,可合并为同一频率的正弦或余弦序列;此时振荡幅度发生变化,且产生附加相位。

7－21　系统差分方程

$$y(n+2) - \frac{7}{2}y(n+1) + \frac{3}{2}y(n) = x(n)$$

1. $x(n) = u(n)$,求响应 $y_1(n)$;

2. $x(n)$ 如图 $7-21$,求响应 $y_2(n)$ 在 $n=2$ 的值。

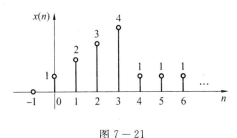

图 $7-21$

【分析与解答】

线性常系数差分方程表明系统为线性时不变性,从而在时域上可用卷积和求零状态响应;这里用变换域方法(Z 变换)求解。

1. 由差分方程得

$$H(z) = \frac{1}{z^2 - \frac{7}{2}z + \frac{3}{2}}$$

由差分方程知系统因果,因而 $h(n)$ 为单边,则 $H(z)$ 收敛域在某个圆外。$H(z)$ 极点为 $p_1 = 3$,$p_2 = \frac{1}{2}$;收敛域内没有极点且收敛域应以极点为边界,从而收敛域为 $|z| > 3$。

$$X(z) = \frac{z}{z-1} \quad |z| > 1$$

$$Y(z) = X(z)H(z) = \frac{z}{\left(z - \frac{1}{2}\right)(z-3)(z-1)} = \frac{\frac{4}{5}z}{z - \frac{1}{2}} + \frac{\frac{1}{5}z}{z-3} - \frac{z}{z-1} \quad |z| > 3$$

$$y(n) = \left[\frac{4}{5}\left(\frac{1}{2}\right)^n + \frac{1}{5} \cdot 3^n - 1\right]u(n)$$

$y(0) = 0$,$y(1) = 0$,因而

$$y(n) = \left[\frac{4}{5}\left(\frac{1}{2}\right)^n + \frac{1}{5} \cdot 3^n - 1\right]u(n-2)$$

激励为 $u(n)$ 时响应延迟 2 个单位的原因:差分方程中响应与激励最高序号之差为 2。

2. 只求响应在某时刻的值,不必求 $y(n)$ 表达式。

因果系统,$y(2)$ 只与 $n \leqslant 2$ 的 $x(n)$ 有关。由图 $7-21$,只有 $x(0)$,$x(1)$,$x(2)$ 起作用。

$$x(n) = \delta(n) + 2\delta(n-1) + 3\delta(n-2)$$

$$X(z) = 1 + 2z^{-1} + 3z^{-2}$$

$$Y(z) = X(z)H(z) = \frac{1 + 2z^{-1} + 3z^{-2}}{z^2 - \frac{7}{2}z + \frac{3}{2}} = \frac{z^2 + 2z + 3}{z^2\left(z^2 - \frac{7}{2}z + \frac{3}{2}\right)} \qquad (7-21.1)$$

用长除法

$$Y(z) = z^{-2} + \frac{11}{2}z^{-3} + \cdots \qquad (7-21.2)$$

与 Z 变换定义

$$Y(z) = \sum_{n=0}^{\infty} y(n)z^{-n} = y(0) + y(1)z^{-1} + y(2)z^{-2} + y(3)z^{-3} + \cdots$$

比较

$$y(2) = 1$$

由式$(7-21.2)$，$Y(z)$ 中常数项及 z^{-1} 项均为 0（原因为式$(7-21.1)$中 $Y(z)$ 分子多项式阶数比分母小 2）。从而 $y(0) = y(1) = 0$，原因如上所述：响应比激励延迟 2 个单位（$x(n)$ 从 $n=0$ 时加入，如图 $7-21$）。

7—22 已知系统差分方程

$$y(n) + 3y(n-1) = x(n)$$

1. 求单位函数响应 $h(n)$；
2. 若 $x(n) = (n + n^2)u(n)$，求响应 $y(n)$。

【分析与解答】

差分方程响应最高序号不小于激励最高序号，为因果系统；二者最高序号相同（均为 n），即响应与激励同时出现。方程左侧响应最高与最低序号之差为 1，为 1 阶系统。

1. 方程 Z 变换

$$Y(z) + 3z^{-1}Y(z) = X(z)$$

$$H(z) = \frac{Y(z)}{X(z)} = \frac{z}{z+3} \quad |z| > 3$$

与例 $7-21$ 类似，$h(n)$ 单边决定了 $H(z)$ 收敛域为某个圆外，且以模最大的极点（$p = -3$）为边界。

$$h(n) = (-3)^n u(n)$$

不满足绝对可和条件，系统不稳定。原因为差分方程特征根（即系统函数极点）的绝对值大于 1。

2. $y_{zs}(n) = x(n) * h(n)$，$x(n)$ 发散，根据卷积和图解过程，$y_{zs}(n)$ 也发散。

$x(n)$ 形式较复杂，利用 z 域微分性质：

$$Z[n^2 u(n)] = -d\,\frac{Z[nu(n)]}{dz} = -d\,\frac{\left[\dfrac{z}{(z-1)^2}\right]}{dz} = \frac{z(z+1)}{(z-1)^3} \quad |z| > 1$$

$$X(z) = Z[nu(n)] + Z[n^2 u(n)] = \frac{2z^2}{(z-1)^3} \quad |z| > 1$$

$$Y_{zs}(z) = X(z)H(z) = \frac{2z^3}{(z+3)(z-1)^3} \quad |z| > 3$$

（收敛域为 $X(z)$ 及 $H(z)$ 的公共部分，$|z|>1$ 和 $|z|>3$ 的公共部分即 $|z|>3$）。系统因果，输入为单边序列，响应也为单边序列；$Y_{zs}(z)$ 收敛域在某个圆外也决定了 $y_{zs}(n)$ 为单边序列。

$Y_{zs}(z)$ 有一阶极点 $p_1=-3$ 及三阶极点 $p_2=1$；对 3 阶极点，部分分式法需展开为 3 个分式，求解复杂；应采用留数法。

$$y_{zs}(n)=\sum_i \operatorname{Res}\left[Y_{zs}(z)z^{n-1}\right]\Big|_{z=p_i}=\sum_i \operatorname{Res}\left[\frac{2z^{n+2}}{(z+3)(z-1)^3}\right]\Big|_{z=p_i}=$$

$$\frac{2z^{n+2}}{(z-1)^3}\Big|_{z=-3}+\frac{1}{2!}\cdot\frac{\mathrm{d}^2}{\mathrm{d}z^2}\left[(z-1)^3\cdot\frac{2z^{n+2}}{(z+3)(z-1)^3}\right]\Big|_{z=1}=$$

$$-\frac{1}{32}(-3)^{n+2}+\left[\frac{(n+2)(n+1)z^n}{z+3}-\frac{2(n+2)z^{n-1}}{(z+3)^2}+\frac{2z^{n+2}}{(z+3)^3}\right]\Big|_{z=1}=$$

$$\frac{1}{32}\left[8n^2+20n+9-(-3)^{n+2}\right]u(n)$$

可见 $y(0)=0$；原因为 $n=0$ 时 $x(n)=(n+n^2)\big|_{n=0}=0$，激励还未作用于系统，因而对因果系统此时 $y_{zs}(n)$ 为 0。

7－23　由差分方程画出系统框图，并求系统函数 $H(z)$ 及单位函数响应 $h(n)$。

1. $y(n)=x(n)-5x(n-1)+8x(n-3)$；

2. $y(n+2)-5y(n+1)+6y(n)=x(n+2)-3x(n)$。

【分析与解答】

1. 差分方程较特殊：左侧只包括 $y(n)$ 而没有位移项，响应可由 $x(n)$ 及延迟项直接得到。

由 $h(n)$ 定义：激励 $\delta(n)$ 时的零状态响应，将 $x(n)=\delta(n)$，$y(n)=h(n)$ 代入差分方程，可直接得到 $h(n)$：

$$h(n)=\delta(n)-5\delta(n-1)+8\delta(n-3)$$

可见系统对激励的作用包括三方面：放大 1 倍，延迟 1 个单位并放大 5 倍，延迟 3 个单位并放大 8 倍；然后相加。因而系统中需有 3 个并联支路，其分别没有、有 1 个及 3 个延迟器；再通过加法器输出。模拟图如图 7－23.1。

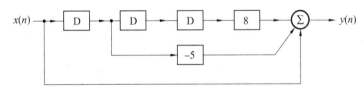

图 7－23.1

2. 与例 6－8 类似，差分方程右侧包括 $x(n)$ 位移项。

引入中间序列 $q(n)$，原差分方程用两个方程等效：

$$\begin{cases} q(n+2)-5q(n+1)+6q(n)=x(n) \\ y(n)=q(n+2)-3q(n) \end{cases}$$

由第 1 个方程得到激励 $x(n)$，响应 $q(n)$ 的系统模拟图，如图 7－23.2(a)；在此基础上，再由第 2 个方程，由 $q(n)$ 及位移项用另一个加法器得到 $y(n)$，如图 7－23.2(b)。

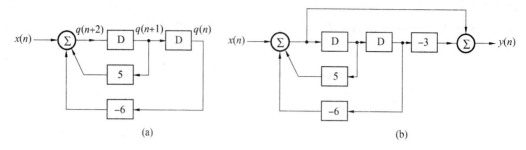

图 7 - 23.2

7 - 24 离散系统单位函数响应

$$h(n) = \left[(0.5)^n - (0.4)^n\right]u(n)$$

试求其差分方程。

【分析与解答】

$h(n)$ 单边为因果系统。$h(n)$ 绝对可和为稳定系统；或由 $h(n)$ 的两个指数序列分量均收敛，因而 $h(n)$ 收敛，故系统稳定。由 $h(n)$ 知为二阶系统，特征根分别为 0.5 及 0.4，因而系统函数极点为 0.5 及 0.4，均位于 z 平面单位圆内，也可判断系统稳定。

通常是已知差分方程求 $h(n)$（可用时域法及 z 域法；时域法较复杂，且需迭代确定 $h(n)$ 初始值）。本题由 $h(n)$ 确定差分方程；$h(n)$ 确定后系统特性就唯一确定；但时域上无法由 $h(n)$ 得到差分方程，需借助变换域实现。

对 $h(n)$Z 变换：

$$H(z) = \frac{z}{z-0.5} - \frac{z}{z-0.4} = \frac{0.1z}{z^2 - 0.9z + 0.2} \quad |z| > 0.5$$

$$\frac{Y(z)}{X(z)} = \frac{0.1z}{z^2 - 0.9z + 0.2} \quad |z| > 0.5$$

$$Y(z)(z^2 - 0.9z + 0.2) = 0.1zX(z) \quad |z| > 0.5$$

反变换

$$y(n+2) - 0.9y(n+1) + 0.2y(n) = 0.1x(n+1)$$

其左侧响应最高序号不低于右侧激励最高序号，为因果系统；响应最高序号比激励最高序号大 1，因而响应比激励延迟 1 个单位。这由已知条件 $h(n)$ 决定：$n=0$ 时 $h(n)=0$。$h(n)$ 是 $\delta(n)$ 引起的响应，$n=0$ 时 $\delta(n)$ 已存在，因而 $h(n)$ 比 $\delta(n)$ 延迟 1 个单位，即系统响应比激励延迟 1 个单位。

7 - 25 系统输入 $x(n) = 2^n u(n)$，零状态响应

$$y_{zs}(n) = \left[-\frac{1}{3}(-1)^n + (-2)^n + \frac{1}{3} \cdot 2^n\right]u(n)$$

求单位函数响应 $h(n)$，并画出系统模拟框图。

【分析与解答】

由系统激励与响应确定系统特性，时域上无法实现，只能在变换域完成。

$$X(z) = \frac{z}{z-2} \quad |z| > 2$$

$$Y_{zs}(z) = \left(-\frac{1}{3} \cdot \frac{z}{z+1} + \frac{z}{z+2} + \frac{1}{3} \cdot \frac{z}{z-2} \right)$$

$$H(z) = \frac{Y_{zs}(z)}{X(z)} = \frac{z^2}{(z+1)(z+2)} = \frac{-z}{z+1} + \frac{2z}{z+2} \tag{7-25}$$

$$h(n) = [2(-2)^n - (-1)^n]u(n)$$

可见为二阶系统，且差分方程特征根为 -2 及 -1；可确定 $y_{zs}(n)$ 中 $\frac{1}{3} \cdot 2^n u(n)$ 为受迫响应分量（因与激励形式类似），$\left[-\frac{1}{3}(-1)^n + (-2)^n \right]u(n)$ 为自由响应分量（具有 $\alpha^n u(n)$ 形式，α 为特征根）。

由

$$y_{zs}(n) = Z^{-1}[H(z)X(z)]$$

知，$y_{zs}(n)$ 中的信号形式或与激励类似（由 $X(z)$ 极点决定），或具有 $\alpha^n u(n)$ 形式（由 $H(z)$ 极点决定），不可能有其他形式。

为画模拟框图，应确定差分方程。由式(7-25)得

$$(z^2 + 3z + 2)Y(z) = z^2 X(z)$$

即

$$y(n+2) + 3y(n+1) + 2y(n) = x(n+2)$$

方程右侧包含 $x(n)$ 位移项，画模拟图较复杂。为此可将方程变量代换，使右侧变为 $x(n)$，即方程左右两侧所有信号自变量减 2，此时尽管差分方程形式变化，但系统输入输出关系不变，即

$$y(n) + 3y(n-1) + 2y(n-2) = x(n)$$

方程左侧只保留响应最高位移项，其余各项移到右侧，有

$$y(n) = x(n) - 3y(n-1) - 2y(n-2)$$

该等式构成加法器输入输出关系，再利用两个延迟器，由加法器输出的 $y(n)$ 得到 $y(n-1)$ 及 $y(n-2)$，再用两个反馈的乘法器分别表示系数项的作用，可得到模拟框图如图 7-25。

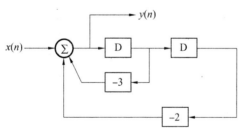

图 7-25

7-26　线性时不变系统，输入 $x(n)$ 为因果序列，零状态响应

$$y_{zs}(n) = \sum_{m=0}^{n} \sum_{k=0}^{m} x(k)$$

试求系统 $h(n)$。

【分析与解答】

$y_{zs}(n)$ 形式较复杂。

第 1 章的卷积积分中，若 $f(t)$ 为单边信号，则

$$f(t) * u(t) = \int_{0^-}^{t} f(\tau)\,\mathrm{d}\tau$$

即连续信号与 $u(t)$ 卷积相当于对其积分。

序列的卷积和有类似性质：若 $x(n)$ 为因果序列，用 $x(n)u(n)$ 表示，则

$$x(n) * u(n) = \sum_{m=-\infty}^{\infty} x(m) u(m) u(n-m) = \Big[\sum_{m=0}^{n} x(m)\Big] u(n)$$

即序列与 $u(n)$ 的卷积和相当于对其求和。对连续信号的积分与对离散信号的求和类似，但积分只对连续变量进行，求和只对离散变量进行。

从而
$$y_{zs}(n) = \sum_{m=0}^{n}\Big[\sum_{k=0}^{m} x(k)\Big] = \sum_{m=0}^{n}\big[x(m) * u(m)\big]$$

即为对 $x(m) * u(m)$ 求和，从而相当于 $x(n) * u(n)$ 再与单位阶跃序列卷积和：

$$y_{zs}(n) = [x(n) * u(n)] * u(n) = x(n) * [u(n) * u(n)] \qquad (7-26.1)$$

则

$$h(n) = u(n) * u(n) = \sum_{m=-\infty}^{\infty} u(m) u(n-m) =$$

$$\Big[\sum_{m=0}^{n} u(m) u(n-m)\Big] u(n) = (n+1) u(n)$$

或由式 $(7-26.1)$，利用 Z 变换

$$Y(z) = X(z) \frac{z}{z-1} \cdot \frac{z}{z-1}$$

收敛域为 $X(z)$ 收敛域及 $|z|>1$ 的公共部分，$x(n)$ 为因果序列，$X(z)$ 收敛域为某个圆外，从而 $Y(z)$ 收敛域为某圆外。

$$H(z) = \frac{Y(z)}{X(z)} = \frac{z^2}{(z-1)^2} \qquad |z|>1$$

$x(n)$ 及 $y(n)$ 为因果序列，即 $X(z)$ 与 $Y(z)$ 收敛域均为圆外，从而 $H(z)$ 收敛域也为圆外，且必以其极点为边界，从而 $|z|>1$。

$H(z)$ 有重极点，求逆 Z 变换用留数法，且其收敛域决定 $h(n)$ 为因果序列

$$h(n) = \mathrm{Res}\big[H(z) z^{n-1}, 1\big] = \frac{\mathrm{d}\Big[\dfrac{z^{n+1}}{(z-1)^2}(z-1)^2\Big]}{\mathrm{d}z}\bigg|_{z=1} =$$

$$(n+1) z^n \big|_{z=1} = (n+1) u(n)$$

系统作用是将激励与 $u(n)$ 进行两次卷积和，显然这可以实现，因而为因果系统，$h(n)$ 单边也表明系统因果。

7-27 线性时不变系统输入－输出关系由下列方程组表示，

$$\begin{cases} y(n) + \dfrac{1}{4} y(n-1) + w(n) + \dfrac{1}{2} w(n-1) = \dfrac{2}{3} x(n) \\[2mm] y(n) - \dfrac{5}{4} y(n-1) + 2w(n) - 2w(n-1) = -\dfrac{5}{3} x(n) \end{cases}$$

$w(n)$ 为中间变量，试求：

1. 描述 $x(n)$ 与 $y(n)$ 关系的差分方程。

2. 系统函数及单位函数响应。

【分析与解答】

所给方程不是输入—输出法中的差分方程，因为包括中间信号。

时域求解需约掉方程组中的 $w(n)$，很复杂；而 Z 变换可将差分方程组变为代数方程组。

1.

$$\begin{cases} Y(z) + \dfrac{1}{4}Y(z)z^{-1} + W(z) + \dfrac{1}{2}W(z)z^{-1} = \dfrac{2}{3}X(z) \\[3mm] Y(z) - \dfrac{5}{4}Y(z)z^{-1} + 2W(z) - 2W(z)z^{-1} = -\dfrac{5}{3}X(z) \end{cases}$$

解得中间变量 $W(z)$：

$$\begin{cases} W(z) = \dfrac{\dfrac{2}{3}zX(z) - \left(z + \dfrac{1}{4}\right)Y(z)}{z + \dfrac{1}{2}} \\[6mm] W(z) = \dfrac{-\dfrac{5}{3}zX(z) - \left(z - \dfrac{5}{4}\right)Y(z)}{2z - 2} \end{cases}$$

从而

$$\dfrac{\dfrac{2}{3}zX(z) - \left(z + \dfrac{1}{4}\right)Y(z)}{z + \dfrac{1}{2}} = \dfrac{-\dfrac{5}{3}zX(z) - \left(z - \dfrac{5}{4}\right)Y(z)}{2z - 2}$$

即

$$\left(z^2 - \dfrac{3}{4}z + \dfrac{1}{8}\right)Y(z) = \left(3z^2 - \dfrac{1}{2}z\right)X(z)$$

差分方程为

$$y(n+2) - \dfrac{3}{4}y(n+1) + \dfrac{1}{8}y(n) = 3x(n+2) - \dfrac{1}{2}x(n+1)$$

为二阶线性时不变因果系统。

$$H(z) = \dfrac{Y(z)}{X(z)} = \dfrac{3z^2 - \dfrac{1}{2}z}{z^2 - \dfrac{3}{4}z + \dfrac{1}{8}}$$

$$h(n) = Z^{-1}\left[H(z)\right] = \dfrac{4z}{z - \dfrac{1}{2}} - \dfrac{z}{z - \dfrac{1}{4}} = \left[4\left(\dfrac{1}{2}\right)^n - \left(\dfrac{1}{4}\right)^n\right]u(n)$$

其为单边序列是由系统因果性决定。

7－28　离散系统差分方程

$$y(n+2) + a_1 y(n+1) + a_0 y(n) = x(n+1) + x(n)$$

特征根 $\alpha_1 = -\dfrac{1}{2}$，$\alpha_2 = -3$；激励 $x(n) = Eu(n)$ 时，全响应 $y(n) = 2u(n)$。

试求 a_0，a_1，E 及初始条件 $y_{zi}(0)$ 及 $y_{zi}(1)$。

【分析与解答】

通常是已知初始条件及激励求响应，本题是已知响应来确定初始条件与及激励。

由齐次方程可确定特征方程，再确定特征根；而这里要由特征根确定齐次方程。

差分方程的齐次方程

$$\alpha^2 + a_1\alpha + a_0 = 0$$

已知特征根为实根且 $\alpha_1 > \alpha_2$，从而

$$\begin{cases} \alpha_1 = -\dfrac{1}{2} = \dfrac{-a_1 + \sqrt{a_1^2 - 4a_0}}{2} \\[3mm] \alpha_2 = -3 = \dfrac{-a_1 - \sqrt{a_1^2 - 4a_0}}{2} \end{cases}$$

解得

$$\begin{cases} a_0 = \dfrac{3}{2} \\[3mm] a_1 = \dfrac{7}{2} \end{cases}$$

差分方程

$$y(n+2) + \frac{7}{2}y(n+1) + \frac{3}{2}y(n) = x(n+1) + x(n)$$

Z 变换

$$\left[z^2 Y(z) - z^2 y_{zi}(0) - z y_{zi}(1)\right] + \frac{7}{2}\left[zY(z) - z y_{zi}(0)\right] + \frac{3}{2}Y(z) = (z+1)X(z)$$

代入 $X(z) = E\dfrac{z}{z-1}$，有

$$Y(z) = \frac{z^2 y_{zi}(0) + z y_{zi}(1) + \dfrac{7}{2}z y_{zi}(0)}{z^2 + \dfrac{7}{2}z + \dfrac{3}{2}} + \frac{Ez(z+1)}{\left(z^2 + \dfrac{7}{2}z + \dfrac{3}{2}\right)(z-1)} \qquad (7-28.1)$$

右侧第 1 项与第 2 项分别为零输入与零状态响应的 Z 变换：为求激励与初始条件，需将这两个分量分开。

由已知

$$Y(z) = \frac{2z}{z-1} \qquad (7-28.2)$$

分母为 1 次项，为利用该条件，将式 $(7-28.1)$ 第 2 项进行展开，得到与式 $(7-28.2)$ 形式类似的分量：

$$Y(z) = \frac{y_{zi}(0)z^2 + \left[y_{zi}(1) + \dfrac{7}{2}y_{zi}(0)\right]z}{z^2 + \dfrac{7}{2}z + \dfrac{3}{2}} + \frac{-\dfrac{E}{3}z^2 - \dfrac{E}{2}z}{z^2 + \dfrac{7}{2}z + \dfrac{3}{2}} + \frac{1}{3}E \cdot \frac{z}{z-1} =$$

$$\dfrac{\left[y_{zi}(0)-\dfrac{E}{3}\right]z^2+\left[y_{zi}(1)+\dfrac{7}{2}y_{zi}(0)-\dfrac{E}{2}\right]z}{z^2+\dfrac{7}{2}z+\dfrac{3}{2}}+\dfrac{1}{3}E\cdot\dfrac{z}{z-1}$$

令式(7-28.2)与上式对应项系数分别相同

$$\begin{cases}y_{zi}(0)-\dfrac{E}{3}=0\\[2mm]y_{zi}(1)+\dfrac{7}{2}y_{zi}(0)-\dfrac{E}{2}=0\\[2mm]\dfrac{1}{3}E=2\end{cases}$$

解得

$$\begin{cases}E=6\\y_{zi}(0)=2\\y_{zi}(1)=-4\end{cases}$$

7-29　离散系统差分方程

$$y(n+2)+6y(n+1)+8y(n)=x(n+2)+5x(n+1)+12x(n)$$

$x(n)=u(n)$ 时系统全响应

$$y(n)=\left[1.2+(-2)^{n+1}+2.8\,(-4)^{n}\right]u(n)$$

1.判断系统稳定性；

2.求系统初始条件 $y_{zi}(0)$，$y_{zi}(1)$，及零状态响应的初始值 $y_{zs}(0)$，$y_{zs}(1)$。

【分析与解答】

与上题类似,已知全响应求初始条件。

1.判断稳定性可用时域方法,即根据差分方程特征根。

特征方程 $\alpha^2+6\alpha+8=0$,特征根 $\alpha_1=-2$ 及 $\alpha_2=-4$；绝对值均大于 0,系统不稳定。

也可用 z 域方法:差分方程 Z 变换,令初始条件为 0,则

$$z^2Y(z)+6zY(z)+8Y(z)=z^2X(z)+5zX(z)+12X(z)$$

$$H(z)=\frac{Y(z)}{X(z)}=\frac{z^2+5z+12}{z^2+6z+8}=\frac{z^2+5z+12}{(z+2)(z+4)}$$

极点 $P_1=-2$，$P_2=-4$ 均在 z 平面单位圆外,系统不稳定。

稳定性的时域与 z 域判定依据等效:因为差分方程特征根与系统函数极点相同。

2.先求 $y_{zs}(n)$,再由已知的全响应与 $y_{zs}(n)$ 得到 $y_{zi}(n)$,从而与初始条件建立联系。

时域求解 $y_{zs}(n)=x(n)*h(n)$ 较复杂,可在 z 域求解。差分方程 Z 变换

$$z^2Y(z)-z^2y_{zi}(0)-zy_{zi}(1)+6zY(z)-6zy_{zi}(0)+8Y(z)=(z^2+5z+12)X(z)$$

$$Y(z)=\frac{z^2+5z+12}{z^2+6z+8}X(z)+\frac{y_{zi}(0)z^2+[y_{zi}(1)+6y_{zi}(0)]z}{z^2+6z+8}\qquad(7-29)$$

其中

$$Y_{zs}(z)=\frac{z^2+5z+12}{(z+2)(z+4)}X(z)$$

$X(z)=\dfrac{z}{z-1}$,则

$$Y_{zs}(z) = \frac{z(z^2 + 5z + 12)}{(z+2)(z+4)(z-1)} = \frac{6}{5} \cdot \frac{z}{z-1} - \frac{z}{z+2} + \frac{4}{5} \cdot \frac{z}{z+4}$$

$$y_{zs}(n) = \left[\frac{6}{5} - (-2)^n + \frac{4}{5}(-4)^n\right]u(n)$$

从而

$$\begin{cases} y_{zs}(0) = y_{zs}(n) \mid_{n=0} = 1 \\ y_{zs}(1) = y_{zs}(n) \mid_{n=1} = 0 \end{cases}$$

$$y_{zi}(n) = y(n) - y_{zs}(n) = \left[-(-2)^n + 2(-4)^n\right]u(n)$$

$$\begin{cases} y_{zi}(0) = 1 \\ y_{zi}(1) = -6 \end{cases}$$

或用另一种间接方法求初始条件:

$$Y_{zi}(z) = Z[y_{zi}(n)] = \frac{z^2}{z^2 + 6z + 8}$$

与式(7-29)中

$$Y_{zi}(z) = \frac{y_{zi}(0)z^2 + [y_{zi}(1) + 6y_{zi}(0)]z}{z^2 + 6z + 8}$$

比较:

$$\begin{cases} y_{zi}(0) = 1 \\ y_{zi}(1) + 6y_{zi}(0) = 0 \end{cases}$$

从而

$$\begin{cases} y_{zi}(0) = 1 \\ y_{zi}(1) = -6 \end{cases}$$

7-30　离散系统极零分布如图7-30,单位函数响应$h(n)$的极限$\lim\limits_{n\to\infty}h(n) = \frac{1}{3}$,系统初始条件$y_{zi}(0) = 2, y_{zi}(1) = 1$。

试求系统函数,零输入响应,激励$(-3)^n u(n)$时的零状态响应。

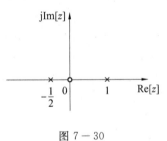

图7-30

【分析与解答】

由极零图知零点$Z_1 = 0$,极点$P_1 = -\frac{1}{2}, P_2 = 1$,为2阶系统。

设系统增益为H_0,有

$$H(z) = H_0 \frac{z}{\left(z + \frac{1}{2}\right)(z - 1)}$$

极零图中没有系统增益的信息,而 $h(n) = Z^{-1}\left[H(z)\right]$ 包含了 H_0 的影响,可由其极限值确定 H_0。

$H(z)$ 极点中的 1 个在单位圆内,另一个在单位圆上 $z = 1$ 处且为单极点,满足终值定理使用条件:

$$\lim_{n \to \infty} h(n) = \lim_{z \to 1}(z - 1) H(z) = H_0 \cdot \lim_{z \to 1}\left|\frac{z}{z + \frac{1}{2}}\right| = \frac{2}{3} H_0$$

与

$$\lim_{n \to \infty} h(n) = \frac{1}{3}$$

比较得

$$\frac{1}{3} = \frac{2}{3} H_0$$

即

$$H_0 = \frac{1}{2}$$

$$H(z) = \frac{\frac{1}{2} z}{z^2 - \frac{1}{2} z - \frac{1}{2}}$$

差分方程

$$y(n + 2) - \frac{1}{2} y(n + 1) - \frac{1}{2} y(n) = \frac{1}{2} x(n + 1) \tag{7 - 30}$$

特征方程

$$\alpha^2 - \frac{1}{2}\alpha - \frac{1}{2} = 0$$

特征根

$$\alpha_1 = -\frac{1}{2} \quad \alpha_2 = 1$$

$$y_{zi}(n) = C_1\left(-\frac{1}{2}\right)^n + C_2$$

代入初始条件,从而

$$\begin{cases} C_1 = \dfrac{2}{3} \\[2mm] C_2 = \dfrac{4}{3} \end{cases}$$

$$y_{zi}(n) = \left[\frac{2}{3}\left(-\frac{1}{2}\right)^n + \frac{4}{3}\right] u(n)$$

$$X(z) = \frac{z}{z + 3}$$

$$Y_{zs}(z) = X(z) H(z) = \frac{z^2}{2(z + 3)(z - 1)\left(z + \frac{1}{2}\right)} =$$

$$-\frac{3}{20} \cdot \frac{z}{z+3} + \frac{1}{15} \cdot \frac{z}{z+\frac{1}{2}} + \frac{1}{12} \cdot \frac{z}{z-1}$$

$$y_{zs}(n) = \left[\frac{1}{12} + \frac{1}{15} \left(-\frac{1}{2}\right)^n - \frac{3}{20}(-3)^n \right] u(n)$$

可见 $y_{zs}(0) = y_{zs}(n) \big|_{n=0} = 0$。原因为差分方程(式(7-30))中响应比激励最高序号大 1,从而响应比激励延迟 1 个单位,即

$$y_{zs}(n) = \left[\frac{1}{12} + \frac{1}{15} \left(-\frac{1}{2}\right)^n - \frac{3}{20}(-3)^n \right] u(n-1)$$

7-31 某离散系统的系统函数

$$H(z) = \frac{z}{z-K}$$

其中 K 为常数。

1. 列写系统差分方程;

2. 确定系统频率特性,分别画出 $K = 0, 0.5$ 及 1 三种情况下,幅频与相频特性曲线。

【分析与解答】

1.
$$H(z) = \frac{Y(z)}{X(z)} = \frac{1}{1 - Kz^{-1}}$$

即
$$(1 - Kz^{-1})Y(z) = X(z)$$

$$y(n) - Ky(n-1) = x(n)$$

2.
$$H(e^{j\omega}) = H(z) \big|_{z=e^{j\omega}} = \frac{1}{1 - Ke^{-j\omega}} = \frac{1}{(1 - K\cos\omega) + jK\sin\omega}$$

$$\begin{cases} \left| H(e^{j\omega}) \right| = \dfrac{1}{\sqrt{1 + K^2 - 2K\cos\omega}} \\[3mm] \varphi(e^{j\omega}) = -\arctan \dfrac{K\sin\omega}{1 - K\cos\omega} \end{cases}$$

从而

$(1)K = 0$ 时,$\left| H(e^{j\omega}) \right| = 1$,$\varphi(e^{j\omega}) = 0$

$(2)K = 0.5$ 时,$\left| H(e^{j\omega}) \right| = \dfrac{1}{\sqrt{1.25 - \cos\omega}}$,$\varphi(e^{j\omega}) = -\arctan \dfrac{\sin\omega}{2 - \cos\omega}$

$(3)K = 1.0$ 时,$\left| H(e^{j\omega}) \right| = \dfrac{1}{\sqrt{2(1 - \cos\omega)}}$,$\varphi(e^{j\omega}) = -\arctan \dfrac{\sin\omega}{1 - \cos\omega} = \dfrac{\omega - \pi}{2}$

幅频与相频特性曲线如图 7-31。

可见,幅频与相频特性均为 2π 为周期的周期谱,原因为其表达式均为 $\cos\omega$ 或 $\sin\omega$ 的函数。幅频特性曲线较易画出(余弦信号沿横轴翻转、沿纵轴平移及幅度变化);相频特性曲线较难画,因反正切函数的自变量为三角函数。

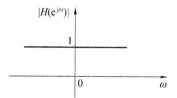
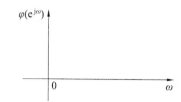

(a) $K=0$

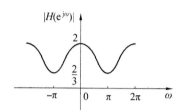
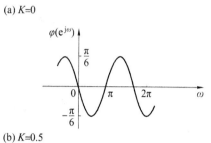

(b) $K=0.5$

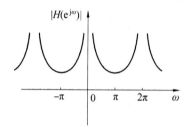
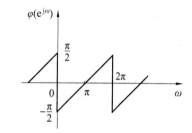

(c) $K=1.0$

图 7－31

第8章

系统状态变量分析法

概念与解题提要

1. 状态变量分析法的特点及与输入－输出分析法的区别

前面各章学习了多种系统分析方法,包括连续系统的时域、频域、复频域分析方法;离散系统的时域、频域、z域分析方法。这些方法对系统特性的描述均基于系统激励与响应的关系,如微分方程,差分方程,$h(t)$,$g(t)$,$h(n)$,$H(\omega)$,$H(e^{j\omega})$,$H(s)$,$H(z)$,极零图等。这些方法称为输入－输出分析法,均基于激励与响应的关系(无法描述系统内部状态)。

本章的状态变量分析法与前面各章的输入－输出法有两个主要区别:

(1)状态变量分析法不仅可确定系统响应,而且可确定系统内部状态;输入－输出法只研究响应与激励的关系,不考虑系统内部状态(如电路内部各元件的电压和电流);

(2)状态变量分析法可用于多输入－多输出系统,这决定了其输入及输出信号不再是输入－输出法中的标量,而是向量。所以要用线性代数的相关内容,均为向量和矩阵运算,因而比输入－输出法复杂得多。

本章的原理、分析方法及内容与前面各章有所不同,有独立的体系。状态变量分析法是分析和设计系统的重要工具,在《自动控制原理》等课程中有重要应用。

2. 要求系统是线性时不变的

与输入－输出法类似,本章考虑的也只是线性时不变系统,原因是这种系统可用卷积或卷积和求状态向量及系统输出向量中的零状态分量。

3. 本章的主要问题

(1)建立状态方程和输出方程

① 已知电路。

所有储能元件(电容和电感)的电压或电流确定后,系统内部状态就唯一确定。因而应选择所有储能元件的电压或电流作为状态变量;但状态变量间应相互独立,同一储能元件只应取电压或电流之一作为状态变量,通常用电容两端电压和流过电感的电流。因而状态变量个数为储能元件个数,而储能元件个数为系统阶数,所以状态变量个数就是系统阶数。

② 已知系统微分方程或差分方程。

由方程难以直接确定状态变量;因而应画出模拟框图,此时系统内部状态变量间的关系就很清楚,即选择积分器(对连续系统)或延时器(对离散系统)输出作为状态变量。用一些一阶积分器或单位延时器表示的模拟框图可理解为:将系统分解为一些一阶系统的级联;因而模拟框图可看作系统分解的一种形式,而状态变量可看作各子系统的输出。

③ 已知系统 $\delta(t),\delta(n),H(s)$ 及 $H(z)$ 等,可由它们求出微分或差分方程,再画模拟图,从而列出状态方程。

(2)求解状态向量与输出向量

本章的物理概念较少,但计算和求解复杂。求解状态向量与输出向量主要是矩阵与向量运算。

对线性时不变系统,输入－输出法中,描述系统输入信号与输出关系的数学模型为线性常系数方程:微分方程(对连续系统)或差分方程(对离散系统)。而状态变量分析法中,描述输入向量、状态向量与输出向量关系的数学模型是两个线性常系数方程组。

连续系统:

$$\begin{cases} \dot{\boldsymbol{\lambda}}(t) = \boldsymbol{A}\boldsymbol{\lambda}(t) + \boldsymbol{B}e(t) & \text{状态方程} \\ \boldsymbol{r}(t) = \boldsymbol{C}\boldsymbol{\lambda}(t) + \boldsymbol{D}e(t) & \text{输出方程} \end{cases} \tag{8-0.1}$$

离散系统:

$$\begin{cases} \boldsymbol{\lambda}(n+1) = \boldsymbol{A}\boldsymbol{\lambda}(n) + \boldsymbol{B}x(n) & \text{状态方程} \\ \boldsymbol{y}(n) = \boldsymbol{C}\boldsymbol{\lambda}(n) + \boldsymbol{D}x(n) & \text{输出方程} \end{cases} \tag{8-0.2}$$

可见状态方程较复杂,为一阶联立微分方程组或差分方程组;输出方程较简单,是一个矩阵代数方程。状态变量分析法主要问题是解状态方程组求状态向量;状态向量确定后,由输出方程可容易地求出输出信号向量。

由状态方程可见,状态向量由输入信号向量决定;由输出方程可见,输出信号向量由输入信号向量及状态向量共同决定;如联立解状态方程及输出方程,即式(8－0.1)或式(8－0.2),可约掉状态向量,得到系统输入与输出信号向量间的直接的关系,此时状态变量分析法退化为输入－输出法。

状态向量的求解,包括时域法:

$$\begin{cases} \text{连续系统:} \quad \boldsymbol{\lambda}(t) = e^{\boldsymbol{A}t}\boldsymbol{\lambda}(0^-) + e^{\boldsymbol{A}t}\boldsymbol{B}*e(t) = e^{\boldsymbol{A}t}\boldsymbol{\lambda}(0^-) + \int_{0^-}^{t} e^{\boldsymbol{A}(t-\tau)}\boldsymbol{B}e(\tau)\mathrm{d}\tau \\ \text{离散系统:} \quad \boldsymbol{\lambda}(n) = \boldsymbol{A}^n\boldsymbol{\lambda}(0) + \boldsymbol{A}^{n-1}\boldsymbol{B}*x(n) = \boldsymbol{A}^n\boldsymbol{\lambda}(0) + \sum_{i=0}^{n-1} \boldsymbol{A}^{n-i-1}\boldsymbol{B}x(i) \end{cases}$$

$$(8-0.3)$$

由式(8－0.3)见,时域解法中,连续系统与离散系统的状态向量表达式类似。二者区别是连续系统中状态向量中的零输入分量中的状态转移矩阵为 $e^{\boldsymbol{A}t}$;而离散系统中状态转移矩阵 $\boldsymbol{A}^n$;而零状态分量中对连续系统为 $e^{\boldsymbol{A}t}$,对离散系统为 $\boldsymbol{A}^{n-1}$ 而不是 $\boldsymbol{A}^n$。

由式(8－0.3)知,时域法求解状态向量的首要问题是求 $e^{\boldsymbol{A}t}$ 或 $\boldsymbol{A}^n$。由 $e^{\boldsymbol{A}t}$ 或 $\boldsymbol{A}^n$ 求容易地求出状态向量的零输入分量:

$$\begin{cases} \boldsymbol{\lambda}_{zi}(t) = e^{\boldsymbol{A}t}\boldsymbol{\lambda}(0^-) \\ \boldsymbol{\lambda}_{zi}(n) = \boldsymbol{A}^n\boldsymbol{\lambda}(0) \end{cases}$$

只需进行代数运算。上式表明 $e^{\boldsymbol{A}t}$ 及 $\boldsymbol{A}^n$ 的作用是将系统初始状态转化为时间 t(或 n)的状态,这是称其为状态转移矩阵的原因。

时域法求状态向量的零状态分量需计算卷积或卷积和:

$$\begin{cases} \boldsymbol{\lambda}_{\mathrm{zs}}(t) = \mathrm{e}^{\boldsymbol{A}t}\boldsymbol{B} * \boldsymbol{e}(t) = \int_{0^-}^{t} \mathrm{e}^{\boldsymbol{A}(t-\tau)}\boldsymbol{B}\boldsymbol{e}(\tau)\mathrm{d}\tau \\ \boldsymbol{\lambda}_{\mathrm{zs}}(n) = \boldsymbol{A}^{n-1}\boldsymbol{B} * \boldsymbol{x}(n) = \sum_{i=0}^{n-1} \boldsymbol{A}^{n-i-1}\boldsymbol{B}\boldsymbol{x}(i) \end{cases}$$

输入－输出法中,一维信号的卷积或卷积和运算很复杂;状态变量分析法需求矩阵与向量的卷积或卷积和,更为复杂。用变换域法求解较简单,其将时域的卷积或卷积和运算转化为变换域的乘法运算,与输入－输出法中的第4章拉普拉斯变换分析法及第7章Z变换分析法类似。

变换域法中,状态向量表达式为

$$\begin{cases} \text{连续系统:} \quad \boldsymbol{\lambda}(t) = \mathscr{L}^{-1}\big[(s\boldsymbol{I}-\boldsymbol{A})^{-1}\boldsymbol{\lambda}(0^-) + (s\boldsymbol{I}-\boldsymbol{A})^{-1}\boldsymbol{B}E(s)\big] \quad \text{(拉普拉斯变换法)} \\ \text{离散系统:} \quad \boldsymbol{\lambda}(n) = Z^{-1}\big[(z\boldsymbol{I}-\boldsymbol{A})^{-1}z\boldsymbol{\lambda}(0) + (z\boldsymbol{I}-\boldsymbol{A})^{-1}\boldsymbol{B}X(z)\big] \quad \text{(Z变换法)} \end{cases}$$

$$(8-0.4)$$

可见,连续和离散系统状态向量的变换域解的形式类似,区别除自变量不同外,离散系统状态向量零输入分量的 Z 变换中多了 z 的一次项。

由式(8－0.4)见,变换域解法的首要问题是求逆矩阵:$(s\boldsymbol{I}-\boldsymbol{A})^{-1}$ 或 $(z\boldsymbol{I}-\boldsymbol{A})^{-1}$。求逆矩阵的过程:① 求矩阵的伴随矩阵,用 adj[] 表示(adj 为 adjoint 的缩写)。具体分3步:将原矩阵中任一元素所在的行及列去掉,用剩余矩阵的行列式值替换原来的矩阵元素;各元素乘以 $(-1)^{i+j}$,其中 i 和 j 分别为该元素所在的行号和列号;将矩阵转置。② 伴随矩阵除以原矩阵的行列式,得到逆矩阵。

$(s\boldsymbol{I}-\boldsymbol{A})^{-1}$ 在连续系统中的作用与 $(z\boldsymbol{I}-\boldsymbol{A})^{-1}$ 在离散系统中的作用类似,二者均为状态转移矩阵在变换域中的形式:

$$\begin{cases} \mathscr{L}\big[\mathrm{e}^{\boldsymbol{A}t}\big] = (s\boldsymbol{I}-\boldsymbol{A})^{-1} \\ Z\big[\boldsymbol{A}^n\big] = (z\boldsymbol{I}-\boldsymbol{A})^{-1}z \end{cases}$$

区别是:离散系统与连续系统相比,在变换域要乘以 z 的一次项。

(3)确定系统特性

① 由状态变量法的已知条件确定输入输出法中的系统特性。

描述系统特性的方法包括两类,一类是基于状态变量分析法的状态方程及输出方程。另一类是基于输入输出法的单位冲激响应矩阵 $\boldsymbol{h}(t)$、单位函数响应矩阵 $\boldsymbol{h}(n)$、系统函数矩阵 $\boldsymbol{H}(s)$ 及 $\boldsymbol{H}(z)$ 等;对单输入－单输出系统,还包括微分方程及差分方程等。求解这类系统特性的前提是已知系统激励向量、初始状态、状态向量及输出向量等。

例 8－12 ～ 例 8－14 均为这类问题,类似于输入输出法中第3章、第4章和第7章中,利用傅里叶变换、拉普拉斯变换及 Z 变换,由激励、系统初始条件及响应确定系统特性,如连续系统的 $H(\omega)$ 和 $H(S)$、离散系统的 $H(\mathrm{e}^{\mathrm{j}\omega})$ 和 $H(z)$,从而可进一步确定 $h(t)$ 及微分方程,$h(n)$ 及差分方程,极零图及模拟框图等系统所有特性。

② 由状态方程和输出方程确定输入－输出法中的系统特性。

由状态变量分析法的数学模型(状态方程及输出方程)可求出输入输出法中描述系统特性的参数,包括 $h(t)$、$H(s)$、$h(n)$、$H(z)$ 等。

连续系统:

$$\begin{cases} \boldsymbol{h}(t) = \boldsymbol{C} \mathrm{e}^{At} \boldsymbol{B} + \boldsymbol{D}\boldsymbol{\delta}(t) & \text{单位冲激响应矩阵} \\ \boldsymbol{H}(s) = \boldsymbol{C}(s\boldsymbol{I} - \boldsymbol{A})^{-1}\boldsymbol{B} + \boldsymbol{D} & \text{系统函数矩阵} \end{cases} \qquad (8-0.5)$$

式中，$\boldsymbol{\delta}(t)$ 为对角线元素均为 $\delta(t)$ 的对角阵。

离散系统：

$$\begin{cases} \boldsymbol{h}(n) = \boldsymbol{C}\boldsymbol{A}^{n-1}\boldsymbol{B} + \boldsymbol{D}\boldsymbol{\delta}(n) & \text{单位函数响应矩阵} \\ \boldsymbol{H}(z) = \boldsymbol{C}(z\boldsymbol{I} - \boldsymbol{A})^{-1}\boldsymbol{B} + \boldsymbol{D} & \text{系统函数矩阵} \end{cases} \qquad (8-0.6)$$

式中，$\boldsymbol{\delta}(n)$ 为对角线元素均为 $\delta(n)$ 的对角阵。

显然，$\boldsymbol{h}(t)$、$\boldsymbol{H}(s)$、$\boldsymbol{h}(n)$、$\boldsymbol{H}(z)$ 只描述了系统激励与响应的关系，而没有描述系统内部特性与状态。由式$(8-0.5)$和式$(8-0.6)$可见，$\boldsymbol{h}(t)$、$\boldsymbol{H}(s)$、$\boldsymbol{h}(n)$ 及 $\boldsymbol{H}(z)$ 与状态方程及输出方程中的各系数矩阵均有关，原因为它们是通过解方程组$(8-0.1)$或$(8-0.2)$，并约掉 $\boldsymbol{\lambda}(t)$ 或 $\boldsymbol{\lambda}(n)$ 得到的，因而由状态方程及输出方程中的所有参数共同决定。

同时，$\boldsymbol{h}(t)$、$\boldsymbol{H}(s)$、$\boldsymbol{h}(n)$ 及 $\boldsymbol{H}(z)$ 表达式的右侧均为矩阵乘法与加法运算，因而它们均为矩阵形式，可用于描述多输入－多输出系统。而前面的各种输入输出分析法中，一维的 $h(t)$、$h(n)$、$H(s)$、$H(z)$ 等只适用于描述单输入－单输出系统。

比较式$(8-0.5)$及式$(8-0.6)$，可见连续系统 $\boldsymbol{h}(t)$ 与离散系统中 $\boldsymbol{h}(n)$ 形式类似，只是 $\boldsymbol{h}(t)$ 表达式中有连续系统状态转移矩阵 e^{At}，而 $\boldsymbol{h}(n)$ 表达式中不是离散系统状态转移矩阵 $\boldsymbol{A}^n$，而是 $\boldsymbol{A}^{n-1}$。而对连续系统 $\boldsymbol{H}(s)$ 及离散系统 $\boldsymbol{H}(z)$，表达式类似，只是自变量不同。

对单输入－单输出系统，采用状态变量分析法时，$\boldsymbol{h}(t)$、$\boldsymbol{H}(s)$、$\boldsymbol{h}(n)$ 及 $\boldsymbol{H}(z)$ 不是矩阵，而是一维函数，即退化为输入输出法中的 $h(t)$、$H(S)$、$h(n)$ 及 $H(z)$；而且由 $H(S)$ 及 $H(z)$ 可再求出系统微分方程、差分方程及频率特性 $H(\omega)$ 及 $H(\mathrm{e}^{\mathrm{j}\omega})$ 等。

③ $\boldsymbol{H}(s)$ 及 $\boldsymbol{H}(z)$ 的极点为系数矩阵 $\boldsymbol{A}$ 的特征根。

$\boldsymbol{H}(s)$ 及 $\boldsymbol{H}(z)$ 的极点为 $\boldsymbol{A}$ 的特征根。原因为：由式$(8-0.5)$及式$(8-0.6)$得

$$\begin{cases} \boldsymbol{H}(s) = \boldsymbol{C} \cdot \dfrac{\mathrm{adj}(s\boldsymbol{I} - \boldsymbol{A})}{|s\boldsymbol{I} - \boldsymbol{A}|} \cdot \boldsymbol{B} + \boldsymbol{D} \\[2mm] \boldsymbol{H}(z) = \boldsymbol{C} \cdot \dfrac{\mathrm{adj}(z\boldsymbol{I} - \boldsymbol{A})}{|z\boldsymbol{I} - \boldsymbol{A}|} \cdot \boldsymbol{B} + \boldsymbol{D} \end{cases}$$

可见 $\boldsymbol{H}(s)$ 及 $\boldsymbol{H}(z)$ 的极点分别为 $|s\boldsymbol{I} - \boldsymbol{A}| = 0$ 及 $|z\boldsymbol{I} - \boldsymbol{A}| = 0$ 的根。而 $\boldsymbol{A}$ 的特征根为 $|\alpha\boldsymbol{I} - \boldsymbol{A}| = 0$ 的根。显然方程 $|s\boldsymbol{I} - \boldsymbol{A}| = 0$ 和 $|\alpha\boldsymbol{I} - \boldsymbol{A}| = 0$ 的根相同，方程 $|z\boldsymbol{I} - \boldsymbol{A}| = 0$ 和 $|\alpha\boldsymbol{I} - \boldsymbol{A}| = 0$ 的根也相同，因而 $\boldsymbol{H}(s)$ 或 $\boldsymbol{H}(z)$ 的极点为 $\boldsymbol{A}$ 的特征根。

因而，由 $\boldsymbol{A}$ 的特征根可判断系统稳定性：对连续系统若 $\boldsymbol{A}$ 的特征根均小于 0，对离散系统若 $\boldsymbol{A}$ 的特征根的模均小于 1，则系统稳定；否则不稳定。

例题分析与解答

8－1　试列写图 $8-1.1$ 所示系统的状态方程和输出方程。

【分析与解答】

电路有两个储能元件(电容与电感)，为二阶系统，因而有两个状态变量。可选择流过电感的电流 $i_L(t)$ 及电容两端电压 $u_C(t)$ 作为状态变量，如图 $8-1.2$。

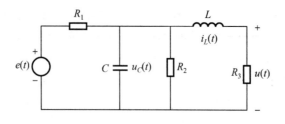

图 8 - 1.1

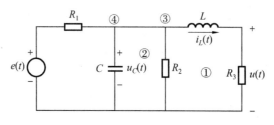

图 8 - 1.2

$i_L(t)$ 及 $u_C(t)$ 的状态方程是关于 $\dfrac{\mathrm{d}i_L(t)}{\mathrm{d}t}$ 及 $\dfrac{\mathrm{d}u_C(t)}{\mathrm{d}t}$ 的线性方程。$L\,\dfrac{\mathrm{d}i_L(t)}{\mathrm{d}t}$ 为电感两端

电压,$C\,\dfrac{\mathrm{d}u_C(t)}{\mathrm{d}t}$ 为流过电容的电流;因而对电感应列电压方程,对电容应列电流方程。

电感在回路 ① 中,因而列回路 ① 的电压方程:

$$u_{R_2}(t)=L\,\frac{\mathrm{d}i_L(t)}{\mathrm{d}t}+u(t)$$

C 与 R_2 并联,因而

$$u_{R_2}(t)=u_C(t)$$

从而

$$u_C(t)=L\,\frac{\mathrm{d}i_L(t)}{\mathrm{d}t}+u(t)$$

为得到关于 $\dfrac{\mathrm{d}i_L(t)}{\mathrm{d}t}$ 的状态方程,应将上式中 $u(t)$ 用激励及状态变量表示。L 与 R_3 串联,因而流过 R_3 的电流即为流过 L 的电流即 $i_L(t)$ 。因而

$$u(t)=R_3 i_L(t) \tag{8-1}$$

因此

$$u_C(t)=L\,\frac{\mathrm{d}i_L(t)}{\mathrm{d}t}+R_3 i_L(t)$$

$R_3 i_L(t)$ 与 $u_C(t)$ 均为关于状态变量的线性项,因而上述方程为状态方程。整理为标准形式

$$\dot{i}_L(t)=-\frac{R_3}{L}i_L(t)+\frac{1}{L}u_C(t)$$

为列出 $\dfrac{\mathrm{d}u_C(t)}{\mathrm{d}t}$ 的状态方程,应考虑流过电容的电流;为此可列节点 ③ 的电流方程。流入该节点的电流有两个:由节点 ④ 流向节点 ③ 的电流及顺时针流过 R_2 的电流,其中前者可由节点 ④ 的基尔霍夫电流方程得到,即为流过 R_1 与 C 的电流之和。

流过 R_1 的电流为其两端电压与 R_1 之比,而电压可由回路 ② 的电压方程得到:

$$u_{R_1}(t) = e(t) - u_C(t)$$

流过 R_1 的电流为

$$\frac{e(t) - u_C(t)}{R_1}$$

流过 C 的电流为

$$C \frac{\mathrm{d}u_C(t)}{\mathrm{d}t}$$

由节点 ④ 流向节点 ② 的电流为

$$\frac{e(t) - u_C(t)}{R_1} + C \frac{\mathrm{d}u_C(t)}{\mathrm{d}t}$$

顺时针流过 R_2 的电流为

$$\frac{u_C(t)}{R_2}$$

节点 ③ 的电流方程为

$$\frac{e(t) - u_C(t)}{R_1} + C \frac{\mathrm{d}u_C(t)}{\mathrm{d}t} + \frac{u_C(t)}{R_2} = i_L(t)$$

写为状态方程标准形式

$$\dot{u}_C(t) = \frac{1}{C} i_L(t) + \frac{1}{C}\left(\frac{1}{R_1} - \frac{1}{R_2}\right) u_C(t) + \frac{1}{R_1 C} e(t)$$

从而状态方程

$$\begin{bmatrix} \dot{i}_L(t) \\ \dot{u}_C(t) \end{bmatrix} = \begin{bmatrix} -\dfrac{R_3}{L} & \dfrac{1}{L} \\ \dfrac{1}{C} & \dfrac{1}{C}\left(\dfrac{1}{R_1} - \dfrac{1}{R_2}\right) \end{bmatrix} \begin{bmatrix} i_L(t) \\ u_C(t) \end{bmatrix} + \begin{bmatrix} 0 \\ -\dfrac{1}{R_1 C} \end{bmatrix} e(t)$$

输出 $u(t)$ 为 R_3 与流过其电流的乘积,如式(8-1),则输出方程

$$u(t) = \begin{bmatrix} R_3 & 0 \end{bmatrix} \begin{bmatrix} i_L(t) \\ u_C(t) \end{bmatrix}$$

8-2　试列出图 8-2.1 所示系统的状态方程与输出方程。

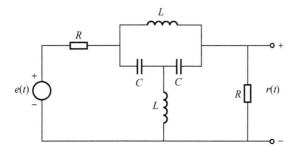

题 8-2.1

【分析与解答】

有 4 个储能元件:两个电感与两个电容,为 4 阶系统,因而有 4 个状态变量。选取流过电

感的电流及电容两端电压作为状态变量，$\lambda_1(t)=i_{L_1}(t)$（流过电感 L_1 的电流，L_1 表示下面那个电感），$\lambda_2(t)=i_{L_2}(t)$（流过电感 L_2 的电流，L_2 表示上面那个电感），$\lambda_3(t)=u_{C_1}(t)$（左侧电容的电压），$\lambda_4(t)=u_{C_2}(t)$（右侧电容的电压），如图 8－2.2。

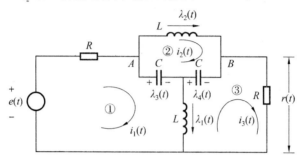

题 $8-2.2$

有 4 个状态变量需列 4 个方程，每个方程包括其中 1 个状态变量的 1 阶微分，及激励与各状态变量的线性组合。电路列方程的依据有两个：回路电压方程（利用基尔霍夫电压定律）及节点电流方程（利用基尔霍夫电流定律），与第 2 章连续系统时域分析中与电路有关的问题类似。

电路有 3 个回路，3 个结点，可列 6 个方程；本题只需列 4 个方程。设 3 个回路的电流分别为 $i_1(t)$、$i_2(t)$ 及 $i_3(t)$，列回路 ① 与 ② 的电压方程，节点 A 与节点 B 的电流方程：

$$
\begin{cases}
\text{回路 ①：} \quad e(t)=Ri_1(t)+\lambda_3(t)+L\dfrac{\mathrm{d}\lambda_1(t)}{\mathrm{d}t} \\[2mm]
\text{回路 ②：} \quad L\dfrac{\mathrm{d}\lambda_2(t)}{\mathrm{d}t}=\lambda_3(t)+\lambda_4(t) \\[2mm]
\text{结点 } A\text{：} \quad i_1(t)=C\dfrac{\mathrm{d}\lambda_3(t)}{\mathrm{d}t}+\lambda_2(t) \\[2mm]
\text{结点 } B\text{：} \quad \lambda_2(t)+C\dfrac{\mathrm{d}\lambda_4(t)}{\mathrm{d}t}=i_3(t)
\end{cases}
\tag{8-2.1}
$$

其中 $i_1(t)$ 及 $i_2(t)$ 不是激励或状态变量，为得到状态方程，需将其由激励及状态变量表示。

为此列回路 3 的电压方程：

$$
L\frac{\mathrm{d}\lambda_1(t)}{\mathrm{d}t}=\lambda_4(t)+Ri_3(t)
$$

则

$$
i_3(t)=\frac{1}{R}\left[L\frac{\mathrm{d}\lambda_1(t)}{\mathrm{d}t}-\lambda_4(t)\right]
$$

由式$(8-2.1)$中回路的方程式得

$$
\frac{\mathrm{d}\lambda_1(t)}{\mathrm{d}t}=\frac{1}{L}\left[e(t)-Ri_1(t)-\lambda_3(t)\right]
$$

则

$$
i_3(t)=\frac{1}{R}\left[e(t)-Ri_1(t)-\lambda_3(t)-\lambda_4(t)\right]
\tag{8-2.2}
$$

考虑流过 L_1 的电流：

$$
\lambda_1(t)=i_1(t)-i_3(t)
$$

则
$$i_3(t) = i_1(t) - \lambda_1(t) \qquad\qquad (8-2.3)$$

代入式(8-2.2)
$$i_1(t) = \frac{1}{2}\lambda_1(t) - \frac{1}{2R}\lambda_3(t) - \frac{1}{2R}\lambda_4(t) + \frac{1}{2R}e(t)$$

再代入式(8-2.3)
$$i_3(t) = -\frac{1}{2}\lambda_1(t) - \frac{1}{2R}\lambda_3(t) - \frac{1}{2R}\lambda_4(t) + \frac{1}{2R}e(t)$$

$i_1(t)$ 及 $i_3(t)$ 代入方程组(8-2.1),有

$$\begin{cases} L\dfrac{\mathrm{d}\lambda_1(t)}{\mathrm{d}t} = -\dfrac{R}{2}\lambda_1(t) - \dfrac{1}{2}\lambda_3(t) + \dfrac{1}{2}\lambda_4(t) + \dfrac{1}{2}e(t) \\[2mm] L\dfrac{\mathrm{d}\lambda_2(t)}{\mathrm{d}t} = \lambda_3(t) + \lambda_4(t) \\[2mm] C\dfrac{\mathrm{d}\lambda_3(t)}{\mathrm{d}t} = \dfrac{1}{2}\lambda_1(t) - \lambda_2(t) - \dfrac{1}{2R}\lambda_3(t) - \dfrac{1}{2R}\lambda_4(t) + \dfrac{1}{2R}e(t) \\[2mm] C\dfrac{\mathrm{d}\lambda_4(t)}{\mathrm{d}t} = -\dfrac{1}{2}\lambda_1(t) - \lambda_2(t) - \dfrac{1}{2R}\lambda_3(t) - \dfrac{1}{2R}\lambda_4(t) + \dfrac{1}{2R}e(t) \end{cases}$$

从而

$$\begin{bmatrix} \dot{\lambda}_1(t) \\ \dot{\lambda}_2(t) \\ \dot{\lambda}_3(t) \\ \dot{\lambda}_4(t) \end{bmatrix} = \begin{bmatrix} -\dfrac{R}{2L} & 0 & -\dfrac{1}{2L} & \dfrac{1}{2L} \\[2mm] 0 & 0 & \dfrac{1}{L} & \dfrac{1}{L} \\[2mm] \dfrac{1}{2C} & -\dfrac{1}{C} & -\dfrac{1}{2RC} & -\dfrac{1}{2RC} \\[2mm] -\dfrac{1}{2C} & -\dfrac{1}{C} & -\dfrac{1}{2RC} & -\dfrac{1}{2RC} \end{bmatrix} \begin{bmatrix} \lambda_1(t) \\ \lambda_2(t) \\ \lambda_3(t) \\ \lambda_4(t) \end{bmatrix} + \begin{bmatrix} \dfrac{1}{2L} \\[2mm] 0 \\[2mm] \dfrac{1}{2RC} \\[2mm] \dfrac{1}{2RC} \end{bmatrix} e(t)$$

输出方程

$$r(t) = Ri_3(t) = -\frac{R}{2}\lambda_1(t) - \frac{1}{2}\lambda_3(t) - \frac{1}{2}\lambda_4(t) + \frac{1}{2}e(t) =$$

$$\begin{bmatrix} -\dfrac{R}{2} & 0 & -\dfrac{1}{2} & -\dfrac{1}{2} \end{bmatrix} \begin{bmatrix} \lambda_1(t) \\ \lambda_2(t) \\ \lambda_3(t) \\ \lambda_4(t) \end{bmatrix} + \frac{1}{2}e(t)$$

8-3　某系统输入－输出关系由微分方程组

$$\begin{cases} \dfrac{\mathrm{d}r_1(t)}{\mathrm{d}t} + r_2(t) = e_1(t) \\[2mm] \dfrac{\mathrm{d}^2 r_2(t)}{\mathrm{d}t^2} + \dfrac{\mathrm{d}r_1(t)}{\mathrm{d}t} + \dfrac{\mathrm{d}r_2(t)}{\mathrm{d}t} + r_1(t) = e_2(t) \end{cases}$$

描述,试列写其状态方程与输出方程。

【分析与解答】

描述系统输入输出关系的方程组

$$\begin{cases} \dfrac{\mathrm{d}r_1(t)}{\mathrm{d}t} + r_2(t) = e_1(t) & (8-3.1) \\[3mm] \dfrac{\mathrm{d}^2 r_2(t)}{\mathrm{d}t^2} + \dfrac{\mathrm{d}r_1(t)}{\mathrm{d}t} + \dfrac{\mathrm{d}r_2(t)}{\mathrm{d}t} + r_1(t) = e_2(t) & (8-3.2) \end{cases}$$

形式较复杂。对单输入－单输出系统,描述系统输入输出关系的数学模型是 1 个方程而不是方程组;且方程中只有 1 个激励 $e(t)$ 及 1 个响应 $r(t)$。由上述方程组知,系统有两个激励 $e_1(t)$ 及 $e_2(t)$,及两个响应 $r_1(t)$ 和 $r_2(t)$,为多输入－多输出系统。另一方面,该输入输出方程组与标准状态方程组形式不同,后者中每个方程左侧为一个状态变量的一阶微分,右侧为各状态变量及激励的线性组合。

在描述单输入－单输出系统的微分方程中,方程左侧响应 $r(t)$ 的微分最高阶数为系统阶数,即系统内部包含的状态变量个数,如

$$\frac{\mathrm{d}^n r(t)}{\mathrm{d}t^n} + \cdots + a_1 \frac{\mathrm{d}r(t)}{\mathrm{d}t} + a_0 r(t) = b_m \frac{\mathrm{d}^m e(t)}{\mathrm{d}t^m} + \cdots + b_1 \frac{\mathrm{d}e(t)}{\mathrm{d}t} + b_0 e(t)$$

为 n 阶系统,内部包含 n 个状态变量。

由方程(8－3.2)见,左侧所包含的 $r_1(t)$ 的最高微分阶数为 1,$r_2(t)$ 的微分阶数为 2,因而为 3 阶系统,系统内部包含 3 个状态变量。

方程(8－3.1)与状态方程标准形式类似,如将 $r_1(t)$ 及 $r_2(t)$ 看作状态变量,则其为 1 个状态方程。为此设

$$\begin{cases} \lambda_1(t) = r_1(t) \\ \lambda_2(t) = r_2(t) \end{cases} \qquad (8-3.3)$$

则由式(8－3.1)得到 1 个状态方程:

$$\dot{\lambda}_1(t) = -\lambda_2(t) + e_1(t) \qquad (8-3.4)$$

同时,将式(8－3.2)中 $r_1(t)$ 及 $r_2(t)$ 分别用 $\lambda_1(t)$ 及 $\lambda_2(t)$ 表示,将 $\dfrac{\mathrm{d}r_1(t)}{\mathrm{d}t}$ 用上式表示,则

$$\frac{\mathrm{d}^2 r_2(t)}{\mathrm{d}t^2} - \lambda_2(t) + e_1(t) + \frac{\mathrm{d}\lambda_2(t)}{\mathrm{d}t} + \lambda_1(t) = e_2(t) \qquad (8-3.5)$$

为写为标准状态方程,显然应设

$$\dot{\lambda}_2(t) = \lambda_3(t) \qquad (8-3.6)$$

则式(8－3.5)写为

$$\frac{\mathrm{d}\lambda_3(t)}{\mathrm{d}t} - \lambda_2(t) + e_1(t) + \lambda_3(t) + \lambda_1(t) = e_2(t)$$

整理

$$\dot{\lambda}_3(t) = -\lambda_1(t) + \lambda_2(t) - \lambda_3(t) - e_1(t) + e_2(t) \qquad (8-3.7)$$

设激励向量 $e(t) = [e_1(t) \quad e_2(t)]^{\mathrm{T}}$,状态向量 $\lambda(t) = [\lambda_1(t) \quad \lambda_2(t) \quad \lambda_3(t)]^{\mathrm{T}}$,由式(8－3.4)、(8－3.6)及式(8－3.7)得状态方程

$$\dot{\lambda}(t) = \begin{bmatrix} 0 & -1 & 0 \\ 0 & 0 & 1 \\ -1 & 1 & -1 \end{bmatrix} \lambda(t) + \begin{bmatrix} 1 & 0 \\ 0 & 0 \\ -1 & 1 \end{bmatrix} e(t)$$

设输出向量 $r(t) = [r_1(t) \quad r_2(t)]^{\mathrm{T}}$,由方程(8－3.3)得输出方程

$$r(t) = \begin{bmatrix} 1 & 0 & 0 \\ 0 & 1 & 0 \end{bmatrix} \lambda(t)$$

8－4　系统输入输出关系由以下微分方程组描述：

1. $\begin{cases} 2\dot{r}_1(t) + 3\dot{r}_2(t) + r_2(t) = 2e_1(t) \\ \ddot{r}_2(t) + 2\dot{r}_1(t) + \dot{r}_2(t) + r_1(t) = e_1(t) + e_2(t) \end{cases}$

2. $\begin{cases} \ddot{r}_1(t) + \dot{r}_1(t) + \dot{r}_2(t) + r_1(t) = 10e_2(t) \\ \ddot{r}_2(t) + \dot{r}_2(t) + \dot{r}_1(t) = 3e_1(t) + 2e_2(t) \end{cases}$

试列写其状态方程和输出方程。

【分析与解答】

与题 8－3 类似，输入输出关系用常系数线性微分方程组描述，为线性时不变系统。

1. 由输入输出方程组知，系统有两个输出 $r_1(t)$ 与 $r_2(t)$；$r_1(t)$ 与 $r_2(t)$ 最高微分阶数分别为 1 和 2，因而有 3 个状态变量。设

$$\begin{cases} \lambda_1(t) = r_1(t) \\ \lambda_2(t) = r_2(t) \\ \lambda_3(t) = \dot{r}_2(t) \end{cases} \tag{8－4.1}$$

从而

$$\dot{\lambda}_2(t) = \lambda_3(t) \tag{8－4.2}$$

将微分方程组中的 $r_1(t)$，$r_2(t)$ 及其微分项用状态变量表示为

$$2\dot{\lambda}_1(t) + 3\lambda_3(t) + \lambda_2(t) = 2e_1(t) \tag{8－4.3}$$

$$\dot{\lambda}_3(t) + 2\dot{\lambda}_1(t) + \lambda_3(t) + \lambda_1(t) = e_1(t) + e_2(t) \tag{8－4.4}$$

其中式（8－4.2）及式（8－4.3）分别为关于 $\dot{\lambda}_2(t)$ 及 $\dot{\lambda}_1(t)$ 的状态方程；式（8－4.4）中除 $\dot{\lambda}_3(t)$ 还有 $\dot{\lambda}_1(t)$ 项，为得到关于 $\dot{\lambda}_3(t)$ 的状态方程，应将 $\dot{\lambda}_1(t)$ 用状态变量及激励的线性组合表示。

由式（8－4.3）得

$$\dot{\lambda}_1(t) = -\frac{1}{2}\lambda_2(t) - \frac{3}{2}\lambda_3(t) + e_1(t)$$

代入式（8－4.4）得

$$\dot{\lambda}_3(t) = -\lambda_1(t) + \lambda_2(t) + 2\lambda_3(t) - e_1(t) + e_2(t)$$

从而

$$\begin{bmatrix} \dot{\lambda}_1(t) \\ \dot{\lambda}_2(t) \\ \dot{\lambda}_3(t) \end{bmatrix} = \begin{bmatrix} 0 & -\frac{1}{2} & -\frac{3}{2} \\ 0 & 0 & 1 \\ -1 & 1 & 2 \end{bmatrix} \begin{bmatrix} \lambda_1(t) \\ \lambda_2(t) \\ \lambda_3(t) \end{bmatrix} + \begin{bmatrix} 1 & 0 \\ 0 & 0 \\ -1 & 1 \end{bmatrix} \begin{bmatrix} e_1(t) \\ e_2(t) \end{bmatrix}$$

由式（8－4.1）得

$$\begin{bmatrix} r_1(t) \\ r_2(t) \end{bmatrix} = \begin{bmatrix} \lambda_1(t) \\ \lambda_2(t) \end{bmatrix}$$

从而

$$\begin{bmatrix} r_1(t) \\ r_2(t) \end{bmatrix} = \begin{bmatrix} 1 & 0 & 0 \\ 0 & 1 & 0 \end{bmatrix} \begin{bmatrix} \lambda_1(t) \\ \lambda_2(t) \\ \lambda_3(t) \end{bmatrix}$$

2.由系统输入输出方程组知有两个输出 $r_1(t)$ 与 $r_2(t)$，且微分最高阶项均为 2 阶，因而有 4 个状态变量。设

$$\lambda_1(t) = r_1(t) \tag{8-4.5}$$

$$\lambda_2(t) = \dot{r}_1(t) \tag{8-4.6}$$

$$\lambda_3(t) = r_2(t) \tag{8-4.7}$$

$$\lambda_4(t) = \dot{r}_2(t) \tag{8-4.8}$$

由式(8-4.5)和式(8-4.6)可得一个状态方程

$$\dot{\lambda}_1(t) = \lambda_2(t)$$

由式(8-4.7)和式(8-4.8)可得另一个状态方程

$$\dot{\lambda}_3(t) = \lambda_4(t)$$

将输入输出方程组中的 $r_1(t)$，$r_2(t)$ 及其微分项均用状态变量表示为

$$\begin{cases} \dot{\lambda}_2(t) + \lambda_2(t) + \lambda_4(t) + \lambda_1(t) = 10e_2(t) \\ \dot{\lambda}_4(t) + \lambda_4(t) + \lambda_2(t) = 3e_1(t) + 2e_2(t) \end{cases}$$

从而

$$\begin{cases} \dot{\lambda}_2(t) = -\lambda_1(t) - \lambda_2(t) - \lambda_4(t) + 10e_2(t) \\ \dot{\lambda}_4(t) = -\lambda_2(t) - \lambda_4(t) + 3e_1(t) + 2e_2(t) \end{cases}$$

则状态方程

$$\begin{bmatrix} \dot{\lambda}_1(t) \\ \dot{\lambda}_2(t) \\ \dot{\lambda}_3(t) \\ \dot{\lambda}_4(t) \end{bmatrix} = \begin{bmatrix} 0 & 1 & 0 & 0 \\ -1 & -1 & 0 & -1 \\ 0 & 0 & 0 & 1 \\ 0 & -1 & 0 & -1 \end{bmatrix} \begin{bmatrix} \lambda_1(t) \\ \lambda_2(t) \\ \lambda_3(t) \\ \lambda_4(t) \end{bmatrix} + \begin{bmatrix} 0 & 0 \\ 0 & 10 \\ 0 & 0 \\ 3 & 2 \end{bmatrix} \begin{bmatrix} e_1(t) \\ e_2(t) \end{bmatrix}$$

8-5 某线性时不变系统，输入为 0。

$$\boldsymbol{\lambda}(0^-) = \begin{bmatrix} 1 \\ -1 \end{bmatrix} 时，\boldsymbol{\lambda}(t) = \begin{bmatrix} e^{-2t} \\ -e^{-2t} \end{bmatrix}；\boldsymbol{\lambda}(0^-) = \begin{bmatrix} 2 \\ -1 \end{bmatrix} 时，\boldsymbol{\lambda}(t) = \begin{bmatrix} 2e^{-t} \\ -e^{-t} \end{bmatrix}。$$

试确定状态方程的系数矩阵 $\boldsymbol{A}$。

【分析与解答】

状态变量分析法通常是已知系统模型即状态方程与输出方程，求状态向量及输出向量；此类问题可直接计算。本题是已知状态向量确定状态方程的系数，类似于输入输出法中已知响应求系统特性(如微分或差分方程)。

由已知条件知系统有两个状态变量，因而为 2 阶系统，$\boldsymbol{A}$ 为 2 阶方阵。

状态向量由系统特性(状态方程，即系数矩阵 $\boldsymbol{A}$ 和 $\boldsymbol{B}$)、激励及系统初始状态共同决定：

$$\boldsymbol{\lambda}(t) = e^{\boldsymbol{A}t}\boldsymbol{\lambda}(0^-) + \int_{0^-}^{t} e^{-\boldsymbol{A}(t-\tau)}\boldsymbol{B}e(\tau)\mathrm{d}\tau$$

输入为 0 时

$$\boldsymbol{\lambda}(t) = e^{\boldsymbol{A}t}\boldsymbol{\lambda}(0^-)$$

此时状态向量由状态转移矩阵与初始状态共同决定。上式反映了状态转移矩阵的物理意义:将状态变量由初始(0^-)时刻转化为 t 时刻的能力。

由已知条件建立两个向量方程:

$$\begin{cases} \begin{bmatrix} \mathrm{e}^{-2t} \\ -\mathrm{e}^{-2t} \end{bmatrix} = \mathrm{e}^{At} \begin{bmatrix} 1 \\ -1 \end{bmatrix} \\[3mm] \begin{bmatrix} 2\mathrm{e}^{-t} \\ -\mathrm{e}^{-t} \end{bmatrix} = \mathrm{e}^{At} \begin{bmatrix} 2 \\ -1 \end{bmatrix} \end{cases} \tag{8-5.1}$$

考虑

$$\mathrm{e}^{At} = c_0 I + c_1 A \tag{8-5.2}$$

I 与 A 为 2 阶方阵,因而 e^{At} 为 2 阶方阵。设 $\mathrm{e}^{At} = \begin{bmatrix} a_{11} & a_{12} \\ a_{21} & a_{22} \end{bmatrix}$,有 4 个待定系数,代入方程 (8-5.1),得

$$\begin{cases} \begin{bmatrix} a_{11} & a_{12} \\ a_{21} & a_{22} \end{bmatrix} \begin{bmatrix} 1 \\ -1 \end{bmatrix} = \begin{bmatrix} \mathrm{e}^{-2t} \\ -\mathrm{e}^{-2t} \end{bmatrix} \\[5mm] \begin{bmatrix} a_{11} & a_{12} \\ a_{21} & a_{22} \end{bmatrix} \begin{bmatrix} 2 \\ -1 \end{bmatrix} = \begin{bmatrix} 2\mathrm{e}^{-t} \\ -\mathrm{e}^{-t} \end{bmatrix} \end{cases} \tag{8-5.3}$$

上述 4 个一次线性方程,可解出

$$\begin{cases} a_{11} = 2\mathrm{e}^{-t} - \mathrm{e}^{-2t} \\ a_{12} = 2\mathrm{e}^{-t} - 2\mathrm{e}^{-2t} \\ a_{21} = \mathrm{e}^{-2t} - \mathrm{e}^{-t} \\ a_{22} = 2\mathrm{e}^{-2t} - \mathrm{e}^{-t} \end{cases}$$

从而

$$\mathrm{e}^{At} = \begin{bmatrix} 2\mathrm{e}^{-t} - \mathrm{e}^{-2t} & 2\mathrm{e}^{-t} - 2\mathrm{e}^{-2t} \\ \mathrm{e}^{-2t} - \mathrm{e}^{-t} & 2\mathrm{e}^{-2t} - \mathrm{e}^{-t} \end{bmatrix} \tag{8-5.4}$$

由式(8-5.3)知,各方程右侧均为 e^{-2t} 及 e^{-t} 的形式,因而求出的系数 $a_{11}, a_{12}, a_{21}, a_{22}$ 均为 e^{-2t} 及 e^{-t} 的线性组合,如式(8-5.4)。

或由如下方法求 e^{At}。根据系统线性特性,将两个初始条件下的 $\boldsymbol{\lambda}(t)$ 合并为以下形式:

$$\begin{bmatrix} \mathrm{e}^{-2t} & 2\mathrm{e}^{-t} \\ -\mathrm{e}^{-2t} & -\mathrm{e}^{-t} \end{bmatrix} = \mathrm{e}^{At} \begin{bmatrix} 1 & 2 \\ -1 & -1 \end{bmatrix}$$

从而

$$\mathrm{e}^{At} = \begin{bmatrix} \mathrm{e}^{-2t} & 2\mathrm{e}^{-t} \\ -\mathrm{e}^{-2t} & -\mathrm{e}^{-t} \end{bmatrix} \begin{bmatrix} 1 & 2 \\ -1 & -1 \end{bmatrix}^{-1} = \begin{bmatrix} \mathrm{e}^{-2t} & 2\mathrm{e}^{-t} \\ -\mathrm{e}^{-2t} & -\mathrm{e}^{-t} \end{bmatrix} \begin{bmatrix} -1 & -2 \\ 1 & 1 \end{bmatrix} = $$
$$\begin{bmatrix} -\mathrm{e}^{-2t} + 2\mathrm{e}^{-t} & -2\mathrm{e}^{-2t} + 2\mathrm{e}^{-t} \\ \mathrm{e}^{-2t} - \mathrm{e}^{-t} & 2\mathrm{e}^{-2t} - \mathrm{e}^{-t} \end{bmatrix}$$

常规问题是由 A 确定 e^{At},如式(8-5.2);反之,由 e^{At} 也可确定 A。

方法一　与由 $\mathrm{e}^{\alpha t}$ 确定 α 类似。由 $\dfrac{\mathrm{d}\mathrm{e}^{\alpha t}}{\mathrm{d}t} = \alpha \mathrm{e}^{\alpha t}$,得 $\alpha = \dfrac{\mathrm{d}\mathrm{e}^{\alpha t}}{\mathrm{d}t}\bigg|_{t=0}$;将指数信号 $\mathrm{e}^{\alpha t}$ 的这一性质推广至矩阵指数函数 e^{At},从而

$$A = \frac{\mathrm{d}e^{At}}{\mathrm{d}t}\bigg|_{t=0} = \begin{bmatrix} \dfrac{\mathrm{d}(2e^{-t} - e^{-2t})}{\mathrm{d}t} & \dfrac{\mathrm{d}(2e^{-t} - 2e^{-2t})}{\mathrm{d}t} \\ \dfrac{\mathrm{d}(e^{-2t} - e^{-t})}{\mathrm{d}t} & \dfrac{\mathrm{d}(2e^{-2t} - e^{-t})}{\mathrm{d}t} \end{bmatrix}\bigg|_{t=0} =$$

$$\begin{bmatrix} -2e^{-t} + 2e^{-2t} & -2e^{-t} + 4e^{-2t} \\ -2e^{-2t} + e^{-t} & -4e^{-2t} + e^{-t} \end{bmatrix}\bigg|_{t=0} = \begin{bmatrix} 0 & 2 \\ -1 & -3 \end{bmatrix}$$

方法二　由已知状态向量零输入解 $\begin{bmatrix} e^{-2t} \\ -e^{-2t} \end{bmatrix}$ 和 $\begin{bmatrix} 2e^{-t} \\ -e^{-t} \end{bmatrix}$，或者由式(8－5.4)，可确定 A

的特征根为 -1 和 -2。由式(8－5.2)见，矩阵 e^{At} 中的各元素是 c_0 和 c_1 的线性组合(因 I
与 A 中各元素均为常数)。而 e^{At} 中各元素为 e^{-2t} 及 e^{-t} 的线性组合(式(8－5.4))，则 c_0 和 c_1
为 e^{-2t} 及 e^{-t} 的线性组合。根据凯莱－哈密尔顿定理，c_0 和 c_1 由下式确定：

$$e^{at} = c_0 + c_1\alpha$$

其中，α 为 A 的特征根。式(8－5.2)是上式推广至状态转移矩阵的结果。系统为二阶的，有
两个特征根，设分别为 α_1 与 α_2，则

$$\begin{cases} c_0 + c_1\alpha_1 = e^{\alpha_1 t} \\ c_0 + c_1\alpha_2 = e^{\alpha_2 t} \end{cases} \tag{8－5.5}$$

显然 c_0 和 c_1 均为 $e^{\alpha_1 t}$ 及 $e^{\alpha_2 t}$ 的线性组合，因而由式(8－5.2)，e^{At} 各元素均为 $e^{\alpha_1 t}$ 及 $e^{\alpha_2 t}$ 的线
性组合。由式(8－5.4)可得 $\alpha_1 = -1, \alpha_2 = -2$；再由式(8－5.5)解出 c_0 和 c_1，由式
(8－5.2)，根据

$$A = \frac{1}{c_1}(e^{At} - c_0 I)$$

求出 A。

稳定性判断

A 的特征根为系统函数极点，而极点 $p_1 = -1$ 和 $p_2 = -2$ 均位于 s 平面左半平面，因而
系统稳定。

系统稳定可从另一角度解释。响应向量为

$$r(t) = Ce^{At}\lambda(0^-) + [Ce^{At}B + D\delta(t)] * e(t)$$

因 A 的特征根均为负，因而矩阵 e^{At} 中各元素均为衰减指数函数，如式(8－5.4)。

对零输入响应向量

$$r_{zi}(t) = Ce^{At}\lambda(0^-)$$

C 及 $\lambda(0^-)$ 分别为常数矩阵及常数向量，则 $r_{zi}(t)$ 中各元素为 e^{-2t} 及 e^{-t} 的线性组合。

系统为线性时不变，可用卷积求零状态响应向量

$$r_{zs}(t) = [Ce^{At}B + D\delta(t)] * e(t) = Ce^{At}B * e(t) + De(t)$$

系数矩阵 B, C 和 D 的元素均为常数，因而 $e(t)$ 为有界信号时，$Ce^{At}B * e(t)$ 及 $De(t)$ 中各元
素均有界，从而 $r_{zs}(t)$ 的各元素均有界。

由　　　　　　　　　　　　$$r(t) = r_{zi}(t) + r_{zs}(t)$$

则响应向量中各元素均有界，从而输出有界，系统稳定。

8－6　系统模拟图如图8－6.1。

1.试列写状态方程与输出方程；

2.初始状态 $\boldsymbol{\lambda}(0^-)=\begin{bmatrix}1 & 2 & 1\end{bmatrix}^{\mathrm{T}}$，激励为 $u(t)$，试求响应 $r(t)$。

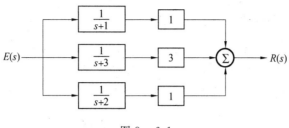

图 8－6.1

【分析与解答】

1.系统框图用复频域描述，并由 3 个子系统并联实现。通常连续系统是将积分器输出作为状态变量。时域积分器在复频域中为乘法器且系数为 $\frac{1}{s}$。本题 3 个子系统为 $\frac{1}{s+1}$、$\frac{1}{s+3}$ 和 $\frac{1}{s+2}$ 的乘法器，难以判断其作用。为便于分析，将框图表示为时域形式。

考虑第 1 个子系统。设输入和输出分别为 $e(t)$ 和 $y_1(t)$，则

$$\frac{Y_1(s)}{E(s)}=\frac{1}{s+1}$$

从而

$$Y_1(s)(s+1)=E(s)$$

反变换，得输入输出的时域关系：

$$\frac{\mathrm{d}y_1(t)}{\mathrm{d}t}+y_1(t)=e(t)$$

为 1 阶系统，模拟图如图 8－6.2。

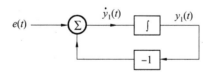

图 8－6.2

其余两个子系统的时域模拟图类似，从而整个系统的模拟图如图 8－6.3。

可见有 3 个积分器，因而为 3 阶系统。设积分器输出分别设为状态变量 $\lambda_1(t)$、$\lambda_2(t)$ 及 $\lambda_3(t)$，得

$$\begin{cases}\dfrac{\mathrm{d}\lambda_1(t)}{\mathrm{d}t}=-\lambda_1(t)+e(t)\\[2mm]\dfrac{\mathrm{d}\lambda_2(t)}{\mathrm{d}t}=-3\lambda_2(t)+e(t)\\[2mm]\dfrac{\mathrm{d}\lambda_3(t)}{\mathrm{d}t}=-2\lambda_3(t)+e(t)\end{cases}$$

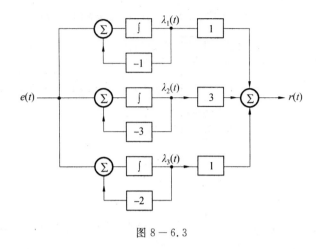

图 8 − 6.3

则

$$
\begin{bmatrix} \dot{\lambda}_1(t) \\ \dot{\lambda}_2(t) \\ \dot{\lambda}_3(t) \end{bmatrix} = \begin{bmatrix} -1 & 0 & 0 \\ 0 & -3 & 0 \\ 0 & 0 & -2 \end{bmatrix} \begin{bmatrix} \lambda_1(t) \\ \lambda_2(t) \\ \lambda_3(t) \end{bmatrix} + \begin{bmatrix} 1 \\ 1 \\ 1 \end{bmatrix} e(t)
$$

由模拟图得系统输出

$$
r(t) = \lambda_1(t) + 3\lambda_2(t) + \lambda_3(t) = \begin{bmatrix} 1 & 3 & 1 \end{bmatrix} \begin{bmatrix} \lambda_1(t) \\ \lambda_2(t) \\ \lambda_3(t) \end{bmatrix}
$$

2. 由状态方程得

$$
\boldsymbol{A} = \begin{bmatrix} -1 & 0 & 0 \\ 0 & -3 & 0 \\ 0 & 0 & -2 \end{bmatrix}
$$

$$
(s\boldsymbol{I} - \boldsymbol{A}) = \begin{bmatrix} s+1 & 0 & 0 \\ 0 & s+3 & 0 \\ 0 & 0 & s+2 \end{bmatrix}
$$

为对角阵,逆矩阵容易计算,仍为对角阵,且对角线元素值为 $(s\boldsymbol{I} - \boldsymbol{A})$ 元素值的倒数:

$$
(s\boldsymbol{I} - \boldsymbol{A})^{-1} = \begin{bmatrix} \dfrac{1}{s+1} & 0 & 0 \\ 0 & \dfrac{1}{s+3} & 0 \\ 0 & 0 & \dfrac{1}{s+2} \end{bmatrix}
$$

$$
\boldsymbol{R}(s) = \boldsymbol{C}(s\boldsymbol{I} - \boldsymbol{A})^{-1}\boldsymbol{\lambda}(0^-) + \left[\boldsymbol{C}(s\boldsymbol{I} - \boldsymbol{A})^{-1}\boldsymbol{B} + \boldsymbol{D} \right] \boldsymbol{E}(s) =
$$

$$
\begin{bmatrix} 1 & 3 & 1 \end{bmatrix} \begin{bmatrix} \dfrac{1}{s+1} & 0 & 0 \\ 0 & \dfrac{1}{s+3} & 0 \\ 0 & 0 & \dfrac{1}{s+2} \end{bmatrix} \begin{bmatrix} 1 \\ 2 \\ 1 \end{bmatrix} +
$$

$$[1 \quad 3 \quad 1] \begin{bmatrix} \dfrac{1}{s+1} & 0 & 0 \\ 0 & \dfrac{1}{s+3} & 0 \\ 0 & 0 & \dfrac{1}{s+2} \end{bmatrix} \begin{bmatrix} 1 \\ 1 \\ 1 \end{bmatrix} \dfrac{1}{s} =$$

$$\frac{1}{s+1}+\frac{6}{s+3}+\frac{1}{s+2}+\frac{1}{s(s+1)}+\frac{3}{s(s+3)}+\frac{1}{s(s+2)}=$$

$$\frac{5}{2} \cdot \frac{1}{s}+\frac{1}{2} \cdot \frac{1}{s+2}+\frac{5}{s+3}=$$

$$r(t)=\mathscr{L}^{-1}[R(s)]=\left(\frac{5}{2}+\frac{1}{2}\mathrm{e}^{-2t}+5\mathrm{e}^{-3t}\right)u(t)$$

8－7　已知系统微分方程

$$\frac{\mathrm{d}^2 r(t)}{\mathrm{d}t^2}+a^2 r(t)=0$$

对其进行状态变量分析,试确定状态转移矩阵。

【分析与解答】

由微分方程知系统没有激励,因而响应只由初始状态产生。

为求 e^{At} 需先确定 $\boldsymbol{A}$,因而需建立状态方程。可先由微分方程画模拟框图,如图 8－7(与一般模拟图的区别是输入端没有激励)。

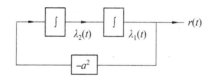

图 8－7

选择两个积分器的输出作为状态变量(其中 $\lambda_1(t)$ 即为响应 $r(t)$)。

列状态方程

$$\begin{cases} \dot{\lambda}_1(t)=\lambda_2(t) \\ \dot{\lambda}_2(t)=-a^2\lambda_1(t) \end{cases}$$

从而

$$\begin{bmatrix} \dot{\lambda}_1(t) \\ \dot{\lambda}_2(t) \end{bmatrix}=\begin{bmatrix} 0 & 1 \\ -a^2 & 0 \end{bmatrix}\begin{bmatrix} \lambda_1(t) \\ \lambda_2(t) \end{bmatrix}$$

则

$$\boldsymbol{A}=\begin{bmatrix} 0 & 1 \\ -a^2 & 0 \end{bmatrix}$$

$$\mathrm{e}^{\boldsymbol{A}t} = \mathscr{L}^{-1}\left[(s\boldsymbol{I}-\boldsymbol{A})^{-1}\right] = \mathscr{L}^{-1}\left[\begin{pmatrix} s & -1 \\ a^2 & s \end{pmatrix}^{-1}\right] = \mathscr{L}^{-1}\left[\dfrac{\mathrm{adj}\begin{bmatrix} s & -1 \\ a^2 & s \end{bmatrix}}{\begin{vmatrix} s & -1 \\ a^2 & s \end{vmatrix}}\right] =$$

$$\mathscr{L}^{-1}\begin{bmatrix} \dfrac{s}{s^2+a^2} & \dfrac{1}{s^2+a^2} \\ -\dfrac{a^2}{s^2+a^2} & \dfrac{s}{s^2+a^2} \end{bmatrix} = \begin{bmatrix} \cos at & \dfrac{1}{a}\sin at \\ -a\sin at & \cos at \end{bmatrix}$$

8－8 离散系统框图如图 8－8。

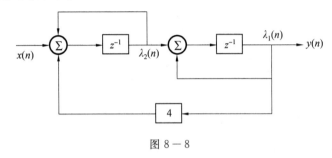

图 8－8

1. 列写状态方程与输出方程；

2. 求系统单位函数响应；

3. 初始条件 $\boldsymbol{\lambda}(0) = \begin{bmatrix} 1 \\ 1 \end{bmatrix}$，$x(n) = u(n)$，求状态向量与响应 $y(n)$。

【分析与解答】

1. 离散系统模拟图中的单位延时器在 z 域中为 z^{-1}。该系统由延时器与加法器构成，可以实现，为因果系统。

选取延时器输出作为状态变量，第 1 个延时器输入为 $\lambda_2(n+1)$，第 2 个延时器的输入为 $\lambda_1(n+1)$。分别列两个加法器的输入输出方程：

$$\begin{cases} \lambda_2(n+1) = x(n) + \lambda_2(n) + 4\lambda_1(n) \\ \lambda_1(n+1) = \lambda_2(n) + \lambda_1(n) \end{cases}$$

则

$$\begin{bmatrix} \lambda_1(n+1) \\ \lambda_2(n+1) \end{bmatrix} = \begin{bmatrix} 1 & 1 \\ 4 & 1 \end{bmatrix}\begin{bmatrix} \lambda_1(n) \\ \lambda_2(n) \end{bmatrix} + \begin{bmatrix} 0 \\ 1 \end{bmatrix}x(n)$$

系统输出为第 2 个延时器的输出

$$y(n) = \lambda_1(n)$$

则

$$y(n) = \begin{bmatrix} 1 & 0 \end{bmatrix}\begin{bmatrix} \lambda_1(n) \\ \lambda_2(n) \end{bmatrix}$$

2. 先求 $\boldsymbol{A}^n$。可用 Z 变换法。

$$(z\boldsymbol{I}-\boldsymbol{A})^{-1}z=\begin{bmatrix}z-1 & -1 \\ -4 & z-1\end{bmatrix}^{-1}z=\dfrac{\mathrm{adj}\begin{bmatrix}z-1 & -1 \\ -4 & z-1\end{bmatrix}}{\begin{vmatrix}z-1 & -1 \\ -4 & z-1\end{vmatrix}}z=\dfrac{\begin{bmatrix}z-1 & 1 \\ 4 & z-1\end{bmatrix}}{z^2-2z-3}z=$$

$$\begin{bmatrix}\dfrac{(z-1)z}{(z+1)(z-3)} & \dfrac{z}{(z+1)(z-3)} \\[3mm] \dfrac{4z}{(z+1)(z-3)} & \dfrac{(z-1)z}{(z+1)(z-3)}\end{bmatrix}=$$

$$\begin{bmatrix}\dfrac{\frac{1}{2}z}{z+1}+\dfrac{\frac{1}{2}z}{z-3} & \dfrac{-\frac{1}{4}z}{z+1}+\dfrac{\frac{1}{4}z}{z-3} \\[4mm] \dfrac{-z}{z+1}+\dfrac{z}{z-3} & \dfrac{\frac{1}{2}z}{z+1}+\dfrac{\frac{1}{2}z}{z-3}\end{bmatrix}$$

$$\boldsymbol{A}^n=Z^{-1}\big[(z\boldsymbol{I}-\boldsymbol{A})^{-1}z\big]=\begin{bmatrix}\dfrac{1}{2}(-1)^n+\dfrac{1}{2}\cdot 3^n & -\dfrac{1}{4}(-1)^n+\dfrac{1}{4}\cdot 3^n \\[4mm] -(-1)^n+3^n & \dfrac{1}{2}(-1)^n+\dfrac{1}{2}\cdot 3^n\end{bmatrix}$$

$$h(n)=\boldsymbol{CA}^{n-1}\boldsymbol{B}=\begin{bmatrix}1 & 0\end{bmatrix}\begin{bmatrix}\dfrac{1}{2}(-1)^{n-1}+\dfrac{1}{2}\cdot 3^{n-1} & -\dfrac{1}{4}(-1)^{n-1}+\dfrac{1}{4}\cdot 3^{n-1} \\[4mm] -(-1)^{n-1}+3^{n-1} & \dfrac{1}{2}(-1)^{n-1}+\dfrac{1}{2}\cdot 3^{n-1}\end{bmatrix}\begin{bmatrix}0 \\ 1\end{bmatrix}=$$

$$\dfrac{1}{4}\big[3^{n-1}-(-1)^{n-1}\big]$$

3. $\boldsymbol{X}(z)=\dfrac{z}{z-1}$

$$\boldsymbol{\lambda}(n)=Z^{-1}\big[\boldsymbol{\Lambda}(z)\big]=Z^{-1}\big[(z\boldsymbol{I}-\boldsymbol{A})^{-1}z\boldsymbol{\lambda}(0)+(z\boldsymbol{I}-\boldsymbol{A})^{-1}\boldsymbol{BX}(z)\big]=$$

$$Z^{-1}\left\{\begin{bmatrix}\dfrac{(z-1)z}{(z+1)(z-3)} & \dfrac{z}{(z+1)(z-3)} \\[4mm] \dfrac{4z}{(z+1)(z-3)} & \dfrac{(z-1)z}{(z+1)(z-3)}\end{bmatrix}\begin{bmatrix}1 \\ 1\end{bmatrix}+\right.$$

$$\left.\begin{bmatrix}\dfrac{z-1}{(z+1)(z-3)} & \dfrac{1}{(z+1)(z-3)} \\[4mm] \dfrac{4}{(z+1)(z-3)} & \dfrac{z-1}{(z+1)(z-3)}\end{bmatrix}\begin{bmatrix}0 \\ 1\end{bmatrix}\dfrac{z}{z-1}\right\}=$$

$$Z^{-1}\begin{bmatrix}\dfrac{\frac{3}{8}z}{z+1}+\dfrac{\frac{7}{8}z}{z-3}+\dfrac{-\frac{1}{4}z}{z-1} \\[4mm] \dfrac{-\frac{3}{4}}{z+1}+\dfrac{\frac{7}{4}z}{z-3}\end{bmatrix}=\begin{bmatrix}\dfrac{7}{8}\cdot 3^n+\dfrac{3}{8}(-1)^n-\dfrac{1}{4} \\[4mm] \dfrac{7}{4}\cdot 3^n-\dfrac{3}{4}(-1)^n\end{bmatrix}$$

输出

$$y(n)=\lambda_1(n)=\left[\dfrac{7}{8}\cdot 3^n+\dfrac{3}{8}(-1)^n-\dfrac{1}{4}\right]u(n)$$

8－9 某离散系统状态方程和输出方程为

$$\begin{cases} \lambda_1(n+1) = \lambda_1(n) - \lambda_2(n) \\ \lambda_2(n+1) = -\lambda_1(n) - \lambda_2(n) \end{cases}$$

$$y(n) = \lambda_1(n)\lambda_2(n) + x(n)$$

1. 设 $\lambda_1(0) = 2$，$\lambda_2(0) = 2$，求状态方程的零输入解。

2. 若 $x(n) = 2^n u(n)$，初始条件同 1，求响应 $y(n)$。

3. 列写系统差分方程。

【分析与解答】

1. 状态向量的零输入分量为

$$\boldsymbol{\lambda}_{zi}(n) = \boldsymbol{A}^n \boldsymbol{\lambda}(0)$$

因而主要问题是求 $\boldsymbol{A}^n$。由 $\boldsymbol{A} = \begin{bmatrix} 1 & -1 \\ -1 & 1 \end{bmatrix}$，得

$$\det|\alpha \boldsymbol{I} - \boldsymbol{A}| = \begin{vmatrix} \alpha - 1 & 1 \\ 1 & \alpha + 1 \end{vmatrix} = \alpha^2 - 2$$

特征根（共轭）：$\alpha_{1,2} = \pm\sqrt{2}$，代入 $\alpha^n = C_0 + C_1\alpha$，有

$$\begin{cases} (-\sqrt{2})^n = C_0 + C_1(-\sqrt{2}) \\ (\sqrt{2})^n = C_0 + C_1 \cdot \sqrt{2} \end{cases}$$

从而

$$\begin{cases} C_0 = \dfrac{(\sqrt{2})^n + (-\sqrt{2})^n}{2} \\ C_1 = \dfrac{(\sqrt{2})^n - (-\sqrt{2})^n}{2\sqrt{2}} \end{cases}$$

$$\boldsymbol{A}^n = C_0\boldsymbol{I} + C_1\boldsymbol{A} =$$

$$\frac{1}{2\sqrt{2}} \begin{bmatrix} (\sqrt{2}+1)(\sqrt{2})^n + (\sqrt{2}-1)(-\sqrt{2})^n & (-\sqrt{2})^n - (\sqrt{2})^n \\ (-\sqrt{2})^n - (\sqrt{2})^n & (\sqrt{2}-1)(\sqrt{2})^n + (\sqrt{2}+1)(-\sqrt{2})^n \end{bmatrix}$$

因 $\boldsymbol{\lambda}(0) = \begin{bmatrix} 2 \\ 2 \end{bmatrix}$

$$\boldsymbol{\lambda}_{zi}(n) = \boldsymbol{A}^n \boldsymbol{\lambda}(0) = (\sqrt{2})^n \begin{bmatrix} 1 + (-1)^n \\ (1-\sqrt{2}) + (1+\sqrt{2})(-1)^n \end{bmatrix}$$

2. 由状态方程知 $\lambda_1(n)$ 和 $\lambda_2(n)$ 与激励无关，因而只由初始状态产生。尽管存在激励，但对状态变量无影响，即状态向量与第 1 小题相同。

将 $x(n)$ 及上面得到的 $\boldsymbol{\lambda}(n)$ 代入输出方程：

$$y(n) = \lambda_1(n)\lambda_2(n) + x(n) =$$

$$(\sqrt{2})^n[1 + (-1)^n] \cdot (\sqrt{2})^n[(1-\sqrt{2}) + (1+\sqrt{2})(-1)^n] + 2^n =$$

$$3 \cdot 2^n + 2(-2)^n$$

3. 差分方程属于输入输出法，为得到它需联立解状态方程与输出方程，将状态变量作为

中间变量约掉,以得到 $x(n)$ 和 $y(n)$ 的关系。由输出方程知,系统只有一个激励与一个响应,因而可用差分方程描述。

输出方程中包括非线性项 $\lambda_1(n)\lambda_2(n)$,即响应与状态变量为非线性关系;为得到差分方程,应将 $\lambda_1(n)\lambda_2(n)$ 用 $x(n)$ 和 $y(n)$ 表示。非线性项的存在使求解差分方程的过程比线性系统复杂。

由状态方程构造 $\lambda_1(n+2)\lambda_2(n+2)$:

$$\lambda_1(n+2)\lambda_2(n+2) = [\lambda_1(n+1)-\lambda_2(n+1)][-\lambda_1(n+1)-\lambda_2(n+1)] = -[\lambda_1^2(n+1)-\lambda_2^2(n+1)]$$

即

$$\lambda_1^2(n+1)-\lambda_2^2(n+1) = -\lambda_1(n+2)\lambda_2(n+2) \tag{8-9.1}$$

状态方程取平方

$$\begin{cases} \lambda_1^2(n+1) = [\lambda_1(n)-\lambda_2(n)]^2 & (8-9.2) \\ \lambda_2^2(n+1) = [-\lambda_1(n)-\lambda_2(n)]^2 & (8-9.3) \end{cases}$$

式(8-9.2)减式(8-9.3):

$$\lambda_1^2(n+1)-\lambda_2^2(n+1) = -4\lambda_1(n)\lambda_2(n) \tag{8-9.4}$$

式(8-9.1)与式(8-9.4)比较,有

$$\lambda_1(n)\lambda_2(n) = \frac{1}{4}\lambda_1(n+2)\lambda_2(n+2) \tag{8-9.5}$$

由输出方程得

$$\lambda_1(n)\lambda_2(n) = y(n) - x(n)$$

变量代换,令自变量为 $n+2$:

$$\lambda_1(n+2)\lambda_2(n+2) = y(n+2) - x(n+2)$$

考虑式(8-9.5)

$$y(n+2) - x(n+2) = 4[y(n)-x(n)]$$

即

$$y(n+2) - 4y(n) = x(n+2) - 4x(n)$$

8-10　离散系统框图如图 8-10。

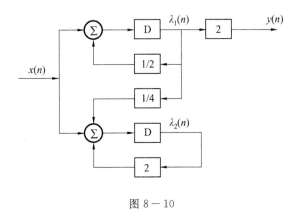

图 8-10

1. $x(n) = \delta(n)$,求状态向量 $\boldsymbol{\lambda}(n)$;

2. 列出系统差分方程。

【分析与解答】

系统有两个延时器,因而有两个状态变量,为 2 阶系统。选取延时器输出作为状态变量。

1. 列两个加法器的输入输出方程:

$$\begin{cases} x(n) + \dfrac{1}{2}\lambda_1(n) = \lambda_1(n+1) \\[2mm] x(n) + \dfrac{1}{4}\lambda_1(n) + 2\lambda_2(n) = \lambda_2(n+1) \end{cases} \tag{8-10.1}$$

即

$$\begin{bmatrix} \lambda_1(n+1) \\ \lambda_2(n+1) \end{bmatrix} = \begin{bmatrix} \dfrac{1}{2} & 0 \\[2mm] \dfrac{1}{4} & 2 \end{bmatrix} \begin{bmatrix} \lambda_1(n) \\ \lambda_2(n) \end{bmatrix} + \begin{bmatrix} 1 \\ 1 \end{bmatrix} x(n)$$

$$\det|\alpha \boldsymbol{I} - \boldsymbol{A}| = \begin{vmatrix} \alpha - \dfrac{1}{2} & 0 \\[2mm] -\dfrac{1}{4} & \alpha - 2 \end{vmatrix} = \left(\alpha - \dfrac{1}{2}\right)(\alpha - 2) = 0$$

$$\alpha_1 = \frac{1}{2}, \quad \alpha_2 = 2$$

代入

$$\alpha^n = C_0 + C_1\alpha$$

得

$$\begin{cases} C_0 = \dfrac{1}{3}\left[-2^n + 4\left(\dfrac{1}{2}\right)^n\right] \\[3mm] C_1 = \dfrac{2}{3}\left[2^n - \left(\dfrac{1}{2}\right)^n\right] \end{cases}$$

$$\boldsymbol{A}^n = c_0\boldsymbol{I} + c_1\boldsymbol{A} = \begin{bmatrix} \left(\dfrac{1}{2}\right)^n & 0 \\[3mm] \dfrac{1}{6}\left[2^n - \left(\dfrac{1}{2}\right)^n\right] & 2^n \end{bmatrix} \tag{8-10.2}$$

初始条件为 0,$\boldsymbol{\lambda}(n)$ 只包含零状态分量:

$$\boldsymbol{\lambda}_{zs}(n) = \boldsymbol{A}^{n-1}\boldsymbol{B} * \boldsymbol{x}(n) = \sum_{i=0}^{n} \boldsymbol{A}^{n-1-i}\boldsymbol{B}x(i) =$$

$$\sum_{i=0}^{n} \begin{bmatrix} \left(\dfrac{1}{2}\right)^{n-1-i} & 0 \\[3mm] \dfrac{1}{6}\left[2^{n-1-i} - \left(\dfrac{1}{2}\right)^{n-1-i}\right] & 2^{n-1-i} \end{bmatrix} \begin{bmatrix} 1 \\ 1 \end{bmatrix} \delta(i) =$$

$$\sum_{i=0}^{n} \begin{bmatrix} \left(\dfrac{1}{2}\right)^{n-1-i} \delta(i) \\[3mm] \dfrac{1}{6}\left[7 \cdot 2^{n-1-i} - \left(\dfrac{1}{2}\right)^{n-1-i}\right]\delta(i) \end{bmatrix} =$$

$$\begin{bmatrix} \left(\dfrac{1}{2}\right)^{n-1} u(n-1) \\[3mm] \dfrac{1}{6}\left[7 \cdot 2^{n-1} - \left(\dfrac{1}{2}\right)^{n-1}\right]u(n-1) \end{bmatrix}$$

由系统框图知

$$y(n) = 2\lambda_1(n)$$

则
$$h(n) = 2\lambda_1(n)\,\big|_{x(n)=\delta(n)} = 4\left(\frac{1}{2}\right)^n u(n-1)$$

即激励比响应延迟 1 个单位。尽管系统有两个延迟器,但第二个延迟器与响应无关。

2.可先由状态方程和输出方程求 $H(z)$;由框图知为单输入 — 单输出系统,此时 $H(z)$ 为特例:一维的 $H(z)$,从而可得到差分方程。

解法一

根据
$$H(z) = C(zI - A)^{-1}B + D$$

求解。

由系统框图得输出方程

$$y(n) = 2\lambda_1(n) = \begin{bmatrix} 2 & 0 \end{bmatrix} \begin{bmatrix} \lambda_1(n) \\ \lambda_2(n) \end{bmatrix}$$

从而 $C = \begin{bmatrix} 2 & 1 \end{bmatrix}, D = 0$。

由

$$(zI - A)^{-1} = Z[A^n] \cdot z^{-1}$$

得到 $(zI - A)^{-1}$。

解法二　　由输出方程

$$y(n) = 2\lambda_1(n)$$

可见,响应只与 $\lambda_1(n)$ 有关。由 $\lambda_1(n)$ 的状态方程(式(8-10.1))可见,$\lambda_1(n)$ 只由 $x(n)$ 决定(与 $\lambda_2(n)$ 无关);为此建立联立方程

$$\begin{cases} \lambda_1(n+1) = x(n) + \dfrac{1}{2}\lambda_1(n) \\ y(n) = 2\lambda_1(n) \end{cases} \tag{8-10.3}$$

将 $\lambda_1(n)$ 作为中间变量约掉,得到 $x(n)$ 与 $y(n)$ 的关系。

差分方程组(8-10.3)在时域处理较复杂,可利用 Z 变换,将差分运算转化为乘法运算:

$$\begin{cases} z\Lambda_1(z) = X(Z) + \dfrac{1}{2}\Lambda_1(z) \\ Y(z) = 2\Lambda_1(z) \end{cases}$$

从而

$$\begin{cases} \Lambda_1(z) = \dfrac{X(z)}{z - \dfrac{1}{2}} \\ \Lambda_1(z) = \dfrac{Y(z)}{2} \end{cases}$$

则

$$\frac{X(z)}{z - \dfrac{1}{2}} = \frac{Y(z)}{2}$$

逆 Z 变换

$$y(n+1)-\frac{1}{2}y(n)=2x(n)$$

8－11 系统状态方程和输出方程

$$\begin{cases} \dot{\boldsymbol{\lambda}}(t)=\boldsymbol{A}\boldsymbol{\lambda}(t)+\boldsymbol{B}e(t) \\ r(t)=\boldsymbol{C}\boldsymbol{\lambda}(t) \end{cases}$$

其中 $\boldsymbol{A}=\begin{bmatrix} -2 & 2 & -1 \\ 0 & -2 & 0 \\ 1 & -4 & 0 \end{bmatrix}$, $\boldsymbol{B}=\begin{bmatrix} 0 \\ 1 \\ 1 \end{bmatrix}$, $\boldsymbol{C}=\begin{bmatrix} 1 & 0 & 0 \end{bmatrix}$。

1. 判断系统可控性与可观性；

2. 求系统函数矩阵。

【分析与解答】

1. 构造 $\boldsymbol{M}$ 矩阵：

$\boldsymbol{M}=\begin{bmatrix} \boldsymbol{B} & \boldsymbol{AB} & \boldsymbol{A}^2\boldsymbol{B} \end{bmatrix}=$

$$\begin{bmatrix} 0 \\ 1 \\ 1 \end{bmatrix} \begin{bmatrix} -2 & 2 & -1 \\ 0 & -2 & 0 \\ 1 & -4 & 0 \end{bmatrix}\cdot\begin{bmatrix} 0 \\ 1 \\ 1 \end{bmatrix} \begin{bmatrix} -2 & 2 & -1 \\ 0 & -2 & 0 \\ 1 & -4 & 0 \end{bmatrix}\begin{bmatrix} -2 & 2 & -1 \\ 0 & -2 & 0 \\ 1 & -4 & 0 \end{bmatrix}\cdot\begin{bmatrix} 0 \\ 1 \\ 1 \end{bmatrix} =$$

$$\begin{bmatrix} 0 & 1 & -2 \\ 1 & -2 & 4 \\ 1 & -4 & 9 \end{bmatrix}$$

对 $\boldsymbol{M}$ 初等变换：

$$\begin{bmatrix} 0 & 1 & -2 \\ 1 & -2 & 4 \\ 1 & -4 & 9 \end{bmatrix} \xrightarrow{\text{第3行-第2行}} \begin{bmatrix} 0 & 1 & -2 \\ 1 & -2 & 4 \\ 0 & -2 & 5 \end{bmatrix} \xrightarrow{\text{第2行+（第1行乘2）}}$$

$$\begin{bmatrix} 0 & 1 & -2 \\ 1 & 0 & 0 \\ 1 & -2 & 5 \end{bmatrix} \xrightarrow{\text{第3行+（第1行乘2）}} \begin{bmatrix} 0 & 1 & -2 \\ 1 & 0 & 0 \\ 1 & 0 & 1 \end{bmatrix} \xrightarrow{\text{第3行-第2行}}$$

$$\begin{bmatrix} 0 & 1 & -2 \\ 1 & 0 & 0 \\ 0 & 0 & 1 \end{bmatrix} \xrightarrow{\text{第1行+（第3行乘2）}} \begin{bmatrix} 0 & 1 & 0 \\ 1 & 0 & 0 \\ 0 & 0 & 1 \end{bmatrix}$$

可见 $\boldsymbol{M}$ 中线性无关组个数为 3，$\mathrm{rank}(\boldsymbol{M})=3$，与矩阵阶数相同，满秩；从而系统可控。

构造 $\boldsymbol{N}$ 矩阵：

$$\boldsymbol{N}=\begin{bmatrix} \boldsymbol{C} \\ \boldsymbol{CA} \\ \boldsymbol{CA}^2 \end{bmatrix}=\begin{bmatrix} \begin{bmatrix} 1 & 0 & 0 \end{bmatrix} \\ \begin{bmatrix} 1 & 0 & 0 \end{bmatrix}\begin{bmatrix} -2 & 2 & -1 \\ 0 & -2 & 0 \\ 1 & -4 & 0 \end{bmatrix} \\ \begin{bmatrix} 1 & 0 & 0 \end{bmatrix}\begin{bmatrix} -2 & 2 & -1 \\ 0 & -2 & 0 \\ 1 & -4 & 0 \end{bmatrix}\begin{bmatrix} -2 & 2 & -1 \\ 0 & -2 & 0 \\ 1 & -4 & 0 \end{bmatrix} \end{bmatrix}=\begin{bmatrix} 1 & 0 & 0 \\ -2 & 2 & -1 \\ 3 & -4 & 2 \end{bmatrix}$$

对 N 初等变换：

$$\begin{bmatrix} 1 & 0 & 0 \\ -2 & 2 & -1 \\ 3 & -4 & 2 \end{bmatrix} \xrightarrow{\text{第2行}+(\text{第1行乘2})} \begin{bmatrix} 1 & 0 & 0 \\ 0 & 2 & -1 \\ 3 & -4 & 2 \end{bmatrix} \xrightarrow{\text{第3行}-(\text{第1行乘3})}$$

$$\begin{bmatrix} 1 & 0 & 0 \\ 0 & 2 & -1 \\ 0 & -4 & 2 \end{bmatrix} \xrightarrow{\text{第3行}+(\text{第2行乘2})} \begin{bmatrix} 1 & 0 & 0 \\ 0 & 2 & -1 \\ 0 & 0 & 0 \end{bmatrix} \xrightarrow{(\text{第3列乘2})+\text{第2列}}$$

$$\begin{bmatrix} 1 & 0 & 0 \\ 0 & 2 & 0 \\ 0 & 0 & 0 \end{bmatrix} \xrightarrow{\text{第2行除以2}} \begin{bmatrix} 1 & 0 & 0 \\ 0 & 1 & 0 \\ 0 & 0 & 0 \end{bmatrix}$$

可见 N 中线性无关组个数为 2，$\mathrm{rank}[N]=2$，不满秩，因而系统不可观。

2．一般题目中系统不超过二阶；本题为三阶系统。

$$sI - A = \begin{bmatrix} s+2 & -2 & 1 \\ 0 & s+2 & 0 \\ -1 & 4 & s \end{bmatrix}$$

$$\det(sI - A) = (s+2)(s+2)s - (-1)(s+2) = (s+2)(s+1)^2$$

$$\mathrm{adj}(sI - A) = \begin{bmatrix} s^2+s & 2s+4 & -(s+2) \\ 0 & s^2+2s+1 & 0 \\ s+2 & -(4s+6) & (s+2)^2 \end{bmatrix}$$

$$(sI - A)^{-1} = \frac{\mathrm{adj}(sI-A)}{\det(sI-A)} = \begin{bmatrix} \dfrac{s}{(s+1)^2} & \dfrac{2}{(s+1)^2} & -\dfrac{1}{(s+1)^2} \\ 0 & \dfrac{1}{s+2} & 0 \\ \dfrac{1}{(s+1)^2} & -\dfrac{4s+6}{(s+2)(s+1)^2} & \dfrac{s+2}{(s+1)^2} \end{bmatrix}$$

$$H(s) = C(sI-A)^{-1}B + D = \frac{1}{(s+1)^2}$$

8－12　设系统状态向量 $\lambda(t) = [\lambda_1(t) \quad \lambda_2(t)]^\mathrm{T}$，状态转移矩阵

$$e^{At} = \begin{bmatrix} 2e^{-t} - e^{-2t} & -2e^{-t} + 2e^{-2t} \\ e^{-t} - e^{-2t} & -e^{-t} + 2e^{-2t} \end{bmatrix}$$

激励 $e(t) = \delta(t)$ 时，状态向量的零状态解及零状态响应为

$$\begin{cases} \lambda(t) = \begin{bmatrix} 12e^{-t} - 12e^{-2t} \\ 6e^{-t} - 12e^{-2t} \end{bmatrix} u(t) \\ r(t) = \delta(t) + (6e^{-t} - 12e^{-2t})u(t) \end{cases}$$

试确定系统状态方程及输出方程。

【分析与解答】

本题已知激励、初始状态、状态向量及输出向量来确定系统特性，需确定 A、B、C、D 这 4 个系数矩阵，比例 8－5 更复杂。由已知条件知系统二阶单输入－单输出系统。

激励为 $\delta(t)$ 时的零状态响应为系统单位冲激响应矩阵 $h(t)$，系统单输入－单输出，从

而单位冲激响应矩阵为 1 维：

$$h(t) = \delta(t) + (6e^{-t} - 12e^{-2t})u(t) \qquad (8-12.1)$$

可见系统因果及稳定（由于 $h(t)$ 单边及绝对可积）；或由上式知系统微分方程特征根为 -1 与 -2；特征根为系统函数极点，即极点均位于 s 平面左半平面，也可确定系统稳定。

$h(t)$ 中包含 $\delta(t)$，表明系统具有系数为 1 的幅度放大作用；且系统微分方程中，左侧响应最高阶微分项阶数与右侧激励最高阶微分项阶数应相同（如第 2 章中所述），即微分方程形式

$$\frac{d^2 r(t)}{dt^2} + a_1 \frac{dr(t)}{dt} + a_0 r(t) = b_2 \frac{d^2 e(t)}{dt^2} + b_1 \frac{de(t)}{dt} + b_0 e(t)$$

与例 8-5 类似，由 e^{At} 求出 $\boldsymbol{A}$：

$$\boldsymbol{A} = \frac{de^{At}}{dt}\bigg|_{t=0} = \frac{d\begin{bmatrix} 2e^{-t} - e^{-2t} & -2e^{-t} + 2e^{-2t} \\ e^{-t} - e^{-2t} & -e^{-t} + 2e^{-2t} \end{bmatrix}}{dt}\Bigg|_{t=0} =$$

$$\begin{bmatrix} -2e^{-t} + 2e^{-2t} & 2e^{-t} - 4e^{-2t} \\ -e^{-t} + 2e^{-2t} & e^{-t} - 4e^{-2t} \end{bmatrix}\Bigg|_{t=0} = \begin{bmatrix} 0 & -2 \\ 1 & -3 \end{bmatrix}$$

$\boldsymbol{B}$ 为状态方程系数矩阵，与 $\boldsymbol{A}$ 共同决定了输入向量与状态向量的关系，因而应基于状态向量确定 $\boldsymbol{B}$。

状态向量的零状态分量

$$\boldsymbol{\lambda}_{zs}(t) = e^{At}\boldsymbol{B} * e(t)$$

激励为 $\delta(t)$ 时，状态向量的零状态分量为

$$e^{At}\boldsymbol{B} * \delta(t) = e^{At}\boldsymbol{B} = \begin{bmatrix} 2e^{-t} - e^{-2t} & -2e^{-t} + 2e^{-2t} \\ e^{-t} - e^{-2t} & -e^{-t} + 2e^{-2t} \end{bmatrix}\boldsymbol{B}$$

由已知条件得

$$\begin{bmatrix} 2e^{-t} - e^{-2t} & -2e^{-t} + 2e^{-2t} \\ e^{-t} - e^{-2t} & -e^{-t} + 2e^{-2t} \end{bmatrix}\boldsymbol{B} = \begin{bmatrix} 12e^{-t} - 12e^{-2t} \\ 6e^{-t} - 12e^{-2t} \end{bmatrix}$$

由状态方程

$$\dot{\boldsymbol{\lambda}}(t) = \boldsymbol{A}\boldsymbol{\lambda}(t) + \boldsymbol{B}e(t)$$

$\boldsymbol{\lambda}(t)$ 二维，$e(t)$ 1 维，则 $\boldsymbol{B}$ 为二维，因而设 $\boldsymbol{B} = \begin{bmatrix} b_1 \\ b_2 \end{bmatrix}$。

从而

$$\begin{bmatrix} 2e^{-t} - e^{-2t} & -2e^{-t} + 2e^{-2t} \\ e^{-t} - e^{-2t} & -e^{-t} + 2e^{-2t} \end{bmatrix}\begin{bmatrix} b_1 \\ b_2 \end{bmatrix} = \begin{bmatrix} 12e^{-t} - 12e^{-2t} \\ 6e^{-t} - 12e^{-2t} \end{bmatrix} \qquad (8-12.2)$$

则

$$\begin{bmatrix} (2b_1 - 2b_2)e^{-t} + (-b_1 + 2b_2)e^{-2t} \\ (b_1 - b_2)e^{-t} + (-b_1 + 2b_2)e^{-2t} \end{bmatrix} = \begin{bmatrix} 12e^{-t} - 12e^{-2t} \\ 6e^{-t} - 12e^{-2t} \end{bmatrix} \qquad (8-12.3)$$

考虑第 1 行元素（第 1 个状态变量），令两侧对应项系数相同：

$$\begin{cases} 2b_1 - 2b_2 = 12 \\ -b_1 + 2b_2 = -12 \end{cases}$$

则

$$\begin{cases} b_1 = 0 \\ b_2 = -6 \end{cases}$$

代入式(8－12.3)左侧第 2 行(第 2 个状态变量),可见其与右侧向量第 2 行相同,从而验证 b_1、b_2 满足式(8－12.2)。

C 和 D 为输出方程的系数矩阵,应由已知的系统输出条件确定。

由输出方程

$$r(t) = C\lambda(t) + De(t)$$

由已知条件知 $r(t)$,$e(t)$ 为 1 维,$\lambda(t)$ 为 2 维;则 C 为 2 维行向量,D 为标量。 设 $C = \begin{bmatrix} c_1 & c_2 \end{bmatrix}$,$D = d$。将已知条件 $e(t)$,$\lambda(t)$ 和 $r(t)$ 代入得

$$r(t) = \begin{bmatrix} c_1 & c_2 \end{bmatrix}\lambda(t) + de(t)$$

即

$$\delta(t) + (6e^{-t} - 12e^{-2t}) = \begin{bmatrix} c_1 & c_2 \end{bmatrix}\begin{bmatrix} 12e^{-t} - 12e^{-2t} \\ 6e^{-t} - 12e^{-2t} \end{bmatrix} + d\delta(t) =$$

$$(12c_1 + 6c_2)e^{-t} + (-12c_1 - 12c_2)e^{-2t} + d\delta(t)$$

从而

$$\begin{cases} 12c_1 + 6c_2 = 6 \\ -12c_1 - 12c_2 = -12 \\ d = 1 \end{cases}$$

则

$$\begin{cases} c_1 = 0 \\ c_2 = 1 \\ d = 1 \end{cases}$$

即

$$\begin{cases} C = \begin{bmatrix} 0 & 1 \end{bmatrix} \\ D = 1 \end{cases}$$

8－13　系统结构如图 8－13。

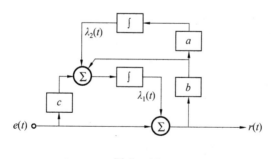

图 8－13

1.列写状态方程与输出方程;

2.设初始状态为 0,$e(t) = u(t)$ 时,$\begin{bmatrix} \lambda_1(t) \\ \lambda_2(t) \end{bmatrix} = \begin{bmatrix} 3e^{-2t} - 2e^{-t} - 1 \\ 3e^{-2t} - 4e^{-t} + 1 \end{bmatrix}u(t)$,试确定 a, b, c 各参数。

【分析与解答】

1.该结构图不是标准的模拟框图形式。积分器个数决定了系统状态变量个数,因而选择积分器输出作为状态变量:设上面的积分器输出为 $\lambda_2(t)$,下面的积分器输出为 $\lambda_1(t)$ 。

上面的积分器,输入输出关系:

$$\dot{\lambda}_2(t) = abr(t) \tag{8-13.1}$$

下面的积分器,输入输出关系:

$$\dot{\lambda}_1(t) = br(t) + \lambda_2(t) + ce(t) \tag{8-13.2}$$

下面的加法器,输入输出关系:

$$r(t) = \lambda_1(t) + e(t) \tag{8-13.3}$$

式(8-13.3)分别代入式(8-13.1)和式(8-13.2),有

$$\begin{cases} \dot{\lambda}_1(t) = b\lambda_1(t) + \lambda_2(t) + (b+c)e(t) \\ \dot{\lambda}_2(t) = ab\lambda_1(t) + abe(t) \end{cases}$$

表示为矩阵方程:

$$\begin{bmatrix} \dot{\lambda}_1(t) \\ \dot{\lambda}_2(t) \end{bmatrix} = \begin{bmatrix} b & 1 \\ ab & 0 \end{bmatrix} \begin{bmatrix} \lambda_1(t) \\ \lambda_2(t) \end{bmatrix} + \begin{bmatrix} b+c \\ ab \end{bmatrix} e(t) \tag{8-13.4}$$

由式(8-13.3)有

$$r(t) = \begin{bmatrix} 1 & 0 \end{bmatrix} \begin{bmatrix} \lambda_1(t) \\ \lambda_2(t) \end{bmatrix} + e(t)$$

2.与例8-5及例8-12类似,已知初始状态、激励及状态向量,求系统特性。

应从已知条件中的状态向量开始考虑。应由状态方程解状态向量,其零状态分量可用拉普拉斯变换法求解,以避免卷积运算。其象函数

$$\boldsymbol{\Lambda}_{zs}(s) = (s\boldsymbol{I} - \boldsymbol{A})^{-1} \boldsymbol{B} E(s) \tag{8-13.5}$$

$$E(s) = \frac{1}{s}$$

$$(s\boldsymbol{I} - \boldsymbol{A})^{-1} = \begin{bmatrix} s-b & -1 \\ -ab & s \end{bmatrix}^{-1} = \frac{\mathrm{adj}\begin{bmatrix} s-b & -1 \\ -ab & s \end{bmatrix}}{\begin{vmatrix} s-b & -1 \\ -ab & s \end{vmatrix}} = \frac{1}{s^2 - bs - ab} \begin{bmatrix} s & 1 \\ ab & s-b \end{bmatrix}$$

$$\boldsymbol{\Lambda}_{zs}(s) = \frac{1}{s^2 - bs - ab} \begin{bmatrix} s & 1 \\ ab & s-b \end{bmatrix} \begin{bmatrix} b+c \\ ab \end{bmatrix} \frac{1}{s} = \frac{1}{s(s^2 - bs - ab)} \begin{bmatrix} (b+c)s + ab \\ abs + abc \end{bmatrix}$$

由已知条件得

$$\boldsymbol{\Lambda}_{zs}(s) = \mathscr{L}\left\{ \begin{bmatrix} 3e^{-2t} - 2e^{-t} - 1 \\ 3e^{-2t} - 4e^{-t} + 1 \end{bmatrix} u(t) \right\} = \begin{bmatrix} \dfrac{3}{s+2} - \dfrac{2}{s+1} - \dfrac{1}{s} \\ \dfrac{3}{s+2} - \dfrac{4}{s+1} + \dfrac{1}{s} \end{bmatrix} =$$

$$\frac{1}{s(s^2 + 3s + 2)} \cdot \begin{bmatrix} -4s - 2 \\ -2s + 2 \end{bmatrix}$$

令上面两个 $\boldsymbol{\Lambda}_{zs}(s)$ 的对应项系数相同:

$$\begin{cases} b+c=-4 \\ -b=3 \\ -ab=2 \end{cases}$$

得

$$\begin{cases} a=\dfrac{2}{3} \\ b=-3 \\ c=-1 \end{cases}$$

8－14　离散系统状态方程与输出方程为

$$\begin{bmatrix} \lambda_1(n+1) \\ \lambda_2(n+1) \end{bmatrix} = \begin{bmatrix} 1 & -2 \\ a & b \end{bmatrix} \begin{bmatrix} \lambda_1(n) \\ \lambda_2(n) \end{bmatrix} + \begin{bmatrix} 1 \\ 0 \end{bmatrix} x(n)$$

$$y(n) = \begin{bmatrix} 1 & 1 \end{bmatrix} \begin{bmatrix} \lambda_1(n) \\ \lambda_2(n) \end{bmatrix}$$

$x(n)=0$ 时,$y(n)=8(-1)^n-5(-2)^n$;

　　试求:1.常数 a,b;　2.$\lambda_1(n)$ 与 $\lambda_2(n)$。

【分析与解答】

1.由 $y(n)$ 表达式知,$\boldsymbol{A}$ 的特征根 $\alpha_1=-1,\alpha_2=-2$。

通常情况是由矩阵求特征根,本题需由特征根确定矩阵,即求矩阵参数 a 和 b。

$\boldsymbol{A}$ 的特征方程

$$\det|\alpha\boldsymbol{I}-\boldsymbol{A}| = \begin{vmatrix} \alpha-1 & 2 \\ -a & \alpha-b \end{vmatrix} = \alpha^2 - (b+1)\alpha + b + 2a = 0$$

特征根满足特征方程,因而将 α_1 和 α_2 代入特征方程得:

$$\begin{cases} 1+b+1+b+2a=0 \\ 4-(b+1)(-2)+b+2a=0 \end{cases}$$

则

$$\begin{cases} a=3 \\ b=-4 \end{cases}$$

2.通常问题是已知状态向量求输出向量,本题需由输出向量求状态向量。

解法一　设

$$\begin{bmatrix} \lambda_1(n) \\ \lambda_2(n) \end{bmatrix} = \begin{bmatrix} C_1(-1)^n + C_2(-2)^n \\ C_3(-1)^n + C_4(-2)^n \end{bmatrix} \tag{8－14.1}$$

因而需确定 4 个系数。

由输出方程及已知的 $y(n)$,得

$$\lambda_1(n) + \lambda_2(n) = 8(-1)^n - 5(-2)^n$$

考虑式(8－14.1)得

$$(C_1+C_3)(-1)^n + (C_2+C_4)(-2)^n = 8(-1)^n - 5(-2)^n$$

从而

$$\begin{cases} C_3 = 8 - C_1 \\ C_4 = -5 - C_2 \end{cases}$$

则

$$\begin{bmatrix} \lambda_1(n) \\ \lambda_2(n) \end{bmatrix} = \begin{bmatrix} C_1(-1)^n + C_2(-2)^n \\ (8-C_1)(-1)^n - (5+C_2)(-2)^n \end{bmatrix} \qquad (8-14.2)$$

从而将状态向量表示为两个待定系数的形式，为此需求解待定系数。

由状态方程得

$$\lambda_1(n+1) = \lambda_1(n) - 2\lambda_2(n) =$$
$$C_1(-1)^n + C_2(-2)^n - 2[(8-C_1)(-1)^n - (5+C_2)(-2)^n] =$$
$$(3C_1 - 16)(-1)^n + (3C_2 + 10)(-2)^n$$

$$\lambda_2(n+1) = 3\lambda_1(n) - 4\lambda_2(n) = (-C_1 - 32)(-1)^n + (7C_2 + 20)(-2)^n$$

上式不是关于 $\lambda(n)$ 表达式，为此用 n 进行变量代换

$$\begin{cases} \lambda_1(n) = (3C_1 - 16)(-1)^{n-1} + (3C_2 + 10)(-2)^{n-1} \\ \lambda_2(n) = (-C_1 - 32)(-1)^{n-1} + (7C_2 + 20)(-2)^{n-1} \end{cases}$$

整理得到状态向量的另一种形式

$$\begin{bmatrix} \lambda_1(n) \\ \lambda_2(n) \end{bmatrix} = \begin{bmatrix} (16 - 3C_1)(-1)^n - \left(\dfrac{3}{2}C_2 + 5\right)(-2)^n \\ (C_1 + 32)(-1)^n - \left(\dfrac{7}{2}C_2 + 10\right)(-2)^n \end{bmatrix}$$

与式 $(8-14.2)$ 比较：

$$\begin{cases} 16 - 3C_1 = C_1 \\ \dfrac{3}{2}C_2 + 5 = -C_2 \end{cases}$$

从而

$$\begin{cases} C_1 = 4 \\ C_2 = -2 \end{cases}$$

$$\begin{cases} \lambda_1(n) = 4(-1)^n - 2(-2)^n \\ \lambda_2(n) = 4(-1)^n - 3(-2)^n \end{cases}$$

解法二　根据已知条件，应求状态向量的零输入解。由于

$$\boldsymbol{\lambda}_{zi}(n) = \boldsymbol{A}^n \boldsymbol{\lambda}(0)$$

因而应确定 $\boldsymbol{A}^n$ 及 $\boldsymbol{\lambda}(0)$。

由 $\alpha^n = C_0 + C_1 \alpha$ 及特征根，有

$$\begin{cases} C_0 - C_1 = (-1)^n \\ C_0 - 2C_1 = (-2)^n \end{cases}$$

从而

$$\begin{cases} C_0 = 2(-1)^n - (-2)^n \\ C_1 = (-1)^n - (-2)^n \end{cases}$$

$$\boldsymbol{A} = \begin{bmatrix} 1 & -2 \\ 3 & -4 \end{bmatrix}, 则$$

$$A^n = C_0 \boldsymbol{I} + C_1 \boldsymbol{A} = \begin{bmatrix} 3(-1)^n - 2(-2)^n & -2(-1)^n + 2(-2)^n \\ 3(-1)^n - 3(-2)^n & -2(-1)^n + 3(-2)^n \end{bmatrix}$$

$\boldsymbol{\lambda}(0)$ 题目中未给出，应由已知条件 $y_{zi}(n) = 8(-1)^n - 5(-2)^n$ 确定。

$$y_{zi}(0) = 3$$

应由 $y_{zi}(0)$ 确定 $\lambda_1(0)$ 及 $\lambda_2(0)$。由输出方程得

$$\lambda_1(0) + \lambda_2(0) = 3 \qquad\qquad (8-14.3)$$

为求两个未知数，还需建立一个方程。可利用响应的另一个边界值 $y_{zi}(1)$：

$$y_{zi}(1) = 2$$

由输出方程得

$$\lambda_1(1) + \lambda_2(1) = y(1) = 2$$

应将上式表示为关于 $\lambda_1(0)$ 及 $\lambda_2(0)$ 的方程，为此应用状态方程

$$\begin{cases} \lambda_1(n+1) = \lambda_1(n) - 2\lambda_2(n) \\ \lambda_2(n+1) = 3\lambda_1(n) - 4\lambda_2(n) \end{cases}$$

代入 $n=1$ 得

$$\begin{cases} \lambda_1(1) = \lambda_1(0) - 2\lambda_2(0) \\ \lambda_2(1) = 3\lambda_1(0) - 4\lambda_2(0) \end{cases}$$

将两个方程相加：

$$\lambda_1(1) + \lambda_2(1) = 4\lambda_1(0) - 6\lambda_2(0) = 2$$

与式(8-14.3)联立

$$\begin{cases} \lambda_1(0) + \lambda_2(0) = 3 \\ 4\lambda_1(0) - 6\lambda_2(0) = 2 \end{cases}$$

得

$$\begin{cases} \lambda_1(0) = 2 \\ \lambda_2(0) = 1 \end{cases}$$

$$\begin{bmatrix} \lambda_1(n) \\ \lambda_2(n) \end{bmatrix} = \boldsymbol{A}^n \boldsymbol{\lambda}(0) = \begin{bmatrix} 4(-1)^n - 2(-2)^n \\ 4(-1)^n - 3(-2)^n \end{bmatrix}$$

8-15   系统状态方程与输出方程为

$$\frac{\mathrm{d}}{\mathrm{d}t} \begin{bmatrix} \lambda_1(t) \\ \lambda_2(t) \end{bmatrix} = \begin{bmatrix} -1 & 2 \\ -1 & -4 \end{bmatrix} \begin{bmatrix} \lambda_1(t) \\ \lambda_2(t) \end{bmatrix} + \begin{bmatrix} 1 \\ 1 \end{bmatrix} e(t)$$

$$r(t) = \begin{bmatrix} 1 & -1 \end{bmatrix} \begin{bmatrix} \lambda_1(t) \\ \lambda_2(t) \end{bmatrix}$$

设 $\begin{bmatrix} \lambda_1(0^-) \\ \lambda_2(0^-) \end{bmatrix} = \begin{bmatrix} 1 \\ -1 \end{bmatrix}$，$e(t) = u(t)$。

1. 求状态向量与系统响应；

2. 选另一组状态变量 $\begin{bmatrix} g_1(t) \\ g_2(t) \end{bmatrix} = \begin{bmatrix} 1 & 1 \\ -1 & -2 \end{bmatrix} \begin{bmatrix} \lambda_1(t) \\ \lambda_2(t) \end{bmatrix}$，试确定以 $g(t)$ 为状态变量的状

态方程及输出方程，并求 $e(t) = u(t)$ 时的状态向量与响应。

【分析与解答】

1.
$$|\alpha \boldsymbol{I} - \boldsymbol{A}| = \begin{vmatrix} \alpha + 1 & -2 \\ 1 & \alpha + 4 \end{vmatrix} = \alpha^2 + 5\alpha + 6 = 0$$
$$\alpha_1 = -2, \alpha_2 = -3$$

$\boldsymbol{A}$ 为 2 阶，故 $e^{\alpha t} = C_0 + C_1\alpha$。

代入特征根，得 $\begin{cases} e^{-2t} = C_0 - 2C_1 \\ e^{-3t} = C_0 - 3C_1 \end{cases}$，从而

$$\begin{cases} C_0 = 3e^{-2t} - 2e^{-3t} \\ C_1 = e^{-2t} - e^{-3t} \end{cases}$$

$$e^{\boldsymbol{A}t} = C_0\boldsymbol{I} + C_1\boldsymbol{A} = \begin{bmatrix} 2e^{-2t} - e^{-3t} & 2e^{-2t} - 2e^{-3t} \\ -e^{-2t} + e^{-3t} & -e^{-2t} + 2e^{-3t} \end{bmatrix}$$

$$\boldsymbol{\lambda}(t) = e^{\boldsymbol{A}t}\boldsymbol{\lambda}(0^-) + e^{\boldsymbol{A}t}\boldsymbol{B} * \boldsymbol{e}(t) =$$

$$\begin{bmatrix} 2e^{-2t} - e^{-3t} & 2e^{-2t} - 2e^{-3t} \\ -e^{-2t} + e^{-3t} & -e^{-2t} + 2e^{-3t} \end{bmatrix} \begin{bmatrix} 1 \\ -1 \end{bmatrix} +$$

$$\int_{0^-}^{t} \begin{bmatrix} 2e^{-2(t-\tau)} - e^{-3(t-\tau)} & 2e^{-2(t-\tau)} - 2e^{-3(t-\tau)} \\ -e^{-2(t-\tau)} + e^{-3(t-\tau)} & -e^{-2(t-\tau)} + 2e^{-3(t-\tau)} \end{bmatrix} \begin{bmatrix} 1 \\ 1 \end{bmatrix} u(\tau)\, d\tau =$$

$$\begin{bmatrix} 1 - 2e^{-2t} + 2e^{-3t} \\ e^{-2t} - e^{-3t} \end{bmatrix} u(t)$$

$$r(t) = \lambda_1(t) - \lambda_2(t) = (1 - 2e^{-2t} + 2e^{-3t}) - (e^{-2t} - e^{-3t}) =$$
$$(1 - 3e^{-2t} + 4e^{-3t})u(t)$$

2. 新的状态变量 $g_1(t)$ 及 $g_2(t)$ 为 $\lambda_1(t)$ 与 $\lambda_2(t)$ 的线性组合。为建立其状态方程，应从 $\lambda_1(t)$ 与 $\lambda_2(t)$ 的状态方程着手。

由 $g_1(t) = \lambda_1(t) + \lambda_2(t)$，进行一阶微分：

$$\frac{dg_1(t)}{dt} = \frac{d\lambda_1(t)}{dt} + \frac{d\lambda_2(t)}{dt}$$

代入 $\lambda_1(t)$ 与 $\lambda_2(t)$ 的状态方程得

$$\frac{dg_1(t)}{dt} = [-\lambda_1(t) + 2\lambda_2(t) + e(t)] + [-\lambda_1(t) - 4\lambda_2(t) + e(t)] =$$
$$-2[\lambda_1(t) + \lambda_2(t)] + 2e(t)$$

从而

$$\frac{dg_1(t)}{dt} = -2g_1(t) + 2e(t)$$

由 $g_2(t) = -\lambda_1(t) - 2\lambda_2(t)$，得

$$\frac{dg_2(t)}{dt} = -\frac{d\lambda_1(t)}{dt} - 2\frac{d\lambda_2(t)}{dt} =$$
$$-[-\lambda_1(t) + 2\lambda_2(t) + e(t)] - 2[-\lambda_1(t) - 4\lambda_2(t) + e(t)] =$$
$$3\lambda_1(t) + 6\lambda_2(t) - 3e(t) =$$
$$-3g_2(t) - 3e(t)$$

状态方程

$$\frac{\mathrm{d}}{\mathrm{d}t}\begin{bmatrix}g_1(t)\\g_2(t)\end{bmatrix}=\begin{bmatrix}-2&0\\0&-3\end{bmatrix}\begin{bmatrix}g_1(t)\\g_2(t)\end{bmatrix}+\begin{bmatrix}2\\-3\end{bmatrix}e(t)$$

即

$$\boldsymbol{A}=\begin{bmatrix}-2&0\\0&-3\end{bmatrix}$$

对输出方程,应将有关 $\boldsymbol{\lambda}(t)$ 的输出方程的右侧进行变换,得到关于 $g_1(t)$ 与 $g_2(t)$ 的形式。

由

$$\begin{bmatrix}g_1(t)\\g_2(t)\end{bmatrix}=\begin{bmatrix}1&1\\-1&-2\end{bmatrix}\begin{bmatrix}\lambda_1(t)\\\lambda_2(t)\end{bmatrix}\tag{8-15}$$

得

$$\begin{bmatrix}\lambda_1(t)\\\lambda_2(t)\end{bmatrix}=\begin{bmatrix}1&1\\-1&-2\end{bmatrix}^{-1}\begin{bmatrix}g_1(t)\\g_2(t)\end{bmatrix}=\begin{bmatrix}2&1\\-1&-1\end{bmatrix}\begin{bmatrix}g_1(t)\\g_2(t)\end{bmatrix}$$

$$r(t)=\begin{bmatrix}1&-1\end{bmatrix}\cdot\begin{bmatrix}2&1\\-1&-1\end{bmatrix}\begin{bmatrix}g_1(t)\\g_2(t)\end{bmatrix}=\begin{bmatrix}3&2\end{bmatrix}\begin{bmatrix}g_1(t)\\g_2(t)\end{bmatrix}$$

$\boldsymbol{g}(t)$ 为 $\boldsymbol{\lambda}(t)$ 的线性变换,因而 $\boldsymbol{g}(t)$ 的初始状态可由 $\boldsymbol{\lambda}(0^-)$ 经线性变换得到。由式 (8-15) 得

$$\boldsymbol{g}(0^-)=\begin{bmatrix}1&1\\-1&-2\end{bmatrix}\boldsymbol{\lambda}(0^-)=\begin{bmatrix}0\\1\end{bmatrix}$$

$$|\alpha\boldsymbol{I}-\boldsymbol{A}|=\begin{vmatrix}\alpha+2&0\\0&\alpha+3\end{vmatrix}=(\alpha+2)(\alpha+3)=0$$

$$\alpha_1=-2,\alpha_2=-3$$

由

$$\begin{cases}\mathrm{e}^{-2t}=C_0-2C_1\\\mathrm{e}^{-3t}=C_0-3C_1\end{cases}$$

得

$$\begin{cases}C_0=3\mathrm{e}^{-2t}-2\mathrm{e}^{-3t}\\C_1=\mathrm{e}^{-2t}-\mathrm{e}^{-3t}\end{cases}$$

$$\mathrm{e}^{\boldsymbol{A}t}=C_0\boldsymbol{I}+C_1\boldsymbol{A}=\begin{bmatrix}\mathrm{e}^{-2t}&0\\0&\mathrm{e}^{-3t}\end{bmatrix}$$

$$\boldsymbol{g}(t)=\mathrm{e}^{\boldsymbol{A}t}\boldsymbol{g}(0^-)+\int_{0^-}^{t}\mathrm{e}^{\boldsymbol{A}(t-\tau)}\boldsymbol{B}e(\tau)\,\mathrm{d}\tau=$$

$$\begin{bmatrix}\mathrm{e}^{-2t}&0\\0&\mathrm{e}^{-3t}\end{bmatrix}\begin{bmatrix}0\\1\end{bmatrix}+\int_{0^-}^{t}\begin{bmatrix}\mathrm{e}^{-2(t-\tau)}&0\\0&\mathrm{e}^{-3(t-\tau)}\end{bmatrix}\begin{bmatrix}2\\-3\end{bmatrix}u(\tau)\,\mathrm{d}\tau=$$

$$\begin{bmatrix}1-\mathrm{e}^{-2t}\\-1+2\mathrm{e}^{-3t}\end{bmatrix}u(t)$$

$$r(t)=\begin{bmatrix}3&2\end{bmatrix}\boldsymbol{g}(t)=(1-3\mathrm{e}^{-2t}+4\mathrm{e}^{-3t})u(t)$$

哈尔滨工业大学硕士研究生入学考试试题

2010 年试题

一、分析下列各题

1. 已知实信号 $f_0(t)$ 是偶函数,其傅里叶变换 $F_0(\omega)$ 的实部 $\mathrm{Re}[F_0(\omega)]$ 和虚部 $\mathrm{Im}[F_0(\omega)]$ 各呈什么特点?信号 $f(t)=f_0(t)\sin\omega_0 t$ 的傅里叶变换的实部 $\mathrm{Re}[F(\omega)]$ 和虚部 $\mathrm{Im}[F(\omega)]$ 又各呈什么特点?

2. 因果线性时不变 LTI 系统的系统函数为 $H_1(s)=\dfrac{H_{10}s}{s+5}$($H_{10}$ 为常数),试判断该系统具有何种滤波特性?如将该系统与另一个因果 LTI 系统 $H_2(s)=\dfrac{H_{20}s}{s+5}$($H_{20}$ 为常数)级联,试判断级联后的系统为何种滤波特性?

3. 若对信号 $f(t)=\mathrm{Sa}(\pi t)\cdot\mathrm{Sa}(4\pi t)$ 进行离散化抽样,试确定需要满足的奈奎斯特抽样频率。

4. 设 $f_0(nT_s)$ 为有限长序列,其频谱 $F_0(\mathrm{e}^{\mathrm{j}\omega})$ 具有什么特性? $f(nT_s)=f_0\left(\dfrac{n}{2}T_s\right)$ 的频谱 $F(\mathrm{e}^{\mathrm{j}\omega})$ 与 $F_0(\mathrm{e}^{\mathrm{j}\omega})$ 相比有什么不同?

二、计算下列各题

1. 设线性时不变 LTI 系统的单位阶跃响应 $g(t)=-u(t)+2u(t-1)$,将两个系统级联,试求其对输入 $e(t)=u(t)-u(t-2)$ 的零状态响应 $r(t)$。

2. 设 $f(t)\overset{\mathrm{FT}}{\longleftrightarrow}\dfrac{3}{\mathrm{j}\omega(\mathrm{j}\omega+3)}+\pi\delta(\omega)$,试求 $f(t)$。

3. 求离散因果系统 $y(n)-3y(n-1)+3y(n-2)-y(n-3)=2x(n)$ 的单位样值响应 $h(n)$。

4. 某离散系统单位样值响应 $h(n)=a^{-n}u(-n)$,输入 $x(n)=a^n u(n)$,$0<a<1$,试求该系统的零状态响应 $y(n)$。

三、已知周期信号 $f(t)$ 如图 1 所示,试求其傅里叶级数,并画出相应的频谱图。

四、设某因果 LTI 系统在输入信号 $e(t)$($t<0$ 时,$e(t)=0$)的作用下,响应(电压)$r(t)$ 在 $t=0$ 发生了 $+3\mathrm{V}$ 的跳变。$r(t)$ 的拉普拉斯变换为 $R(s)=\dfrac{10(s+2)}{s(s+5)}$,试确定系统响应的初始值 $r(0^-)$,并求在输入信号 $e'(t)$ 作用下的系统响应。

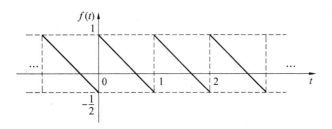

图 1

五、已知某因果离散系统的模拟框图如图 2 所示。试求：

（1）系统函数；

（2）系统单位样值响应；

（3）系统差分方程；

（4）判断系统稳定性。

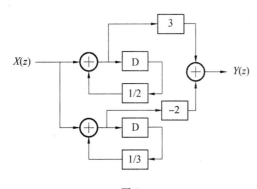

图 2

六、已知描述某连续系统的状态方程和输出方程分别为

$$\begin{bmatrix} \dot{\lambda}_1(t) \\ \dot{\lambda}_2(t) \end{bmatrix} = \begin{bmatrix} -1 & 2 \\ -1 & -4 \end{bmatrix} \begin{bmatrix} \lambda_1(t) \\ \lambda_2(t) \end{bmatrix} + \begin{bmatrix} 1 \\ 1 \end{bmatrix} e(t)$$

$$r(t) = \begin{bmatrix} 1 & -1 \end{bmatrix} \begin{bmatrix} \lambda_1(t) \\ \lambda_2(t) \end{bmatrix} + e(t)$$

（1）试根据状态方程求系统的微分方程,并画出系统的模拟框图；

（2）若在 $e(t) = u(t)$ 作用下,系统响应为 $r(t) = (2 - 3e^{-2t} + 4e^{-3t})u(t)$,求系统起始状态矢量 $\boldsymbol{\lambda}(0^-)$。

2010 年试题分析

一、

1.考察傅里叶变换的性质。由傅里叶变换定义容易证明,$\mathrm{Re}[F_0(\omega)]$ 是 ω 的实偶函数,$\mathrm{Im}[F_0(\omega)]$ 是 ω 的虚奇函数。

$$F(\omega) = \int_{-\infty}^{\infty} f(t) \sin \omega_0 t e^{-j\omega t} \, dt =$$

$$\int_{-\infty}^{\infty} f(t) \sin \omega_0 t \cos \omega t \, dt - j \int_{-\infty}^{\infty} f(t) \sin \omega_0 t \sin \omega t \, dt$$

$\mathrm{Im}[F(\omega)] = -\int_{-\infty}^{\infty} f(t) \sin \omega_0 t \sin \omega t \, dt$，被积函数 $f(t) \sin \omega_0 t \sin \omega t$ 为 t 的奇函数，在对称区间积分为 0，即 $\mathrm{Im}[F(\omega)] = 0$。

$\mathrm{Re}[F(\omega)] = \int_{-\infty}^{\infty} f(t) \sin \omega_0 t \cos \omega t \, dt$，被积函数为 t 的实信号，因而 $F(\omega)$ 为 ω 的实函数。$\cos \omega t$ 为 ω 的偶函数，即 $\mathrm{Re}[F(-\omega)] = \mathrm{Re}[F(\omega)]$，因而 $\mathrm{Re}[F(\omega)]$ 为 ω 的实偶函数。

2. $|H_1(\omega)| = H_{10} \dfrac{\omega}{\sqrt{\omega^2 + 5^2}}$，$|H_2(\omega)| = H_{20} \dfrac{\omega}{\sqrt{\omega^2 + 5^2}}$，两系统级联后，幅频特性为

$$|H_1(\omega)| \cdot |H_2(\omega)| = H_{10} H_{20} \dfrac{\omega^2}{\omega^2 + 5^2}$$

为高通滤波器。

原因也可解释为：$H_1(\omega)$ 与 $H_2(\omega)$ 均为高通滤波器，因而级联后仍为高通滤波器。

3. 根据傅里叶变换的频域卷积定理，$\mathscr{F}[f(t)] = \dfrac{1}{2\pi} \mathscr{F}[\mathrm{Sa}(\pi t)] * \mathscr{F}[\mathrm{Sa}(4\pi t)]$。

$\mathscr{F}[\mathrm{Sa}(\pi t)]$ 及 $\mathscr{F}[\mathrm{Sa}(4\pi t)]$ 可用对称性求，均为频域的矩形脉冲，其最高频率成分分别为 $\omega_{m_1} = \pi$，$\omega_{m_2} = 4\pi$。由卷积的图解过程可知，$\mathscr{F}[\mathrm{Sa}(\pi t)] * \mathscr{F}[\mathrm{Sa}(4\pi t)]$ 的存在范围为 $-(\omega_{m_1} + \omega_{m_2}) \leqslant \omega \leqslant \omega_{m_1} + \omega_{m_2}$；因而 $f(t)$ 最高频率成分为 5π。再根据取样定理确定最低取样频率。

4. $f_0(nT_s)$ 可看作 $f_0(t)$ 的取样信号（取样周期为 T_s），$F_0(e^{j\omega})$ 为连续的周期谱，谱线间隔为取样角频率 $\omega_s = 2\pi/T_s$。或根据序列的傅里叶变换定义

$$F_0(e^{j\omega}) = \sum_{n=-\infty}^{\infty} f_0(nT_s) e^{-j\omega nT_s} = \sum_{n=-\infty}^{\infty} f_0(nT_s) e^{-j\omega nT_s} e^{-j2\pi nk} =$$

$$\sum_{n=-\infty}^{\infty} f_0(nT_s) e^{-j\left(\omega + k \cdot \frac{2\pi}{T_s}\right) nT_s}$$

即 $F_0(e^{j\omega})$ 为周期 $2\pi/T_s$ 的周期谱。

$$F(e^{j\omega}) = \sum_{n=-\infty}^{\infty} f(nT_s) e^{-j\omega n} = \sum_{n=\text{even}} f_0\left(\dfrac{n}{2} T_s\right) e^{-j\omega n} = \sum_{m=-\infty}^{\infty} f_0(mT_s) e^{-j\omega 2m} =$$

$$\sum_{n=-\infty}^{\infty} f_0(nT_s) e^{-j2\omega n} = F_0(e^{j2\omega})$$

即 $F(e^{j\omega})$ 为 $F_0(e^{j\omega})$ 在频域压缩 2 倍的结果。

二、

1. $h(t) = \dfrac{dg(t)}{dt}$，$H(s) = \mathscr{L}[h(t)]$，级联后系统函数为 $H(s) \cdot H(s)$。

$$E(s) = \mathscr{L}[e(t)]$$

$$r(t) = \mathscr{L}^{-1}[E(s) H(s) H(s)]$$

2. 频谱分量 $\pi\delta(\omega)$ 对应于幅度 $1/2$ 的直流信号。对有理分式 $\dfrac{3}{j\omega(j\omega + 3)}$，与拉普拉斯

反变换中的部分分式展开法类似,可展开为典型信号的频谱之和:

$$\frac{3}{j\omega(j\omega+3)} = \frac{1}{3}\left(\frac{1}{j\omega} - \frac{1}{j\omega+3}\right)$$

对 $\frac{1}{j\omega}$,根据其分母的特点,可用时域积分性质 $\int_{-\infty}^{t} f(\tau)d\tau \leftrightarrow \frac{F(\omega)}{j\omega} + \pi F(0)\delta(\omega)$。

$\mathscr{F}^{-1}[1] = \delta(t)$,即 $f(t) = \delta(t)$ 时 $F(\omega) = 1$;则 $u(t) \leftrightarrow \frac{1}{j\omega} + \pi\delta(\omega)$,即 $\mathscr{F}^{-1}\left[\frac{1}{j\omega}\right] = u(t) -$

$\mathscr{F}^{-1}[\pi\delta(\omega)] = u(t) - \frac{1}{2}$,等效为

$$u(t) - \frac{1}{2}[u(t) + u(-t)] = \frac{1}{2}[u(t) - u(-t)] = \frac{1}{2}\text{Sgn}(t)$$

$\mathscr{F}^{-1}\left[\frac{1}{j\omega}\right]$ 也可根据单位阶跃信号频谱 $u(t) \leftrightarrow \frac{1}{j\omega} + \pi\delta(\omega)$,由线性特性求出。

3. 可由 z 域法求解。由差分方程得 $H(z) = \frac{2z}{z^3 - 3z^2 + 3z - 1} = \frac{2z^3}{(z-1)^3}$。有重极点,可用留数法求 $h(n) = Z^{-1}[H(z)]$。

4. $h(n)$ 为左边序列,如直接用解析法求 $y_{zs}(n) = x(n) * h(n)$,难以应用确定求和上下限及卷积和结果存在时间的结论。用图解法求卷积和也很复杂。

可用 z 域法。$X(z) = \frac{z}{z-a}$,$|z| > a$。$h(n)$ 为左边序列,需用定义求 $H(z)$

$$H(z) = \sum_{n=-\infty}^{0} a^{-n} z^{-n} = 1 + az + (az)^2 + \cdots = \frac{1}{1-az} \quad |z| < \frac{1}{a}$$

$$Y(z) = X(z)H(z) = -\frac{1}{a} \cdot \frac{z}{(z-a)\left(z-\frac{1}{a}\right)} = \frac{1}{1-a^2}\left[\frac{z}{z-a} - \frac{z}{z-\frac{1}{a}}\right] \quad a < |z| < \frac{1}{a}$$

因 $z^{-1}\left[\frac{z}{z-a}\right] = a^n u(n)$,$|z| > a$;收敛域 $a < |z| < \frac{1}{a}$ 满足 $|z| > a$,即

$$z^{-1}\left[\frac{z}{z-a}\right] = a^n u(n), \quad a < |z| < \frac{1}{a}$$

$z^{-1}\left[\frac{z}{z-\frac{1}{a}}\right] = \left(\frac{1}{a}\right)^n u(n) \quad |z| > \frac{1}{a}$;但 $Y(z)$ 收敛域不满足该逆 Z 变换的收敛域条件。

$z^{-1}\left[\frac{z}{z-\frac{1}{a}}\right]$,$a < |z| < \frac{1}{a}$ 不是单边序列,无法直接应用单边序列 Z 变换的有关结论;应将 $\frac{z}{z-\frac{1}{a}}$ 在 $a < |z| < \frac{1}{a}$ 条件下展开为 Z 变换的幂级数形式。

由

$$\frac{z}{z-\frac{1}{a}} = -\frac{z}{\frac{1}{a}-z} = -\frac{az}{1-az}$$

则

$$\frac{z}{z-\frac{1}{a}} = -\left[az+(az)^2+\cdots+(az)^n+\cdots\right] = -\sum_{n=1}^{\infty}(az)^n = -\sum_{n=-\infty}^{-1}a^{-n}z^{-n} \quad |z|<\frac{1}{a}$$

$Y(z)$ 收敛域 $a<|z|<\frac{1}{a}$ 满足上式收敛条件,即

$$z^{-1}\left[\frac{z}{z-\frac{1}{a}}\right] = -a^{-n}u(-n-1) \quad a<|z|<\frac{1}{a}$$

$$y(n) = \frac{1}{1-a^2}\left[a^n u(n) - a^{-n}u(-n-1)\right]$$

三、与 2011 年的题三(2)类似。频谱图中,应标明 3 个参数:谱线间隔,零频处的频谱值,频谱包络的第 1 个零点位置。

四、由 $R(s)$ 可得全响应的时域表达式,并确定其零输入响应分量的形式,由 $r(t)$ 在 $t=0$ 的跳变值可得到零输入响应中的待定系数。

响应在 $t=0$ 处的跳变是 $e(t)$ 作用的结果,跳变值 3 即 $r_{zs}(0^+)$。
$$r(t) = \mathscr{L}^{-1}[R(s)] = (4+6e^{-5t})u(t),\ \text{则}\ r(0) = 10$$
$$r_{zi}(0^-) = r_{zi}(0^+) = r(0^+) - r_{zs}(0^+) = 7$$

零输入响应形式 $r_{zi}(t) = \sum_{i=1}^{n}c_i e^{\alpha_i t}$,由全响应 $r(t)$ 的表达式,零输入响应分量的形式为 $r_{zi}(t) = c_1 e^{-5t}$,由 $r_{zi}(0^-)$ 得 $c_1 = 7$,从而 $r_{zi}(t) = 7e^{-5t}$。$r_{zs}(t) = r(t) - r_{zi}(t) = (4-e^{-5t})u(t)$。

由卷积的微分性质

$$\frac{\mathrm{d}}{\mathrm{d}t}[f_1(t)*f_2(t)] = \left[\frac{\mathrm{d}}{\mathrm{d}t}f_1(t)\right]*f_2(t)$$

知激励 $e(t)$ 的零状态响应为 $r_{zs}(t)$,则激励 $e'(t)$ 的零状态响应为 $r'_{zs}(t)$。

也可从 s 域考虑,设 $\mathscr{L}[e(t)] = E(s)$,$\mathscr{L}[r_{zs}(t)] = R_{zs}(s)$,则激励为 $e'(t)$ 时,$\mathscr{L}[e'(t)] = sE(s)$,零状态响应为 $\mathscr{L}^{-1}[sE(s)H(s)] = \mathscr{L}^{-1}[sR_{zs}(s)] = r'_{zs}(t)$。

五、无法由框图直接确定右侧加法器的输入信号(即左侧两个加法器的输出),无法用一个方程直接列写系统输入输出关系。应通过多个方程间接地建立 $x(n)$ 和 $y(n)$ 的联系,为此列 3 个加法器的输入输出方程。设左侧两个加法器的输出分别为 $q_1(n)$ 和 $q_2(n)$(中间变量),则

$$\begin{cases} x(n) + \dfrac{1}{2}q_1(n-1) = q_1(n) \\[2mm] x(n) + \dfrac{1}{3}q_2(n-1) = q_2(n) \\[2mm] 3q_1(n) - 2q_2(n) = y(n) \end{cases}$$

差分方程组在时域约掉中间变量较复杂,可变换到 z 域得到代数方程组

$$\begin{cases} X(z) + \dfrac{1}{2}Q_1(z)z^{-1} = Q_1(z) \\[2mm] X(z) + \dfrac{1}{3}Q_2(z)z^{-1} = Q_2(z) \\[2mm] 3Q_1(z) - 2Q_2(z) = Y(z) \end{cases}$$

从而

$$(6z^2 - 5z + 1)Y(z) = 6z^2 X(z)$$

可求出各问。

六、(1) 由状态方程和输出方程知系统为单输入单输出。可在 z 域处理,由系数矩阵 $\boldsymbol{A}$、$\boldsymbol{B}$、$\boldsymbol{C}$、$\boldsymbol{D}$ 确定系统函数 $H(s)$（单输入－单输出系统为 1 维,不是向量或矩阵）,再由 $H(s)$ 得到微分方程,从而得到模拟图。

（2）已知激励、全响应及系统特性,求初始条件（状态）。由 $e(t)$ 及系统特性,可求出零状态响应分量,由 $r_{zi}(t) = r(t) - r_{zs}(t)$ 得到零输入响应分量;再由 $r_{zi}(t)$ 及系统特性,可得到初始状态。

其中 $r_{zs}(t)$ 可用拉普拉斯变换求解:

$$\boldsymbol{\lambda}_{zs}(t) = \mathscr{L}^{-1}\left[(s\boldsymbol{I} - \boldsymbol{A})^{-1}\boldsymbol{B}E(s)\right]$$

$$r_{zs}(t) = \begin{bmatrix} 1 & -1 \end{bmatrix}\boldsymbol{\lambda}_{zs}(t) + e(t)。$$

$\boldsymbol{\lambda}(0^-)$ 为二维列向量,设 $\boldsymbol{\lambda}(0^-) = \begin{bmatrix} \lambda_1(0^-) \\ \lambda_2(0^-) \end{bmatrix}$,有两个待定系数。由 $\boldsymbol{\lambda}_{zi}(t) = e^{\boldsymbol{A}t}\boldsymbol{\lambda}(0^-)$ 建立两个代数方程,求出 $\lambda_1(0^-)$ 及 $\lambda_2(0^-)$。或由 $\boldsymbol{\lambda}(0^-) = (e^{\boldsymbol{A}t})^{-1}\boldsymbol{\lambda}_{zi}(t)$,经（矩阵）运算得到 $\boldsymbol{\lambda}(0^-)$。

2011 年试题

一、填空题

1. 已知无限序列 $x(n)$ 和 $y(n)$ 的卷积 $x(n) * y(n) = f(n)$，则 $x(2n) * y(2n) =$
_____ ;

2. 若信号 $x(t)$ 的最高角频率为 ω_m，当对信号进行理想抽样时，为使信号频谱不发生混叠，其奈奎斯特抽样间隔 T_s 应_____ ;

3. 试确定序列 $f(n) = e^{j3\pi n} + \cos\left(\dfrac{\pi n}{3}\right)$ 的周期 $N =$ _____ ;

4. 某系统的输入 $x(t)$ 和输出 $y(t)$ 的关系为 $y(t) = x(t)\cos 2t$，则该系统为_____（线性 / 非线性）、_____（时变 / 时不变）、_____（因果 / 非因果）系统;

5. 利用奇偶性分析图 1 所示周期信号所包含的频率分量,该信号包含_____ ;

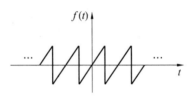

图 1

6. 若系统输入为 $e(t) = \cos 2t + \sin 3t$,输出为 $r(t) = \cos 2t - \sin 3t$。判断该系统是否为无失真传输系统:_____（是 / 不是）,并简要说明理由_____ ;

7. 周期连续信号的频谱特点是_____,周期离散信号的频谱特点是_____。

二、简单计算

1. 已知某系统的输入 $x(n)$ 与输出 $y(t)$ 的关系为 $y(n) = \displaystyle\sum_{m=-\infty}^{n} a^{-(n-m)} x(m-2)$,求该系统的单位样值响应 $h(n)$。

2. 已知某线性时不变系统的系统函数为 $H(s) = \dfrac{s+3}{s^2 + 7s + 6}$,求该系统的单位阶跃响应,并画出该系统的零、极点分布图。

3. 如图 2 所示线性系统 S 由 A、B、C、D 四个子系统组成,它们的单位样值响应为别为
$h_A(n) = \delta(n+1)$,$h_B(n) = \left(\dfrac{1}{2}\right)^n u(n)$,$h_C(n) = \delta(n-1)$,$h_D(n) = \delta(n)$ 。

(1) 求描述系统 S 的差分方程;
(2) 判断该系统是否为因果系统。

4. 已知连续线性时不变系统的微分方程为 $\dfrac{d^2 r(t)}{dt^2} + 4\dfrac{dr(t)}{dt} + 4r(t) = \dfrac{de(t)}{dt}$,求系统的单位冲激响应,并判断该系统具有何种滤波特性。

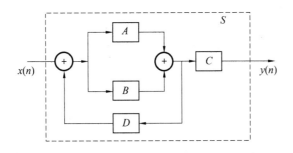

图 2

三、一个线性时不变连续时间系统,其系统框图如图 3(a) 所示。输入 $e(t)$ 为图 3(b) 周期锯齿波信号,该信号通过如图 3(c) 所示的系统。

(1) 求输入信号 $e(t)$ 的傅里叶级数;

(2) 求输出信号 $r(t)$,并画出该信号的频谱图。

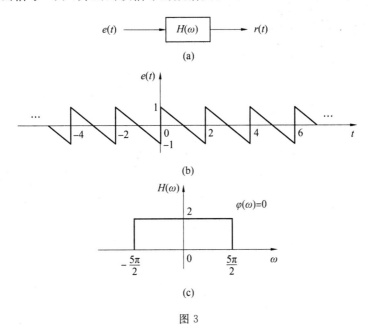

图 3

四、已知一线性时不变离散时间系统的输入—输出关系满足方程:

$$y(n+2) - y(n+1) - \frac{3}{4}y(n) = x(n+1)$$

(1) 求该系统的频率响应 $H(e^{j\omega})$,并粗略画出的幅频特性曲线;

(2) 当初始条件 $y(0)=0, y(-1)=1$,输入 $x(n)=u(n)$ 时,求系统零输入响应和零状态响应;

(3) 判断系统稳定性。

五、一个线性时不变系统有两个输入 $e_1(t)$、$e_2(t)$ 和两个输出 $r_1(t)$、$r_2(t)$,描述该系统的方程组为 $r''_1(t) + 3r'_1(t) + 2r_1(t) - r'_2(t) = e_1(t)$ 和 $r'_2(t) + 2r_2(t) - 3r_1(t) = e_2(t)$。请画出该系统的模拟框图,并列写相应的状态方程和输出方程。

2011 年试题分析

一、

1. $x(2n)$ 及 $y(2n)$ 分别用 $x'(n)$ 及 $y'(n)$ 表示,是 $x(n)$ 及 $y(n)$ 插值的结果:n 为偶数时,$x'(0)=x(0)$,$x'(2)=x(1)$,$x'(4)=x(2)\cdots$; n 为奇数时,$x'(1)=x'(3)=x'(5)=\cdots=0$。$y'(n)$ 类似。

根据卷积和的变量代换、翻转、平移及相加的图解过程,$x'(n)*y'(n)$ 为 $x(n)*y(n)$ 的插值,即

$$x(2n)*y(2n)=f(2n)$$

或利用傅里叶变换。设 $\mathscr{F}[x(n)]=X(e^{j\omega})$,$\mathscr{F}[y(n)]=Y(e^{j\omega})$

$$\mathscr{F}[f(n)]=X(e^{j\omega})Y(e^{j\omega})$$

$$\mathscr{F}[x(2n)]=\sum_{n=-\infty}^{\infty}x(2n)e^{-j\omega n}$$

$k=2n$ 变量代换得

$$\mathscr{F}[x(2n)]=\sum_{\substack{n=-\infty\\k\text{为偶数}}}^{\infty}x(k)e^{-j\omega\frac{k}{2}}$$

由 k 为奇数时 $x(k)=0$,则

$$\mathscr{F}[x(2n)]=\sum_{\substack{n=-\infty\\k\text{为偶数}}}^{\infty}x(k)e^{-j\omega\frac{k}{2}}+\sum_{\substack{K=-\infty\\k\text{为偶数}}}^{\infty}x(k)e^{-j\omega\frac{k}{2}}=\sum_{n=-\infty}^{\infty}x(n)e^{-j\frac{\omega}{2}n}=X(e^{j\frac{\omega}{2}})$$

即序列插值后的傅里叶变换与连续信号傅里叶变换的尺度变换性质类似:

$$x(an)\leftrightarrow X(e^{j\frac{\omega}{a}})\quad a>0$$

因而 $\mathscr{F}[y(2n)]=Y(e^{j\frac{\omega}{2}})$。$\mathscr{F}[x(2n)*y(2n)]=X(e^{j\frac{\omega}{2}})Y(e^{j\frac{\omega}{2}})=F(e^{j\frac{\omega}{2}})$,则

$$x(2n)*y(2n)=f(2n)$$

2. 利用取样定理。

3. 是信号的两个分量,即 $e^{j3\pi n}$ 及 $\cos\left(\dfrac{\pi n}{3}\right)$ 周期的最小公倍数。复指数序列周期性的确定方法与正弦(或余弦)序列类似。

4. $y(t)$ 表达式中只包含 $x(t)$ 的一次项,为线性系统;$x(t)$ 的系数项 $\cos 2t$ 为 t 的函数,即在不同时刻系统的输入输出关系不同,为时变系统;$y(t)$ 与 $x(t)$ 自变量相同,同时存在,为因果系统。

5. $f(t)$ 为奇函数,只能包含各正弦分量(迭加后仍为奇函数);不可能有余弦及直流成分(均为偶函数,迭加后 $f(t)$ 不能保持奇对称)。

6. 从时域考虑,$e(t)$ 与 $r(t)$ 不是线性关系,波形有失真,不是无失真传输系统。

从频域考虑

$$H(\omega)=\frac{R(\omega)}{E(\omega)}=\frac{\pi[\delta(\omega-2)+\delta(\omega+2)]+\dfrac{\pi}{j}[\delta(\omega-3)-\delta(\omega+3)]}{\pi[\delta(\omega-2)+\delta(\omega+2)]-\dfrac{\pi}{j}[\delta(\omega-3)-\delta(\omega+3)]}$$

即相频特性 $\varphi(\omega)$ 不是 ω 的线性函数,有相位失真。

7.周期离散信号的频谱为 DFT,也为周期离散。

二、

1.如直接将 $y(n)$ 写为卷积和 $y(n)=a^{-n}*x(n-2)$,难以确定 $h(n)$。

变量代换: $m'=m-2$

$$y(n)=\sum_{m'=-\infty}^{n}a^{-(n-m'-2)}x(m')=\sum_{m=-\infty}^{n}a^{-(n-m-2)}x(m)=a^{-(n-2)}*x(n)$$

则 $h(n)=a^{-(n-2)}$。

2.时域法。$h(t)=\mathscr{L}^{-1}[H(s)]$,$g(t)=\int_{0^-}^{t}h(\tau)\mathrm{d}\tau$。(由 $H(s)$ 知微分方程中激励与响应的时间变量相同,为因果系统,故积分下限为 0^-)

复频域方法。由 s 域积分性质,$g(t)=\mathscr{L}^{-1}\left[\dfrac{1}{s}H(s)\right]$。

3.(1) 第 1 个加法器的输出

$$x(n)+y(n+1)*h_D(n)$$

第 2 个加法器的输出

$$[x(n)+y(n+1)*h_D(n)]*[h_A(n)+h_B(n)]$$

C 为单位延时器,故第 2 个加法器的输出也表示为

$$y(n+1)$$

从而

$$[x(n)+y(n+1)*h_D(n)]*[h_A(n)+h_B(n)]=y(n+1)$$

整理得差分方程。

(2) 由差分方程中激励与响应的时间变量最高序号的相对关系进行判断。

4.由微分方程求 $h(t)$,复频域法较简单。先由微分方程确定 $H(s)$,再求 $h(t)=\mathscr{L}^{-1}[H(s)]$。其中 $H(s)$ 有重极点,求拉普拉斯反变换可用留数法。

先由 $H(\omega)=H(s)|_{s=\mathrm{j}\omega}$ 确定频率特性,再得到 $|H(\omega)|$,由 $|H(\omega)|$ 确定滤波特性。

$$|H(\omega)|=\frac{\omega}{\sqrt{(4-\omega^2)^2+(4\omega)^2}}$$

$|H(\omega)|$ 随 ω 的增加不是单调变化。$\omega=0$ 时,$|H(\omega)|=0$;$\omega\to\infty$ 时,$|H(\omega)|=0$;$\omega=2$ 时,$|H(\omega)|$ 分母第 1 项为 0,此时 $|H(\omega)|=\dfrac{1}{4}$,为极大值。为带通滤波器,中心频率 $\omega_0=\dfrac{1}{4}$。

三、

(1) $e(t)$ 为奇函数,只包含正弦分量。求三角及指数傅里叶级数的计算复杂度是类似的。如用积分求 c_n 或 b_n,如在主周期 $(-1,1)$ 内积分,因其为分段函数计算较复杂;为此可在 $(1,2)$ 周期内进行。或用 $c_n=\dfrac{1}{T}F_0(\omega)|_{\omega=n\omega_1}$ 求,其中单周期信号的频谱 $F_0(\omega)$ 可用时域微分性质求。

(2) $e(t)$ 周期 $T=2$,基波角频率 $\omega_1=\pi$。$|H(\omega)|$ 理想低通滤波器的截止角频率 $\omega_c=$

$\dfrac{5}{2}\pi$，$e(t)$ 中只有基频及 2 次谐波通过系统，且幅度为原来 2 倍（由 $|H(\omega)|$ 决定），即 $r(t)=2b_1\sin\pi t+2b_2\sin 2\pi t$。$\varphi(\omega)=0$ 表明系统对输入信号无延时。

因只包含两个频率成分，$\omega>0$ 范围内，$r(t)$ 频谱为两条谱线，位于 $\omega_1=\pi$ 及 $2\omega_1=2\pi$ 处。$\omega<0$ 时，频谱图与 $\omega>0$ 反对称。

四、（1）由差分方程得到 $H(z)$，由 $H(e^{j\omega})=H(z)\big|_{z=e^{j\omega}}$ 得频率特性，取模得到幅频特性

$$|H(e^{j\omega})|=\dfrac{1}{\sqrt{(\cos 2\omega-\cos\omega-3/4)^2+(\sin 2\omega-\sin\omega)^2}}$$

幅频特性曲线以 2π 为周期，且为 ω 的偶函数，因而应确定 $(0,\pi)$ 范围的特性曲线，再偶延拓及周期延拓得到。

（2）差分方程左侧响应与右侧激励最高序号之差为 1，给出的边界条件自变量均小于该值，因而均为零输入响应的边界条件。

可用时域法求 $y_{zi}(n)$，z 域法求 $y_{zs}(n)$。

（3）稳定性由 $H(z)$ 极点分布决定。

五、解法一：由两个输入输出微分方程，得到系统模拟框图如下图所示。

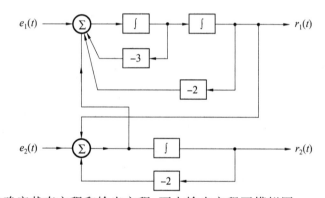

解法二：可先确定状态方程和输出方程，而由输出方程画模拟图。

方程组中 $r_1(t)$ 最高微分阶数为 2，$r_2(t)$ 微分阶数为 1，因而为 3 阶系统，包含 3 个状态变量。已知条件中的第 2 个方程与状态方程标准形式类似，如将 $r_1(t)$ 及 $r_2(t)$ 看作状态变量，则其为一个状态方程。设

$$\begin{cases}\lambda_1(t)=r_1(t)\\ \lambda_2(t)=r_2(t)\end{cases}\tag{1}$$

由已知条件中的第 2 个方程得状态方程

$$\dot\lambda_2(t)=3\lambda_1(t)-2\lambda_2(t)+e_2(t)\tag{2}$$

设 $r_1{}'(t)=\lambda_3(t)$，得到另一个状态方程

$$\lambda_1'(t)=\lambda_3(t)$$

将式（2）代入已知条件中的第 1 个方程，得第 3 个状态方程

$$\dot\lambda_3(t)=\lambda_1(t)-2\lambda_2(t)-3\lambda_3(t)+e_1(t)+e_2(t)$$

由式（1）得输出方程。

参考文献

［1］OPPENHEIM A V,WILLSKY A S. Signals and Systems［M］. 2nd ed. U. S. : Prentice－Hall,1997.

［2］郑君里,杨为理,应启珩. 信号与系统［M］. 北京:高等教育出版社,1981.

［3］张晔. 信号与系统［M］. 哈尔滨:哈尔滨工业大学出版社,2013.

［4］王宝祥,胡航. 信号与系统习题及精解［M］. 3 版. 哈尔滨:哈尔滨工业大学出版社, 1998.